U0181239

建筑施工图设计技术措施指导手册

华夫荣　赵霁欣　卢誉心　高文月　编著

中国建筑工业出版社

图书在版编目（CIP）数据

建筑施工图设计技术措施指导手册 / 华夫荣等编著
. —北京：中国建筑工业出版社，2020.11
ISBN 978-7-112-25248-0

Ⅰ. ① 建… Ⅱ. ① 华… Ⅲ. ① 建筑制图–手册 Ⅳ.
① TU204-62

中国版本图书馆CIP数据核字（2020）第099532号

责任编辑：刘　静
版式设计：锋尚设计
责任校对：赵　菲

建筑施工图设计技术措施指导手册
华夫荣　赵霁欣　卢誉心　高文月　编著
*
中国建筑工业出版社出版、发行（北京海淀三里河路9号）
各地新华书店、建筑书店经销
北京锋尚制版有限公司制版
北京中科印刷有限公司印刷
*
开本：850毫米×1168毫米　1/16　印张：22¼　字数：432千字
2021年6月第一版　　2021年6月第一次印刷
定价：118.00元
ISBN 978-7-112-25248-0
（36024）

前言

建筑设计工作在工程实践过程中常常会遇到以下几个问题：

1. 建筑规划和方案设计阶段应考虑哪些工程方面的问题；
2. 建筑项目中各种分类分级及选择问题；
3. 建筑施工图中的建筑设计总说明应该怎样写；
4. 建筑施工图中建筑专业的各类图纸怎样绘制才算标准、规范；
5. 工程主持人的主要工作内容及如何当好工程主持人。

编写本书的目的就是试图较好地解答和求证以上问题。

建筑规划和方案设计阶段是建设项目最初的创意和构想阶段，在这个阶段确定了建筑群体的构成关系和单体的基本特征。除了创意的表达，还有不少工程方面的问题是需要考虑和满足的。例如不同类型的建筑平面标准层面积做多大合适，楼梯应如何设置可满足防火疏散要求，汽车库应如何考虑面积和出入口关系，等等。本书第一部分对各种分类分级问题进行归纳总结，可以便于建筑师查找和使用。

施工图建筑设计总说明是设计者所设计的项目在施工过程中对建筑施工单位的标准要求和具体说明，是对拟建项目总体构成及各部分配件具体材料做法的文字表达，也是对执行标准、规模要求的详细说明，其内容应全面完整，仔细具体。说明的内容应能全面完整地反映拟建项目的总体概况、建筑各部分的主要材料构成及建筑质量标准。第二部分就是按照住房和城乡建设部《建筑工程设计文件编制深度规定》(2016)、北京市《绿色建筑设计标准》DB 11/938—2012 的要求，按照多年工程设计的实践经验将设计说明内容分为 18 个栏目，每个栏目均有栏目说明，也有具体内容的示范举例供设计者参考选择。

建筑设计项目通过建筑施工图来表达具体的内容。设计图纸表达的宗旨是“标准、规范、统一、简洁”。一个项目建筑专业的图纸一般分为总平面系统图纸与建筑单体系统图纸两大部分(有些工程还会有景观设计、绿化设计、室内精装修等)。第三部分对总平面设计中的主要内容及设计要素进行了详细的分析解读；将单体建筑系统图纸从封面、目录到平立剖、大样等各种图纸均以简图或文字标注来说明。以上两部分的内容是以住房和城乡建设部《建筑工程设计文件编制深度规定》(2016)及国家制图标准为依据编写，章节表达的内容对于统一规范图纸画法，全面、完整地表达项目的设计内容，有一定的参考和示范作用。

工程主持人是工程项目设计工作的组织者和指挥者，是设计团队的灵魂和核心，主持人全面负责工程设计的组织、实施、指导、协调、检查和管理工作，对工程项目的设计进度及设计质量负责。在工程实践过程中，影响工程进度和质量的有诸多因素，工程主持人的工作有时会起到关键的决定性作用。实践中往往存在由于工程主持人的疏忽或工作不到位，而使工程设计进度和设计质量受到严重影响的情况。第四部分中作者根据多年主持工程的经验与教训，结合国家发布的质量管理体系文件的要求，对工程主持人必要的工作内容作了基本的描述和总结，要求做好八项工作，目的是能有效地掌控工程的设计进度及设计质量，为工程主持人的工作提供一些参考意见。本章节还用简单的示意图对工程建设及设计工作的阶段流程、项目申报流程等问题进行表述，便于主持人更好地掌控进度。章节最后罗列了项目工程在申报和审批过程中各个部门对设计的具体要求（如规划部门、人防办、消防局、交通局、园林绿化部门等），设计单位应按要求提供申报所需的文件（图纸），做好各阶段的申报工作。

本书内容繁杂，涉及标准规范较多。由于编者水平所限，书中片面及谬误之处，恳请读者予以批评及指正。

手册使用说明

分栏检索：为便于快速查找，页面分左右两栏，左边栏为索引标题，右边栏为正文。

引用标注：为便于区分引用规范、标准等内容，将其原文用宋体字（宋体字）排版，并在文前标示其名称及编号。强制性条文用粗体表示。

图表编号：引用规范或标准中原图表编号，以括号加注的形式排在正文图表编号后。如“表 1-3-2（表 3.2.8）”，“图 1-3-2”为本书表号，括号内“表 3.2.8”为引用规范中的原表号。

工程示例：第 2、3 部分中，有关说明性文字的示例，采用衬底的方式呈现，设计师可根据实际情况参考改写。

内容更新：本书内容动态更新，可扫描二维码线上浏览。

目录

第1部分 建筑设计中的分类分级

第2部分 建筑施工图中的建筑设计总说明

第1部分

建筑设计中的分类分级

内容提要

建筑初步设计及施工图设计过程中，会遇到各种不同的分类分级问题，内容涉及对建筑和各种技术性能的分类分级以及设计上如何合理选用等问题。设计人员面对众多的规范、标准和图集感到茫然，为了查找一个具体的条文或做法，往往需要花费很多时间。

本章节针对一般民用建筑（工业厂房、特殊建筑除外），汇集各类现行的规范、标准的要求，对分类分级问题分门别类、集中描述、统一说明。通过抬头大标题及左侧小标题的提示就可以方便查找各类分级问题。其内容主要包括民用建筑通用分类，防火设计、绿色建筑评定、节能设计热工、抗震设计等分类分级；防空地下室、停车场库、屋面设计中的分类分级；建筑隔声、采光标准，外门窗、防火门窗、防火卷帘的物理性能及分类分级，室内空气质量标准、洁净度等级划分；电梯、楼梯的分类及选用；吊顶、油漆、地下工程防水的种类与做法；数据中心及其他特殊功能房间的分类分级与布置要求。

本章节的内容可以帮助设计人员了解各类分级的具体内容，对在设计过程中合理地选择和确定级别有一定的参考作用。在设计过程中，它可以为设计人员提供快速查找分级问题的一种手段和方法，对于具体问题的具体内容，应以手册中所提示的规范、标准及图集的内容为准。

1 民用建筑的基本分类与分级

1.1 《全国民用建筑工程设计技术措施》中的分类分级

1.1.1 房屋建筑的分类

房屋建筑的分类 表 1-1-1

分类		定义	具体建筑
工业建筑		人民从事生产活动的建筑物或构筑物	按行业可分为冶金、纺织、医疗、化工、食品等
民用建筑	居住	供人们日常居住生活使用的建筑物	住宅、公寓、别墅及各类宿舍
	公共	供人们进行各种公共活动的建筑物	办公、商场、旅馆等

民用建筑分类 表 1-1-2（表 2.3.1）

分类	建筑类别	建筑物举例
居住建筑	住宅建筑	住宅、公寓、别墅、老年人住宅等
	宿舍建筑	集体宿舍、职工宿舍、学生宿舍、学生公寓等
公共建筑	办公建筑	各级党政、团体、企事业单位办公楼、商务写字楼等
	商业建筑	商场、购物中心、超市等

续表

分类	建筑类别	建筑物举例
公共建筑	饮食建筑	餐馆、饮食店、食堂等
	休闲、娱乐建筑	洗浴中心、歌舞厅、休闲会馆等
	金融建筑	银行、证券等
	旅馆建筑	旅馆、宾馆、饭店、度假村等
	科研建筑	实验楼、科研楼、研发基地等
	教育建筑	托幼、中小学校、高等院校、职业学校、特殊教育学校等
	观演建筑	剧院、电影院、音乐厅等
	博物馆建筑	博物馆、美术馆等
	文化建筑	文化馆、图书馆、档案馆、文化中心等
	纪念建筑	纪念馆、名人故居等
	会展建筑	展览中心、会议中心、科技展览馆等
	体育建筑	各类体育场（馆）、游泳馆、健身场馆等
	医疗建筑	各类医院、疗养院、急救中心等
	卫生、防疫建筑	动植物检疫、卫生防疫站等
	交通建筑	地铁站、汽车、铁路、港口客运站、空港航站楼等
	广播、电视建筑	电视台、广播电台、广播电视中心等
	邮电、通讯建筑	邮电局、通讯站等
	商业综合体	商业、办公、酒店或公寓为一体的建筑
	宗教建筑	道观、寺庙、教堂等
	殡葬建筑	殡仪馆、墓地建筑等
	惩戒建筑	劳教所、监狱等
	园林建筑	各类公园，绿地中的亭、台、楼、榭等
	市政建筑	变电站、热力站、锅炉房、垃圾楼等
	临时建筑	售楼处、临时展览、世博会建筑

注：1 摘自《全国民用建筑工程设计技术措施　规划·建筑·景观》（2009年版）第二部分第2.3条。
2 本表的分类仅供设计时参考。
3 当做建筑的节能设计时，居住建筑与公共建筑的分类应按国家或地方有关建筑节能设计标准中的分类规定。

1.1.2　按地上层数或高度分类

民用建筑按地上层数或高度分类　表1-1-3（表2.3.2）

建筑类别	名称	成熟或高度	备注
住宅建筑	低层住宅	1～3层	包括首层设置商业服务网点的住宅
	多层住宅	4～6层	

续表

建筑类别	名称	成熟或高度	备注
住宅建筑	中高层住宅	7～9 层	包括首层设置商业服务网点的住宅
	高层住宅	10 层及 10 层以上	
	超高层住宅	＞100m	
公共建筑	单层和多层建筑	≤24m	
	高层建筑	＞24m	不包括建筑高度大于24m 的单层公共建筑
	超高层建筑	＞100m	

注：摘自《全国民用建筑工程设计技术措施　规划·建筑·景观》（2009 年版）第二部分第 2.3 条。

1.1.3　按工程规模分类

民用建筑按工程规模分类　　表 1-1-4（表 2.3.3）

建筑类别＼分类	特大型	大型	中型	小型
展览建筑（总展览面积 S）	S＞100000m^2	30000m^2＜S≤100000m^2	10000m^2＜S≤30000m^2	S≤10000m^2
博物馆（建筑面积）		＞10000m^2	4000～10000m^2	＜4000m^2
剧场（座席数）	＞1601 座	1201～1600 座	801～1200 座	300～800 座
电影院（座席数）	＞1800 座观众厅不宜少于 11 个	1201～1800 座观众厅不宜少于 8～10 个	701～1200 座观众厅不宜少于 5～7 个	＜700 座观众厅不宜少于 5 个
体育场（座席数）	＞60000 座	40000～60000 座	20000～40000 座	＜20000 座
体育馆（座席数）	＞10000 座	6000～10000 座	3000～6000 座	＜3000 座
游泳馆（座席数）	＞6000 座	3000～6000 座	1500～3000 座	＜1500 座
汽车库（车位数）	＞500 辆	301～500 辆	51～500 辆	＜50 辆
幼儿园（班数）	—	10～12 班	6～9 班	5 班以下
商场（建筑面积）	—	＞15000m^2	3000～15000m^2	＜3000m^2
专业商店（建筑面积）	—	＞5000m^2	1000～5000m^2	＜1000m^2
菜市场	—	＞6000m^2	1200～6000m^2	＜1200

注：1 摘自《全国民用建筑工程设计技术措施　规划·建筑·景观》（2009 年版）第二部分第 2.3 条。
2 本表依据各相关建筑设计规范编制。
3 话剧、戏曲剧场不宜超过 1200 座，歌舞剧场不宜超过 1800 座，单独的托儿所不宜超过 5 个班。

1.1.4 按工程设计等级分类

民用建筑工程设计等级分类 表 1-1-5（表 2.3.6）

类型与特征 \ 工程等级		特级	一级	二级	三级
一般公共建筑	单体建筑面积	≥8 万 m^2	>2 万 m^2 ≤8 万 m^2	>0.5 万 m^2 ≤2 万 m^2	≤0.5 万 m^2
	立项投资	>20000 万元	>4000 万元 ≤20000 万元	>1000 万元 ≤4000 万元	≤1000 万元
	建筑高度	>100m	>50m ≤100m	>24m ≤50m	≤24m（其中砌体建筑不得超过抗震规范高度限值要求）
住宅、宿舍	层数	—	20 层以上	12 层以上至 20 层	12 层及以下（其中砌体建筑不得超过抗震规范层数限值要求）
住宅区 工厂生活区	总建筑面积	—	10 万 m^2 以上	10 万 m^2 及以下	—
地下工程	地下空间（总建筑面积）	5 万 m^2 以上	1 万 m^2 以上至 5 万 m^2	1 万 m^2 及以下	—
	附建式人防（防护等级）	—	四级及以上	五级及以下	—
特殊公共建筑	超限高层建筑抗震要求	抗震设防区特殊超限高层建筑	抗震设防区建筑高度 100m 及以下的一般超限高层建筑	—	—
	技术复杂、有声、光、热、振动、视线等特殊要求	技术特别复杂	技术比较复杂	—	—
	重要性	国家级经济、文化、历史、涉外等重点工程项目	省级经济、文化、历史、涉外等重点工程项目	—	—

注：1 本表摘自建设〔1999〕9 号文《建筑工程设计资质分级标准》；转引自《全国民用建筑工程设计技术措施 规划·建筑·景观》（2009 年版）第二部分第 2.3 条。

2 符合某工程等级特征之一的项目即可确认为该工程等级项目。

1.1.5 按设计使用年限分类

设计使用年限示例 表 1-1-6（表 3）

类别	设计使用年限（年）	示例
1	10	临时性结构
2	10～25	可替换的结构构件

续表

类别	设计使用年限（年）	示例
3	15～30	农业和类似结构
4	50	房屋结构和其他普通结构
5	100	标志性建筑的结构、桥梁和其他土木工程结构

注：本表摘自《建筑结构可靠性设计统一标准》GB 50068—2018 第 3.3 条。

1.2 北京市《公共建筑节能设计标准》中对混合建筑中工业建筑、公共建筑及居住建筑的界定

（1）附建于工业厂房的办公用房、面积比大于 30%，且面积 ≥1000m^2 时，应按公共建筑节能标准设计；

（2）公共建筑中的居住部分面积比≥10%，且面积≥1000m^2 时，按《居住建筑节能设计标准》设计；

（3）独立建造的变（配）电站，锅炉房、制冷站、泵房等动力站房及电子信息系统机房可按工业建筑进行节能设计。

2 建筑防火设计中的相关分类与分级

2.1 《建筑设计防火规范》GB 50016 条文

《建筑设计防火规范》GB 50016—2014（2018 年版）

2.1.1 民用建筑的建筑分类和耐火等级

5.1 建筑分类和耐火等级

5.1.1 民用建筑根据其建筑高度和层数可分为单、多层民用建筑和高层民用建筑。高层民用建筑根据其建筑高度、使用功能和楼层的建筑面积可分为一类和二类。民用建筑的分类应符合表 5.1.1 的规定。

民用建筑的分类　　表 1-2-1（表 5.1.1）

名称	高层民用建筑		单、多层民用建筑
	一类	二类	
住宅建筑	建筑高度大于 54m 的住宅建筑（包括设置商业服务网点的住宅建筑）	建筑高度大于 27m，但不大于 54m 的住宅建筑（包括设置商业服务网点的住宅建筑）	建筑高度不大于 27m 的住宅建筑（包括设置商业服务网点的住宅建筑）

续表

名称	高层民用建筑		单、多层民用建筑
	一类	二类	
公共建筑	1. 建筑高度大于 50m 的公共建筑 2. 建筑高度 24m 以上部分任一楼层建筑面积大于 $1000m^2$ 的商店、展览、电信、邮政、财贸金融建筑和其他多种功能组合的建筑 3. 医疗建筑、重要公共建筑 4. 省级及以上的广播电视和防灾指挥调度建筑、网局级和省级电力调度建筑 5. 藏书超过 100 万册的图书馆、书库	除一类高层公共建筑外的其他高层公共建筑	1. 建筑高度大于 24m 的单层公共建筑 2. 建筑高度不大于 24m 的其他公共建筑

注：1 表中未列入的建筑，其类别应根据本表类比确定。
2 除本规范另有规定外，宿舍、公寓等非住宅类居住建筑的防火要求，应符合本规范有关公共建筑的规定。
3 除本规范另有规定外，裙房的防火要求应符合本规范有关高层民用建筑的规定。

2.1.2 民用建筑的防火分区和层数

5.3 防火分区和层数

5.3.1 除本规范另有规定外，不同耐火等级建筑的允许建筑高度或层数、防火分区最大允许建筑面积应符合表 5.3.1 的规定。

不同耐火等级建筑的允许建筑高度或层数、防火分区最大允许建筑面积　表 1-2-2（表 5.3.1）

名称	耐火等级	允许建筑高度或层数	防火分区的最大允许建筑面积（m^2）	备注
高层民用建筑	一、二级	按本规范第 5.1.1 条确定	1500	对于体育馆、剧场的观众厅，防火分区的最大允许建筑面积可适当增加
单、多层民用建筑	一、二级	按本规范第 5.1.1 条确定	2500	
	三级	5 层	1200	—
	四级	2 层	600	—
地下或半地下建筑（室）	一级	—	500	设备用房的防火分区最大允许建筑面积不应大于 $1000m^2$

注：1 表中规定的防火分区最大允许建筑面积，当建筑内设置自动灭火系统时，可按本表的规定增加 1.0 倍；局部设置时，防火分区的增加面积可按该局部面积的 1.0 倍计算。
2 裙房与高层建筑主体之间设置防火墙时，裙房的防火分区可按单、多层建筑的要求确定。

2.1.3 民用建筑的安全疏散距离

5.5.17 公共建筑的安全疏散距离应符合下列规定：

1 直通疏散走道的房间疏散门至最近安全出口的直线距离不应大于表 5.5.17 的规定。

直通疏散走道的房间疏散门至最近安全出口的直线距离（m） 表1-2-3（表5.5.17）

名称			位于两个安全出口之间的疏散门			位于袋形走道两侧或尽端的疏散门		
			一、二级	三级	四级	一、二级	三级	四级
托儿所、幼儿园老年人建筑			25	20	15	20	15	10
歌舞娱乐放映游艺场所			25	20	15	9	—	—
医疗建筑	单、多层		35	30	25	20	15	10
	高层	病房部分	24	—	—	12	—	—
		其他部分	30	—	—	15	—	—
教学建筑	单、多层		35	30	25	22	20	10
	高层		30	—	—	15	—	—
高层旅馆、展览建筑			30	—	—	15	—	—
其他建筑	单、多层		40	35	25	22	20	15
	高层		40	—	—	20	—	—

注：1 建筑内开向敞开式外廊的房间疏散门至最近安全出口的直线距离可按本表的规定增加5m。
2 直通疏散走道的房间疏散门至最近敞开楼梯间的直线距离，当房间位于两个楼梯间之间时，应按本表的规定减少5m；当房间位于袋形走道两侧或尽端时，应按本表的规定减少2m。
3 建筑物内全部设置自动喷水灭火系统时，其安全疏散距离可按本表的规定增加25%。
4 住宅建筑的距离同表中其他建筑。

2.1.4 民用建筑之间的防火间距

民用建筑之间的防火间距（m） 表1-2-4（表5.2.2）

建筑类别		高层民用建筑	裙房和其他民用建筑		
		一、二级	一、二级	三级	四级
高层民用建筑	一、二级	13	9	11	14
裙房和其他民用建筑	一、二级	9	6	7	9
	三级	11	7	8	10
	四级	14	9	10	12

注：1 相邻两座单、多层建筑，当相邻外墙为不燃性墙体且无外露的可燃性屋檐，每面外墙上无防火保护的门、窗、洞口不正对开设且该门、窗、洞口的面积之和不大于外墙面积的5%时，其防火间距可按本表的规定减少25%。
2 两座建筑相邻较高一面外墙为防火墙，或高出相邻较低一座一、二级耐火等级建筑的屋面15m及以下范围内的外墙为防火墙时，其防火间距不限。
3 相邻两座高度相同的一、二级耐火等级建筑中相邻任一侧外墙为防火墙，屋顶的耐火极限不低于1.00h时，其防火间距不限。
4 相邻两座建筑中较低一座建筑的耐火等级不低于二级，相邻较低一面外墙为防火墙且屋顶无天窗，屋顶的耐火极限不低于1.00h时，其防火间距不应小于3.5m；对于高层建筑，不应小于4m。
5 相邻两座建筑中较低一座建筑的耐火等级不低于二级且屋顶无天窗，相邻较高一面外墙高出较低一座建筑的屋面15m及以下范围内的开口部位设置甲级防火门、窗，或设置符合现行国家标准《自动喷水灭火系统设计规范》GB 50084规定的防火分隔水幕或本规范第6.5.3条规定的防火卷帘时，其防火间距不应小于3.5m；对于高层建筑，不应小于4m。
6 相邻建筑通过连廊、天桥或底部的建筑物等连接时，其间距不应小于本表的规定。
7 耐火等级低于四级的既有建筑，其耐火等级可按四级确定。

2.1.5 公共建筑的安全出口数量

5.5.8 公共建筑内每个防火分区或一个防火分区的每个楼层，其安全出口的数量应经计算确定，且不应少于2个。符合下列条件之一的公共建筑，可设置1个安全出口或1部疏散楼梯：

1 除托儿所、幼儿园外，建筑面积不大于200m² 且人数不超过50人的单层公共建筑或多层公共建筑的首层；

2 除医疗建筑，老年人建筑，托儿所、幼儿园的儿童用房，儿童游乐厅等儿童活动场所和歌舞娱乐放映游艺场所等外，符合表5.5.8规定的公共建筑。

可设置1部疏散楼梯的公共建筑　表1-2-5（表5.5.8）

耐火等级	最多层数	每层最大建筑面积（m²）	人数
一、二级	3层	200	第二、三层的人数之和不超过50人
三级	3层	200	第二、三层的人数之和不超过25人
四级	2层	200	第二层人数不超过15人

2.1.6 公共建筑的疏散门、走道、楼梯宽度

5.5.18 除本规范另有规定外，公共建筑内疏散门和安全出口的净宽度不应小于0.90m，疏散走道和疏散楼梯的净宽度不应小于1.10m。

高层公共建筑内楼梯间的首层疏散门、首层疏散外门、疏散走道和疏散楼梯的最小净宽度应符合表5.5.18的规定。

高层公共建筑内楼梯间的首层疏散门、首层疏散外门、疏散走道和疏散楼梯的最小净宽度（m）

表1-2-6（表5.5.18）

建筑类别	楼梯间的首层疏散门、首层疏散外门	走道		疏散楼梯
		单面布房	双面布房	
高层医疗建筑	1.30	1.40	1.50	1.30
其他高层公共建筑	1.20	1.30	1.40	1.20

2.1.7 民用建筑构件的燃烧性能和耐火极限

不同耐火等级建筑相应构件的燃烧性能和耐火极限（h）

表 1-2-7（表 5.1.2）

构件名称		耐火等级			
		一级	二级	三级	四级
墙	防火墙	不燃性 3.00	不燃性 3.00	不燃性 3.00	不燃性 3.00
	承重墙	不燃性 3.00	不燃性 2.50	不燃性 2.00	难燃性 0.50
	非承重外墙	不燃性 1.00	不燃性 1.00	不燃性 0.50	可燃性
	楼梯间和前室的墙电梯井的墙住宅建筑单元之间的墙和分户墙	不燃性 2.00	不燃性 2.00	不燃性 1.50	难燃性 0.50
	疏散走道两侧的隔墙	不燃性 1.00	不燃性 1.00	不燃性 0.50	难燃性 0.25
	房间隔墙	不燃性 0.75	不燃性 0.5	不燃性 0.50	难燃性 0.25
柱		不燃性 3.00	不燃性 2.50	不燃性 2.00	难燃性 0.50
梁		不燃性 2.00	不燃性 1.50	不燃性 1.00	难燃性 0.50
楼板		不燃性 1.50	不燃性 1.00	不燃性 0.50	可燃性
屋顶承重构件		不燃性 1.50	不燃性 1.00	可燃性 0.50	可燃性
疏散楼梯		不燃性 1.50	不燃性 1.00	不燃性 0.50	可燃性
吊顶（包括吊顶搁栅）		不燃性 0.25	难燃性 0.25	难燃性 0.15	可燃性

注：1 除本规范另有规定外，以木柱承重且墙体采用不燃材料的建筑，其耐火等级应按四级确定。

2 住宅建筑构件的耐火极限和燃烧性能可按现行国家标准《住宅设计规范》GB 50368 的规定执行。

2.2 《〈建筑设计防火规范〉图示》E13J811–1 改

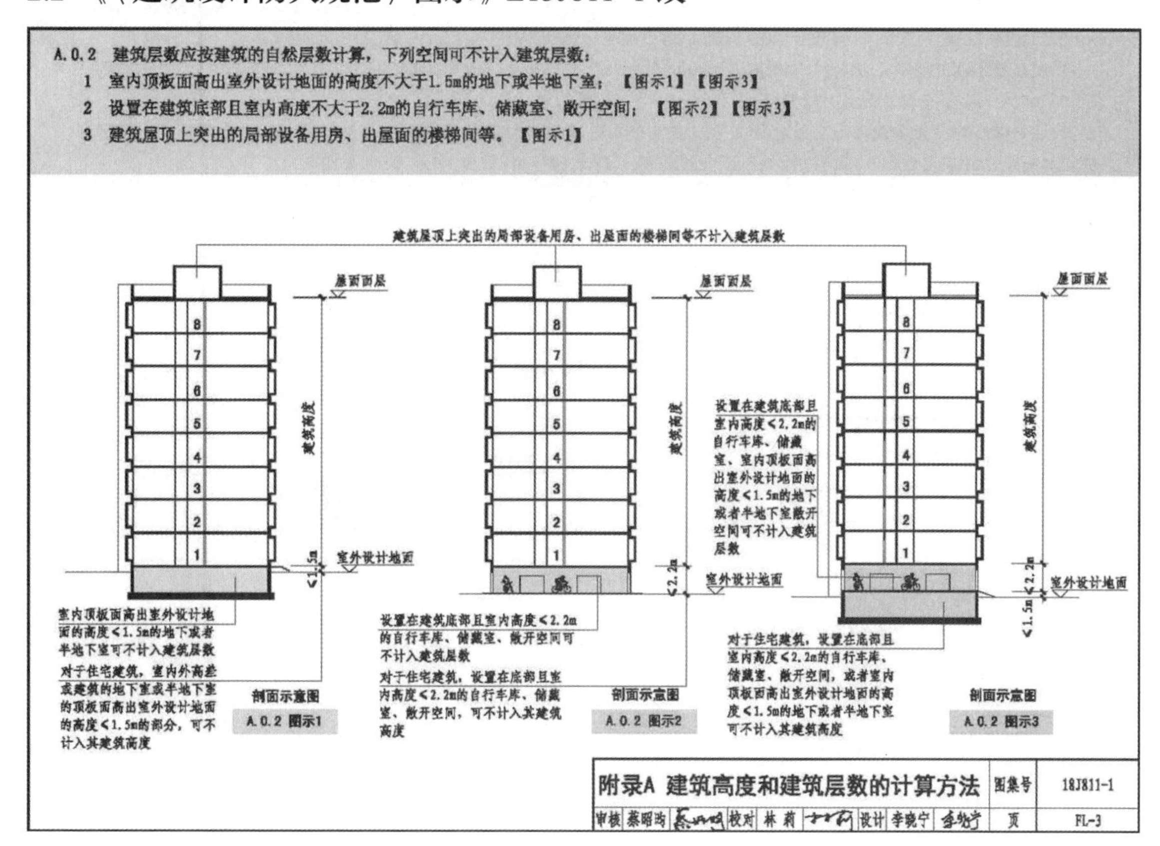

图 1-2-1

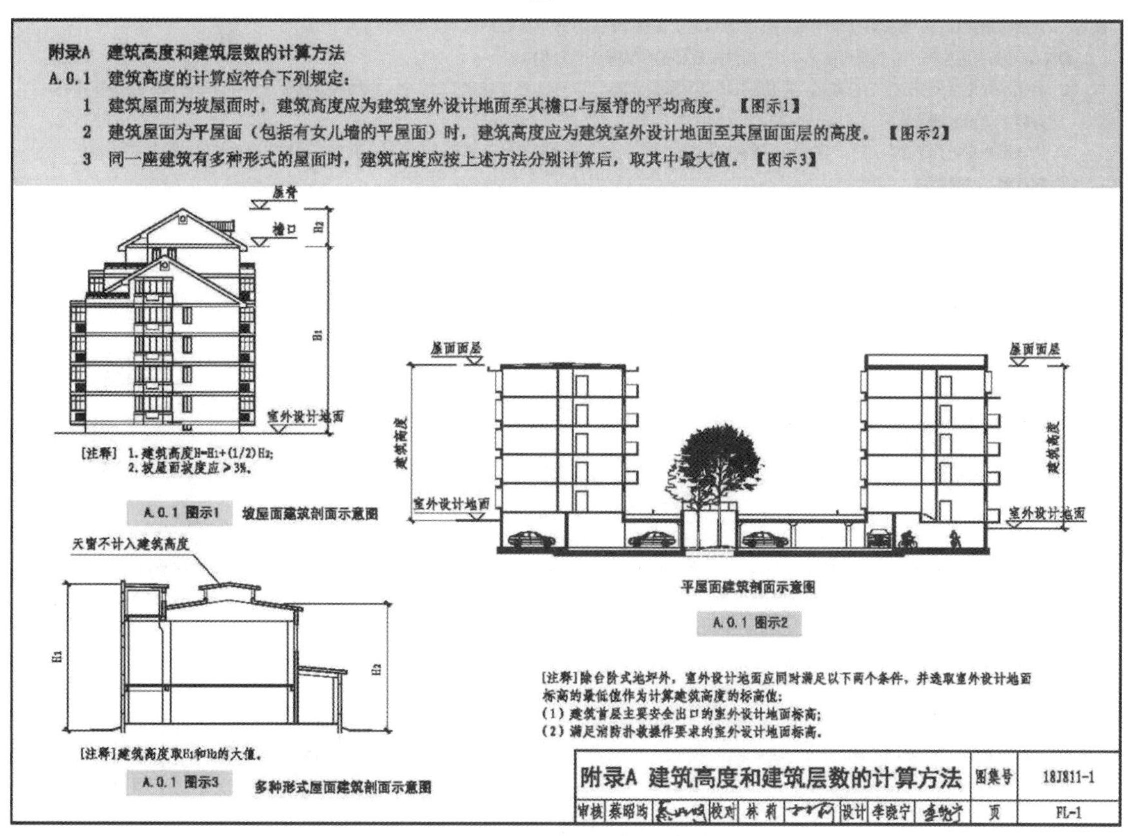

图 1-2-2

4 对于台阶式地坪，当位于不同高程地坪上的同一建筑之间有防火墙分隔，各自有符合规范规定的安全出口，且可沿建筑的两个长边设置贯通式或尽头式消防车道时，可分别计算各自的建筑高度。否则，应按其中建筑高度最大者确定该建筑的建筑高度。【图示4】

5 局部突出屋顶的瞭望塔、冷却塔、水箱间、微波天线间或设施、电梯机房、排风和排烟机房以及楼梯出口小间等辅助用房占屋面面积不大于1/4者，可不计入建筑高度。【图示5】

6 对于住宅建筑，设置在底部且室内高度不大于2.2m的自行车库、储藏室、敞开空间，室内外高差或建筑的地下或半地下室的顶板面高出室外设计地面的高度不大于1.5m的部分，可不计入建筑高度。【A.0.2图示1】【A.0.2图示2】【A.0.2图示3】

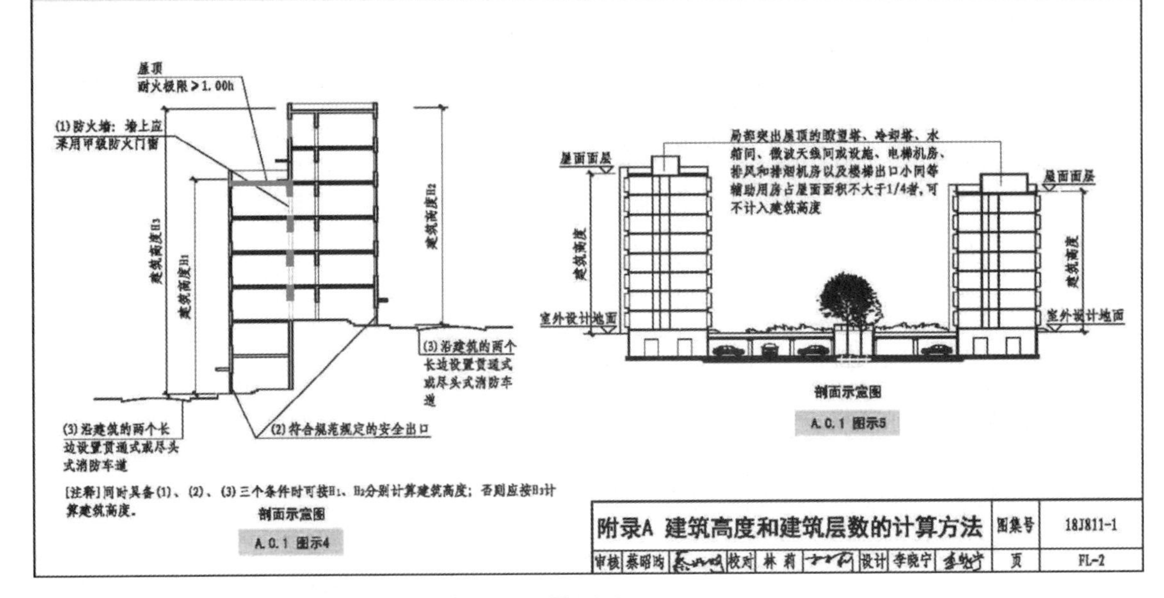

图 1-2-3

附录D 自然排烟窗（口）开启有效面积计算方法（依据《建筑防烟排烟系统技术标准》GB 51251-2017第4.3.5条）

除本标准另有规定外，自然排烟窗（口）开启的有效面积尚应符合下列规定：

1 当采用开窗角大于70°的悬窗时，其面积应按窗的面积计算；当开窗角小于或等于70°时，其面积应按窗最大开启时的水平投影面积计算。【图示1】

2 当采用开窗角大于70°的平开窗时，其面积应按窗的面积计算；当开窗角小于或等于70°时，其面积应按窗最大开启时的竖向投影面积计算。【图示2】

3 当采用推拉窗时，其面积应按开启的最大窗口面积计算。【图示3】

4 当采用百叶窗时，其面积应按窗的有效开口面积计算。【图示4】

5 当平推窗设置在顶部时，其面积可按窗的1/2周长与平推距离乘积计算，且不应大于窗面积。【图示5】

6 当平推窗设置在外墙时，其面积可按窗的1/4周长与平推距离乘积计算，且不应大于窗面积。【图示6】

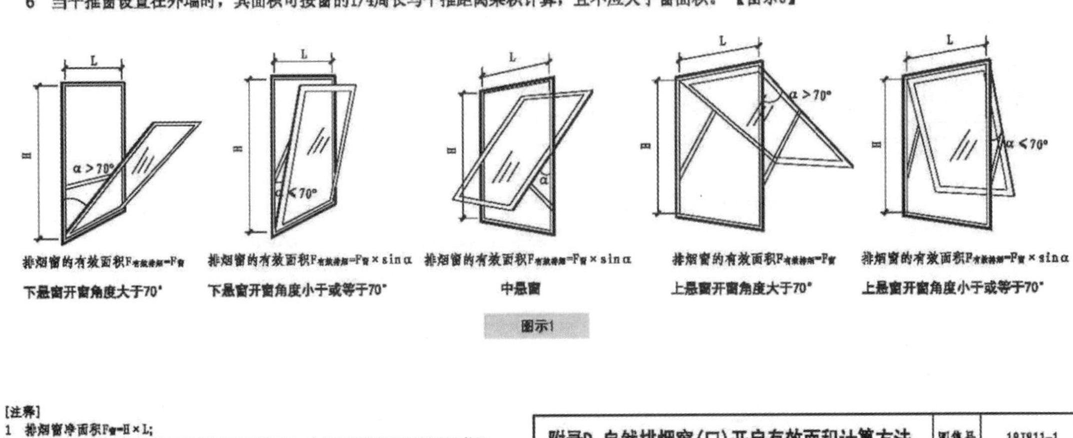

[注释]
1 排烟窗净面积F窗=H×L；
2 对于悬窗，排烟有效面积应按水平投影面积计算；如果中悬窗的下开部分不在储烟仓内，这部分的面积不能计入有效排烟面积之内。

附录D 自然排烟窗（口）开启有效面积计算方法　图集号 18J811-1
审核 蔡昭昀 校对 林莉 设计 李晓宁 页 FL-6

图 1-2-4（一）

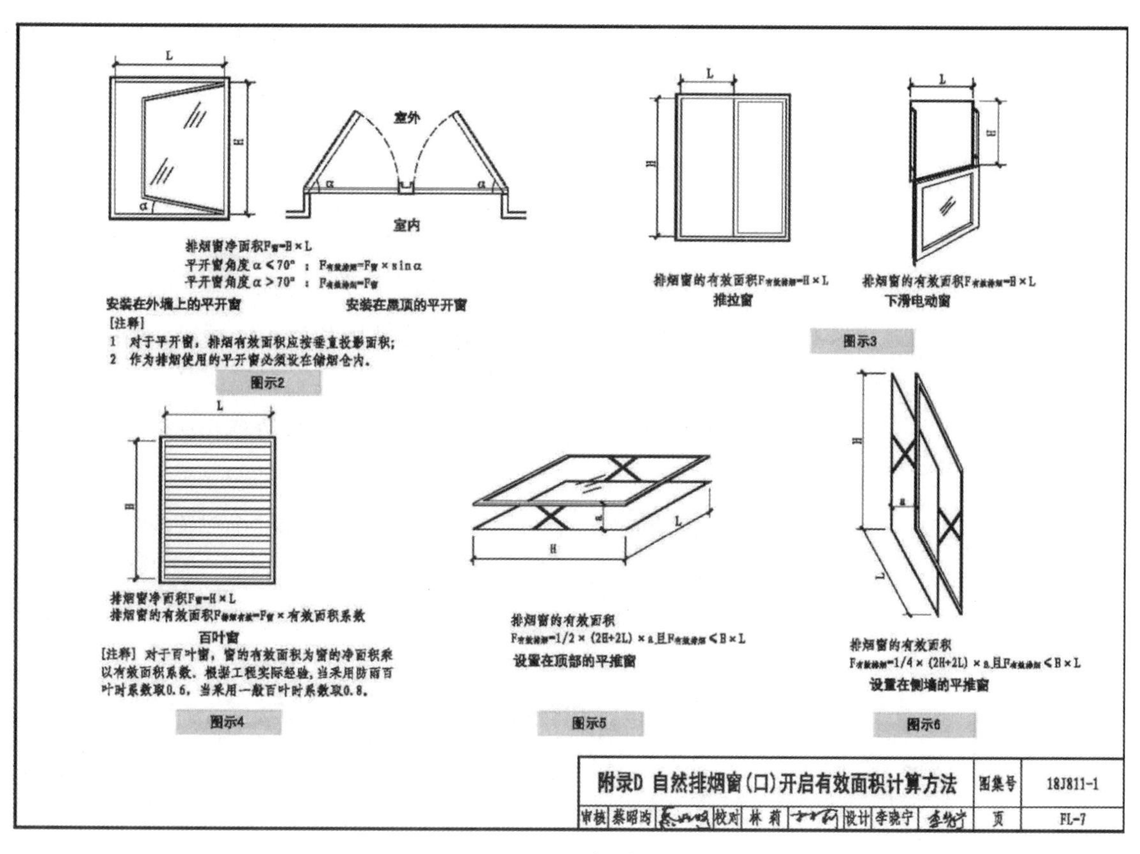

图 1-2-4（二）

3 《绿色建筑评价标准》中的星级评定及分类

3.1 一般规定

《绿色建筑评价标准》GB/T 50378—2019

3.1.1 绿色建筑评价应以单栋建筑或建筑群为评价对象。评价对象应落实并深化上位法定规划及相关专项规划提出的绿色发展要求；涉及系统性、整体性的指标，应基于建筑所属工程项目的总体进行评价。

3.1.2 绿色建筑评价应在建筑工程竣工后进行。在建筑工程施工图设计完成后，可进行预评价。

3.1.3 申请评价方应对参评建筑进行全寿命期技术和经济分析，选用适宜技术、设备和材料，对规划、设计、施工、运行阶段进行全过程控制，并应在评价时提交相应分析、测试报告和相关文件。申请评价方应对所提交资料的真实性和完整性负责。

3.1.4 评价机构应对申请评价方提交的分析、测试报告和相关文件进行审查，出具评价报告，确定等级。

3.1.5 申请绿色金融服务的建筑项目，应对节能措施、节水措施、建筑能耗和碳排放等进行计算和说明，并应形成专项报告。

3.2 评价与等级划分

《绿色建筑评价标准》GB/T 50378—2019

3.2.1 绿色建筑评价指标体系应由安全耐久、健康舒适、生活便利、资源节约、环境宜居5类指标组成，且每类指标均包括控制项和评分项；评价指标体系还统一设置加分项。

3.2.2 控制项的评定结果应为达标或不达标；评分项和加分项的评定结果应为分值。

3.2.3 对于多功能的综合性单体建筑，应按本标准全部评价条文逐条对适用的区域进行评价，确定各评价条文的得分。

3.2.4 绿色建筑评价的分值设定应符合表3.2.4的规定。

绿色建筑评价分值 表1-3-1（表3.2.4）

	控制项基础分值	评价指标评分项满分值					提高与创新加分项满分值
		安全耐久	健康舒适	生活便利	资源节约	环境宜居	
预评价分值	400	100	100	70	200	100	100
评价分值	400	100	100	100	200	100	100

注：预评价时，本标准第6.2.10、6.2.11、6.2.12、6.2.13、9.2.8条不得分。

3.2.5 绿色建筑评价的总得分应按下式进行计算：

$$Q=(Q_0+Q_1+Q_2+Q_3+Q_4+Q_5+Q_A)/10 \quad (3.2.5)$$

式中：Q——总得分；

Q_0——控制项基础分值，当满足所有控制项的要求时取400分；

Q_1～Q_5——分别为评价指标体系5类指标（安全耐久、健康舒适、生活便利、资源节约、环境宜居）评分项得分；

Q_A——提高与创新加分项得分。

3.2.6 绿色建筑划分应为基本级、一星级、二星级、三星级4个等级。

3.2.7 当满足全部控制项要求时，绿色建筑等级应为基本级。

3.2.8 绿色建筑星级等级应按下列规定确定：

1 一星级、二星级、三星级3个等级的绿色建筑均应满足本标准全部控制项的要求，且每类指标的评分项得分不应小于其评分项满分值的30%；

2 一星级、二星级、三星级3个等级的绿色建筑均应进行全装修，全装修工程质量、选用材料及产品质量应符合国家现行有关标准的规定；

3 当总得分分别达到60分、70分、85分且应满足表3.2.8的要求时，绿色建筑等级分别为一星级、二星级、三星级。

一星级、二星级、三星级绿色建筑的技术要求　　表 1-3-2（表 3.2.8）

	一星级	二星级	三星级
围护结构热工性能的提高比例，或建筑供暖空调负荷降低比例	围护结构提高 5%，或负荷降低 5%	围护结构提高 10%，或负荷降低 10%	围护结构提高 20%，或负荷降低 15%
严寒和寒冷地区住宅建筑外窗传热系数降低比例	5%	10%	20%
节水器具用水效率等级	3 级	2 级	
住宅建筑隔声性能	—	室外与卧室之间、分户墙（楼板）两侧卧室之间的空气声隔声性能以及卧室楼板的撞击声隔声性能达到低限标准限值和高要求标准限值的平均值	室外与卧室之间、分户墙（楼板）两侧卧室之间的空气声隔声性能以及卧室楼板的撞击声隔声性能达到高要求标准限值
室内主要空气污染物浓度降低比例	10%	20%	
外窗气密性能	符合国家现行相关节能设计标准的规定，且外窗洞口与外窗本体的结合部位应严密		

注：1 围护结构热工性能的提高基准、严寒和寒冷地区住宅建筑外窗传热系数降低基准均为国家现行相关建筑节能设计标准的要求。
2 住宅建筑隔声性能对应的标准为现行国家标准《民用建筑隔声设计规范》GB 50118。
3 室内主要空气污染物包括氨、甲醛、苯、总挥发性有机物、氡、可吸入颗粒物等，其浓度降低基准为现行国家标准《室内空气质量标准》GB/T 18883 的有关要求。

4　建筑节能设计中热工设计分区及建筑分类

4.1　建筑热工分区的划分

4.1.1　按建筑热工设计分区

主要考虑冬季保温及夏季隔热，以最冷月（1 月）和最热月（7 月）的平均温度为主要指标，以累年日平均温度≤5℃和≥25℃的天数为辅助指标，将全国划分成五个区，即严寒、寒冷、夏热冬冷、夏热冬暖和温和地区。

4.1.2　按建筑气候区划标准

其涉及的气候参数更多，适用范围更广，以 1 月和 7 月的平均气温为例，7 月平均相对湿度为主要指标，以年降水量、年日平均气温≤5℃，及≥25℃天数为辅助指标，将全国划分成七个一级区，即Ⅰ、Ⅱ、Ⅲ、Ⅳ、Ⅴ、Ⅵ、Ⅶ区，同时，又以 1 月和 7 月平均气温、冻土性质、最大风速、年降水量等为指标，将一级区划分成若干二级区，并提出相应的建筑基本要求。

以上二者划分主要指标一致，因此二者的区划是相互兼容一致的。

严寒地区：最低月平均温度≤-10℃，日平均温度≤5℃的天数大于145天。

寒冷地区：最低月平均温度在0～-70℃之间，日平均温度≤5℃的天数在90～145天之间。

我国三北地区（东北、华北、西北）占国土面积的70%以上，全国采暖能耗占建筑能耗的45%左右。

4.1.3 分区划分对比

热工设计与建筑气候分区划分比较表　　表1-4-1

<table>
<tr><td>依据</td><td colspan="2">《民用建筑热工设计规范》GB 50176—2016
《严寒和寒冷地区居住建筑节能设计标准》JGJ 26—2010</td><td>《建筑气候区划标准》GB 50178—93</td></tr>
<tr><td rowspan="2">划分</td><td colspan="2">建筑热工设计区划分为两级</td><td rowspan="2">将全国划分为七个一级区（Ⅰ～Ⅶ）内又分若干二级区</td></tr>
<tr><td>一级区</td><td>二级区</td></tr>
<tr><td rowspan="5">气候区</td><td>严寒地区</td><td>1A
1B
1C</td><td>包含全部Ⅰ区、Ⅵ中的ⅥA、ⅥB，Ⅶ中ⅦA、ⅦB、ⅦC</td></tr>
<tr><td>寒冷地区</td><td>2A
2B</td><td>包含全部Ⅱ区、Ⅵ中的ⅥC，Ⅶ中ⅦD</td></tr>
<tr><td>夏热冬冷</td><td>3A
3B</td><td>Ⅲ区</td></tr>
<tr><td>夏热冬暖</td><td>4A
4B</td><td>Ⅳ区</td></tr>
<tr><td>温和地区</td><td>5A
5B</td><td>Ⅴ区</td></tr>
</table>

4.1.4 建筑热工设计分区

《民用建筑热工设计规范》GB 50176—2016

4.1 热工设计分区

4.1.1 建筑热工设计区划分为两级。建筑热工设计一级区划指标及设计原则应符合表4.1.1的规定，建筑热工设计一级区划可参考本规范附录A图A.0.3。

建筑热工设计一级区划指标及设计原则 表 1-4-2（表 4.1.1）

一级区划名称	区划指标		设计原则
	主要指标	辅助指标	
严寒地区（1）	$t_{min \cdot m} \leqslant -10℃$	$145 \leqslant d_{\leqslant 5}$	必须充分满足冬季保温要求，一般可以不考虑夏季防热
寒冷地区（2）	$-10℃ < t_{min \cdot m} \leqslant 0℃$	$90 \leqslant d_{\leqslant 5} < 145$	应满足冬季保温要求，部分地区兼顾夏季防热
夏热冬冷地区（3）	$0℃ < t_{min \cdot m} \leqslant 10℃$ $25℃ < t_{min \cdot m} \leqslant 30℃$	$0 \leqslant d_{\leqslant 5} < 90$ $40 \leqslant d_{\geqslant 25} < 110$	必须满足夏季防热要求，适当兼顾冬季保温
夏热冬暖地区（4）	$10℃ < t_{min \cdot m}$ $25℃ < t_{max \cdot m} \leqslant 29℃$	$100 \leqslant d_{\geqslant 25} < 200$	必须充分满足夏季防热要求，一般可不考虑冬季保温
温和地区（5）	$0℃ < t_{min \cdot m} \leqslant 13℃$ $18℃ < t_{max \cdot m} \leqslant 25℃$	$0 \leqslant d_{\leqslant 5} < 90$	部分地区应考虑冬季保温，一般可不考虑夏季防热

4.1.2 建筑热工设计二级区划指标及设计要求应符合表 4.1.2 的规定，全国主要城市的二级区属应符合本规范附录 A 表 A.0.1 的规定。

建筑热工设计二级区划指标及设计要求 表 1-4-3（表 4.1.2）

二级区划名称	区划指标		设计要求
严寒 A 区（1A）	6000≤*HDD*18		冬季保温要求极高，必须满足保温设计要求，不考虑防热设计
严寒 B 区（1B）	5000≤*HDD*18＜6000		冬季保温要求非常高，必须满足保温设计要求，不考虑防热设计
严寒 C 区（1C）	3800≤*HDD*18＜5000		必须满足保温设计要求，可不考虑防热设计
寒冷 A 区（2A）	2000≤*HDD*18＜3800	*CDD*26≤90	应满足保温设计要求，可不考虑防热设计
寒冷 B 区（2B）		*CDD*26＞90	应满足保温设计要求，宜满足隔热设计要求，兼顾自然通风、遮阳设计
夏热冬冷 A 区（3A）	1200≤*HDD*18＜2000		应满足保温、隔热设计要求，重视自然通风、遮阳设计
夏热冬冷 B 区（3B）	700≤*HDD*18＜1200		应满足隔热、保温设计要求，强调自然通风、遮阳设计
夏热冬暖 A 区（4A）	500≤*HDD*18＜700		应满足隔热设计要求，宜满足保温设计要求，强调自然通风、遮阳设计
夏热冬暖 B 区（4B）	*HDD*18＜500		应满足隔热设计要求，可不考虑保温设计，强调自然通风、遮阳设计
温和 A 区（5A）	*CDD*26＜10	700≤*HDD*18＜2000	应满足冬季保温设计要求，可不考虑防热设计
温和 B 区（5B）		*HDD*18＜700	宜满足冬季保温设计要求，可不考虑防热设计

4.1.5 代表城市的建筑热工设计分区

《公共建筑节能设计标准》GB 50189—2015

代表城市建筑热工设计分区 表 1-4-4（表 3.1.2）

气候分区及气候子区		代表城市
严寒地区	严寒 A 区	博克图、伊春、呼玛、海拉尔、满洲里，阿尔山、玛多、黑河、嫩江、海伦、齐齐哈尔、富锦、哈尔滨、牡丹江、大庆、安达、佳木斯、二连浩特、多伦、大柴旦、阿勒泰、那曲
	严寒 B 区	
	严寒 C 区	长春、通化、延吉、通辽、四平、抚顺、阜新、沈阳、本溪、鞍山、呼和浩特、包头、鄂尔多斯、赤峰，额济纳旗、大同、乌鲁木齐、克拉玛依、酒泉、西宁、日喀则、甘孜、康定
寒冷地区	寒冷 A 区	丹东、大连、张家口、承德、唐山、青岛、洛阳、太原、阳泉、晋城、天水、榆林、延安、宝鸡、银川、平凉、兰州、喀什、伊宁、阿坝、拉萨、林芝、北京、天津、石家庄、保定、邢台、济南、德州、兖州、郑州、安阳、徐州、运城、西安、咸阳、吐鲁番、库尔勒、哈密
	寒冷 B 区	
夏热冬冷地区	夏热冬冷 A 区	南京、蚌埠、盐城、南通、合肥、安庆、九江、武汉、黄石、岳阳、汉中、安康、上海、杭州、宁波、温州、宜昌、长沙、南昌、株洲、永州、赣州、韶关、桂林、重庆、达县、万州、涪陵、南充、宜宾、成都、遵义、凯里、绵阳、南平
	夏热冬冷 B 区	
夏热冬暖地区	夏热冬暖 A 区	福州、莆田、龙岩、梅州、兴宁、英德、河池、柳州、贺州、泉州、厦门、广州、深圳、湛江、汕头、南宁、北海、梧州、海口、三亚
	夏热冬暖 B 区	
温和地区	温和 A 区	昆明、贵阳、丽江、会泽、腾冲、保山、大理、楚雄、曲靖、泸西、屏边、广南、兴义、独山
	温和 B 区	瑞丽、耿马、临沧、澜沧、思茅、江城、蒙自

4.1.6 气候分区

《国家建筑标准设计图集》09J908-3

公共建筑主要城市所处气候分区 表 1-4-5（表 2）

气候分区	代表性城市
严寒地区 A 区	海伦、博克图、伊春、呼玛、海拉尔、满洲里、富锦、齐齐哈尔、哈尔滨、牡丹江、克拉玛依、佳木斯、安达
严寒地区 B 区	长春、乌鲁木齐、延吉、呼和浩特、通辽、通化、四平、抚顺、大柴旦、沈阳，大同，本溪、阜新、哈密、鞍山、张家口、酒泉、伊宁、吐鲁番、西宁、银川、丹东
寒冷地区	兰州、太原、唐山、阿坝、喀什、北京、天津、大连、阳泉、平凉、石家庄、德州、晋城、天水、西安、拉萨、康定、济南、青岛、安阳、郑州、洛阳、宝鸡、徐州
夏热冬冷地区	南京、蚌埠、盐城、南通、合肥、安庆、九江、武汉、黄石、岳阳、汉中、安康、上海，杭州、宁波、宜昌、长沙，南昌、株洲，永州、赣州、韶关、桂林、重庆、达县、万州、涪陵、南充、宜宾、成都、贵阳、遵义、凯里、绵阳
夏热冬暖地区	福州、莆田、龙岩、梅州、兴宁、英德、河池、柳州、贺州、泉州、厦门、广州、深圳、湛江、汕头、海口、南宁、北海、梧州

居住建筑主要城市所处气候分区 表 1-4-6（表 3）

气候分区		代表性城市
严寒地区（Ⅰ）区	严寒地区 A 区	博克图、海拉尔、呼玛、伊春、嫩江
	严寒地区 B 区	哈尔滨、安达、佳木斯、齐齐哈尔、牡丹江、海伦、富锦、大柴旦、二连浩特
	严寒地区 C 区	大同、呼和浩特、沈阳、本溪、长春、四平、酒泉、西宁、乌鲁木齐、克拉玛依
寒冷地区（Ⅱ区）	寒冷地区 A 区	唐山、太原、大连、青岛、锦州、拉萨、兰州、平凉、天水、喀什、张家口、丹东、银川、伊宁、宝鸡、营口、日照
	寒冷地区 B 区	北京、天津、徐州、济南、郑州、安阳、石家庄、保定、西安，吐鲁番、哈密
夏热冬冷地区（Ⅲ区）	—	南京、蚌埠、盐城、南通、合肥、安庆、武汉、黄石，岳阳、汉中、安康、上海、杭州、宁波、宜昌、长沙、南昌、株洲、永州、赣州、韶关、桂林、重庆、达县、万州、绵阳、宣宾、成都、遵义、凯里
夏热冬暖地区（Ⅳ区）	北区	福州，莆田、龙岩、梅州、兴宁、龙川、新丰、英德、贺州、柳州、河池、怀集
	南区	泉州、厦门、漳州、汕头、广州、深圳、香港、澳门、梧州、茂名、湛江、海口、南宁、北海、百色、凭祥、三亚
温和地区（Ⅴ区）	温和地区 A 区	西昌、贵阳、安顺、遵义、昆明、大理、腾冲
	温和地区 B 区	攀枝花、临沧、蒙自、景洪、澜沧

4.1.7 全国建筑热工设计一级区划

详见《民用建筑热工设计规范》GB 50176—2016 图 A.0.3，全国建筑热工设计一级区划。

4.2 建筑分类

4.2.1 国家标准《公共建筑节能设计标准》GB 50189—2015

甲类公共建筑：单栋建筑面积＞300m^2 或单栋建筑面积≤300m^2 但总建筑面积＞1000m^2 的建筑群。

乙类公共建筑：单栋建筑面积≤300m^2 的建筑。

4.2.2 北京市地方标准《公共建筑节能设计标准》DB11/687—2015

公共建筑分类 表 1-4-7（表 3.1.1）

建筑类别	建筑物类型
甲类	1. 单栋建筑的地上部分面积 $A \geqslant 10000m^2$，且全面设置空气调节设施的下列类型建筑： ① 商场建筑（包括百货商场、综合商厦、购物中心、超市、家居卖场、专卖店等）； ② 博览建筑（包括博物馆、展览馆、美术馆、纪念馆、科技馆、会展中心等）； ③ 交通建筑（包括铁路客运站、公路客运站、航空港等）； ④ 广播电视建筑。 2. 观众座位≥5000 座的体育馆（包括综合体育馆、游泳馆、跳水馆和其他专项体育馆）。 3. 观众座位≥1201 座的观演建筑（包括剧场、音乐厅、电影院、礼堂等）。 4. 单栋建筑的地上部分面积 $A \geqslant 20$ 万 m^2 的大型综合体建筑
乙类	除甲类和丙类建筑之外的所有建筑
丙类	单栋建筑的地上部分面积 $A \leqslant 300m^2$ 的建筑（不包括单栋建筑面积 $A \leqslant 300m^2$，总建筑面积超过 $1000m^2$ 的别墅型旅馆等建筑群）

5 抗震设防分类标准

5.1 设防分类

建筑工程抗震设防分为甲、乙、丙、丁四类：（1）甲类为特殊设防类；（2）乙类为重点设防类；（3）丙类为标准设防类；（4）丁类为适度设防类。

《建筑工程抗震设防分类标准》GB 50223—2008

3.0.2 建筑工程应分为以下四个抗震设防类别：

1 特殊设防类：指使用上有特殊设施，涉及国家公共安全的重大建筑工程和地震时可能发生严重次生灾害等特别重大灾害后果，需要进行特殊设防的建筑。简称甲类。

2 重点设防类：指地震时使用功能不能中断或需尽快恢复的生命线相关建筑，以及地震时可能导致大量人员伤亡等重大灾害后果，需要提高设防标准的建筑。简称乙类。

3 标准设防类：指大量的除 1、2、4 款以外按标准要求进行设防的建筑。简称丙类。

4 适度设防类：指使用上人员稀少且震损不致产生次生灾害，允许在一定条件下适度降低要求的建筑。简称丁类。

5.2 设防要求

3.0.3 各抗震设防类别建筑的抗震设防标准，应符合下列要求：

1 标准设防类，应按本地区抗震设防烈度确定其抗震措施和地震作用，达到在遭遇高于当地抗震设防烈度的预估罕遇地震影响时不致倒塌或发生危及生命安全的严重破坏的抗震设防目标。

2 重点设防类，应按高于本地区抗震设防烈度一度的要求加强其抗震措施；但抗震设防烈度为9度时应按比9度更高的要求采取抗震措施；地基基础的抗震措施，应符合有关规定。同时，应按本地区抗震设防烈度确定其地震作用。

3 特殊设防类，应按高于本地区抗震设防烈度提高一度的要求加强其抗震措施；但抗震设防烈度为 9 度时应按比 9 度更高的要求采取抗震措施。同时，应按批准的地震安全性评价的结果且高于本地区抗震设防烈度的要求确定其地震作用。

4 适度设防类，允许比本地区抗震设防烈度的要求适当降低其抗震措施，但抗震设防烈度为 6 度时不应降低。一般情况下，仍应按本地区抗震设防烈度确定其地震作用。

5.3 建筑功能与设防类别

以下为公共建筑和居住建筑设防：

（1）科学实验建筑中剧毒生物制品、天然人工细菌、病毒等为特殊设防类（甲类）。

（2）大中型体育场和体育馆（含游泳馆）；大型电影院、剧场、礼堂，图书馆的视听室和报告厅，文化馆的观演厅和展览厅，娱乐中心建筑，人流密集的大型多层商场，大型博物馆，存放国家一级文物的博物馆，特级甲级档案馆，大型展览馆、会展中心抗震设防类别为重点设防类（乙类）。

（3）电子信息中心类建筑中省部级编制和储存重要信息的建筑宜为重点设防类。

（4）高层建筑中，当结构单元内经常使用人数超过 8000 人时，宜划分为重点设防类（乙类）。

（5）教育建筑中，幼儿园、小学、中学的教学用房、学生宿舍、食堂不低于重点设防类（乙类）。

（6）居住建筑的抗震设防类别不应低于标准设防类（丙类）。

5.4 抗震设计对结构材料的要求

《建筑抗震设计规范》GB 50011—2010（2016 年版）

3.9.2 结构材料性能指标，应符合下列最低要求：

1 砌体结构材料应符合下列规定：

1）普通砖和多孔砖的强度等级不应低于MU10，其砌筑砂浆强度等级不应低于M5；

2）混凝土小型空心砌块的强度等级不应低于MU7.5，其砌筑砂浆强度等级不应低于Mb7.5。

2 混凝土结构材料应符合下列规定：

1）混凝土的强度等级，框支梁、框支柱及抗震等级为一级的框架梁、柱、节点核芯区，不应低于C30；构造柱、芯柱、圈梁及其他各类构件不应低于C20；

2）抗震等级为一、二、三级的框架和斜撑构件（含梯段），其纵向受力钢筋采用普通钢筋时，钢筋的抗拉强度实测值与屈服强度实测值的比值不应小于1.25；钢筋的屈服强度实测值与屈服强度标准值的比值不应大于1.3，且钢筋在最大拉力下的总伸长率实测值不应小于9%。

3 钢结构的钢材应符合下列规定：

1）钢材的屈服强度实测值与抗拉强度实测值的比值不应大于0.85；

2）钢材应有明显的屈服台阶，且伸长率不应小于20%；

3）钢材应有良好的焊接性和合格的冲击韧性。

5.5 我国城镇抗震设防烈度分组

《建筑抗震设计规范》GB 50011—2010（2016年版）附录A 我国主要城镇抗震设防烈度、设计基本地震加速度和设计地震分组

本附录仅提供我国各县级及县级以上城镇地区建筑工程抗震设计时所采用的抗震设防烈度（以下简称“烈度”）、设计基本地震加速度值（以下简称“加速度”）和所属的设计地震分组（以下简称“分组”）。

北京市 表1-5-1（A.0.1）

烈度	加速度	分组	县级及县级以上城镇
8度	0.20g	第二组	东城区、西城区、朝阳区、丰台区、石景山区、海淀区、门头沟区、房山区、通州区、顺义区、昌平区、大兴区、怀柔区、平谷区、密云区、延庆区

注：其他地区详见原规范附录。

6 防空地下室的分类、分级及防化等级划分

6.1 防空地下室的分类、分级

整理自《人民防空地下室设计规范》GB 50038—2005

按照是否防核武器可分为甲、乙两类。

（1）甲类：战时防核武器、防常规武器、防生化武器。分为五个级别，即核4级、核4B级、核5级、核6级和核6B级。

（2）乙类：不考虑核武器，只防常规武器和生化武器。只分两个级别，即常5级和常6级。

6.2 配建面积的规定

北京市从2015年3月1日起按照地上建筑面积比例配建人防工程，按照地块不同的用地性质及不同的容积率（r）配建人防工程面积。

（1）工业用地（M1～M3）配建3%～6%；其他用地配建9%～11%；R1居住用地（R1）及保护区用地（P）当$r \leqslant 1.0$时，配建7%。

（2）村民住宅用地（C1）、村庄用地（C2、C3）配建面积，另行研究确定。

（3）其他地区按当地人防、规划部门的要求，配建人防工程面积。

6.3 掩蔽面积定义

供掩蔽人员、物资、车辆使用的有效面积，其值为防护单元（密闭门之内）净面积。

掩蔽面积＝防护单元面积－结构墙体面积－应扣除面积

1. 应扣除面积：

（1）口部面积，防毒通道，密闭通道面积；

（2）通风、给水排水、供电、防化通信专业设备房间面积；

（3）厕所、盥洗室面积。

2. 防护单元面积：防护密闭门（防爆破活门）相联接的临空墙、外墙边缘形成的建筑面积。

6.4 出入口设置规定

1.（强制规定）每个防护单元不应少于2个出入口（不包括竖井式出入口，防护单元之间的连通口），其中至少有1个室外出入口（竖井式除外）。战时主要出入口应设在室外出入口。

2. 消防专业队、装备掩蔽部的室外车辆出入口不应少于2个；中

心医院、急救医院和面积大于6000m² 物资库室外出入口不宜少于2个，设置的2个出入口宜朝向不同方向，且宜保持最大距离。

3. 相邻的两个防护单元可在防护密闭门外共设1个室外出入口，但须符合下列一条：

（1）均为人员掩蔽部或一侧为人员掩蔽部、另一侧为物资库；

（2）均为物资库，且面积之和≤6000m²。

6.5 防护单元面积规定

防护单元和抗爆单元的面积规定（m²） 表1-6-1

层数	工程类型	医疗救护	防空专业队		人员掩蔽	配套工程
			队员掩蔽	装备掩蔽		
≥9层	防护单元	≤1000		≤4000	≤2000	≤4000
	抗爆单元	≤500		≤2000	≤500	≤2000
≥10层	可不划分防护单元和抗爆单元，地下多层可计入层数；部分不足10层或无上部时，面积不得>200					

6.6 可不设室外出入口的规定

详见《建筑专业设计常用数据》08J911.D1～D11、《人民防空地下室设计规范》GB 50038—2005、《人民防空地下室设计规范》图示 05SFJ10

6.6.1 无法设置出口的甲类地下室

因条件限制（占满红线）无法设置室外出入口的核6级、核6B级甲类地下室符合下列条件时：

1. 与具有可靠出入口的其他人防工程相连通时；

2. 上部为钢筋混凝土（钢结构），出入口满足下列条件时：

（1）首层楼梯间直通室外，下地下室梯段上端至室外距离不大于2.0m；

（2）楼梯间梯段至外墙洞口之间设有与主体结构脱开的防倒塌棚架；

（3）出口外墙洞口外侧上方设有挑檐（防倒塌）长度≥1.0m，外墙为钢筋混凝土墙时可不设；

（4）主要出入口与其中的一个次要出入口的防护密闭门之间的水平距离≥15.0m。

6.6.2 乙类防空地下室

乙类防空地下室符合下列条件时：

1. 与具有可靠出入口（如室外出入口）的其他人防工程相连通时（抗力等级不低于该地下室）。

2. 上部结构为钢筋混凝土结构（钢结构）的常6级乙类防空地下室，当符合下列规定时：

（1）主要出入口的首层楼梯间直通室外，且下地下室梯段上端至室外距离不大于5.0m；

（2）主要出入口与其中一个次要出入口的防护密闭门之间的水平距离≥15.0m，两个出入口楼梯结构均按主要出入口的抗力等级要求设计。

6.7 地面建筑倒塌范围

甲类防空地下室（核5级、核6级、核6B级）地面建筑倒塌范围：砌体结构为0.5倍建筑高度；钢筋混凝土结构、钢结构为5.0m；外墙为钢筋混凝土剪力墙不考虑。

6.8 密闭门设计压力值

甲类防空地下室出入口防护密闭门（防爆波活门）设计压力值：核5级为0.30MPa；核6级为0.15MPa；核6B级为0.10MPa。

6.9 简易洗消间设置规定

（1）带简易洗消的防毒通道由人行道（防护密闭门与密闭门之间）和洗消区两部分组成，人行道宽度不宜小于1.30m，洗消区面积不宜小于$2.0m^2$，宽度不宜小于0.6m。

（2）单独设置的简易洗消间应位于防毒通道的一侧，其使用面积不宜小于$5m^2$。

6.10 人防工程中的防化等级划分

《人民防空工程防化设计规范》RFJ 013—2010

6.10.1 术语

2.0.4 防毒通道——工程中两道相邻密闭门或防护密闭门与密闭门之间的空间。次要出入口的防毒通道也可称密闭通道。

2.0.5 染毒区——工程中最后一道密闭门之外的区域。

2.0.6 清洁区——工程中最后一道密闭门内的工程主体区域。

2.0.7 洗消设施——对进入工程的受染人员和工程的受染部位实施洗消

的设施。包括人员洗消设施和工程口部洗消设施。

2.0.8 防化报警设备——当工程遭遇原子、化学等武器袭击时，为工程提供相关信息的设备。

2.0.9 防化监测设备——用以监测工程受染情况和工程内部空气质量的设备。

2.0.10 核化生控制中心——用以接收防化报警及防化监测设备输入信息，并根据相关信息自动控制通风方式及防护方式转换的设备。

2.0.11 隔绝式防护——依靠密闭设施，将工程内部与外界受染空气隔绝的防护方式。

2.0.14 过滤式防护——利用滤毒通风装置将外界受染空气净化后送入工程内部的防护方式。

2.0.15 粗滤器——滤除气流中的大颗粒烟尘（＞1μm）和杂物的过滤器。在工程进风系统中安装在最前面，常用的粗滤器为油网滤尘器。

2.0.16 滤尘器——又叫预滤器，滤除毒烟、毒物、生物战剂气溶胶及放射性灰尘中较大颗粒（≥0.5μm）的过滤器。在滤毒通风系统中安装在粗滤器和过滤吸收器之间。

2.0.17 过滤吸收器——滤除受染气流中的毒剂、生物战剂和放射性灰尘的过滤器。

2.0.18 粗滤器室——安装粗滤器的专用房间。

2.0.19 滤尘器室——安装滤尘器的专用房间。

2.0.20 滤毒器室——安装过滤吸收器的专用房间。

2.0.21 通道换气次数——过滤式防护时，防毒通道每小时的排风量与防毒通道容积之比。

2.0.22 清洁通风——把外界清洁空气直接送入工程内部的通风方式。

滤毒通风——把外界受染空气净化后送入工程内部的通风方式。

内循环通风——隔绝或防护时，仅依靠送回风系统使内部空气循环流动的通风方式。

6.10.2 人防工程防化等级与出入口数量

人防工程的每个防护单元应设置不少于 2 个出入口，并应有不少于 1 个战时主要出入口。中心医院和急救医院工程宜设 2 个战时主要出入口，其中一个主要出入口按《医疗救护工程设计标准》规定设计。防空专业队人员掩蔽工程，200～300 人可设 2 个战时主要出入口。出入口数量应符合表 3 规定。

人防工程防化等级与出入口数量 表 1-6-2（表 3）

工程类别		防化级别	出入口数量	
			主要	次要
指挥工程	一、二、三等	甲	1～2	1～2
	四等	乙	1	1～2
医疗救护工程		乙	1～2	1～2
防空专业队人员掩蔽工程		乙	1～2	1～2
人员掩蔽工程	一等	乙	1	1～2
	二等	丙	1	1～2
配套工程	核生化监测中心	甲	1	1～2
	食品站、生产车间、区域供水站	乙	1	1～2
	区域电站控制室	丙	1	1～2
	交通干（支）道及连接通道	丁	1	1～2
	其他配套工程	丁	1	1～2
轨道交通工程地下车站[注]		丙或丁	1	1～2

注：作为人员紧急掩蔽场所的轨道交通工程地下车站宜为防化丙级。

6.10.3 隔绝式防护与工程密闭

1. 防毒通道数量

4.2.3 工程的战时人员出入口应设置防毒通道，其数量应符合表 4.2.3 的规定。

人员出入口防毒通道数量 表 1-6-3（表 4.2.3）

<table>
<tr><th rowspan="2">类别</th><th colspan="2">指挥工程</th><th rowspan="2">医疗救护工程</th><th rowspan="2">防空专业队工程（人员掩蔽部分）</th><th colspan="2">人员掩蔽工程</th><th colspan="3">配套工程</th></tr>
<tr><th>一、二、三等</th><th>四等</th><th>一等</th><th>二等</th><th>核生化监测中心</th><th>食品站、生产车间、区域供水站</th><th>其他</th></tr>
<tr><td>主要出入口</td><td colspan="5">2</td><td>1</td><td>2</td><td>2</td><td>1</td></tr>
<tr><td>次要出入口</td><td>2</td><td colspan="4">1</td><td></td><td>2</td><td>1</td><td>1</td></tr>
</table>

4.2.4 人员主要出入口防毒通道，在满足人员、设备进出要求的前提下，防毒通道的容积宜小不宜大。

2. 滤毒通风防护指标

5.1.1 滤毒通风防护指标应符合表 5.1.1 规定。

滤毒通风防护指标 表 1-6-4（表 5.1.1）

防化级别		滤毒风量 $m^3/p \cdot h$	最小防毒通道换气次数 h^{-1}	最低主体超压 Pa	毒剂防护剂量 mg·min/L		VX 气溶胶	
					沙林	氯化氰	透过率 %	防护剂量 mg·min/L
甲		7～10	60～80	70～100	≥288	≥240	≤0.001	18
乙	Ⅰ	5～7	50～80	50～70	≥144	—	≤0.005	12
	Ⅱ	3～5						
丙		2～3	40～50	30	≥144	—	≤0.005	6

注：1 Ⅰ为四等指挥工程、医疗救护工程和防空专业队人员掩蔽工程。
2 Ⅱ为一等人员掩蔽工程和食品站、生产车间、区域供水站。

3. 隔绝式防护防化指标　4.1.1 隔绝式防护防化指标应符合表 4.1.1 规定。

隔绝式防护防化指标 表 1-6-5（表 4.1.1）

防化级别	隔绝时间（h）	CO_2 浓度 V（%）	O_2 浓度 V（%）	CO 浓度（mg/m^2）	沙林浓度（mg/L）
甲	≥8	≤1.5	≥19	≤20	$\leqslant 2.0\times10^{-6}$
乙	≥6	≤2.0	≥18.5	≤30	$\leqslant 2.8\times10^{-6}$
丙	≥3	≤2.5	≥18	≤40	$\leqslant 5.6\times10^{-6}$
丁	≥2	≤3.0	—	—	—

注：医疗救护工程 CO_2 浓度和 O_2 浓度指标宜采用甲级标准。

4. 隔绝式防护空气质量要求　4.1.2 指挥工程隔绝式防护空气质量要求应符合表 4.1.2 规定。

指挥工程隔绝式防护空气质量要求 表 1-6-6（表 4.1.2）

毒剂及有害物质名称	一、二、三等指挥工程	四等指挥工程
沙林 mg/L	$\leqslant 2.0\times10^{-6}$	$\leqslant 2.8\times10^{-6}$
一氧化碳 mg/m^3	≤20	≤30
二氧化碳 V%	≤1.5%	≤2.0%
氧气 V%	≥19%	≥18.5%
甲醛 mg/m^3	≤0.4	
氨 mg/m^3	≤3.0	
苯 mg/m^3	≤6.0	
氡 Bq/m^3	≤400	
二氯二氟甲烷 mg/m^3	≤3000	
挥发性有机物 mg/m^3	≤2.0	
可吸入颗粒物 mg/m^3	≤0.25	
细菌微生物 个 $/m^3$	≤7000	

5. 隔绝防护时间的校核计算

清洁通风时二氧化碳（CO_2）浓度　　表 1-6-7（表 4.1.4）

清洁式新风量m^3/(p·h)	25～30	20～25	15～20	10～15	7～10	5～7	3～5	2～3
C_0%	0.13～0.11	0.15～0.13	0.18～0.15	0.25～0.18	0.34～0.25	0.45～0.34	0.72～0.45	1.05～0.72

4.1.4 隔绝防护时间的校核计算

工程清洁区能维持的隔绝防护时间按式 4.1.4 校核。

系数原为 10

$$T=\frac{1000V_0(C-C_0)}{NC_1} \tag{4.1.4}$$

式中：T——隔绝防护时间，h；

V_0——人防工程清洁区容积，m^3；

C——隔绝防护时二氧化碳允许浓度，按表 4.1.1 取值；

C_0——隔绝防护前清洁式通风时二氧化碳浓度，按表 4.1.4 取值；

C_1——每人每小时呼出的二氧化碳量，L/（p·h），掩蔽人员可取 20，工作人员可取 25；

N——人防工程内掩蔽总人数。

7　场、库防火规范中的分类及规定

7.1　汽车库、修车库、停车场的分类

《汽车库、修车库、停车场设计防火规范》GB 50067—2014

3.0.1 汽车库、修车库、停车场的分类应根据停车（车位）数量和总建筑面积确定，并应符合表 3.0.1 的规定。

汽车库、修车库、停车场的分类　　表 1-7-1（表 3.0.1）

名称		Ⅰ	Ⅱ	Ⅲ	Ⅳ
汽车库	停车数量（辆）	＞300	151～300	51～150	≤50
	总建筑面积 S（m^2）	S＞10000	5000＜S≤10000	2000＜S≤5000	S≤2000
修车库	车位数（个）	＞15	6～15	3～5	≤2
	总建筑面积 S（m^2）	S＞3000	1000＜S≤3000	500＜S≤1000	S≤500
停车场	停车数量（辆）	＞400	251～400	101～250	≤100

注：1 当屋面露天停车场与下部汽车库共用汽车坡道时，其停车数量应计算在汽车库的车辆总数内。

2 室外坡道、屋面露天停车场的建筑面积可不计入汽车库的建筑面积之内。

3 公交汽车库的建筑面积可按本表的规定值增加 2.0 倍。

7.2 构件燃烧性能和耐火极限

《汽车库、修车库、停车场设计防火规范》GB 50067—2014

3.0.2 汽车库、修车库的耐火等级应分为一级、二级和三级，其构件的燃烧性能和耐火极限均不应低于表3.0.2的规定。

汽车库、修车库构件的燃烧性能和耐火极限（h） 表1-7-2（表3.0.2）

建筑构件名称		耐火等级		
		一级	二级	三级
墙	防火墙	不燃性 3.00	不燃性 3.00	不燃性 3.00
	承重墙	不燃性 3.00	不燃性 2.50	不燃性 2.00
	楼梯间和前室的墙、防火隔墙	不燃性 2.00	不燃性 2.00	不燃性 2.00
	隔墙、非承重外墙	不燃性 1.00	不燃性 1.00	不燃性 0.50
柱		不燃性 3.00	不燃性 2.50	不燃性 2.00
梁		不燃性 2.00	不燃性 1.50	不燃性 1.00
楼板		不燃性 1.50	不燃性 1.00	不燃性 0.50
疏散楼梯、坡道		不燃性 1.50	不燃性 1.00	不燃性 1.00
屋顶承重构件		不燃性 1.50	不燃性 1.00	可燃性 0.50
吊顶（包括吊顶格栅）		不燃性 0.25	不燃性 0.25	难燃性 0.15

注：预制钢筋混凝土构件的节点缝隙或金属承重构件的外露部位应加设防火保护层，其耐火极限不应低于表中相应构件的规定。

3.0.3 汽车库和修车库的耐火等级应符合下列规定：

1 地下、半地下和高层汽车库应为一级；

2 甲、乙类物品运输车的汽车库、修车库和Ⅰ类汽车库、修车库，应为一级；

3 Ⅱ、Ⅲ类汽车库、修车库的耐火等级不应低于二级；

4 Ⅳ类汽车库、修车库的耐火等级不应低于三级。

7.3 防火分区最大允许面积

《汽车库、修车库、停车场设计防火规范》GB 50067—2014

5.1.1 汽车库防火分区的最大允许建筑面积应符合表5.1.1的规定。其中，敞开式、错层式、斜楼板式汽车库的上下连通层面积应叠加计算，每个防火分区的最大允许建筑面积不应大于表5.1.1规定的2.0倍；室内有车道且有人员停留的机械式汽车库，其防火分区最大允许建筑面积应按表5.1.1的规定减少35%。

汽车库防火分区的最大允许建筑面积（m^2） 表 1-7-3（表 5.1.1）

耐火等级	单层汽车库	多层汽车库、半地下汽车库	地下汽车库、高层汽车库
一、二级	3000	2500	2000
三级	1000	不允许	不允许

注：除本规范另有规定外，防火分区之间应采用符合本规范规定的防火墙、防火卷帘等分隔。

5.1.2 设置自动灭火系统的汽车库，其每个防火分区的最大允许建筑面积不应大于本规范第 5.1.1 条规定的 2.0 倍。

7.4 机械式停车库

《汽车库、修车库、停车场设计防火规范》GB 50067—2014

5.1.3 室内无车道且无人员停留的机械式汽车库，应符合下列规定：

1 当停车数量超过 100 辆时，应采用无门、窗、洞口的防火墙分隔为多个停车数量不大于 100 辆的区域，但当采用防火隔墙和耐火极限不低于 1.00h 的不燃性楼板分隔成多个停车单元，且停车单元内的停车数量不大于 3 辆时，应分隔为停车数量不大于 300 辆的区域；

2 汽车库内应设置火灾自动报警系统和自动喷水灭火系统，自动喷水灭火系统应选用快速响应喷头；

3 楼梯间及停车区的检修通道上应设置室内消火栓；

4 汽车库内应设置排烟设施，排烟口应设置在运输车道的顶部。

7.5 安全疏散

《汽车库、修车库、停车场设计防火规范》GB 50067—2014

1. 疏散出口设置

6.0.1 汽车库、修车库的人员安全出口和汽车疏散出口应分开设置。设置在工业与民用建筑内的汽车库，其车辆疏散出口应与其他场所的人员安全出口分开设置。

2. 人员安全出口数量

6.0.2 除室内无车道且无人员停留的机械式汽车库外，汽车库、修车库内每个防火分区的人员安全出口不应少于 2 个，Ⅳ类汽车库和Ⅲ、Ⅳ类修车库可设置 1 个。

3. 疏散楼梯的规定

6.0.3 汽车库、修车库的疏散楼梯应符合下列规定：

1 建筑高度大于 32m 的高层汽车库、室内地面与室外出入口地坪的高差大于 10m 的地下汽车库应采用防烟楼梯间，其他汽车库、修车库应采用封闭楼梯间；

2 楼梯间和前室的门应采用乙级防火门，并应向疏散方向开启；

3 疏散楼梯的宽度不应小于 1.1m。

6.0.4 除室内无车道且无人员停留的机械式汽车库外，建筑高度大于

32m 的汽车库应设置消防电梯。消防电梯的设置应符合现行国家标准《建筑设计防火规范》GB 50016 的有关规定。

4. 消防电梯

6.0.5 室外疏散梯可采用金属楼梯并应符合规定（略）

5. 人员疏散距离规定

6.0.6 **汽车库室内任一点至最近人员安全出口的疏散距离不应大于 45m，当设置自动灭火系统时，其距离不应大于 60m。对于单层或设置在建筑首层的汽车库，室内任一点至室外最近出口的疏散距离不应大于 60m。**

6.0.7 与住宅地下室相连通的地下汽车库、半地下汽车库，人员疏散可借用住宅部分的疏散楼梯；当不能直接进入住宅部分的疏散楼梯间时，应在汽车库与住宅部分的疏散楼梯之间设置连通走道，走道应采用防火隔墙分隔，汽车库开向该走道的门均应采用甲级防火门。

6. 机械汽车库（全自动机动车库）内的灭火救援楼梯间

6.0.8 室内无车道且无人员停留的机械式汽车库可不设置人员安全出口，但应按下列规应设置供灭火救援用的楼梯间：

1 每个停车区域当停车数量大于 100 辆时，应至少设置 1 个楼梯间；

2 楼梯间与停车区域之间应采用防火隔墙进行分隔，楼梯间的门应采用乙级防火门；

3 楼梯的净宽不应小于 0.9m。

7. 汽车疏散出口规定

6.0.9 **除本规范另有规定外，汽车库、修车库的汽车疏散出口总数不应少于 2 个，且应分散布置。**

8. 一个汽车出口的条件

6.0.10 当符合下列条件之一时，汽车库、修车库的汽车疏散出口可设置1个：

1 Ⅳ类汽车库；

2 设置双车道汽车疏散出口的Ⅲ类地上汽车库；

3 设置双车道汽车疏散出口、停车数量小于或等于 100 辆且建筑面积小于 4000m^2 的地下或半地下汽车库；

4 Ⅱ、Ⅲ、Ⅳ类修车库。

9. 汽车疏散口（至室外）楼层内疏散口数量

6.0.11 Ⅰ、Ⅱ类地上汽车库和停车数量大于 100 辆的地下、半地下汽车库，当采用错层或斜楼板式，坡道为双车道且设置自动喷水灭火系统时，其首层或地下一层至室外的汽车疏散出口不应少于 2 个，汽车库内其他楼层的汽车疏散坡道可设置 1 个。

6.0.12 Ⅳ类汽车库设置汽车坡道有困难时，可采用汽车专用升降机作汽车疏散出口，升降机的数量不应少于 2 台，停车数量少于 25 辆时，可设置 1 台。

10. 汽车疏散坡道宽度

6.0.13 汽车疏散坡道的净宽度，单车道不应小于 3.0m，双车道不应小于 5.5m。

11. 相邻汽车疏散口距离

6.0.14 除室内无车道且无人员停留的机械式汽车库外，相邻两个汽车疏散出口之间的水平距离不应小于 10m；毗邻设置的两个汽车坡道应采用防火隔墙分隔。

6.0.15 停车场的汽车疏散出口不应少于 2 个；停车数量不大于 50 辆时，可设置 1 个。

12. 汽车之间，汽车与墙、柱之间的水平距离

汽车之间和汽车与墙、柱之间的水平距离（m） 表 1-7-4（表 6.0.16）

项目	汽车尺寸（m）			
	车长≤6 或 车宽≤1.8	6<车长≤8 或 1.8<车宽≤2.2	8<车长≤12 或 2.2<车宽≤2.5	车长>12 或 车宽>2.5
汽车与汽车	0.5	0.7	0.8	0.9
汽车与墙	0.5	0.5	0.5	0.5
汽车与柱	0.3	0.3	0.4	0.4

8 车库设计规范中的分类及规定

8.1 车库规模分级

《车库建筑设计规范》JGJ 100—2015

1.0.4 机动车车库建筑规模应按停车当量数划分为特大型、大型、中型、小型，非机动车库应按停车当量数划分为大型、中型、小型。车库建筑规模及停车当量数应符合表 1.0.4 的规定。

车库建筑规模及停车当量数 表 1-8-1（表 1.0.4）

规模 当量数 类型	特大型	大型	中型	小型
机动车库停车当量数	>1000	301～1000	51～300	≤50
非机动车库停车当量数	—	>500	251～500	≤250

8.2 机动车外廓尺寸

《车库建筑设计规范》JGJ 100—2015

机动车设计车型的外廓尺寸　　表 1-8-2（表 4.1.1）

设计车型 \ 尺寸		外廓尺寸（m）		
		总长	总宽	总高
微型车		3.80	1.60	1.80
小型车		4.80	1.80	2.00
轻型车		7.00	2.25	2.75
中型车	客车	9.00	2.50	3.20
	货车	9.00	2.50	4.00
大型车	客车	12.00	2.50	3.50
	货车	8.50	2.50	4.00

注：专用机动车库可以按所停放的机动车外廓尺寸进行设计。

8.3　机动车换算当量系数

《车库建筑设计规范》JGJ 100—2015

机动车换算当量系数　　表 1-8-3（表 4.1.2）

车型	微型车	小型车	轻型车	中型车	大型车
换算系数	0.7	1.0	1.5	2.0	2.5

8.4　机动车最小转弯半径

《车库建筑设计规范》JGJ 100—2015

机动车最小转弯半径　　表 1-8-4（表 4.1.3）

车型	最小转弯半径 r_1（m）
微型车	4.50
小型车	6.00
轻型车	6.00～7.20
中型车	7.20～9.00
大型车	9.00～10.50

8.5　机动车之间，机动车与墙、柱、护栏最小净距

《车库建筑设计规范》JGJ 100—2015

机动车之间以及机动车与墙、柱、护栏之间最小净距

表 1-8-5（表 4.1.5）

项目 \ 机动车类型		微型车、小型车	轻型车	中型车、大型车
平行式停车时机动军间纵向净距（m）		1.20	1.20	2.40
垂直式、斜列式停车时机动车间纵向净距（m）		0.50	0.70	0.80
机动车间横向净距（m）		0.60	0.80	1.00
机动车与柱间净距（m）		0.30	0.30	0.40
机动车与墙、护栏及其他构筑物间净距（m）	纵向	0.50	0.50	0.50
	横向	0.60	0.80	1.00

注：1 纵向指机动车长度方向、横向指机动车宽度方向。
2 净距指最近距离，当墙、柱外有突出物时，从其凸出部分外缘算起。

8.6 出入口及坡道

《车库建筑设计规范》JGJ 100—2015

8.6.1 出入口分类

4.2.1 按出入方式，机动车库出入口可分为平入式、坡道式、升降梯式三种类型。

8.6.2 车库出入口缓冲段

4.2.3 机动车库出入口应按现行国家标准《民用建筑设计通则》GB 50352 的有关规应设缓冲段与基地道路连通。

8.6.3 车辆出入口宽度

4.2.4 车辆出入口宽度，双向行驶时不应小于 7m，单向行驶时不应小于 4m。

8.6.4 出入口及坡道净高

4.2.5 车辆出入口及坡道的最小净高应符合表 4.2.5 的规定。

车辆出入口及坡道的最小净高　表 1-8-6（表 4.2.5）

车型	最小净高（m）
微型车、小型车	2.20
轻型车	2.95
中型、大型客车	3.70
中型、大型货车	4.20

注：净高指从楼地面面层（完成面）至吊顶、设备管道、梁或其他构件底面之间的有效使用空间的垂直高度。

4.2.6 机动车库出入口和车道数量应符合表 4.2.6 的规定，且当车道数量大于等于 5 且停车当量大于 3000 辆时，机动车出入口数量应经过交通模拟计算确定。

8.6.5 出入口及车道数量

机动车库出入口和车道数量 **表 1-8-7（表 4.2.6）**

出入口和车道数量 \ 规模	特大型	大型		中型		小型	
停车当量	>1000	501～1000	301～500	101～300	51～100	25～50	<25
机动车出入口数量	≥3	≥2		≥2	≥1	≥1	
非居住建筑出入口车道数量	≥5	≥4	≥3	≥2		≥2	≥1
居住建筑出入口车道数量	≥3	≥2	≥2	≥2		≥2	≥1

4.2.7 对于停车当量小于 25 辆的小型车库，出入口可设一个单车道，并应采取进出车辆的避让措施。

8.6.6 人员与车辆出入口应分开

4.2.8 机动车库的人员出入口与车辆出入口应分开设置，机动车升降梯不得替代乘客电梯作为人员出入口，并应设置标识。

8.6.7 平入式出入口规定

4.2.9 平入式出入口应符合下列规定：

1 平入式出入口室内外地坪高差不应小于 150mm，且不宜大于 300mm；

2 出入口室外坡道起坡点与相连的室外车行道路的最小距离不宜小于 5.0m；

3 出入口的上部宜设有防雨设施；

4 出入口处宜设置遥控启闭的大门。

8.6.8 坡道式出入口规定

4.2.10 坡道式出入口应符合下列规定：

1 出入口可采用直线坡道、曲线坡道和直线与曲线组合坡道，其中直线坡道可选用内直坡道式、外直坡道式。

1. 坡道最小净宽

2 出入口可采用单车道或双车道，坡道最小净宽应符合表 4.2.10-1 的规定。

坡道最小净宽　　表 1-8-8（表 4.2.10-1）

形式	最小净宽（m）	
	微型、小型车	轻型、中型、大型车
直线单行	3.0	3.5
直线双行	5.5	7.0
曲线单行	3.8	5.0
曲线双行	7.0	10.0

注：此宽度不包括道牙及其他分隔带宽度。当曲线比较缓时，可以按直线宽度进行设计。

2. 坡道最大纵坡

3 坡道的最大纵向坡度应符合表 4.2.10-2 的规定。

坡道的最大纵向坡度　　表 1-8-9（表 4.2.10-2）

车型	直线坡道		曲线坡道	
	百分比（%）	比值（高：长）	百分比（%）	比值（高：长）
微型车 小型车	15.0	1：6.67	12	1：8.3
轻型车	13.3	1：7.50	10	1：10.0
中型车	12.0	1：8.3		
大型客车 大型货车	10.0	1：10	8	1：12.5

3. 当纵坡＞10% 时应设缓坡段

4 当坡道纵向坡度大于 10% 时，坡道上、下端均应设缓坡坡段，其直线缓坡段的水平长度不应小于 3.6m，缓坡坡度应为坡道坡度的 1/2；曲线缓坡段的水平长度不应小于 2.4m，曲率半径不应小于 20m，缓坡段的中心为坡道原起点或止点（图 4.2.10）；大型车的坡道应根据车型确定缓坡的坡度和长度。

4. 环形车道内半径

5 微型车和小型车的坡道转弯处的最小环形车道内半径（r_0）不宜小于表 4.2.10-3 的规定；其他车型的坡道转弯处的最小环形车道内半径应按本规范式（4.1.4-1）～式（4.1.4-5）计算确定。

坡道转弯处的最小环形车道内半径（r_0）　　表 1-8-10（表 4.2.10-3）

角度 / 半径	坡道转向角度（α）		
	$\alpha \leqslant 90°$	$90° < \alpha < 180°$	$\alpha \geqslant 180°$
最小环形车道内半径（r_0）	4m	5m	6m

注：坡道转向角度为机动车转弯时的连续转向角度。

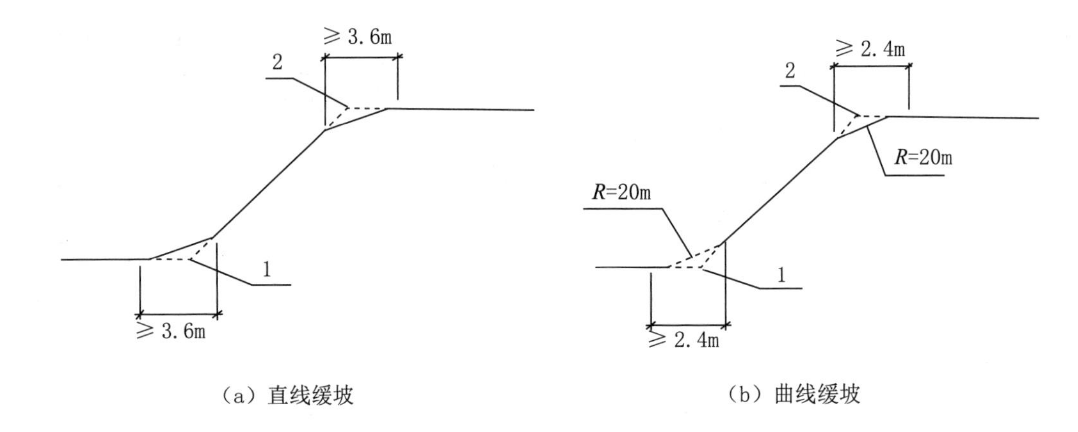

（a）直线缓坡　　（b）曲线缓坡

图 1-8-1（图 4.2.10）

5. 弯道超高值

6 环形坡道处弯道超高宜为 2%～6%。

6. 升降梯式出入口规定

4.2.11 升降梯式出入口应符合下列规定：

1 当小型机动车库设置机动车坡道有困难时，可采用升降梯作为机动车库出入口，升降梯可采用汽车专用升降机等提升设备，且升降梯的数量不应少于两台，停车当量少于 25 辆的可设一台；

2 机动车出口和入口宜分开设置；

3 升降梯宜采用通过式双向门，当只能为单侧门时，应在进（出）口处设置车辆等候空间；

4 升降梯出入口处应设有防雨设施，且升降梯底坑应设有机械排水系统；

5 机动车库应在每层出入口处的明显部位设置楼层和行驶方向的标志，并宜在驾驶员方便触及的部位，设置升降梯的操纵按钮；

6 当采用升降平台时，应在每层周边设置安全护栏和防坠落等措施；

7 升降梯出入口处应设限高和限载标志。

8.7 停车区域

《车库建筑设计规范》JGJ 100—2015

4.3.3 停车方式可采用平行式、斜列式（倾角 30°、45°、60°）和垂直式（图 4.3.3），或混合式。

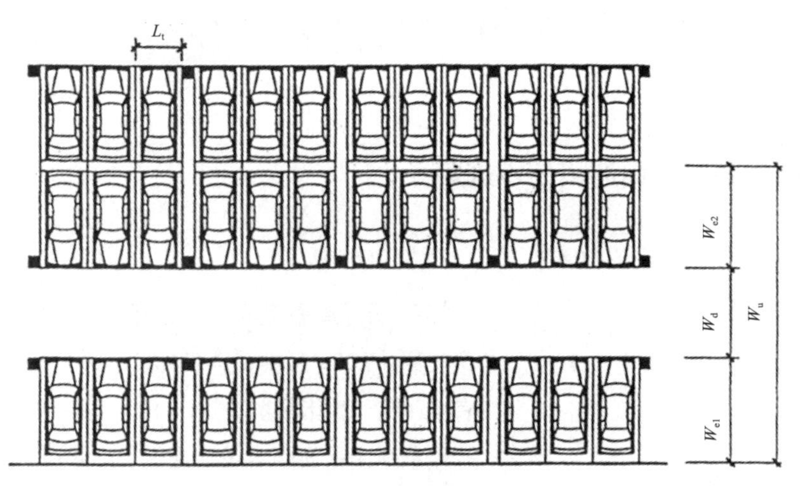

图 1-8-2（图 4.3.3）

注：W_u 为停车带宽度；W_{e1} 为停车位毗邻墙体或连续分隔物时，垂直于通（停）车道的停车位尺寸；W_{e2} 为停车位毗邻时，垂直于通（停）车道的停车位尺寸；W_d 为通车道宽度；L_t 为平行于通车道的停车位尺寸。

8.7.1 停车方式

8.7.2 小型车最小停车位、通（停）车道宽度

小型车的最小停车位、通（停）车道宽度　　表 1-8-11（表 4.3.4）

停车方式			垂直通车道方向的最小停车位宽度（m）		平行通车道方向的最小停车位宽度 L_t（m）	通（停）车道最小宽度 W_d（m）
			W_{e1}	W_{e2}		
平行式		后退停车	2.4	2.1	6.0	3.8
斜列式	30°	前进（后退）停车	4.8	3.6	4.8	3.8
	45°	前进（后退）停车	5.5	4.6	3.4	3.8
	60°	前进停车	5.8	5.0	2.8	4.5
	60°	后退停车	5.8	5.0	2.8	4.2
垂直式		前进停车	5.3	5.1	2.4	9.0
		后退停车	5.3	5.1	2.4	5.5

9 屋面系统的分类与分级

9.1 各类屋面通用技术规定

9.1.1 新、老规范的区别（2012 版与 2004 版）

2012 版《屋面工程技术规范》GB 50345 中把防水等级分为Ⅰ级、Ⅱ级二级（2004 版中分为四级），并无设计使用年限的条文（2004 版中有 25 年、15 年等）规定。

规范强调屋面防水设计应遵循 7 项基本要求；内容上增加了多种不燃保温材料、金属板屋面及玻璃采光顶。

9.1.2 屋面的适用坡度

不同屋面材料的适用坡度　　表 1-9-1

屋面形式	屋面材料做法	适用坡度
平屋面[①]	混凝土结构层宜采用结构找坡	不应小于 3%
	采用材料找坡时	坡度宜为 2%
坡屋面[②]	沥青瓦屋面、波形瓦屋面	≥20%
	块瓦屋面	≥20%
	金属板屋面压型金属板屋面、夹芯板屋面	≥5%
	防水卷材屋面非金属板基层时	≥3%
	装配式轻型坡屋面	＞20%
单层防水卷材屋面[③]	金属型材为基层的屋面	宜大于 1%
	采用空铺压顶法施工的屋面	不应大于 10%
采光顶金属板[④]	采光顶、金属平板屋面和直立销边金属屋面	不应小于 3%
	压型金属板屋面坡度不应小于 5%；当采用紧固件连接时，屋面坡度不宜小于 10%	≥5%～10%
	在腐蚀性粉尘环境中的压型金属板	不宜小于 10%
	当腐蚀性等级为强、中环境时	不宜小于 8%
种植屋面[⑤]	种植平屋面	不宜小于 2%
	种植土与周边自然土体不相连，且高于周边地坪时，应按种植屋面设计要求	不宜小于 2%
	地下室顶板：种植顶板应为现浇防水混凝土，结构找坡	1%～2%

注：1 ①引自《屋面工程技术规范》GB 50345—2012。
2 ②引自《坡屋面工程技术规范》GB 50693—2011。
3 ③引自《单层防水卷材屋面工程技术规程》JGJ/T 316—2013。
4 ④引用《采光顶与金属屋面技术规程》JGJ 255—2012、《压型金属板工程应用技术规范》GB 50896—2013。
5 ⑤引自《种植屋面工程技术规程》JGJ 155—2013、《地下工程防水技术规范》GB 5018—2008。

9.1.3 屋面防水设计内容（7项）

《屋面工程技术规范》GB 50345—2012

4.1.1 屋面工程应根据建筑物的建筑造型、使用功能、环境条件，对下列内容进行设计：

1 屋面防水等级和设防要求；

2 屋面构造设计；

3 屋面排水设计；

4 找坡方式和选用的找坡材料；

5 防水层选用的材料、厚度、规格及其主要性能；

6 保温层选用的材料、厚度、燃烧性能及其主要性能；

7 接缝密封防水选用的材料及其主要性能。

9.1.4 防水设计技术措施

4.1.2 屋面防水层设计应采取下列技术措施：

1 卷材防水层易拉裂部位，宜选用空铺、点粘、条粘或机械固定等施工方法；

2 结构易发生较大变形、易渗漏和损坏的部位，应设置卷材或涂膜附加层；

3 在坡度较大和垂直面上粘贴防水卷材时，宜采用机械固定和对固定点进行密封的方法；

4 卷材或涂膜防水层上应设置保护层；

5 在刚性保护层与卷材、涂膜防水层之间应设置隔离层。

9.1.5 屋面的构造层次

屋面的基本构造层次 表1-9-2（表3.0.2）

屋面类型	基本构造层次（自上而下）
卷材、涂膜屋面	保护层、隔离层、防水层、找平层、保温层、找平层、找坡层、结构层
	保护层、保温层、防水层、找平层、找坡层、结构层
	种植隔热层、保护层、耐根穿刺防水层、防水层、找平层、保温层、找平层、找坡层、结构层
	架空隔热层、防水层、找平层、保温层、找平层、找坡层、结构层
	蓄水隔热层、隔离层、防水层、找平层、保温层、找平层、找坡层、结构层
瓦屋面	块瓦、挂瓦条、顺水条、持钉层、防水层或防水垫层、保温层、结构层
	沥青瓦、持钉层、防水层或防水垫层、保温层、结构层

续表

屋面类型	基本构造层次（自上而下）
金属板屋面	压型金属板、防水垫层、保温层、承托网、支承结构
	上层压型金属扳、防水垫层、保温层、底层压型金属板、支承结构
	金属面绝热夹芯板、支承结构
玻璃采光顶	玻璃面板、金属框架、支承结构
	玻璃面板、点支承装置、支承结构

注：1 表中结构层包括混凝土基层和木基层；防水层包括卷材和涂膜防水层；保护层包括块体材料、水泥砂浆、细石混凝土保护层。
2 有隔汽要求的屋面，应在保温层与结构层之间设隔汽层。

9.1.6 防水等级设防要求

3.0.5 屋面防水工程应根据建筑物的类别、重要程度、使用功能要求确定防水等级，并应按相应等级进行防水设防；对防水有特殊要求的建筑屋面，应进行专项防水设计。屋面防水等级和设防要求应符合表3.0.5的规定。

屋面防水等级和设防要求 表1-9-3（表3.0.5）

防水等级	建筑类别	设防要求
Ⅰ级	重要建筑和高层建筑	两道防水设防
Ⅱ级	一般建筑	一道防水设防

4.5.1 卷材、涂膜屋面防水等级和防水做法应符合表4.5.1的规定。

卷材、涂膜屋面防水等级和防水做法 表1-9-4（表4.5.1）

防水等级	防水做法
Ⅰ级	卷材防水层和卷材防水层、卷材防水层和涂膜防水层、复合防水层
Ⅱ级	卷材防水层、涂膜防水层、复合防水层

注：在Ⅰ级屋面防水做法中，防水层仅作单层卷材时，应符合有关单层防水卷材屋面技术的规定。

9.1.7 卷材、涂膜最小厚度

4.5.5 每道卷材防水层最小厚度应符合表4.5.5的规定。

每道卷材防水层最小厚度（mm）　表 1-9-5（表 4.5.5）

防水等级	合成高分子防水卷材	高聚物改性沥表防水卷材		
		聚酯胎、玻纤胎、聚乙烯胎	自粘聚脂胎	自粘无胎
Ⅰ级	1.2	3.0	2.0	1.5
Ⅱ级	1.5	4.0	3.0	2.0

4.5.6 **每道涂膜防水层最小厚度应符合表 4.5.6 的规定。**

每道涂膜防水层最小厚度（mm）　表 1-9-6（表 4.5.6）

防水等级	合成高分子防水涂膜	聚合物水泥防水涂膜	高聚物改性沥青防水涂膜
Ⅰ级	1.5	1.5	2.0
Ⅱ级	2.0	2.0	3.0

4.5.7 **复合防水层最小厚度应符合表 4.5.7 的规定。**

复合防水层最小厚度（mm）　表 1-9-7（表 4.5.7）

防水等级	合成高分子防水卷材+合成高分子防水涂膜	自粘聚合物改性沥青防水卷材（无胎）+合成高分子防水涂膜	高聚物改性沥青防水卷材+高聚物改性沥青防水涂膜	聚乙烯丙纶卷材+聚合物水泥防水胶结材料
Ⅰ级	1.2+1.5	1.5+1.5	3.0+2.0	（0.7+1.3）×2
Ⅱ级	1.0+1.0	1.2+1.0	3.0+1.2	0.7+1.3

9.1.8　不能作为一道防水层的情况

4.5.8 下列情况不得作为屋面的一道防水设防：

1 混凝土结构层；

2 Ⅰ型喷涂硬泡聚氨酯保温层；

3 装饰瓦及不搭接瓦；

4 隔汽层；

5 细石混凝土层；

6 卷材或涂膜厚度不符合本规范规定的防水层。

9.1.9　附加层设计规定

4.5.9 附加层设计应符合下列规定：

1 檐沟、天沟与屋面交接处、屋面平面与立面交接处，以及水落口、伸出屋面管道根部等部位，应设置卷材或涂膜附加层；

2 屋面找平层分格缝等部位，宜设置卷材空铺附加层，其空铺宽度不宜小于 100mm；

3 附加层最小厚度应符合表 4.5.9 的规定。

附加层最小厚度（mm） 表 1-9-8（表 4.5.9）

附加层材料	最小厚度
合成高分子防水卷材	1.2
高聚物改性沥青防水卷材（聚酯胎）	3.0
合成高分子防水涂料、聚合物水泥防水涂料	1.5
高聚物改性沥青防水涂料	2.0

注：涂膜附加层应夹铺胎体增强材料。

9.1.10 卷材搭线缝宽度规定

4.5.10 防水卷材接缝应采用搭接缝，卷材搭接宽度应符合表 4.5.10 的规定。

卷材搭接宽度（mm） 表 1-9-9（表 4.5.10）

卷材类别		搭接宽度
合成高分子防水卷材	胶粘剂	80
	胶粘带	50
	单缝焊	60，有效焊接宽度不小于 25
	双缝焊	80，有效焊接宽度 10×2+空腔宽
高聚物改性沥青防水卷材	胶粘剂	100
	自粘	80

9.1.11 屋面接缝密封材料

4.6.1 屋面接缝应按密封材料的使用方式，分为位移接缝和非位移接缝。屋面接缝密封防水技术要求应符合表 4.6.1 的规定。

屋面接缝密封防水技术要求 表 1-9-10（表 4.6.1）

接缝种类	密封部位	密封材料
位移接缝	混凝土面层分格接缝	改性石油沥青密封材料、合成高分子密封材料
	块体面层分格缝	改性石油沥青密封材料、合成高分子密封材料
	采光顶玻璃接缝	硅酮耐候密封胶
	采光顶周边接缝	合成高分子密封材料
	采光顶隐框玻璃与金属框接缝	硅酮结构密封胶
	采光顶明框单元板块间接缝	硅酮耐候密封胶

续表

接缝种类	密封部位	密封材料
非位移接缝	高聚物改性沥青卷材收头	改性石油沥青密封材料
	合成高分子卷材收头及接缝封边	合成高分子密封材料
	混凝土基层固定件周边接缝	改性石油沥青密封材料、合成高分子密封材料
	混凝土构件间接缝	改性石油沥青密封材料、合成高分子密封材料

9.1.12 屋面保护层

4.7.1 上人屋面保护层可采用块体材料、细石混凝土等材料，不上人屋面保护层可采用浅色涂料、铝箔、矿物粒料、水泥砂浆等材料。保护层材料的适用范围和技术要求应符合表 4.7.1 的规定。

保护层材料的适用范围和技术要求 表 1-9-11（表 4.7.1）

材料层材料	适用范围	技术要求
浅色涂料	不上人屋面	丙烯酸系反射涂料
铝箔	不上人屋面	0.05mm 厚铝箔反射膜
矿物粒料	不上人屋面	不透明的矿物粒料
水泥砂浆	不上人屋面	20mm 厚 1：2.5 或 M15 水泥砂浆
块体材料	上人屋面	地块或 30mm 厚 C20 细石混凝土预制块
细石混凝土	上人屋面	40mm 厚 C20 细石混凝土或 50mm 厚 C20 细石混凝土内配 ϕ4@100 双向钢筋网片

4.7.2 采用块体材料做保护层时，宜设分格缝，其纵横间距不宜大于 10m，分格缝宽度宜为 20mm，并应用密封材料嵌填。

4.7.3 采用水泥砂浆做保护层时，表面应抹平压光，并应设表面分格缝，分格面积宜为 1m^2。

4.7.4 采用细石混凝土做保护层时，表面应抹平压光，并应设分格缝，其纵横间距不应大于 6m，分格缝宽度宜为 10mm～20mm，并应用密封材料嵌填。

4.7.5 采用淡色涂料做保护层时，应与防水层粘结牢固，厚薄应均匀，不得漏涂。

4.7.6 块体材料、水泥砂浆、细石混凝土保护层与女儿墙或山墙之间，应预留宽度为 30mm 的缝隙，缝内宜填塞聚苯乙烯泡沫塑料，并应用密封材料嵌填。

4.7.7 需经常维护的设施周围和屋面出入口至设施之间的人行道，应铺设块体材料或细石混凝土保护层。

9.1.13 保护层与卷材、涂膜之间的隔离层

4.7.8 块体材料、水泥砂浆、细石混凝土保护层与卷材、涂膜防水层之间，应设置隔离层。隔离层材料的适用范围和技术要求宜符合表 4.7.8 的规定。

隔离层材料的适用范围和技术要求　　表 1-9-12（表 4.7.8）

隔离层材料	适用范围	技术要求
塑料膜	块体材料、水泥砂浆保护层	0.4mm 厚聚乙烯膜或 3mm 厚发泡聚乙烯膜
土工布	块体材料、水泥砂浆保护层	200g/m^2 聚酯无纺布
卷材	块体材料、水泥砂浆保护层	石油沥青卷材一层
低强度 等级砂浆	细石混凝土保护层	10mm 厚黏土砂浆 石灰膏：砂：黏土＝1：2.4：3.6
		10mm 厚石灰砂浆，石灰膏：砂＝1：4
		5mm 厚掺有纤维的石灰砂浆

9.2 坡屋面工程设计的分类分级

《坡屋面工程技术规范》GB 50693—2011

9.2.1 术语

2.0.1 坡屋面 slope roof

坡度大于等于 3% 的屋面。

2.0.2 屋面板 roof boarding

用于坡屋面承托保温隔热层和防水层的承重板。

2.0.3 防水垫层 underlayment

坡屋面中通常铺设在瓦材或金属板下面的防水材料。

2.0.4 持钉层 lock layer of nail

瓦屋面中能够握裹固定钉的构造层次，如细石混凝土层和屋面板等。

2.0.5 隔汽层 vapour barrier

阻滞水蒸气进入保温隔热材料的构造层次。

2.0.6 正脊 flat ridge

坡屋面屋顶的水平交线形成的屋脊。

2.0.7 斜脊 slope ridge

坡屋面斜面相交凸角的斜交线形成的屋脊。

2.0.8 斜天沟 slope cullis

坡屋面斜面相交凹角的斜交线形成的天沟。

2.0.9 搭接式天沟 lapped cullis

在斜天沟上铺设沥青瓦，两侧瓦片搭接形成的天沟。

2.0.10 编织式天沟 knitted cullis

在斜天沟上铺设沥青瓦，两侧瓦片编织形成的天沟。

2.0.11 敞开式天沟 open cullis

瓦材铺设至天沟边沿，天沟底部采用卷材或金属板构造形成的天沟。

2.0.12 挑檐 over hang

屋面向排水方向挑出外墙或外廊部位的檐口构造。

2.0.13 块瓦 tile

由黏土、混凝土和树脂等材料制成的块状硬质屋面瓦材。

2.0.14 沥青波形瓦 corrugated bitumen sheets

由植物纤维浸渍沥青成型的波形瓦材。

2.0.15 树脂波形瓦 corrugated resin sheets

以合成树脂和纤维增强材料为主要原料制成的波形瓦材。

2.0.16 光伏瓦 photovoltaic tile

太阳能光伏电池与瓦材的复合体。

2.0.17 光伏防水卷材 photovoltaic waterproof sheet

太阳能光伏薄膜电池与防水卷材的复合体。

2.0.18 机械固定件 fastener

用于机械固定保温隔热材料、防水卷材的固定钉、垫片和压条等配件。

2.0.19 金属板屋面 metal plate roof

采用压型金属板或金属面绝热夹芯板的建筑屋面。

2.0.20 装配式轻型坡屋面 assembly-typ elight sloping roof

以冷弯薄壁型钢屋架或木屋架为承重结构，轻质保温隔热材料、轻质瓦材等装配组成的坡屋面系统。

2.0.21 抗风揭 wind uplift resistance

阻抗由风力产生的对屋面向上荷载的措施。

2.0.22 冰坝 ice dam

在屋面檐口部位结冰形成的挡水冰体。

9.2.2 坡屋面的设计内容

3.2.2 坡屋面工程设计应包括以下内容：

1 确定屋面防水等级；

2 确定屋面坡度；

3 选择屋面工程材料；

4 防水、排水系统设计；

5 保温、隔热设计和节能措施；

6 通风系统设计。

9.2.3 坡屋面的类型和坡度

3.2.4 根据建筑物高度、风力、环境等因素，确定坡屋面类型、坡度和防水垫层，并应符合表 3.2.4 的规定。

屋面类型、坡度和防水垫层 表 1-9-13（表 3.2.4）

坡度与垫层	屋面类型						
	沥青瓦屋面	块瓦屋面	波形瓦屋面	金属板屋面		防水卷材屋面	装配式轻型坡屋面
				压型金属板屋面	夹芯板屋面		
适用坡度（%）	≥20	≥30	≥20	≥5	≥5	≥3	≥20
防水垫层	应选	应选	应选	一级应选 二级宜选	—	—	应选

9.2.4 强制性条文

3.2.10 屋面坡度大于 100% 以及大风和抗震设防烈度为 7 度以上的地区，应采取加强瓦材固定等防止瓦材下滑的措施。

3.2.17 严寒和寒冷地区的坡屋面檐口部位应采取防冰雪融坠的安全措施。

9.2.5 防水垫层

1. 防水垫层设置

3.2.5 坡屋面采用沥青瓦、块瓦、波形瓦和一级设防的压型金属板时，应设置防水垫层。

2. 防水垫层的设计规定

4.1.1 防水垫层表面应具有防滑性能或采取防滑措施。

4.1.2 防水垫层应采用以下材料：

1 沥青类防水垫层（自粘聚合物沥青防水垫层、聚合物改性沥青防水垫层、波形沥青通风防水垫层等）；

2 高分子类防水垫层（铝箔复合隔热防水垫层、塑料防水垫层、透汽防水垫层和聚乙烯丙纶防水垫层等）；

3 防水卷材和防水涂料。

4.1.3 防水等级为一级设防的沥青瓦屋面、块瓦屋面和波形瓦屋面，主要防水垫层种类和最小厚度应符合表 4.1.3 的规定。

一级设防瓦屋面的主要防水垫层种类和最小厚度 表 1-9-14（表 4.1.3）

防水垫层种类	最小厚度（mm）
自粘聚合物沥青防水垫层	1.0
聚合物改性沥青防水垫层	2.0

续表

防水垫层种类	最小厚度（mm）
波形沥青通风防水垫层	2.2
SBS、APP 改性沥青防水卷材	3.0
自粘聚合物改性沥青防水卷材	1.5
高分子类防水卷材	1.2
高分子类防水涂料	1.5
沥青类防水涂料	2.0
复合防水垫层（聚乙烯丙纶防水垫层＋聚合物水泥防水胶粘材料）	2.0（0.7＋1.3）

各类防水垫层材料性能详见规范 4.1.4～4.1.10 条。

9.2.6 防水卷材

10.2.1 单层防水卷材的厚度和搭接宽度应符合表 10.2.1–1 和表 10.2.1–2 的规定：

单层防水卷材厚度（mm） **表 1-9-15**（**表** 10.2-1-1）

防水卷材名称	一级防水厚度	二级防水厚度
高分子防水卷材	≥1.5	≥1.2
弹性体、塑性体改性沥青防水卷材	≥5	

单层防水卷材搭接宽度（mm） **表 1-9-16**（**表** 10.2.1-2）

<table>
<tr><th rowspan="4">防水卷材名称</th><th colspan="5">长边、短边搭接方式</th></tr>
<tr><th rowspan="3">满粘法</th><th colspan="4">机械固定法</th></tr>
<tr><th colspan="2">热风焊接</th><th colspan="2">搭接胶带</th></tr>
<tr><th>无覆盖机械固定垫片</th><th>有覆盖机械固定垫片</th><th>无覆盖机械固定垫片</th><th>有覆盖机械固定垫片</th></tr>
<tr><td>高分子防水卷材</td><td>≥80</td><td>≥80
且有效焊缝宽度≥25</td><td>≥120
且有效焊缝宽度≥25</td><td>≥120
且有效粘结宽度≥75</td><td>≥200
且有效粘结宽度≥150</td></tr>
<tr><td>弹性体、塑性体改性沥青防水卷材</td><td>≥100</td><td>≥80
且有效焊缝宽度≥40</td><td>≥120
且有效焊缝宽度≥40</td><td colspan="2">—</td></tr>
</table>

9.3 瓦屋面的技术规定

《屋面工程技术规范》GB 50345—2012

9.3.1 瓦屋面防水等级与做法

4.8.1 瓦屋面防水等级和防水做法应符合表 4.8.1 的规定。

瓦屋面防水等级和防水做法 表 1-9-17（表 4.8.1）

防水等级	防水做法
Ⅰ级	瓦＋防水层
Ⅱ级	瓦＋防水垫层

注：防水层厚度应符合本规范第 4.5.5 条或第 4.5.6 条Ⅱ级防水的规定。

4.8.6 防水垫层宜采用自粘聚合物沥青防水垫层、聚合物改性沥青防水垫层，其最小厚度和搭接宽度应符合表 4.8.6 的规定。

防水垫层的最小厚度和搭接宽度（mm） 表 1-9-18（表 4.8.6）

防水垫层品种	最小厚度	搭接宽度
自粘聚合物沥青防水垫层	1.0	80
聚合物改性沥青防水垫层	2.0	100

9.3.2 瓦屋面持钉层厚度

4.8.7 在满足屋面荷载的前提下，瓦屋面持钉层厚度应符合下列规定：

1 持钉层为木板时，厚度不应小于 20mm；

2 持钉层为人造板时，厚度不应小于 16mm；

3 持钉层为细石混凝土时，厚度不应小于 35mm。

4.8.8 瓦屋面檐沟、天沟的防水层，可采用防水卷材或防水涂膜，也可采用金属板材。

4.9.1 金属板屋面防水等级和防水做法应符合表 4.9.1 的规定。

9.4 金属板屋面的技术规定

《屋面工程技术规范》GB 50345-2012

9.4.1 金属板屋面防水等级与做法

（强制条文）金属板屋面防水等级和防水做法　表 1-9-19（表 4.9.1）

防水等级	防水做法
Ⅰ级	压型金属板+防水垫层
Ⅱ级	压型金属板、金属面绝热夹芯板

注：1 当防水等级为Ⅰ级时，压型铝合金板基板厚度不应小于 0.9mm；压型钢板基板厚度不应小于 0.6mm。
2 当防水等级为Ⅰ级时，压型金属板应采用 360° 咬口锁边连接方式。
3 在Ⅰ级屋面防水做法中，仅作压型金属板时，应符合《金属压型板应用技术规范》等相关技术的规定。

9.4.2 金属板屋面的露点温度

《层面工程技术规范》GB 50345—2012 第 4.9.6 条条文说明

室内温度和相对湿度下的露点温度（℃）　　表 1-9-20（表 6）

室内温度（℃）	室内相对湿度（%）							
	20	30	40	50	60	70	80	90
5	-14.4	-9.9	-6.6	-4.0	-1.8	0	1.9	3.5
10	-10.5	-5.9	-2.5	0.1	2.7	4.8	6.7	8.4
15	-6.7	-2.0	1.7	4.8	7.4	9.7	11.6	13.4
20	-3.0	2.1	6.2	9.4	12.1	14.5	16.5	18.3
25	-0.9	6.6	10.8	14.1	16.9	19.3	21.4	23.3
30	-5.1	11.0	15.3	18.8	21.7	24.1	26.3	28.3
35	9.4	15.5	19.9	23.5	26.5	29.9	31.2	33.2
40	13.7	20.0	24.6	28.2	31.3	33.9	36.1	38.2

本条明确金属板屋面防结露设计应符合现行国家标准《民用建筑热工设计规范》GB 50176 的有关规定。通过有关围护结构内表面以及内部温度的计算和围护结构内部冷凝受潮的验算，才能真正解决防结露问题。

9.4.3 单层柔性屋面系统

1. 单层柔性屋面系统

主要是指用于金属压型钢板上的以单层防水卷材来防水的屋面系统。

作为金属压型钢板基层的单层防水卷材屋面的材料主要有三种：

（1）热塑性聚烯烃（TPO）产品分为匀质、带纤维背衬和织物内增强型，采用机械固定连接时应选用聚酯纤维内增强型（TPO）防水卷材；

（3）聚氯乙烯（PVC）产品分为匀质、带纤维背衬和织物内增强型、玻璃纤维内增强及玻璃纤维内增强带纤维背衬卷材，采用机械固定连接时应选用聚酯纤维内增强的 PVC 卷材；

（3）三元乙丙橡胶（EPDM）防水卷材分为匀质和织物内增强两种类型，当用于机械固定连接时，防水卷材除符合相关性能要求之外，生产商还应提供与具体项目相对应的屋面系统实验报告，如抗风揭实验报告、FM 屋面系统报告等。

单层柔性屋面卷材除以上常用的三种材料外，还有弹性体改性沥青防水卷材（SBS）和塑性体改性沥青防水卷材（APP）。后两种材料只运用于机械固定法施工。

2. TPO 与 PVC 对比

TPO 与 PVC 的性能对比 表 1-9-21

热塑性聚烯烃（TPO）	聚氯乙烯（PVC）
是聚丙烯与乙丙橡胶或三元乙丙的化学合成树脂，具有 EPDM 与 PVC 的优点，即 EPDM 的耐候性和 PVC 的可焊接性	是在聚氯乙烯中掺加增塑剂、稳定剂等成分合成的 PVC 高分子材料，具有可焊性
无增塑剂，具有更高的耐化学腐蚀性，使用寿命更长，与沥青 / 聚苯乙烯相容	增塑剂随时间变化发生迁移，导致卷材使用寿命降低，后期可焊接性差，增塑剂挥发，会造成尺寸收缩与厚度变小，与沥青 / 聚苯乙烯不相容
不含氯元素和重金属元素，对环境及人体无害，不污染水源及空气，更加环保	含氯元素和重金属元素对人体及环境有害，对水源及空气有污染
低温柔韧性（-35℃～-45℃）	低温柔韧性（-25℃～-35℃）
长期抗紫外线性能优越	抗紫外线
对焊接环境和温度敏感，细部处理难度大，焊缝后应进行密封处理，加强焊接效果，减少渗漏概率，永久可焊接（新、旧材料间），维修简单低廉	对施工环境敏感度低，细部易处理，焊缝后不进行后期处理 由于增塑剂使材料变硬、变脆，修补困难，需全部更换
容重低，约 900kg/m^3	容重较高，约 1300kg/m^3

3. 单层卷材防水连接方式　单层卷材防水连接方式主要有点式固定、线性固定和无穿孔固定三种方式。

9.5 玻璃采光顶的技术规定

《屋面工程技术规程》GB 50345—2012

9.5.1 采光顶玻璃应符合

4.10.8 玻璃采光顶的玻璃应符合下列规定：

1 玻璃采光顶应采用安全玻璃，宜采用夹层玻璃或夹层中空玻璃；

2 玻璃原片应根据设计要求选用，且单片玻璃厚度不宜小于 6mm；

3 夹层玻璃的玻璃原片厚度不宜小于 5mm；

4 上人的玻璃采光顶应采用夹层玻璃；

5 点支承玻璃采光顶应采用钢化夹层玻璃；

6 所有采光顶的玻璃应进行磨边倒角处理。

4.10.9 玻璃采光顶所采用夹层玻璃除应符合现行国家标准《建筑用安全玻璃 第3部分：夹层玻璃》GB 15763.3 的有关规定外，尚应符合下列规定：

9.5.2 夹层玻璃应符合

1 夹层玻璃宜为干法加工合成，夹层玻璃的两片玻璃厚度相差不宜大于 2mm；

2 夹层玻璃的胶片宜采用聚乙烯醇缩丁醛胶片，聚乙烯醇缩丁醛胶片的厚度不应小于 0.76mm；

3 暴露在空气中的夹层玻璃边缘应进行密封处理。

4.10.10 玻璃采光顶所采用夹层玻璃除应符合本规范第 4.10.9 条和现行国家标准《中空玻璃》GB/T 11944 的有关规定外，尚应符合下列规定：

9.5.3 中空玻璃应符合

1 中空玻璃气体层的厚度不应小于 12mm；

2 中空玻璃宜采用双道密封结构，隐框或半隐框中空玻璃的二道密封应采用硅酮结构密封胶；

3 中空玻璃的夹层面应在中空玻璃的下表面。

9.5.4 各种性能的分级指标

《建筑玻璃采光顶技术要求》JG/T 231—2018

8.1 结构性能

结构性能分级表　　表 1-9-22（表 17）

分级代号	1	2	3	4	5	6	7	8	9
分级指标值 S_k/kPa	$1.0 \leq S_k < 1.5$	$1.5 \leq S_k < 2.0$	$2.0 \leq S_k < 2.5$	$2.5 \leq S_k < 3.0$	$3.0 \leq S_k < 3.5$	$3.5 \leq S_k < 4.0$	$4.0 \leq S_k$ $k < 4.5$	$4.5 \leq S_k < 5.0$	$S_k \geq 5.0$

注：1 各级均需同时标注 S_k 的实测值。
2 分级指标值 S_k 为绝对值。

8.2 气密性能

8.2.1 封闭式玻璃采光顶气密性能应满足节能设计要求。可开启部分采用压力差为 10Pa 时的开启缝长空气渗透量 q_L 作为分级指标，玻璃采光顶整体（含可开启部分）采用压力差为 10Pa 时的单位面积空气渗透量

q_A作为分级指标，分级应符合表 18 的规定。

玻璃采光顶气密性能分级表 表 1-9-23（表 18）

分级代号		1	2	3	4
分级指标值 q_L[m³/（m·h）]	可开启部分	4.0≥q_L>2.5	2.5≥q_L>1.5	1.5≥q_L>0.5	q_L≤0.5
分级指标值 q_A[m³/（m²·h）]	玻璃采光顶整体	4.0≥q_A>2.0	2.0≥q_A>1.2	1.2≥q_A>0.5	q_A≤0.5

注：第 4 级应在分级后同时注明具体分级指标值。

8.3 水密性能

水密性能分级指标（Δ*P*）应符合表 19 的规定。

玻璃采光顶水密性能分级表 表 1-9-24（表 19）

分级代号		1	2	3	4
分级指标值 Δ*P*（Pa）	固定部分	Δ*P*=0	1000≤Δ*P*<1500	1500≤Δ*P*<2000	Δ*P*≥2000
	可开启部分	Δ*P*=0	500≤Δ*P*<700	700≤Δ*P*<1000	Δ*P*≥1000

注：1 Δ*P* 为测试结果满足委托要求的水密性能检测指标压力差值。
2 各级下均需同时标注 Δ*P* 的实测值。

8.4 保温性能

玻璃采光顶保温性能以传热系数（*K*）和抗结露因子（*CRF*）表示。传热系数（*K*）分级见表 20，抗结露因子（*CRF*）分级见表 21。

注：抗结露因子是玻璃采光顶阻抗室内表面结露能力的指标。指在稳定传热状态下，试件热侧表面与室外空气温度差和室内、外空气温度差的比值。

玻璃采光顶传热系数分级表 表 1-9-25（表 20）

分级	1	2	3	4	5	6	7	8
分级指标值 *K* [W/（m²·K]）	*K*>5.0	5.0≥*K*>4.0	4.0≥*K*>3.0	3.0≥*K*>2.5	2.5≥*K*>2.0	2.0≥*K*>1.5	1.5≥*K*>1.0	*K*≤1.0

玻璃采光顶抗结露因子分级表 表 1-9-26（表 21）

分级	1	2	3	4	5	6	7	8
分级指标值 *CRF*	*CRF*≤40	40<*CRF*≤45	45<*CRF*≤50	50<*CRF*≤55	55<*CRF*≤60	60<*CRF*≤65	65<*CRF*≤70	*K*>75

8.5 隔热性能

玻璃采光顶隔热性能以太阳得热系数（*SHGC*，也称太阳能总透射比）表示，分级指标应符合表22的规定。

玻璃采光顶太阳得热系数分级表 表1-9-27（表22）

分级	1	2	3	4	5	6	7
分级指标值 *SHGC*	0.8≥*SHGC*＞0.7	0.7≥*SHGC*＞0.6	0.6≥*SHGC*＞0.5	0.5≥*SHGC*＞0.4	0.4≥*SHGC*＞0.3	0.3≥*SHGC*＞0.2	*SHGC*≤0.2

8.6 光热性能

玻璃采光顶光热性能以光热比（*r* 或 *LSG*）表示，分级应符合表23的规定。

注：光热比 *r* 或 *LSG* 为可见光透射比 τ_v 和太阳能总透射比g的比值，即 $r=\tau_v/g$。

光热性能分级表 表1-9-28（表23）

分级	1	2	3	4	5	6	7	8
光热比 *r*	*r*＜1.1	1.1≤*r*＜1.2	1.2≤*r*＜1.3	1.3≤*r*＜1.4	1.4≤*r*＜1.5	1.5≤*r*＜1.7	1.7≤*r*＜1.9	*r*≥1.9

8.7 热循环性能

8.7.1 热循环试验中试件不应出现结露现象，无功能障碍或损坏。

8.7.2 玻璃采光顶的热循环性能应满足下列要求：

a）热循环试验至少三个周期；

b）试验前后玻璃采光顶的气密、水密性能指标不应出现级别下降。

8.8 隔声性能

以玻璃采光顶空气计权隔声量 R_w 进行分级，其分级指标应符合表24的规定。

玻璃采光顶的空气声隔声性能分级表 表1-9-29（表24）

分级代号	2	3	4
分级指标值 R_w（dB）	$30 \le R_w < 35$	$35 \le R_w < 40$	$R_w \ge 40$

注：4级时需同时标注 R_w 的实测值。

8.9 采光性能

玻璃采光顶采光性能以透光折减系数 T_r 和颜色透射指数 R_a 作为分级指标，透光折减系数 T_r 分级指标应符合表25的规定，颜色透射指数

R_a 应符合表 26 的规定。有辨色要求的玻璃采光顶的颜色透射指数 R_a 不应低于 80。

玻璃采光顶透光折减系数分级表　　表 1-9-30（表 25）

分级代号	1	2	3	4	5
分级指标值 T_r	$0.20 \leqslant T_r < 0.30$	$0.30 \leqslant T_r < 0.40$	$0.40 \leqslant T_r < 0.50$	$0.50 \leqslant T_r < 0.60$	$T_r \geqslant 0.60$

注：T_r 为透射漫射光照度与漫射光照度之比。5 级时需同时标注 T_r 的实测值。

玻璃采光顶颜色透射指数分级　　表 1-9-31（表 26）

分级	1		2		3	4
	A	B	A	B		
R_a	$R_a \geqslant 90$	$80 \leqslant R_a < 90$	$70 \leqslant R_a < 80$	$60 \leqslant R_a < 70$	$40 \leqslant R_a < 60$	$20 \leqslant R_a < 40$

9.6 种植屋面系统

9.6.1 屋顶绿化存在的技术问题

1. 建筑安全

种植屋面荷载应考虑种植土固有荷载、树木生长增加的荷载、雨水和灌溉水的荷载。屋面种植对建筑安全的影响有种植土热胀冷缩、树木根系生长、有机酸腐蚀作用，破坏结构基层及周围护墙、破坏防水层等。

2. 植物生长的安全

种植屋面上栽种植物，其生长会增加屋面荷载，因此不宜种植生长过快的植物。当种植屋面排水不畅、雨水淤积时，不仅增加了整个屋面的荷载，长期淤积还会发生沤根现象。自然界气温的冷热变化、大风、暴雪同样给栽种的植物带来生长安全的威胁。

9.6.2 屋顶绿化形式

（1）花园式屋顶绿化——静荷载应≥250kg/m^2，概算造价 550 元 /m^2。

（2）简单式屋顶绿化——静荷载应≥100kg/m^2，概算造价 330 元 /m^2。

（3）容器式屋顶绿化——由大小、高低不同的容器绿化组合而成。

9.6.3 屋顶绿化的相关技术问题

（1）基层的清理、找平。

（2）防水层应达到一级标准（二层）（高分子材料可以做一层，但厚度必须≥2mm）。防穿刺防水材料的耐根穿刺试验检测时间需两年，穿刺及强度试验分别由北京园林科学研究所和结构所实验鉴定。对材料厚度的要求为：SBS≥4mm，PVC≥2mm，TPO≥2mm，EPDM≥1.2mm，丙纶，聚脲≥2mm。

（3）隔根层（防穿刺层）：基于目前国内较低的施工水平，为防止破坏原屋顶而增加 40mm 厚混凝土保护层，隔根层一般采用高分子聚乙烯膜。

（4）排（蓄）水层：铺设时应凸头向上。

（5）隔离过滤层：防止土掉下来，一般选用 120kg 以上无纺布。

（6）种植基质层：复合种植土、改良土，覆土厚度的设计原则是维持植物存活而非疯长，土层不必太厚。

（7）屋顶绿化植物选择：耐修剪，生长慢，根系不太发达，耐热性好。

（8）屋顶植物的固定：2m 以上的乔木必须固定（多边支撑，绳索固定）。

（9）浇灌技术：一般采用点灌、滴灌的方式，还有喷灌、微灌等方式。

9.6.4 基本工作步骤（屋顶绿化）

（1）基层处理；

（2）铺设隔根层；

（3）铺设排水板；

（4）无纺布覆盖；

（5）设置排水观察井（宜在铺装区，不宜在绿化内）；

（6）铺设种植基质土。

9.6.5 屋顶绿化的设计要点

（1）树木离女儿墙水平距离宜大于 2 倍树高；

（2）屋顶必须设防护栏杆；

（3）与建筑本体尺寸、环境协调一致；

（4）不能影响建筑外观（避免毛刷边现象）；

（5）植物姿态完美，可观花观果，精致如盆景；

（6）坚决不做假树假草；

（7）要考虑春、夏、秋、冬四季景观；

（8）倡导空中菜园、药园、果园；

（9）考虑简约、大气、统一的绿化构图；

（10）设小山、小水、小石，山路宜小巧；

（11）与垂直绿化紧密结合；

（12）设备做必要的遮挡；

（13）照明灯具位置合理；

（14）雨水口、观察井应重点标注。

9.6.6 种植土高度、允许荷重、允许植物高度的关系

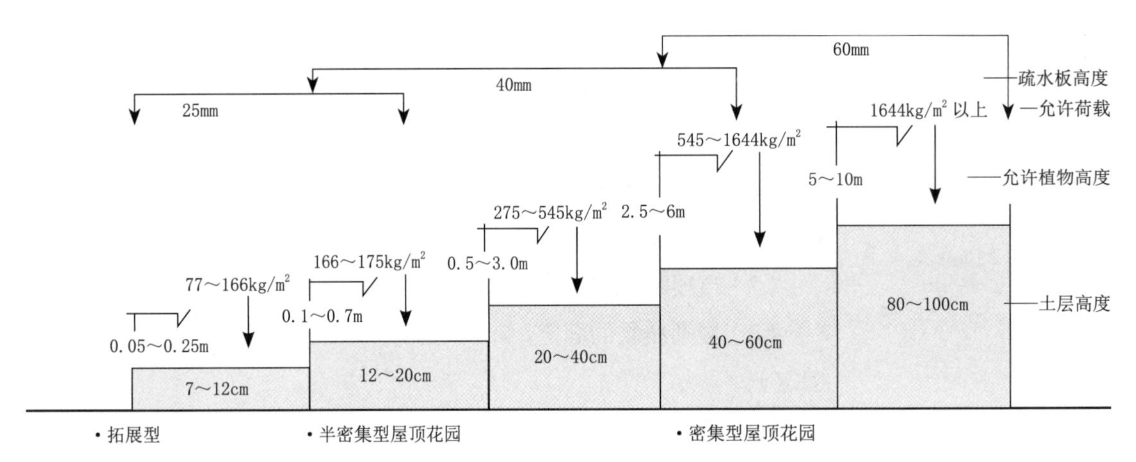

图 1-9-1 种植土高度、允许荷重、植物高度关系图

9.7 屋面按材料及形式分类

9.7.1 屋面分类

建筑屋顶是建筑整体造型的重要组成部分。建筑屋面具有隔热、保温及遮风挡雨的功能。屋面从材料及形式上大致可分为平屋面、坡屋面、金属板屋面、单层柔性屋面（金属板上）、种植屋面等多种形式。

（1）平屋面（钢筋混凝土底板），又可分为上人屋面及不上人屋面两种；

（2）坡屋面，根据表面防水瓦材的不同可分为沥青瓦屋面、块瓦屋面、波形瓦屋面及压型金属板屋面等；

（3）金属板屋面，根据不同的构成材料分为单层压型板屋面、双层压型板复合保温屋面、多层压型板复合保温屋面、压型钢板复合保温防水卷材屋面、保温夹芯板屋面（板长不大于 12m）等；

（4）单层柔性屋面，根据基层金属板选用的柔性卷材［TPO、PVC、EPDM、弹性体（SBS）、塑性体（APP）改性沥青卷材等］及施工方法（机械固定法、满粘法、空铺压顶法）分为多种形式；

（5）种植屋面，可以用于平屋面、坡屋面及金属板屋面上，但不同的屋面种植又会有不同的条件和要求。

9.7.2 屋面防水特性比较

对不同种类屋面的构造层次，找坡，保温层、防水层选择，设计要点等问题列表比较，可以了解各类屋面的设计特点。详见《不同种类屋面防水设计特性对比表》（表 1-9-32）。

不同种类屋面防水设计特性对比表 表 1-9-32

序号	屋面	构造层次	找坡（%）	隔热保温层	防水层选择	构造要点提示
1	一般平屋面	•构造层次从下往上： 结构基层； 找坡层（找平层）； 保温隔热层； 找平层； 防水层； 隔热层； 保护层 （部分屋顶上还会设置功能面层、种植层、架空隔热层或蓄水隔热层）	•结构找坡宜3%； •材料找坡 2%； •天沟、檐沟坡宜不小于 1%； •沟底落差＜200mm； •分水距离≤20m； •水口周边500mm 范围内，坡度≥5%	板块材： •聚苯乙烯泡沫塑料（XPS）； •硬质聚氨酯； •膨胀珍珠岩制品； •泡沫玻璃制品； •加气混凝土块； •泡沫混凝土块； •玻璃棉、岩棉； •矿渣棉制品； •喷涂硬泡聚氨酯； •现浇泡沫混凝土	•防水层的种类： 卷材防水层； 涂膜防水层； 复合防水层。 •设防层次、方式 一道防水设防； 多道防水设防，至少有一道是卷材； 复合防水层设防（卷材在上，涂膜在下）	复合材料的相容性： •热溶性 SBS 改性沥青涂料上可复合高聚物改性沥青卷材或自粘改性沥青卷材； •聚合物水泥防水涂料上可复合后成高分子卷材； •应符合推广应用及限制禁止使用公告的要求； •阴阳角、管根、泛水、檐沟处均加附加层（涂层或自粘卷材）
	倒置式屋面	•构造层次从下往上： 结构基层； 找坡层； 找平层； 防水层； 隔热保温层； 隔离层； 保护层； 功能面层。 •上部种植时宜为容器式种植	•材料找坡 3%； •水口周边 500～600mm 范围内坡度≥5%； •倒置式屋面规范及有些城市要求为 3%（强条）	•挤塑聚苯板（XPS）抗压应强度≥150kPa（20kg/m^3）； •硬质聚氨酯泡沫板（PU）； •泡沫玻璃； •规范规定，考虑受潮影响，计算厚度应加大 25%； •体积吸水率≤3% •XPS 板型号为：X150、X250、X350、X600，密度＞20、≥25、≥30、≥40（kg/m^3）	•防水层的选择： 优先选用“D类”织物内增型 PVC 卷材、TPO 卷材、聚酯型聚氨酯或带聚乙烯保护膜的改性沥青自粘防水卷材； •聚苯乙烯板不可以直接贴于聚氨酯防水涂料之上	•停车时抗压强度≥350kPa（30kg/m^3）； •挤塑板吸水率小，蒸汽渗透阻大，可选用； •计算厚度应增 25%； •最小厚度不得小于 25mm； •防火要求高时应选用泡沫玻璃； •选用Ⅲ型（PU）材料≥55kg/m^{3}时，可按防水、保温一体化考虑； •防水等级应为Ⅰ级，合理使用年限不得少于 20 年

续表

序号	屋面	构造层次	找坡（%）	隔热保温层	防水层选择	构造要点提示
2	一般坡屋面	•层次从下往上： 结构层； 防水垫层； 保温隔热层； 屋面瓦	•坡屋面定义：大于3%屋面； •常用坡度：410%~50%； •块瓦坡度：≥30%； •沥青瓦坡度：≥20%； •波形瓦坡度：≥20%；	隔热材料选用： •不宜选用散状材料； •表观密度不宜大于250kg/m³； •硬质聚苯乙烯板（XPS）； •硬质聚氨酯板（PU）； •岩棉、矿渣棉、玻璃棉； •硬泡聚氨酯； •酚醛泡沫板； •聚异氰脲酸酯泡沫； •阻燃性好（PIR）	防水垫层是辅助防水层作用的次防水层，在隔热层之下时为隔汽层。 •聚合物改性沥青垫层≥2.0； •自粘聚合物沥青垫层≥1.0； •波形沥青通风垫层≥2.2； •SBS、APP改性沥青防水卷材≥3.0； •自粘聚合物改性沥青卷材≥1.5； •高分子类防水卷材≥1.2； •高分子类防水涂料≥1.5； •沥青类防水涂料≥2.0； 复合防水垫层（聚乙烯丙纶防水垫层+聚合物水泥防水胶粘木材2.0（0.7+1.3）	•屋面形式（结构）： 混凝土结构坡屋面属于无檩条体系； 木结构、轻钢结构坡屋面属于有檩体系。 •构造形式： 绝热材料保温屋面； 采用通风和反射构造的通风降热屋面。 •坡度>100%、有大风和地震设防烈度7度以上地区应有防止瓦材下滑的措施。 •严寒和寒冷地区檐口部位应采取防止冰雪融坠的安全措施
3	金属板屋面	•基本构造从上到下： 面层压型钢板； 防水透气层； 保温层； 隔汽层； 底层压型钢板	•紧固件连接时，排水坡度不宜小于10%； •咬口销边连接时排水坡度不小于5%； •天沟、檐沟纵向坡度宜为0.5%，内侧深不小于250mm，外侧低于内侧不少于50mm，沟宽宜>300mm； •有女儿墙时设溢流口	•泡沫塑料类： 模塑板（EPS）； 挤塑板（XPS）； 硬质聚氨酯（PUR）。 •矿物棉制品： 超细玻璃棉毡（附贴膜）； 岩棉板、岩棉毡	•防水层设计： 一级防水设计年限≥20年，咬边连接大于180°压型钢板+防水垫层或防水透气层； 二级防水设计年限≥10年，压型金属板+防水垫层或防水透气层（宜加）。 •隔汽层材料： 聚酯膜、聚烯烃涂层纺粘聚乙烯膜、弹性体（SBS）改性沥青防水卷材； •防水透气层材料： 纺粘聚乙烯和聚丙烯	•压型铝合金基板厚度≥0.9mm； •压型钢板基板厚度≥0.6mm； •抗风揭试验要求（目前尚无国家标准）

续表

序号	屋面	构造层次	找坡（%）	隔热保温层	防水层选择	构造要点提示
4	单层防水卷材	•单层防水卷材屋面（压型钢板为基层）： 单层柔性防水卷材（现料）； 金属压型钢板； 保温层； 隔汽层； 底层压型钢板	屋面坡度宜大于3%		•热塑性聚烯烃（TPO）； •聚氯乙烯（PVC）； •三元乙丙橡胶（EPDM）； •弹性体改性沥青（SBS）； •塑性体改性沥青（APP）	•采用机械固定连接时应选用聚酯纤维内增强型TPO、PVC、防水卷材； •抗风揭的模拟风压等级不应低于标准值
	地下室顶板	•基本构造从上往下： 上层覆土； 250～70mm厚细石混凝土保护层； 隔离层； 防水层； 20mm厚1：3水泥砂浆找平； 找坡层； 保温层（覆土大于1500mm时可不设）； 钢筋混凝土顶板	细石混凝土板保护层顶面坡度≥0.5%	•覆土厚度≤1500mm时宜设保温层； •上为消防停车时挤塑板抗压强度宜≥350kPa（30kg/m^3）	宜同墙身做法，顶板变形缝及转角处均应加设附加层	•聚合物防水涂料的长期耐水性未经实践验证，故应谨慎选用； •防水设防高度应高出室外地坪500mm以上，并与外墙防水连续封闭
5	平屋面种植	•基本构造从下往上： 结构顶板； 保温隔热层； 找坡（找平）层； 普通防水层； 耐根穿刺防水层； 保护层（软质：土工布，硬质：细石混凝土）； 排（蓄）水层； 过滤层； 种植土层； 植被层。 •种植屋面不宜设计为倒置式屋面，若采用倒置式时，宜采用容器式种植	≥3%		•种植屋面防水要求： 一级防水设防年限不小于20年，两道防水层中一道为耐根穿刺防水层。 •普通防水层选用最小厚度： 改性沥青防水卷材≥4.0mm； 高分子防水卷材≥1.5mm； 自粘聚合物改性沥青≥3.0mm； 高分子防水涂料≥2.0mm； 喷涂聚脲涂料≥2.0mm	•普通防水层与基层宜满粘施工，坡度>3%时，不得空铺施工； •排（蓄）水层应结合排水沟分区设置； •排（蓄）水层可设明沟或暗沟，明沟设于屋面四周，距女儿墙应>300mm；暗沟应设排水检查孔； •排（蓄）水板优先选用塑料、橡胶凹凸型或网状交织排（蓄）水材料

续表

序号	屋面	构造层次	找坡（%）	隔热保温层	防水层选择	构造要点提示
5	坡屋面种植	•基本构造从下往上： 结构顶板； 保温层； 找平层； 普通防水层； 耐根穿刺防水层； 隔离层； 保护层：不上人时玻纤、聚酯无纺质量>300g/m²，上人时，50～80mm 细石混凝土 φ6，双向； 排（蓄）水层； 过滤层； 种植土和植被层	•常用坡度为10%～50%，坡度>50% 时不宜覆土种植		耐根穿刺防水材料最小厚度： •弹性体改性沥青防水卷材≥4.0mm； •塑性体改性沥青防水卷材≥4.0mm； •聚氯乙烯防水卷材≥1.2mm； •热塑性聚烯烃防水卷材≥1.2mm； •高密度聚乙烯土工膜≥1.2mm； •三元乙丙橡胶防水卷材≥1.2mm； •聚乙烯丙纶卷材和聚合物水泥胶结料复合膜≥0.6+胶结料≥1.3mm； •喷涂聚脲防水涂料≥2.0mm	坡度≥20% 时： •必须采取防滑措施； •应选用草皮卷或植被毯； •应侧重地表径流的汇水及排水； •保护层宜为配筋细石混凝土； •沿山墙、檐沟应设安全护栏； •坡度≥10% 时参照节点做防滑处理
	地下室顶板种植	•基本构造从下往上： 结构顶板； 保温层； 找坡（找平层）； 普通防水层； 耐根穿刺防水层； 隔离层； 细石混凝土保护层（70 厚）； 排水层； 过滤层（除重盐碱地区覆土>2.0m 时可不设）； 种植土层和植被层	•顶板上种植坡变应≥0.5%； •华北标 BJ 系列图集中种植顶板结构找坡宜为1%～2%； •顶板厚度≥250mm	•覆土厚度≤1500mm 时宜设保温层； •上为消防停车时保温挤塑板抗压强度≥350kPa	•Ⅰ级防水设防，年限不小于20年，两道防水层中有一道为耐根穿刺防水层； •宜同墙身防水层做法一致，转角及变形缝处均应加设附加层； ·聚合物防水涂料长期耐水性未经实践验证，故谨慎选用	

9.8 防水材料分类

防水材料分类表 表 1-9-33

大类	子类	细分	品种
防水卷材	沥青基防水卷材	普通石油沥青或氧化沥青、防水卷材	石油沥青纸胎油毡
			石油沥青玻璃纤维胎防水卷材
			玻纤胎沥青瓦
			石油沥青玻璃布油毡
			铝箔面石油沥青防水卷材
		改性沥青防水卷材	弹性体改性沥青防水卷材
			塑性体改性沥青防水卷材
			改性沥青聚乙烯胎防水卷材
			自粘聚合物沥青防水卷材
			沥青基预铺防水卷材
			湿铺防水卷材
			沥青复合胎柔性防水卷材
			道桥用改性沥青防水卷材
			胶粉改性沥青防水卷材
			聚合物改性沥青防水垫层
			自粘聚合物沥青防水垫层
			自粘聚合物沥青泛水带
	高分子防水卷材	塑料防水卷材	聚氯乙烯（PVC）防水卷材
			氯化聚乙烯（CPE）防水卷材
			聚乙烯防水板
			乙烯醋酸乙烯（EVA）防水板
			聚乙烯丙纶复合防水卷材
			热塑性聚烯烃（TPO）防水卷材
			透汽防水垫层
			隔热防水垫层
		橡胶防水卷材	三元乙丙橡胶（EPDM）防水卷材
			丁基橡胶防水卷材
			氯丁橡胶防水卷材
			氯磺化聚乙烯防水卷材
			再生橡胶防水卷材
		橡塑共混防水卷材	氯化聚乙烯橡胶共混防水卷材
			氯磺化聚乙烯橡塑共混防水卷材

续表

大类	子类	细分	品种
其他防水材料	灌浆堵漏材料		无机防水堵漏材料
			水泥水玻璃灌浆材料
			水泥基灌浆材料
			环氧树脂灌浆材料
			聚氨酯灌浆材料
			丙烯酸盐灌浆材料
	防水剂		水泥渗透结晶型防水剂
			砂浆、混凝土防水剂
			水性渗透型无机防水剂
			有机硅防水剂、硅烷浸渍剂
	止水带 止水胶		遇水膨胀止水胶
			丁基橡胶防水密封胶粘带
			膨润土橡胶遇水膨胀止水条
			塑料止水带
			橡腔止水带
			遇水膨胀橡胶
	膨润土防水毯		钠基膨润土防水毯
防水涂料	沥青基防水涂料	水乳型沥青基防水涂料	氯丁橡胶乳化沥青防水涂料
			SBS 乳化沥青防水涂料
			再生胶乳化沥青防水涂料
			丙烯酸乳化沥青防水涂料
			石棉乳化沥青防水涂料
			膨润乳化沥青防水涂料
			皂液乳化沥青防水涂料
			喷涂速凝橡胶沥青防水涂料
		溶剂型沥青基防水涂料	氯丁橡胶沥青防水涂料
			再生胶沥青防水涂料
			非固化橡胶沥青防水涂料
	高分子防水涂料	水乳型高分子防水涂料	丙烯酸乳液防水涂料
			丙烯酸热反射防水涂料
			EVA 乳液防水涂料
			聚合物水泥（JS）防水涂料
			硅橡胶乳液防水涂料
		反应型高分子防水涂料	聚氨酯防水涂料
			聚脲防水涂料
			硅橡胶防水涂料
			聚甲基丙烯酸甲酯（PMMA）防水涂料

续表

大类	子类	细分	品种
防水涂料	无机防水涂料		水泥渗透结晶型防水涂料
			聚合物水泥防水砂浆、防水浆料
密封胶	主体材料		沥青油膏
			丁基密封胶
			聚氨酯密封胶
			聚硫密封胶
			丙烯酸酯密封胶
			硅酮密封胶
			改性硅酮密封胶
	使用功能		建筑窗用弹性密封剂
			中空玻璃用弹性密封胶
			混凝土建筑接缝用密封胶
			幕墙玻璃用耐候胶
			防霉密封胶
			干挂石材幕墙用环氧胶粘剂
			中空玻璃用丁基热熔密封胶
			单组分聚氨酯泡沫填缝剂
			水泥混凝土路面接缝密封胶
			建筑用硅酮结构密封胶
			石材用建筑密封胶
			建筑用阻燃密封胶
瓦	波形瓦		金属瓦
			沥青瓦
			沥青波形瓦
			树脂瓦
			橡胶瓦
			玻纤镁质胶凝材料波瓦
			石棉水泥波形瓦
	块瓦		黏土瓦
			水泥瓦
			陶瓦
			石板瓦

10 民用建筑隔声标准

10.1 术语

《民用建筑隔声设计规范》GB 50118—2010

2.1.1 A声级——用A计权网络测得的声压级。

2.1.3 空气声——声源经过空气向四周传播的声音。

2.1.4 撞击声——在建筑结构上撞击而引起的噪声。

2.1.6 计权隔声量——表征建筑构件空气声隔声性能的单值评价量。计权隔声量宜在实验室测得。

2.1.8 计权规范化撞击声压级——以接收室的吸声量作为修正参数而得到的楼板或楼板构造撞击声隔声性能的单值评价量。

2.1.9 计权标准化撞击声压级——以接收室的混响时间作为修正参数而得到的楼板或楼板构造撞击声隔声性能的单值评价量。

10.2 民用建筑隔声标准（住宅、学校、医院、旅馆、商业、办公）

《民用建筑隔声设计规范》GB 50118—2010

10.2.1 住宅建筑

1. 允许噪声级

卧室、起居室（厅）内的允许噪声级　表1-10-1（表4.1.1）

房间名称	允许噪声级（A声级，dB）	
	昼间	夜间
卧室	≤45	≤37（≤35）
起居室（厅）	≤45	

高要求住宅的卧室、起居室（厅）内的允许噪声级　表1-10-2（表4.1.2）

房间名称	允许噪声级（A声级，dB）	
	昼间	夜间
卧室	≤40	≤30
起居室（厅）	≤40	

2. 空气隔声标准

分户构件空气声隔声标准　　表 1-10-3（表 4.2.1）

构件名称	空气声隔声单值评价量＋频谱修正量（dB）	
分户墙、分户楼板	计权隔声量＋粉红噪声频谱修正量 R_w+C	＞45
分隔住宅和非居住用途空间的楼板	计权隔声量＋交通噪声频谱修正量 R_w+C_{tr}	＞51

4.2.2 相邻两户房间之间及住宅和非居住用途空间分隔楼板上下的房间之间的空气声隔声性能，应符合表 4.2.2 的规定。

房间之间空气声隔声标准　　表 1-10-4（表 4.2.2）

房间名称	空气声隔声单值评价量＋频谱修正量（dB）	
卧室、起居室（厅）与邻户房间之间	计权标准化声压级差＋粉红噪声频谱修正量 $D_{nT,w}+C$	≥45
住宅和非居住用途空间分隔楼板上下的房间之间	计权标准化声压级差＋交通噪声频谱修正量 $D_{nT,w}+C_{tr}$	≥51

4.2.3 高要求住宅的分户墙、分户楼板的空气声隔声性能，应符合表 4.2.3 的规定。

高要求住宅分户构件空气声隔声标准　　表 1-10-5（表 4.2.3）

构件名称	空气声隔声单值评价量＋频谱修正量（dB）	
分户墙、分户楼板	计权隔声量＋粉红噪声频谱修正量 R_w+C	＞50

4.2.4 高要求住宅相邻两户房间之间的空气声隔声性能，应符合表 4.2.4 的规定。

高要求住宅房间之间空气声隔声标准　　表 1-10-6（表 4.2.4）

房间名称	空气声隔声单值评价量＋频谱修正量（dB）	
卧室、起居室（厅）与邻户房间之间	计权标准化声压级差＋粉红噪声频谱修正量 $D_{nT,w}+C$	≥50
相邻两户的卫生间之间	计权标准化声压级差＋粉红噪声频谱修正量 $D_{nT,w}+C$	≥45

外窗（包括未封闭阳台的门）的空气声隔声标准　表 1-10-7（表 4.2.5）

构件名称	空气声隔声单值评价量＋频谱修正量（dB）	
交通干线两侧卧室、起居室（厅）的窗	计权隔声量＋交通噪声频谱修正量 R_w+C_{tr}	≥30
其他窗	计权隔声量＋交通噪声频谱修正量 R_w+C_{tr}	≥25

外墙、户（套）门和户内分室墙的空气声隔声标准　表 1-10-8（表 4.2.6）

构件名称	空气声隔声单值评价量+频谱修正量（dB）	
外墙	计权隔声量+交通噪声频谱修正量 R_w+C_{tr}	≥45
户（套）门	计权隔声量+粉红噪声频谱修正量 R_w+C	≥25
户内卧室墙	计权隔声量+粉红噪声频谱修正量 R_w+C	≥35
户内其他分室墙	计权隔声量+粉红噪声频谱修正量 R_w+C	≥30

3. 楼板撞击声隔声标准

分户楼板撞击声隔声标准　表 1-10-9（表 4.2.7）

构件名称	撞击声隔声单值评价量（dB）	
卧室、起居室（厅）的分户楼板	计权规范化撞击声压级 $L_{n,w}$（实验室测量）	<75
	计权标准化撞击声压级 $L'_{nT,w}$（现场测量）	≤75

注：当确有困难时，可允许住宅分户楼板的撞击声隔声单值评价量小于或等于 85dB，但在楼板结构上应预留改善的可能条件。

高要求住宅分户楼板撞击声隔声标准　表 1-10-10（表 4.2.8）

构件名称	撞击声隔声单值评价量（dB）	
卧室、起居室（厅）的分户楼板	计权规范化撞击声压级 $L_{n,w}$（实验室测量）	<65
	计权标准化撞击声压级 $L'_{nT,w}$（现场测量）	≤65

10.2.2　学校建筑

《民用建筑隔声设计规范》GB 50118—2010

1. 允许噪声值

室内允许噪声级　表 1-10-11（表 5.1.1）

房间名称	允许噪声级（A 声级，dB）
语言教室、阅览室	≤40
普通教室、实验室、计算机房	≤45
音乐教室、琴房	≤45
舞蹈教室	≤50

5.1.2 学校建筑中教学辅助用房内的噪声级，应符合表 5.1.2 的规定。

室内允许噪声级 表 1-10-12（表 5.1.2）

房间名称	允许噪声级（A 声级，dB）
教师办公室、休息室、会议室	≤45
健身房	≤50
教学楼中封闭的走廊、楼梯间	≤50

2. 空场混响时间

各类教室空场 500～1000Hz 的混响时间 表 1-10-13（表 5.3.4）

房间名称	房间容积（m^3）	空场 500～1000Hz 混响时间（s）
普通教室	≤200	≤0.8
	＞200	≤1.0
语音及多媒体教室	≤300	≤0.6
	＞300	≤0.8
音乐教室	≤250	≤0.6
	＞250	≤0.8
琴房	≤50	≤0.4
	＞50	≤0.6
健身房	≤2000	≤1.2
	＞2000	≤1.5
舞蹈教室	≤1000	≤1.2
	＞1000	≤1.5

3. 空气声隔声标准

教学用房隔墙、楼板的空气声隔声标准 表 1-10-14（表 5.2.1）

构件名称	空气声隔声单值评价量+频谱修正量（dB）	
语言教室、阅览室的隔墙与楼板	计权隔声量+粉红噪声频谱修正量 R_w+C	＞50
普通教室与各种产生噪声的房间之间的隔墙、楼板	计权隔声量+粉红噪声频谱修正量 R_w+C	＞50
普通教室之间的隔墙与楼板	计权隔声量+粉红噪声频谱修正量 R_w+C	＞45
音乐教室、琴房之间的隔墙与楼板	计权隔声量+粉红噪声频谱修正量 R_w+C	＞45

注：产生噪声的房间系指音乐教室、舞蹈教室、琴房、健身房，以下相同。

5.2.2 教学用房与相邻房间之间的空气声隔声性能，应符合表5.2.2的规定。

教学用房与相邻房间之间的空气声隔声标准　　表1-10-15（表5.2.2）

房间名称	空气声隔声单值评价量+频谱修正量（dB）	
语言教室、阅览室与相邻房间之间	计权标准化声压级差+粉红噪声频谱修正量 $D_{nT,w}+C$	≥50
普通教室与各种产生噪声的房间之间	计权标准化声压级差+粉红噪声频谱修正量 $D_{nT,w}+C$	≥50
普通教室之间	计权标准化声压级差+粉红噪声频谱修正量 $D_{nT,w}+C$	≥45
音乐教室、琴房之间	计权标准化声压级差+粉红噪声频谱修正量 $D_{nT,w}+C$	≥45

5.2.3 教学用房的外墙、外窗和门的空气声隔声性能，应符合表5.2.3的规定。

外墙、外窗和门的空气声隔声标准　　表1-10-16（表5.2.3）

构件名称	空气声隔声单值评价量+频谱修正量（dB）	
外墙	计权隔声量+交通噪声频谱修正量 R_w+C_{tr}	≥45
临交通干线的外窗	计权隔声量+交通噪声频谱修正量 R_w+C_{tr}	≥30
其他外窗	计权隔声量+交通噪声频谱修正量 R_w+C_{tr}	≥25
产生噪声房间的门	计权隔声量+交通噪声频谱修正量 R_w+C	≥25
其他门	计权隔声量+交通噪声频谱修正量 R_w+C	≥20

5.2.4 教学用房楼板的撞击声隔声性能，应符合表5.2.4的规定。

教学用房楼板的撞击声隔声标准　　表1-10-17（表5.2.4）

构件名称	撞击声隔声单值评价量（dB）	
	计权规范化撞击声压级 $L_{n,w}$（实验室测量）	计权标准化撞击声压级 $L'_{nT,w}$（现场测量）
语言教室、阅览室与上层房间之间的楼板	<65	≤65
普通教室、实验室、计算机房与上层产生噪声的房间之间的楼板	<65	≤65
琴房、音乐教室之间的楼板	<65	≤65
普通教室之间的楼板	<75	≤75

注：当确有困难时，可允许普通教室之间楼板的撞击声隔声单值评价量小于或等于85dB，但在楼板结构上应预留改善的可能条件。

10.2.3 医院建筑

《民用建筑隔声设计规范》GB 50118—2010

1. 允许噪声值

室内允许噪声级　　表 1-10-18（表 6.1.1）

房间名称	允许噪声级（A 声级，dB）			
	高要求标准		低限标准	
	昼间	夜间	昼间	夜间
病房、医护人员休息室	≤40	≤35[注1]	≤45	≤40
各类重症监护室	≤40	≤35	≤45	≤40
诊室	≤40		≤45	
手术室、分娩室	≤40		≤45	
洁净手术室	—		≤50	
人工生殖中心净化区	—		≤40	
听力测听室	—		≤25[注2]	
化验室、分析实验室	—		≤40	
入口大厅、候诊厅	≤50		≤55	

注：1 对特殊要求的病房，室内允许噪声级应小于或等于 30dB。
　　2 表中听力测听室允许噪声级的数值，适用于采用纯音气导和骨导听阈测听法的听力测听室。采用声场测听法的听力测听室的允许噪声级另有规定。

2. 空气声隔声标准

各类房间隔墙、楼板的空气声隔声标准　　表 1-10-19（表 6.2.1）

构件名称	空气声隔声单值评价量＋频谱修正量	高要求标准（dB）	低限标准（dB）
病房与产生噪声的房间之间的隔墙、楼板	计权隔声量＋交通噪声频谱修正量 R_w+C_{tr}	＞55	＞50
手术室与产生噪声的房间之间的隔墙、楼板	计权隔声量＋交通噪声频谱修正量 R_w+C_{tr}	＞50	＞45
病房之间及病房、手术室与普通房间之间的隔墙、楼板	计权隔声量＋粉红噪声频谱修正量 R_w+C	＞50	＞45
诊室之间的隔墙、楼板	计权隔声量＋粉红噪声频谱修正量 R_w+C	＞45	＞40
听力测听室的隔墙、楼板	计权隔声量＋粉红噪声频谱修正量 R_w+C	—	＞50
体外震波碎石室、核磁共振室的隔墙、楼板	计权隔声量＋交通噪声频谱修正量 R_w+C_{tr}	—	＞50

相邻房间之间的空气声隔声标准 表 1-10-20（表 6.2.2）

房间名称	空气声隔声单值评价量＋频谱修正量	高要求标准（dB）	低限标准（dB）
病房与产生噪声的房间之间	计权标准化声压级差＋交通噪声频谱修正量 $D_{nT,w}+C_{tr}$	≥55	≥50
手术室与产生噪声的房间之间	计权标准化声压级差＋交通噪声频谱修正量 $D_{nT,w}+C_{tr}$	≥50	≥45
病房之间及手术室、病房与普通房间之间	计权标准化声压级差＋粉红噪声频谱修正量 $D_{nT,w}+C$	≥50	≥45
诊室之间	计权标准化声压级差＋粉红噪声频谱修正量 $D_{nT,w}+C$	≥45	≥40
听力测听室与毗邻房间之间	计权标准化声压级差＋粉红噪声频谱修正量 $D_{nT,w}+C$	—	≥50
体外震波碎石室、核磁共振室与毗邻房间之间	计权标准化声压级差＋交通噪声频谱修正量 $D_{nT,w}+C_{tr}$	—	≥50

外墙、外窗和门的空气声隔声标准 表 1-10-21（表 6.2.3）

构件名称	空气声隔声单值评价量＋频谱修正量（dB）	
外墙	计权隔声量＋交通噪声频谱修正量 R_w+C_{tr}	≥45
外窗	计权隔声量＋交通噪声频谱修正量 R_w+C_{tr}	≥30（临街一侧病房）
		≥25（其他）
门	计权隔声量＋粉红噪声频谱修正量 R_w+C	≥30（听力测听室）
		≥20（其他）

3. 楼板撞击声隔声标准

各类房间与上层房间之间楼板的撞击声隔声标准 表 1-10-22（表 6.2.4）

构件名称	撞击声隔声单值评价量	高要求标准（dB）	低限标准（dB）
病房、手术室与上层房间之间的楼板	计权规范化撞击声压级 $L_{n,w}$（实验室测量）	＜65	＜75
	计权标准化撞击声压级 $L'_{nT,w}$（现场测量）	≤65	≤75
听力测听室与上层房间之间的楼板	计权标准化撞击声压级 $L'_{nT,w}$（现场测量）	—	≤60

注：当确有困难时，可允许上层为普通房间的病房、手术室顶部楼板的撞击声隔声单值评价量小于或等于 85dB，但在楼板结构上应预留改善的可能条件。

10.2.4 旅馆建筑

1. 允许噪声值

室内允许噪声级 表 1-10-23（表 7.1.1）

房间名称	允许噪声级（A 声级，dB）					
	特级		一级		二级	
	昼间	夜间	昼间	夜间	昼间	夜间
客房	≤35	≤30	≤40	≤35	≤45	≤40
办公室、会议室	≤40		≤45		≤45	
多用途厅	≤40		≤45		≤50	
餐厅、宴会厅	≤45		≤50		≤55	

声学指标等级与旅馆建筑等级的对应关系 表 1-10-24（表 7.2.6）

声学指标的等级	旅馆建筑的等级
特级	五星级以上旅游饭店及同档次旅馆建筑
一级	三、四星级旅游饭店及同档次旅馆建筑
二级	其他档次的旅馆建筑

2. 空气隔声标准

客房墙、楼板的空气声隔声标准 表 1-10-25（表 7.2.1）

构件名称	空气声隔声单值评价量＋频谱修正量	特级（dB）	一级（dB）	二级（dB）
客房之间的隔墙、楼板	计权隔声量＋粉红噪声频谱修正量 R_w+C	＞50	＞45	＞40
客房与走廊之间的隔墙	计权隔声量＋粉红噪声频谱修正量 R_w+C	＞45	＞45	＞40
客房外墙（含窗）	计权隔声量＋交通噪声频谱修正量 R_w+C_{tr}	＞40	＞35	＞30

客房之间、走廊与客房之间以及室外与客房之间的空气声隔声标准 表 1-10-26（表 7.2.2）

房间名称	空气声隔声单值评价量＋频谱修正量	特级（dB）	一级（dB）	二级（dB）
客房之间	计权标准化声压级差＋粉红噪声频谱修正量 $D_{nT,w}+C$	≥50	≥45	≥40
走廊与客房之间	计权标准化声压级差＋粉红噪声频谱修正量 $D_{nT,w}+C$	≥40	≥40	≥35
室外与客房	计权标准化声压级差＋交通噪声频谱修正量 $D_{nT,w}+C_{tr}$	≥40	≥35	≥30

客房外窗与客房门的空气声隔声标准　　表 1-10-27（表 7.2.3）

构件名称	空气声隔声单值评价量＋频谱修正量	特级（dB）	一级（dB）	二级（dB）
客房外窗	计权隔声量＋交通噪声频谱修正量 R_w+C_{tr}	≥35	≥30	≥25
客房门	计权隔声量＋粉红噪声频谱修正量 R_w+C	≥30	≥25	≥20

3. 楼板撞击声隔声标准

客房楼板撞击声隔声标准　　表 1-10-28（表 7.2.4）

楼板部位	撞击声隔声单值评价量	特级（dB）	一级（dB）	二级（dB）
客房与上层房间之间的楼板	计权规范化撞击声压级 $L_{n,w}$（实验室测量）	＜55	＜65	＜75
	计权标准化撞击声压级 $L'_{nT,w}$（现场测量）	≤55	≤65	≤75

10.2.5　商业建筑

1. 允许噪声值

室内允许噪声级　　表 1-10-29（表 9.1.1）

房间名称	允许噪声级（A 声级，dB）	
	高要求标准	低限标准
商场、商店、购物中心、会展中心	≤50	≤55
餐厅	≤45	≤55
员工休息室	≤40	≤45
走廊	≤50	≤60

2. 空气声隔声标准

噪声敏感房间与产生噪声房间之间的隔墙、楼板的空气声隔声标准

表 1-10-30（表 9.3.1）

围护结构部位	计权隔声量＋交通噪声频谱修正量 R_w+C_{tr}（dB）	
	高要求标准	低限标准
健身中心、娱乐场所等与噪声敏感房间之间的隔墙、楼板	＞60	＞55
购物中心、餐厅、会展中心等与噪声敏感房间之间的隔墙、楼板	＞50	＞45

噪声敏感房间与产生噪声房间之间的空气声隔声标准　　表 1-10-31（表 9.3.2）

房间名称	计权标准化声压级差＋交通噪声频谱修正量$D_{nT,w}+C_{tr}$（dB）	
	高要求标准	低限标准
健身中心、娱乐场所等与噪声敏感房间之间	≥60	≥55
购物中心、餐厅、会展中心等与噪声敏感房间之间	≥50	≥45

3. 楼板撞击声隔声标准

噪声敏感房间顶部楼板的撞击声隔声标准　　表 1-10-32（表 9.3.3）

楼板部位	撞击声隔声单值评价量（dB）			
	高要求标准		低限标准	
	计权规范化撞击声压级 $L_{n,w}$（实验室测量）	计权标准化撞击声压级 $L'_{nT,w}$（现场测量）	计权规范化撞击声压级 $L_{n,w}$（实验室测量）	计权标准化撞击声压级 $L'_{nT,w}$（现场测量）
健身中心、娱乐场所等与噪声敏感房间之间的楼板	＜45	≤45	＜50	≤50

4. 降噪系数

9.2.1 容积大于 400m^3 且流动人员人均占地面积小于 20m^2 的室内空间，应安装吸声顶棚；吸声顶棚面积不应小于顶棚总面积的 75%；顶棚吸声材料或构造的降噪系数（*NRC*）应符合表 9.2.1 的规定。

顶棚吸声材料或构造的降噪系数（*NRC*）　　表 1-10-33（表 9.2.1）

房间名称	降噪系数（*NRC*）	
	高要求标准	低限标准
商场、商店、购物中心、会展中心、走廊	≥0.60	≥0.40
餐厅、健身中心、娱乐场所	≥0.80	≥0.40

10.2.6 办公建筑

1. 允许噪声值

办公室、会议室内允许噪声级　表 1-10-34（表 8.1.1）

房间名称	允许噪声级（A 声级，dB）	
	高要求标准	低限标准
单人办公室	≤35	≤40
多人办公室	≤40	≤45
电视电话会议室	≤35	≤40
普通会议室	≤40	≤45

2. 空气声隔声标准

办公室、会议室隔墙、楼板的空气声隔声标准　表 1-10-35（表 8.2.1）

构件名称	空气声隔声单值评价量＋频谱修正量（dB）	高要求标准	低限标准
办公室、会议室与产生噪声的房间之间的隔墙、楼板	计权隔声量＋交通噪声频谱修正量 R_w+C_{tr}	＞50	＞45
办公室、会议室与普通房间之间的隔墙、楼板	计权隔声量＋粉红噪声频谱修正量 R_w+C	＞50	＞45

办公室、会议室与相邻房间之间的空气声隔声标准　表 1-10-36（表 8.2.2）

房间名称	空气声隔声单值评价量＋频谱修正量（dB）	高要求标准	低限标准
办公室、会议室与产生噪声的房间之间	计权标准化声压级差＋交通噪声频谱修正量 $D_{nT,w}+C_{tr}$	≥50	≥45
办公室、会议室与普通房间之间	计权标准化声压级差＋粉红噪声频谱修正量 $D_{nT,w}+C$	≥50	≥45

办公室、会议室的外墙、外窗和门的空气声隔声标准　表 1-10-37（表 8.2.3）

构件名称	空气声隔声单值评价量＋频谱修正量（dB）	
外墙	计权隔声量＋交通噪声频谱修正量 R_w+C_{tr}	≥45
临交通干线的办公室、会议室外窗	计权隔声量＋交通噪声频谱修正量 R_w+C_{tr}	≥30
其他外窗	计权隔声量＋交通噪声频谱修正量 R_w+C_{tr}	≥25
门	计权隔声量＋粉红噪声频谱修正量 R_w+C	≥20

3. 楼板撞击声隔声标准

办公室、会议室顶部楼板的撞击声隔声标准　表 1-10-38（表 8.2.4）

构件名称	撞击声隔声单值评价量（dB）			
	高要求标准		低限标准	
	计权规范化撞击声压级 $L_{n,w}$（实验室测量）	计权标准化撞击声压级 $L'_{nT,w}$（现场测量）	计权规范化撞击声压级 $L_{n,w}$（实验室测量）	计权标准化撞击声压级 $L'_{nT,w}$（现场测量）
办公室、会议室顶部的楼板	＜65	≤65	＜75	≤75

注：当确有困难时，可允许办公室、会议室顶部楼板的计权规范化撞击声压级或计权标准化撞击声压级小于或等于 85dB，但在楼板结构上应预留改善的可能条件。

4. 减噪设计要求

8.3.8 对语言交谈有较高私密要求的开放式、分格式办公室宜做专门的设计。

8.3.9 较大办公室的顶棚宜结合装修使用降噪系数（*NRC*）不小于0.40的吸声材料。

8.3.10 会议室的墙面和顶棚宜结合装修选用降噪系数（*NRC*）不小于0.40的吸声材料。

8.3.11 电视、电话会议室及普通会议室空场500Hz～1000Hz的混响时间宜符合表8.3.11的规定。

5. 混响时间

8.3.12 办公室、会议室内的空调系统风口在办公室、会议室内产生的噪声应符合本规范表8.1.1的规定。

8.3.13 走廊顶棚宜结合装修使用降噪系数（*NRC*）不小于0.40的吸声材料。

会议室空场500～1000Hz的混响时间 表1-10-39（表8.3.11）

房间名称	房间容积（m^3）	空场500～1000Hz混响时间（s）
电视、电话会议室	≤200	≤0.6
普通会议室	≤200	≤0.8

10.3 绿建设计中的隔声标准

《绿色建筑评价标准》GB/T 50378—2019

10.3.1 控制项要求

5.1.4 主要功能房间的室内噪声级和隔声性能应符合下列规定：

1 室内噪声级应满足现行国家标准《民用建筑隔声设计规范》GB 50118中的低限要求；

2 外墙、隔墙、楼板和门窗的隔声性能应满足现行国家标准《民用建筑隔声设计规范》GB 50118中的低限要求。

10.3.2 评分项要求

5.2.7 主要功能房间的隔声性能良好，评价总分值为10分，并按下列规则分别评分并累计：

1 构件及相邻房间之间的空气声隔声性能达到现行国家标准《民用建筑隔声设计规范》GB 50118中的低限标准限值和高要求标准限值的平均值，得3分；达到高要求标准限值，得5分；

2 楼板的撞击声隔声性能达到现行国家标准《民用建筑隔声设计规

范》GB 50118 中的低限标准限值和高要求标准限值的平均值，得 3 分；达到高要求标准限值，得 5 分。

一星级、二星级、三星级绿色建筑的隔声要求　表 1-10-40

	一星级	二星级	三星级
住宅建筑隔声性能		室外与卧室之间、分户墙（楼板）两侧卧室之间的空气声隔声性能以及卧室楼板的撞击声隔声性能达到低限标准限值和高要求标准限值的平均值	室外与卧室之间、分户墙（楼板）两侧卧室之间的空气声隔声性能以及卧室楼板的撞击声隔声性能达到高要求标准限值

10.4　其他建筑规范中的隔声标准

《民用建筑隔声设计规范》GB 50118—2010

10.4.1　住宅建筑

4.2.1 分户墙、分户楼板及分隔住宅和非居住用途空间楼板的空气声隔声性能，应符合表 4.2.1 的规定。

分户构件空气声隔声标准　　　表 1-10-41（表 4.2.1）

构件名称	空气声隔声单值评价量+频谱修正量（dB）	
分户墙、分户楼板	计权隔声量+粉红噪声频谱修正量 R_w+C	＞45
分隔住宅和非居住用途空间的楼板	计权隔声量+粉红噪声频谱修正量 R_w+C_{tr}	＞51

4.2.2 相邻两户房间之间及住宅和非居住用途空间分隔楼板上下的房间之间的空气声隔声性能，应符合表 4.2.2 的规定。

房间之间空气声隔声标准　　　表 1-10-42（表 4.2.2）

房间名称	空气声隔声单值评价量+频谱修正量（dB）	
卧室、起居室（厅）与邻户房间之间	计权标准化声压级差+粉红噪声频谱修正量 $D_{nT,w}+C$	≥45
住宅和非居住用途空间分隔楼板上下的房间之间	计权标准化声压级差+粉红噪声频谱修正量 $D_{nT,w}+C_{tr}$	≥51

4.2.3 高要求住宅的分户墙、分户楼板的空气声隔声性能，应符合表 4.2.3 的规定。

高要求住宅分户构件空气声隔声标准 **表 1-10-43（表 4.2.3）**

构件名称	空气声隔声单值评价量+频谱修正量（dB）	
分户墙、分户楼板	计权隔声量+粉红噪声频谱修正量 R_w+C	>50

4.2.4 高要求住宅相邻两户房间之间的空气声隔声性能，应符合表4.2.4的规定。

高要求住宅房间之间空气声隔声标准 **表 1-10-44（表 4.2.4）**

房间名称	空气声隔声单值评价量+频谱修正量（dB）	
卧室、起居室（厅）与邻户房间之间	计权标准化声压级差+粉红噪声频谱修正量 $D_{nT,w}+C$	≥50
相邻两户的卫生间之间	计权标准化声压级差+粉红噪声频谱修正量 $D_{nT,w}+C_{tr}$	≥45

4.2.5 外窗（包括未封闭阳台的门）的空气声隔声性能，应符合表4.2.5的规定。

外窗（包括未封闭阳台的门）的空气声隔声标准 **表 1-10-45（表 4.2.5）**

构件名称	空气声隔声单值评价量+频谱修正量（dB）	
交通干线两侧卧室、起居室（厅）的窗	计权隔声量+交通噪声频谱修正量 R_w+C_{tr}	≥30
其他窗	计权隔声量+交通噪声频谱修正量 R_w+C_{tr}	≥25

4.2.6 外墙、户（套）门和户内分室墙的空气声隔声性能，应符合表4.2.6的规定。

外墙、户（套）门和户内分室墙的空气声隔声标准 **表 1-10-46（表 4.2.6）**

构件名称	空气声隔声单值评价量+频谱修正量（dB）	
外墙	计权隔声量+交通噪声频谱修正量 R_w+C_{tr}	≥45
户（套）门	计权隔声量+粉红噪声频谱修正量 R_w+C	≥25
户内卧室墙	计权隔声量+粉红噪声频谱修正量 R_w+C	≥35
户内其他分室墙	计权隔声量+粉红噪声频谱修正量 R_w+C	≥30

4.2.7 卧室、起居室（厅）的分户楼板的撞击声隔声性能，应符合表 4.2.7 的规定。

分户楼板撞击声隔声标准 表 1-10-47（表 4.2.7）

构件名称	撞击声隔声单值评价量（dB）	
卧室、起居室（厅）的分户楼板	计权规范化撞击声压级 $L_{n,w}$（实验室测量）	＜75
	计权标准化撞击声压级 $L'_{nT,w}$（实验室测量）	≤75

注：当确有困难时，可允许住宅分户楼板的撞击声隔声单值评价量小于等于 85dB，但在楼板结构上应预留改善的可能条件。

4.2.8 高要求住宅卧室、起居室（厅）的分户楼板的撞击声隔声性能，应符合表 4.2.8 的规定。

高要求住宅分户楼板撞击声隔声标准 表 1-10-48（表 4.2.8）

构件名称	撞击声隔声单值评价量（dB）	
卧室、起居室（厅）的分户楼板	计权规范化撞击声压级 $L_{n,w}$（实验室测量）	＜65
	计权标准化撞击声压级 $L'_{nT,w}$（实验室测量）	≤65

10.4.2 学校建筑

5.2.1 教学用房隔墙、楼板的空气声隔声性能，应符合表 5.2.1 的规定。

教学用房隔墙、楼板的空气声隔声标准 表 1-10-49（表 5.2.1）

构件名称	空气声隔声单值评价量＋频谱修正量（dB）	
语言教室、阅览室的隔墙与楼板	计权隔声量＋粉红噪声频谱修正量 $R_w + C$	＞50
普通教室与各种产生噪声的房间之间的隔墙、楼板	计权隔声量＋粉红噪声频谱修正量 $R_w + C$	＞50
普通教室之间的隔墙与楼板	计权隔声量＋粉红噪声频谱修正量 $R_w + C$	＞45
音乐教室、琴房之间的隔墙与楼板	计权隔声量＋粉红噪声频谱修正量 $R_w + C$	＞45

注：产生噪声的房间系指音乐教室、舞蹈教室、琴房、健身房，以下相同。

5.2.2 教学用房与相邻房间之间的空气声隔声性能，应符合表 5.2.2 的规定。

教学用房与相邻房间之间的空气声隔声标准 表 1-10-50（表 5.2.2）

房间名称	空气声隔声单值评价量＋频谱修正量（dB）	
语言教室、阅览室与相邻房间之间	计权标准化声压级差＋粉红噪声频谱修正量 $D_{nT,w} + C$	≥50
普通教室与各种产生噪声的房间之间	计权标准化声压级差＋粉红噪声频谱修正量 $D_{nT,w} + C$	≥50

续表

房间名称	空气声隔声单值评价量＋频谱修正量（dB）	
普通教室之间	计权标准化声压级差＋粉红噪声频谱修正量 $D_{nT,w}+C$	≥45
音乐教室、琴房之间	计权标准化声压级差＋粉红噪声频谱修正量 $D_{nT,w}+C$	≥45

5.2.3 教学用房的外墙、外窗和门的空气声隔声性能，应符合表5.2.3的规定。

外墙、外窗和门的空气声隔声标准 表1-10-51（表5.2.3）

构件名称	空气声隔声单值评价量＋频谱修正量（dB）	
外墙	计权隔声量＋交通噪声频谱修正量 R_w+C_{tr}	≥45
临交通干线的外窗	计权隔声量＋交通噪声频谱修正量 R_w+C_{tr}	≥30
其他外窗	计权隔声量＋交通噪声频谱修正量 R_w+C_{tr}	≥25
产生噪声房间的门	计权隔声量＋粉红噪声频谱修正量 R_w+C	≥25
其他门	计权隔声量＋粉红噪声频谱修正量 R_w+C	≥20

5.2.4 教学用房楼板的撞击声隔声性能，应符合表5.2.4的规定。

教学用房楼板的撞击声隔声标准 表1-10-52（表5.2.4）

构件名称	撞击声隔声单值评价量（dB）	
	计权规范化撞击声压级 $L_{n,w}$（实验室测量）	计权标准化撞击声压级 $L'_{nT,w}$（现场测量）
语言教室、阅览室与上层房间之间的楼板	＜65	≤65
普通教空、实验室、计算机房与上层产生噪声的房间之间的楼板	＜65	≤65
琴房、音乐教室之间的楼板	＜65	≤65
普通教室之间的楼板	＜75	≤75

注：当确有困难时，可允许普通教室之间楼板的撞击声隔声单值评价量小于或等于85dB，但在楼板结构上应预留改善的可能条件。

5.3.3 教学楼内的封闭走廊、门厅及楼梯间的顶棚，在条件允许时宜设置降噪系数（*NRC*）不低于0.40的吸声材料。

5.3.4 各类教室内宜控制混响时间，避免不利反射声，提高语言清晰度。各类教室空场500Hz～1000Hz的混响时间应符合表5.3.4的规定。

各类教室空场 500Hz～1000Hz 的混响时间　表 1-10-53（表 5.3.4）

房间名称	房间容积（m^3）	空场 500Hz～1000Hz 混响时间（s）
普通教室	≤200	≤0.8
	＞200	≤1.0
语言及多媒体教室	≤300	≤0.6
	＞300	≤0.8
音乐教室	≤250	≤0.6
	＞250	≤0.8
琴房	≤50	≤0.4
	＞50	≤0.6
健身房	≤2000	≤1.2
	＞2000	≤1.5
舞蹈教室	≤1000	≤1.2
	＞1000	≤1.5

10.4.3 医院建筑

6.2.1 医院各类房间隔墙、楼板的空气声隔声性能，应符合表 6.2.1 的规定。

各类房间隔墙、楼板的空气声隔声标准　表 1-10-54（表 6.2.1）

构件名称	空气声隔声单值评价量＋频谱修正量	高要求标准（dB）	低限标准（dB）
病房与产生噪声的房间之间的隔墙、楼板	计权隔声量＋交通噪声频谱修正量 R_w+C_{tr}	＞55	＞50
手术室与产生噪声的房间之间的隔墙、楼板	计权隔声量＋交通噪声频谱修正量 R_w+C_{tr}	＞50	＞45
病房之间及病房、手术室与普通房间之间的隔墙、楼板	计权隔声量＋粉红噪声频谱修正量 R_w+C	＞50	＞45
诊室之间的隔墙、楼板	计权隔声量＋粉红噪声频谱修正量 R_w+C	＞45	＞40
听力测听室的隔墙、楼板	计权隔声量＋粉红噪声频谱修正量 R_w+C	—	＞50
体外震波碎石室、核磁共振室的隔墙、楼板	计权隔声量＋粉红噪声频谱修正量 R_w+C_{tr}	—	＞50

6.2.2 相邻房间之间的空气声隔声性能，应符合表 6.2.2 的规定。

相邻房间之间的空气声隔声标准　　表 1-10-55（表 6.2.2）

房间名称	空气声隔声单值评价量+频谱修正量	高要求标准（dB）	低限标准（dB）
病房与产生噪声的房间之间	计权标准化声压级差+交通噪声频谱修正量 $D_{nT,w}+C_{tr}$	≥55	≥50
手术室与产生噪声的房间之间	计权标准化声压级差+交通噪声频谱修正量 $D_{nT,w}+C_{tr}$	≥50	≥45
病房之间及手术室、病房与普通房间之间	计权标准化声压级差+粉红噪声频谱修正量 $D_{nT,w}+C$	≥50	≥45
诊室之间	计权标准化声压级差+粉红噪声频谱修正量 $D_{nT,w}+C$	≥45	≥40
听力测听室与毗邻房间之间	计权标准化声压级差+粉红噪声频谱修正量 $D_{nT,w}+C$	—	≥50
体外震波碎石室、核磁共振室与毗邻房间之间	计权标准化声压级差+交通噪声频谱修正量 $D_{nT,w}+C$	—	≥50

6.2.3 外墙、外窗和门的空气声隔声性能，应符合表 6.2.3 的规定。

外墙、外窗和门的空气声隔声标准　表 1-10-56（表 6.2.3）

构件名称	空气声隔声单值评价量+频谱修正量（dB）	
外墙	计权隔声量+交通噪声频谱修正量 R_w+C_{tr}	≥45
外窗	计权隔声量+交通噪声频谱修正量 R_w+C_{tr}	≥30（临街一侧病房）
		≥25（其他）
门	计权隔声量+粉红噪声频谱修正量 R_w+C	≥30（听力测听室）
		≥20（其他）

6.2.4 各类房间与上层房间之间楼板的撞击声隔声性能，应符合表 6.2.4 的规定。

各类房间与上层房间之间楼板的撞击声隔声标准　表 1-10-57（表 6.2.4）

构件名称	撞击声隔声单值评价量	高要求标准（dB）	低限标准（dB）
病房、手术室与上层房间之间的楼板	计权规范化撞击声压级 $L_{n,w}$（实验室测量）	<65	<75
	计权标准化撞击声压级 $L'_{nT,w}$（现场测量）	≤65	≤75
听力测听室与上层房间之间的楼板	计权标准化撞击声压级 $L'_{nT,w}$（现场测量）	—	≤60

注：当确有困难时，可允许上层为普通房间的病房、手术室顶部楼板的撞击声隔声单值评价量小于或等于 85dB，但在楼板结构上应预留改善的可能条件。

10.4.4 旅馆建筑

7.2.1 客房之间的隔墙或楼板、客房与走廊之间的隔墙、客房外墙（含窗）的空气声隔声性能，应符合表 7.2.1 的规定。

客房墙、楼板的空气声隔声标准 表 1-10-58（表 7.2.1）

构件名称	空气声隔声单值评价量＋频谱修正量	特级（dB）	一级（dB）	二级（dB）
客房之间的隔墙、楼板	计权隔声量＋粉红噪声频谱修正量 R_w+C	＞50	＞45	＜40
客房与走廊之间的隔墙	计权隔声量＋粉红噪声频谱修正量 R_w+C	＞45	＞45	＞40
客房外墙（含窗）	计权隔声量＋粉红噪声频谱修正量 R_w+C_{tr}	＞40	＞35	＞30

7.2.2 客房之间、走廊与客房之间，以及室外与客房之间的空气声隔声性能，应符合表 7.2.2 的规定。

客房之间、走廊与客房之间以及室外与客房之间的空气声隔声标准

表 1-10-59（表 7.2.2）

房间名称	空气声隔声单值评价量＋频谱修正量	特级（dB）	一级（dB）	二级（dB）
客房之间	计权标准化声压级差＋粉红噪声频谱修正量 $D_{nT,w}+C$	≥50	≥45	≥40
走廊与客房之间	计权标准化声压级差＋粉红噪声频谱修正量 $D_{nT,w}+C$	≥40	≥40	≥35
室外与客房	计权标准化声压级差＋交通噪声频谱修正量 $D_{nT,w}+C_{tr}$	≥40	≥35	≥30

7.2.3 客房外窗与客房门的空气声隔声性能，应符合表 7.2.3 的规定。

客房外窗与客房门的空气声隔声标准 表 1-10-60（表 7.2.3）

构件名称	空气声隔声单值评价量＋频谱修正量	特级（dB）	一级（dB）	二级（dB）
客房外窗	计权隔声量＋交通噪声频谱修正量 R_w+C_{tr}	≥35	≥30	≥25
客房门	计权隔声量＋粉红噪声频谱修正量 R_w+C	≥30	≥25	≥20

7.2.4 客房与上层房间之间楼板的撞击声隔声性能，应符合表 7.2.4 的规定。

客房楼板撞击声隔声标准 表 1-10-61（表 7.2.4）

楼板部位	撞击声隔声单值评价量	特级（dB）	一级（dB）	二级（dB）
客房与上层房间之间的楼板	计权规范化撞击声压级 $L_{n,w}$（实验室测量）	＜55	＜65	＜75
	计权标准化撞击声压级 $L'_{nT,w}$（现场测量）	≤55	≤65	≤75

7.2.6 不同级别旅馆建筑的声学指标（包括室内允许噪声级、空气声隔声标准及撞击声隔声标准）所应达到的等级，应符合本规范表7.2.6的规定。

声学指标等级与旅馆建筑等级的对应关系 表1-10-62（表7.2.6）

声学指标的等级	旅馆建筑的等级
特级	五星级以上旅游饭店及同档次旅馆建筑
一级	三、四星级旅游饭店及同档次旅馆建筑
二级	其他档次的旅馆建筑

10.4.5 办公建筑

8.2.1 办公室、会议室隔墙、楼板的空气声隔声性能，应符合表8.2.1的规定。

办公室、会议室隔墙、楼板的空气声隔声标准 表1-10-63（表8.2.1）

构件名称	空气声隔声单值评价量+频谱修正量（dB）	高要求标准	低限标准
办公室、会议室与产生噪声的房间之间的隔墙、楼板	计权隔声量+交通噪声频谱修正量 R_w+C_{tr}	>50	>45
办公室、会议室与普通房间之间的隔墙、楼板	计权隔声量+粉红噪声频谱修正量 R_w+C	>50	>45

8.2.2 办公室、会议室与相邻房间之间的空气声隔声性能，应符合表8.2.2的规定。

办公室、会议室与相邻房间之间的空气声隔声标准 表1-10-64（表8.2.2）

房间名称	空气声隔声单值评价量+频谱修正量（dB）	高要求标准	低限标准
办公室、会议室与产生噪声的房间之间	计权标准化声压级差+交通噪声频谱修正量 $D_{nT,w}+C_{tr}$	≥50	≥45
办公室、会议室与普通房间之间	计权标准化声压级差+粉红噪声频谱修正量 $D_{nT,w}+C$	≥50	≥45

8.2.3 办公室、会议室的外墙、外窗（包括未封闭阳台的门）和门的空气声隔声性能，应符合表8.2.3的规定。

办公室、会议室的外墙、外窗和门的空气声隔声标准

表 1-10-65（表 8.2.3）

构件名称	空气声隔声单值评价量+频谱修正量（dB）	
外墙	计权隔声量+交通噪声频谱修正量 R_w+C_{tr}	≥45
临交通干线的办公室、会议室外窗	计权隔声量+交通噪声频谱修正量 R_w+C_{tr}	≥30
其他外窗	计权隔声量+交通噪声频谱修正量 R_w+C_{tr}	≥25
门	计权隔声量+粉红噪声频谱修正量 R_w+C	≥20

8.2.4 办公室、会议室顶部楼板的撞击声隔声性能，应符合表 8.2.4 的规定。

办公室、会议室顶部楼板的撞击声隔声标准 表 1-10-66（表 8.2.4）

构件名称	撞击声隔声单值评价量（dB）			
	高要求标准		低限标准	
	计权规范化撞击声压级 $L_{n,w}$（实验室测量）	计权标准化撞击声压级 $L'_{nT,w}$（现场测量）	计权规范化撞击声压级 $L_{n,w}$（实验室测量）	计权标准化撞击声压级 $L'_{nT,w}$（现场测量）
办公室、会议室顶部的楼板	<65	≤65	<75	≤75

注：当确有困难时，可允许办公室、会议室顶部楼板的计权规范化撞击声压级或计权标准化撞击声压级小于或等于 85dB、但在楼板结构上应预留改善的可能条件。

8.3.9 较大办公室的顶棚宜结合装修使用降噪系数（*NRC*）不小于 0.40 的吸声材料。

8.3.10 会议室的墙面和顶棚宜结合装修选用降噪系数（*NRC*）不小于 0.40 的吸声材料。

8.3.11 电视、电话会议室及普通会议室空场 500Hz～1000Hz 的混响时间宜符合表 8.3.11 规定。

会议室空场 500Hz～1000Hz 的混响时间 表 1-10-67（表 8.3.11）

房间名称	房间容积（m^3）	空场 500Hz～1000Hz 混响时间（s）
电视、电话会议室	≤200	≤0.6
普通会议室	≤200	≤0.8

8.3.12 办公室、会议室内的空调系统风口在办公室、会议室内产生的噪声应符合本规范表 8.1.1 的规定。

8.3.13 走廊顶棚宜结合装修使用降噪系数（*NRC*）不小于0.40的吸声材料。

10.4.6 商业建筑

9.2.1 容积大于400m^{3}且流动人员人均占地面积小于20m^{2}的室内空间，应安装吸声顶棚；吸声顶棚面积不应小于顶棚总面积的75%；顶棚吸声材料或构造的降噪系数（*NRC*）应符合表9.2.1的规定。

顶棚吸声材料或构造的降噪系数（*NRC*）表1-10-68（表9.2.1）

房间名称	降噪系数（*NRC*）	
	高要求标准	低限标准
商场、商店、购物中心、会展中心、走廊	≥0.60	≥0.40
餐厅、健身中心、娱乐场所	≥0.80	≥0.40

9.3.1 噪声敏感房间与产生噪声房间之间的隔墙、楼板的空气声隔声性能应符合表9.3.1的规定。

噪声敏感房间与产生噪声房间之间的隔墙、楼板的空气声隔声标准　表1-10-69（表9.3.1）

围护结构部位	计权隔声量＋交通噪声频谱修正量 R_w+C_{tr}（dB）	
	高要求标准	低限标准
健身中心、娱乐场所等与噪声敏感房间之间的隔墙、楼板	＞60	＞55
购物中心、餐厅、会展中心等与噪声敏感房间之间的隔墙、楼板	＞50	＞45

9.3.2 噪声敏感房间与产生噪声房间之间的空气声隔声性能应符合表9.3.2的规定。

噪声敏感房间与产生噪声房间之间的空气声隔声标准　表1-10-70（表9.3.2）

房间名称	计权标准化声压级差＋交通噪声频谱修正量 $D_{nT,w}+C_{tr}$（dB）	
	高要求标准	低限标准
健身中心、娱乐场所等与噪声敏感房间之间	≥60	≥55
购物中心、餐厅、会展中心等与噪声敏感房间之间	≥50	≥45

9.3.3 噪声敏感房间的上一层为产生噪声房间时，噪声敏感房间顶部楼板的撞击声隔声性能应符合表9.3.3的规定。

噪声敏感房间顶部楼板的撞击声隔声标准 表 1-10-71（表 9.3.3）

楼板部位	撞击声隔声单值评价量（dB）			
	高要求标准		低限标准	
	计权规范化撞击声压级 $L_{n,w}$（实验室测量）	计权标准化撞击声压级 $L'_{nT,w}$（现场测量）	计权规范化撞击声压级 $L_{n,w}$（实验室测量）	计权标准化撞击声压级 $L'_{nT,w}$（现场测量）
健身中心、娱乐场所等与噪声敏感房间之间的楼板	＜45	≤45	＜50	≤50

11 建筑采光设计标准

11.1 术语

《建筑采光设计标准》GB 50033—2013

2.1.5 采光系数——在室内参考平面上的一点，由直接或间接地接收来自假定和已知天空亮度分布的天空漫射光而产生的照度与同一时刻该天空半球在室外无遮挡水平面上产生的天空漫射光照度之比。

2.1.6 采光系数标准值——在规定的室外天然光设计照度下，满足视觉功能要求时的采光系数值。

2.1.7 室外天然光设计照度——室内全部利用天然光时的室外天然光最低照度。

2.1.8 室内天然光照度标准值——对应于规定的室外天然光设计照度值和相应的采光系数标准值的参考平面上的照度值。

2.1.9 光气候——由太阳直射光、天空漫射光和地面反射光形成的天然光状况。

2.1.10 年平均总照度——按全年规定时间统计的室外天然光总照度。

2.1.11 光气候系数——根据光气候特点，按年平均总照度值确定的分区系数。

2.1.16 采光有效进深——侧面采光时，可满足采光要求的房间进深。本标准用房间进深与参考平面至窗上沿高度的比值来表示。

2.1.17 导光管采光系统——一种用来采集天然光，并经管道传输到室内，进行天然光照明的采光系统，通常由集光器、导光管和漫射器组成。

11.2 基本规定

《建筑采光设计标准》GB 50033—2013

3.0.1 本标准应以采光系数和室内天然光照度作为采光设计的评价指标。室内某一点的采光系数 C，可按下式计算：

$$C=\frac{E_{\mathrm{n}}}{E_{\mathrm{w}}}\times100\%$$

式中 E_{n}—— 室内照度；

E_{w}—— 室外照度。

3.0.3 各采光等级参考平面上的采光标准值应符合表 3.0.3 的规定。

各采光等级参考平面上的采光标准值 表 1-11-1（表 3.0.3）

采光等级	侧面采光		顶部采光	
	采光系数标准值（%）	室内天然光照度标准值（lx）	采光系数标准值（%）	室内天然光照度标准值（lx）
Ⅰ	5	750	5	750
Ⅱ	4	600	3	450
Ⅲ	3	450	2	300
Ⅳ	2	300	1	150
Ⅴ	1	150	0.5	75

注：1 工业建筑参考平面取距地面 1m，民用建筑取距地面 0.75m，公用场所取地面。
2 表中所列采光系数标准值适用于我国Ⅲ类光气候区，采光系数标准值是按室外设计照度值 15000lx 制定的。
3 采光标准的上限值不宜高于上一采光等级的级差，采光系数值不宜高于 7%。

光气候系数 K 值 表 1-11-2（表 3.0.4）

光气候区	Ⅰ	Ⅱ	Ⅲ	Ⅳ	Ⅴ
K 值	0.85	0.90	1.00	1.10	1.20
室外天然光设计照度值 E_{s}（lx）	18000	16500	15000	13500	12000

11.3 光气候分区

按多年气象资料，全国光气候区分为Ⅰ、Ⅱ、Ⅲ、Ⅳ、Ⅴ五个分区，详见《建筑采光设计标准》GB 50033—2013 图 A.0.1，中国光气候分区图。

11.4 采光标准值

《建筑采光设计标准》GB 50033—2013

4.0.1 住宅建筑的卧室、起居室（厅）、厨房应有直接采光。

4.0.2 住宅建筑的卧室、起居室（厅）的采光不应低于采光等级Ⅳ级的采光标准值，侧面采光的采光系数不应低于2.0%，室内天然光照度不应低于300lx。

4.0.3 住宅建筑的采光标准值不应低于表4.0.3的规定。

住宅建筑的采光标准值 表1-11-3（表4.0.3）

采光等级	场所名称	侧面采光	
		采光系数标准值（%）	室内天然光照度标准值（lx）
Ⅳ	厨房	2.0	300
Ⅴ	卫生间、过道、餐厅、楼梯间	1.0	150

4.0.4 教育建筑的普通教室的采光不应低于采光等级Ⅲ级的采光标准值，侧面采光的采光系数不应低于3.0%，室内天然光照度不应低于450lx。

4.0.5 教育建筑的采光标准值不应低于表4.0.5的规定。

教育建筑的采光标准值 表1-11-4（表4.0.5）

采光等级	场所名称	侧面采光	
		采光系数标准值（%）	室内天然光照度标准值（lx）
Ⅲ	专用教室、实验室、阶梯教室、教师办公室	3.0	450
Ⅴ	走道、楼梯间、卫生间	1.0	150

4.0.6 医疗建筑的一般病房的采光不应低于采光等级Ⅳ级的采光标准值，侧面采光的采光系数不应低于2.0%，室内天然光照度不应低于300lx。

4.0.7 医疗建筑的采光标准值不应低于表4.0.7的规定。

医疗建筑的采光标准值 表1-11-5（表4.0.7）

采光等级	场所名称	侧面采光		顶部采光	
		采光系数标准值（%）	室内天然光照度标准值（lx）	采光系数标准值（%）	室内天然光照度标准值（lx）
Ⅲ	诊室、药房、治疗室、化验室	3.0	450	2.0	300
Ⅳ	医生办公室（护士室） 候诊室、挂号处、综合大厅	2.0	300	1.0	150
Ⅴ	走道、楼梯间、卫生间	1.0	150	0.5	75

4.0.8 办公建筑的采光标准值不应低于表4.0.8的规定。

办公建筑的采光标准值 表 1-11-6（表 4.0.8）

采光等级	场所名称	侧面采光	
		采光系数标准值（%）	室内天然光照度标准值（lx）
Ⅱ	设计室、绘图室	4.0	600
Ⅲ	办公室、会议室	3.0	450
Ⅳ	复印室、档案室	2.0	300
Ⅴ	走道、楼梯间、卫生间	1.0	150

4.0.9 图书馆建筑的采光标准值不应低于表 4.0.9 的规定。

图书馆建筑的采光标准值 表 1-11-7（表 4.0.9）

采光等级	场所名称	侧面采光		顶部采光	
		采光系数标准值（%）	室内天然光照度标准值（lx）	采光系数标准值（%）	室内天然光照度标准值（lx）
Ⅲ	阅览室、开架书库	3.0	450	2.0	300
Ⅳ	目录室	2.0	300	1.0	150
Ⅴ	书库、走道、楼梯间、卫生间	1.0	150	0.5	75

4.0.10 旅馆建筑的采光标准值不应低于表 4.0.10 的规定。

旅馆建筑的采光标准值 表 1-11-8（表 4.0.10）

采光等级	场所名称	侧面采光		顶部采光	
		采光系数标准值（%）	室内天然光照度标准值（lx）	采光系数标准值（%）	室内天然光照度标准值（lx）
Ⅲ	会议室	3.0	450	2.0	300
Ⅳ	大堂、客房、餐厅、健身房	2.0	300	1.0	150
Ⅴ	走道、楼梯间、卫生间	1.0	150	0.5	75

4.0.11 博物馆建筑的采光标准值不应低于表 4.0.11 的规定。

博物馆建筑的采光标准值 表 1-11-9（表 4.0.11）

采光等级	场所名称	侧面采光		顶部采光	
		采光系数标准值（%）	室内天然光照度标准值（lx）	采光系数标准值（%）	室内天然光照度标准值（lx）
Ⅲ	文物修复室*、标本制作室*、书画装裱室	3.0	450	2.0	300
Ⅳ	陈列室、展厅、门厅	2.0	300	1.0	150
Ⅴ	库房、走道、楼梯间、卫生间	1.0	150	0.5	75

注：1 * 表示采光不足部分应补充人工照明，照度标准值为 750lx。
2 表中的陈列室、展厅是指对光不敏感的陈列室、展厅，如无特殊要求应根据展品的特征和使用要求优先采用天然采光。
3 书画装裱室设置在建筑北侧，工作时一般仅用天然光照明。

4.0.12 展览建筑的采光标准值不应低于表 4.0.12 的规定。

展览建筑的采光标准值 表 1-11-10（表 4.0.12）

采光等级	场所名称	侧面采光		顶部采光	
		采光系数标准值（%）	室内天然光照度标准值（lx）	采光系数标准值（%）	室内天然光照度标准值（lx）
Ⅲ	展厅（单层及顶层）	3.0	450	2.0	300
Ⅳ	登录厅、连接通道	2.0	300	1.0	150
Ⅴ	库房、楼梯间、卫生间	1.0	150	0.5	75

4.0.13 交通建筑的采光标准值不应低于表 4.0.13 的规定。

交通建筑的采光标准值 表 1-11-11（表 4.0.13）

采光等级	场所名称	侧面采光		顶部采光	
		采光系数标准值（%）	室内天然光照度标准值（lx）	采光系数标准值（%）	室内天然光照度标准值（lx）
Ⅲ	进站厅、候机（车）厅	3.0	450	2.0	300
Ⅳ	出站厅、连接通道、自动扶梯	2.0	300	1.0	150
Ⅴ	站台、楼梯间、卫生间	1.0	150	0.5	75

4.0.14 体育建筑的采光标准值不应低于表 4.0.14 的规定。

体育建筑的采光标准值 表 1-11-12（表 4.0.14）

采光等级	场所名称	侧面采光		顶部采光	
		采光系数标准值（%）	室内天然光照度标准值（lx）	采光系数标准值（%）	室内天然光照度标准值（lx）
Ⅳ	体育馆场地、观众入口大厅、休息厅、运动员休息室、治疗室、贵宾室、裁判用房	2.0	300	1.0	150
Ⅴ	浴室、楼梯间、卫生间	1.0	150	0.5	75

注：采光主要用于训练或娱乐活动。

4.0.15 工业建筑的采光标准值不应低于表 4.0.15 的规定。

工业建筑的采光标准值 表 1-11-13（表 4.0.15）

采光等级	车间名称	侧面采光		顶部采光	
		采光系数标准值（%）	室内天然光照度标准值（lx）	采光系数标准值（%）	室内天然光照度标准值（lx）
Ⅰ	特精密机电产品加工、装配、检验、工艺品雕刻、刺绣、绘画	5.0	750	5.0	750
Ⅱ	精密机电产品加工、装配、检验、通信、网络、视听设备、电子元器件、电子零部件加工、抛光、复材加工、纺织品精纺、织造、印染、服装裁剪、缝纫及检验、精密理化实验室、计量室、测量室、主控制室、印刷品的排版、印刷、药品制剂	4.0	600	3.0	450
Ⅲ	机电产品加工、装配、检修、机库、一般控制室、木工、电镀、油漆、铸工、理化实验室、造纸、石化产品后处理、冶金产品冷轧、热轧、拉丝、粗炼	3.0	450	2.0	300
Ⅳ	焊接、钣金、冲压剪切、锻工、热处理、食品、烟酒加工和包装、饮料、日用化工产品、炼铁、炼钢、金属冶炼、水泥加工与包装、配、变电所、橡胶加工、皮革加工、精细库房（及库房作业区）	2.0	300	1.0	150
Ⅴ	发电厂主厂房、压缩机房、风机房、锅炉房、泵房、动力站房、（电石库、乙炔库、氧气瓶库、汽车库、大中件贮存库）一般库房、煤的加工、运输、选煤配料间、原料间、玻璃退火、熔制	1.0	150	0.5	75

11.5 采光质量

《建筑采光设计标准》GB 50033—2013

5.0.1 顶部采光时，Ⅰ～Ⅳ采光等级的采光均匀度不宜小于0.7。为保证采光均匀度的要求，相邻两天窗中线间的距离不宜大于参考平面至天窗下沿高度的1.5倍。

5.0.2 采光设计时，应采取下列减小窗的不舒适眩光的措施：

1 作业区应减少或避免直射阳光；

2 工作人员的视觉背景不宜为窗口；

3 可采用室内外遮挡设施；

4 窗结构的内表面或窗周围的内墙面，宜采用浅色饰面。

5.0.3 在采光质量要求较高的场所，宜按本标准附录B进行窗的不舒适眩光计算，窗的不舒适眩光指数不宜高于表5.0.3规定的数值。

窗的不舒适眩光指数（*DGI*） 表1-11-14（表5.0.3）

采光等级	眩光指数值 *DGI*
Ⅰ	20
Ⅱ	23
Ⅲ	25
Ⅳ	27
Ⅴ	28

5.0.4 办公、图书馆、学校等建筑的房间，其室内各表面的反射比宜符合表5.0.4的规定。

反射比 表1-11-15（表5.0.4）

表面名称	反射比
顶棚	0.60～0.90
墙面	0.30～0.80
地面	0.10～0.50
桌面、工作台面、设备表面	0.20～0.60

11.6 采光计算

《建筑采光设计标准》GB 50033—2013

6.0.1 在建筑方案设计时，对Ⅲ类光气候区的采光，窗地面积比和采光有效进深可按表 6.0.1 进行估算，其他光气候区的窗地面积比应乘以相应的光气候系数 K。

窗地面积比和采光有效进深 表 1-11-16（表 6.0.1）

采光等级	侧面采光		顶部采光
	窗地面积比（A_c/A_d）	采光有效进深（b/h_s）	窗地面积比（A_c/A_d）
Ⅰ	1/3	1.8	1/6
Ⅱ	1/4	2.0	1/8
Ⅲ	1/5	2.5	1/10
Ⅳ	1/6	3.0	1/13
Ⅴ	1/10	4.0	1/23

注：1 窗地面积比计算条件：窗的总透射比 τ 取 0.6；室内各表面材料反射比的加权平均值：Ⅰ～Ⅲ级取 ρ_j = 0.5；Ⅳ级取 ρ_j = 0.4；Ⅴ级取 ρ_j = 0.3。

2 顶部采光指平天窗采光，锯齿形天窗和矩形天窗可分别按平天窗的 1.5 倍和 2 倍窗地面积比进行估算。

12 建筑外门窗物理性能分级

12.1 抗风压性能分级

《建筑幕墙》GB/T 21086—2007

5.1.1.4 抗风压性能分级指标 P_3 应符合本标准 5.1.1.1 的规定，并符合表 12 的要求。

建筑幕墙抗风压性能分级 表 1-12-1（表 12）

分级代号	1	2	3	④	⑤	6	7	8	9
分级指标值 P_3/（kPa）	1.0≤P_3<1.5	1.5≤P_3<2.0	2.0≤P_3<2.5	2.5≤P_3<3.0	3.0≤P_3<3.5	3.5≤P_3<4.0	4.0≤P_3<4.5	4.5≤P_3<5.0	P_3≥5.0

注：1 9 级时需同时标注 P_3 的测试值。如：属 9 级（5.5kPa）。

2 分级指标值 P_3 为正、负风压测试值绝对值的较小值。

3 画“○”的级别为北京地区节能设计可选用级别，详见第 12.7 节；表 1-12-2、表 1-12-7 同。

12.2 水密性能分级

《建筑幕墙》GB/T 21086—2007

5.1.2.2 水密性能分级指标值应符合表 13 的要求。

建筑幕墙水密性能分级　　表 1-12-2（表 13）

分级代号		1	2	③	4	5
分级指标值△P(Pa)	固定部分	500≤△P<700	700≤△P<1000	1000≤△P<1500	1500≤△P<2000	△P≥2000
	可开启部分	250≤△P<350	350≤△P<500	500≤△P<700	700≤△P<1000	△P≥1000

注：5 级时需同时标注固定部分和开启部分△P 的测试值。

12.3 气密性能分级

《建筑幕墙》GB/T 21086—2007

5.1.3.1 气密性能指标应符合 GB 50176、GB 50189、JGJ 132—2001、JGJ 134、JGJ 26 的有关规定，并满足相关节能标准的要求。一般情况可按表 14 确定。

建筑幕墙气密性能设计指标一般规定　　表 1-12-3（表 14）

地区分类	建筑层数、高度	气密性能分级	气密性能指标小于	
			开启部分 q_L [m³/(m·h)]	幕墙整体 q_A [m³/(m²·h)]
夏热冬暖地区	10 层以下	2	2.5	2.0
	10 层及以上	3	1.5	1.2
其他地区	7 层以下	2	2.5	2.0
	7 层及以上	3	1.5	1.2

5.1.3.2 开启部分气密性能分级指标 q_L 应符合表 15 的要求。

建筑幕墙开启部分气密性能分级　　表 1-12-4（表 15）

分级代号	1	2	3	4
分级指标值 q_L [m³/(m·h)]	$4.0 \geq q_L > 2.5$	$2.5 \geq q_L > 1.5$	$1.5 \geq q_L > 0.5$	$q_L \leq 0.5$

5.1.3.3 幕墙整体（含开启部分）气密性能分级指标 q_A 应符合表 16 的要求。

建筑幕墙整体气密性能分级　　　　表 1-12-5（表 16）

分级代号	1	2	3	4
分级指标值 q_A[m³/（m²·h）]	4.0≥q_A>2.0	2.0≥q_A>1.2	1.2≥q_A>0.5	q_A≤0.5

《建筑外门窗气密、水密、抗风压性能分级及检测方法》GB/T 7106—2008

4.1.2 分级指标值

分级指标绝对值 q_1 和 q_2 的分级见表 1。

建筑外门窗气密性能分级表　　　　表 1-12-6（表 1）

分级	1	2	3	4	5	6	7	8
单位缝长分级指标值 q_1/[m³/（m·h）]	4.0≥q_1>3.5	3.5≥q_1>3.0	3.0≥q_1>2.5	2.5≥q_1>2.0	2.0≥q_1>1.5	1.5≥q_1>1.0	1.0≥q_1>0.5	q_1≤0.5
单位面积分级指标值 q_2/[m³/（m²·h）]	12≥q_2>10.5	10.5≥q_2>9.0	9.0≥q_2>7.5	7.5≥q_2>6.0	6.0≥q_2>4.5	4.5≥q_2>3.0	3.0≥q_2>1.5	q_2≤1.5

12.4 传热系数分级

《建筑外门窗保温性能分级及检测方法》GB/T 8484—2008

4.1 外门、外窗传热系数分级

外门、外窗传热系数 K 值分为 10 级，见表 1。

外门、外窗传热系数分级［W/（m²·K）］　　　　表 1-12-7（表 1）

分级	1	2	3	4	5
分级指标值	K≥5.0	5.0>K≥4.0	4.0>K≥3.5	3.5>K≥3.0	3.0>K≥2.5
分级	⑥	⑦	8	9	10
分级指标值	2.5>K≥2.0	2.0>K≥1.6	1.6>K≥1.3	1.3>K≥1.1	K<1.1

12.5 抗结露因子分级

《建筑外门窗保温性能分级及检测方法》GB/T 8484—2008

4.2 玻璃门、外窗抗结露因子分级

玻璃门、外窗抗结露因子 CRF 值分为 10 级，见表 2。

玻璃门、外窗抗结露因子分级　　　　表 1-12-8（表 2）

分级	1	2	3	4	5
分级指标值	CRF≤35	35<CRF≤40	40<CRF≤45	45<CRF≤50	50<CRF≤55
分级	6	7	8	9	10
分级指标值	55<CRF≤60	60<CRF≤65	65<CRF≤70	70<CRF≤75	CRF>75

12.6 隔声性能分级

《建筑门窗空气隔声性能分级及检测方法》GB / T 8485—2008

12.6.1 建筑门窗的空气隔声性能分级

10.2.6 建筑门窗的空气声隔声性能。

1 分级指标值 R_w 见表 10.2.6–1 规定。

建筑门窗的空气声隔声性能分级单位（dB） 表 1-12-9（表 10.2.6-1）

分级	外门、外窗的分级指标值	内门、内窗的分级指标值
1	$20 \leqslant R_w + C_{1r} < 25$	$20 \leqslant R_w + C < 25$
2	$25 \leqslant R_w + C_{1r} < 30$	$25 \leqslant R_w + C < 30$
3	$30 \leqslant R_w + C_{1r} < 35$	$30 \leqslant R_w + C < 35$
4	$35 \leqslant R_w + C_{1r} < 40$	$35 \leqslant R_w + C < 40$
5	$40 \leqslant R_w + C_{1r} < 45$	$40 \leqslant R_w + C < 45$
6	$R_w + C_{1r} \geqslant 45$	$R_w + C \geqslant 45$

注：1 本表摘自《建筑门窗空气声隔声性能分级及检测方法》GB/T 8485—2008。
2 用于对建筑内机器、设备噪声源隔声的建筑内门窗，对中低频噪声宜用外门窗的指标值进行分级；对中高频噪声仍可采用内门窗的指标值进行分级。

2 沿街的住宅或当环境噪声较大时，应采用隔声性能较好的外窗。如可采用中空玻璃或双层窗，其隔声性能应不小于 35dB，常用玻璃隔声性能见表 10.2.6–2；对于隔声要求高的外窗，也可采用双层窗，其隔声量可达 45dB 左右，双层窗间距应为 80～100mm；对于既要求隔声又要求通风的建筑，可采用通风隔声窗（即在双层窗之间加设吸声构造）或采用窗用通风器（参见国标图集 04J631《门、窗、幕墙窗用五金附件》）。有关门窗隔声构造见国标图集 08J931《建筑隔声与吸声构造》。

12.6.2 玻璃的隔声性能

玻璃隔声性能 表 1-12-10（表 10.2.6-2）

构造	厚度	计权隔声量 R_w（dB）	频谱修正量		R_w+C	R_w+C_{1r}
			C（dB）	C_{1r}（dB）		
单层玻璃	3	27	−1	−4	26	23
	5	29	−1	−2	28	27
	8	31	−2	−3	29	28
	12	33	0	−2	33	31

续表

构造	厚度	计权隔声量 R_w（dB）	频谱修正量		R_w+C	R_w+C_{1r}
			C（dB）	C_{1r}（dB）		
夹层玻璃	6+	32	-1	-3	31	29
	10+	34	-1	-3	33	31
中空玻璃	4+6～12A+4	29	-1	-4	28	25
	6+6～12A+6	31	-1	-4	30	27
	8+6～12A+6	35	-2	-6	33	29
	6+6～12A+10+	37	-1	-5	36	32

注：本表根据中国建筑科学研究院物理所提供资料编制。

12.7 外窗物理性能级别选用

摘自《建筑幕墙》GB/T 21086—2007。

外窗物理性能的级别，应首先依据地方节能标准选用，无地标时依据国标选用。如北京地区居住建筑及公共建筑节能设计中，外窗的物理性能（抗风压、隔声、水密性、气密性等）一般可选用表1-12-1～表1-12-7中画“○”的级别。遇超高层建筑，特殊功能的建筑外窗，其物理性能的级别确定，需另外考虑。

12.8 采光性能分级

《建筑外窗采光性能分级及检测方法》GB/T 11976—2015

4.2.1 建筑外窗透光折减系数（T_r）应按表1进行分级。

建筑外窗透光折减系数分级 表1-12-11（表1）

分级	1	2	3	4	5
T_r	0.20≤T_r<0.30	0.30≤T_r<0.40	0.40≤T_r<0.50	0.50≤T_r<0.60	T_r≥0.60

注：T_r值应给出具体数值

各类主要用房的采光系数标准值及天然光照度标准 表1-12-12

建筑类型	采光等级	场所名称	侧面采光		顶部采光	
			采光系数标准值（%）	室内天然光照度标准值（lx）	采光系数标准值（%）	室内天然光照度标准值（lx）
住宅	Ⅳ	卧室、起居室（厅）、厨房（应有直接采光）	2.0	300	—	—
	Ⅳ	厨房	2.0	300	—	—
	Ⅴ	卫生间、过道、餐厅、楼梯间	1.0	150	—	—

续表

建筑类型	采光等级	场所名称	侧面采光		顶部采光	
			采光系数标准值(%)	室内天然光照度标准值(lx)	采光系数标准值(%)	室内天然光照度标准值(lx)
教育	Ⅲ	普通教室	3.0	450	—	—
	Ⅲ	专用教室、实验室、阶梯教室、教师办公室	3.0	450	—	—
	Ⅴ	走道、楼梯间、卫生间	1.0	150	—	—
医疗	Ⅳ	一般病房	2.0	300	—	—
	Ⅲ	诊室、药房、治疗室、化验室	3.0	450	2.0	300
	Ⅳ	医生办公室(护士室)、候诊室、挂号处、综合大厅	2.0	300	1.0	150
	Ⅴ	走道、楼梯间、卫生间	1.0	100	0.5	75
办公	Ⅱ	设计室、绘图室	4.0	600	—	—
	Ⅲ	办公室、会议室	3.0	450	—	—
	Ⅳ	复印室、档案室	2.0	300	—	—
	Ⅴ	走道、楼梯间、卫生间	1.0	150	—	—
图书馆	Ⅲ	阅览室、开架书库	3.0	450	2.0	300
	Ⅳ	目录室	2.0	300	1.0	150
	Ⅴ	书库、走道、楼梯间、卫生间	1.0	150	0.5	75
旅馆	Ⅲ	会议室	3.0	450	2.0	300
	Ⅳ	大堂、客房、餐厅、健身房	2.0	300	1.0	150
	Ⅴ	走道、楼梯间、卫生间	1.0	150	0.5	75
展览	Ⅲ	展厅(单层及顶层)	3.0	450	2.0	300
	Ⅳ	登录厅、连接通道	2.0	300	1.0	150
	Ⅴ	库房、楼梯间、卫生间	1.0	150	0.5	75
交通	Ⅲ	进站厅、候机(车)厅	3.0	450	2.0	300
	Ⅳ	出站厅、连接通道、自动扶梯	2.0	300	1.0	150
	Ⅴ	站台、楼梯间、卫生间	1.0	150	0.5	75
博物馆*	Ⅲ	文物修复室*、标本制作室*、书画装裱室	3.0	450	2.0	300
	Ⅳ	陈列室、展厅、门厅	2.0	300	1.0	150
	Ⅴ	库房、走道、楼梯间、卫生间	1.0	150	0.3	75
体育	Ⅳ	体育馆场地、观众入口大厅、休息厅、运动员休息室、治疗室、贵宾室、裁判用房	2.0	300	1.0	150
	Ⅴ	浴室、楼梯间、卫生间	1.0	150	0.5	75

续表

建筑类型	采光等级	场所名称	侧面采光		顶部采光	
			采光系数标准值(%)	室内天然光照度标准值(lx)	采光系数标准值(%)	室内天然光照度标准值(lx)
工业	Ⅰ	特精密机电产品加工、装配、检验、工艺品雕刻、刺绣、绘画	5.0	750	5.0	750
	Ⅱ	精密机电产品加工、装配、检验、通信、网络、视听设备、电子元器件、电子零部件加工、抛光、复材加工、纺织品精纺、织造、印染、服装裁剪、缝纫及检验、精密理化实验室、计量室、测量室、主控制室、印刷品的排版、印刷、药品制剂	4.0	600	3.0	450
	Ⅲ	机电产品加工、装配、检修、机库、一般控制室、木工、电镀、油漆、铸工、理化实验室、造纸、石化产品后处理、冶金产品冷轧、热轧、拉丝、粗炼	3.0	450	2.0	300
	Ⅳ	焊接、钣金、冲压剪切、锻工、热处理、食品、烟酒加工和包装、饮料、日用化工产品、炼铁、炼钢、金属冶炼、水泥加工与包装 、配、变电所、橡胶加工、皮革加工、精细库房(及库房作业区)	2.0	300	1.0	150
	Ⅴ	发电厂主厂房、压缩机房、风机房、锅炉房、泵房、动力站房、(电石库、乙炔库、氧气瓶库、汽车库、大中件贮存库)一般库房、煤的加工、运输、选煤配料间、原料间、玻璃退火、熔制	1.0	150	0.5	75

注:1 * 表示采光不足部分应补充人工照明,照度标准值为750lx。
2 表中的陈列室、展厅是指对光不敏感的陈列室、展厅,如无特殊要求应根据展品的特征和使用要求优先采用天然采光。
3 书画装裱室设置在建筑北侧,工作时一般仅用天然光照明。

12.9 热工性能

建筑外门窗的热工性能应优先依据各地方的节能设计标准选用。

北京市地方标准《居住建筑节能设计标准》DB 11/891—2012 附录E,外窗热工性能参数,表注见表1-39(表E.0.4—5)

12.9.1 PVC塑料窗热工性能

PVC塑料窗热工性能　　表1-12-13（表E.0.4-1）

产品名称	玻璃类型	传热系数 K [W/(m^2·K)]	遮阳系数 SC_C
60系列平开塑料窗（内开）	5+9A+5+9A+5	2.0	0.64
60系列平开塑料窗（内开）	5+12A+5Low-E	2.0	0.30～0.59
60系列平开塑料窗（内开）	5+15Ar+5	2.0	0.62
60系列平开望料窗（外开）	5+12A+5暖边	2.0	0.56
65系列平开塑料窗	5+15Ar+5暖边	2.0	0.62
65系列平开塑料窗	5+12A+5Low-E	1.9	0.23～0.46
60系列平开塑料窗内开（4腔）	5+12A+5+12A+5	1.9	0.59
70系列平开塑料窗（4腔室）	5+19A+5暖边	1.9	0.62
100系列推拉塑料窗	5+12A+5+12A+5	1.9	0.63
60系列平开塑料窗	5+9A+5+9A+5	1.8	0.64
60系列共挤平开塑料窗（外开）	5+15A+5暖边	1.8	0.56
65系列平开望料窗（内开5腔）	5+12A+5+12A+5	1.7	0.59
65系列平开塑料窗	5+12A+5+12A+5	1.7	0.56
70系列平开塑料窗（内开）	5+12A+5+12A+5	1.7	0.48
65系列平开上悬塑料窗（内开）	6+9A+5+9+5Low-E	1.6	0.25～0.50
70系列平开塑料窗	5+12A+5+12A+5	1.6	0.55
70系列平开塑料窗（6腔室）	5+12A+5Low-E	1.6	0.23～0.45
65系列平开望料窗（内开）	5+12+5+12A+5双银Low-E	1.5	0.15～0.29
65系列平开望料窗（4腔室）	5+9+5+9+5Low-E	1.5	0.26～0.51
70系列平开塑料窗（6腔室）	5+12Ar+5+12Ar+5	1.5	0.26～0.53
60系列平开塑料窗（内开下悬）	6+16Ar+6Low-E	1.4	0.26～0.50
60系列平开上悬望料窗（内开）	5+9A+5+9A+5	1.3	0.60
60系列平开塑料窗（内开）	5+12A+4+12A+5Low-E	1.2	0.27～0.53
窗框面积比：F_k/F_c=0.30～0.40			

12.9.2 断热铝合金窗热工性能

断热铝合金窗热工性能　　表1-12-14（表E.0.4-2）

产品名称	玻璃类型	传热系数 K[W/(m^2·K)]	遮阳系数 SC_C
60系列平开铝合金断热窗	5+12A+5Low-E	2.0	0.28～0.55
65系列平开铝合金断热窗	5+12A+5+12A+5	2.0	0.61
65系列平开铝合金保温节能窗	5+9A+5+9A+5	2.0	0.6

续表

产品名称	玻璃类型	传热系数 K[W/（m^2·K）]	遮阳系数 SC_C
60 系列平开下悬铝合金断热窗	6+9A+5+9A+6Low-E	2.0	0.28～0.57
60 系列内平开下悬铝合金窗	5+15A+5Low-E+暖边	2.0	0.29～0.57
60 系列平开铝合金窗	5+12Ar+5+12Ar+5	2.0	0.60
65 系列平开下悬铝合金窗	5+12Ar+5+12Ar+5+暖边	1.9	0.58
65 系列内平开下悬铝合金窗	5+15A+5Low-E+暖边	1.9	0.29～0.58
65 系列平开下悬铝合金断热窗	6+15Ar+6Low-E	1.9	0.29～0.57
65 系列平开下悬铝合金窗	5+12Ar+5+12Ar+5+暖边	1.8	0.62
60 系列平开铝合金断热窗	6+12A+6Low-E	1.8	0.29～0.58
60 系列平开铝合金断热窗	5+12A+5+12A+5	1.8	0.65
60 系列平开铝合金隔热窗	5+0.12V+5+9A+5Low-E	1.8	0.26～0.53
70 系列平开浇注铝合金断热窗	5+12A+5+12A+5Low-E	1.7	0.28～0.56
80 系列平开下悬铝合金隔热窗	6+0.76PVB+6+16Ar+6Low-E	1.7	0.30～0.60
75 系列平开铝合金隔热窗	6+12Ar+6Low-E 中空+暖边	1.6	0.31～0.62
60 系列内平开铝合金窗	5Low-E+15Ar+3+0.38PVB+3 暖边	1.6	0.27～0.53
60 系列平开铝合金断热窗	4+0.12V+4+6A+5Low-E	1.5	0.27～0.54
70 系列平开下悬断热铝合金窗	6+15Ar+5Low-E	1.5	0.27～0.54
窗框面积比：F_k/F_c=0.25～0.30			

12.9.3 玻璃纤维增强塑料（玻璃钢）窗热工性能

玻璃纤维增强塑料（玻璃钢）窗热工性能　表 1-12-15（表 E.0.4-3）

产品名称	玻璃类型	传热系数 K[W/（m^2·K）]	遮阳系数 SC_C
55 系列平开玻璃钢窗	5+15Ar+5+暖边	2.0	0.63
60 系列平开玻璃钢窗	5+19Ar+5	2.0	0.61
55 系列平开玻璃钢窗（内开）	5+15Ar+5	1.9	0.63
60 系列平开下悬玻璃钢窗	5+9A +5+9A+5	1.8	0.59
55 系列平开玻璃钢窗（内开）	5+9A +5+9A+5	1.8	0.51
60 系列平开玻璃钢窗（外开）	5+12A+5+12A+5	1.7	0.56
55 系列平开玻璃钢窗	5+12Ar+5+12Ar+5Low-E	1.3	0.26～0.52
55 系列平开玻璃钢窗	5+12A+5+12A+5 双银 Low-E	1.3	0.26～0.52
窗框面积比：F_k/F_c=0.30			

12.9.4 铝木复合、铝塑复合窗性能

铝木复合、铝塑复合窗热工性能　　表 1-12-16（表 E.0.4-4）

产品名称	玻璃类型	传热系数 K [W/（m^2·K）]	遮阳系数 SC_C
铝木复合			
65 系列平开下悬铝包木窗	5+9A+5Low-E	2.0	0.22～0.44
65 系列内开下悬铝包木复合窗	6+12Ar+6Low-E	1.8	0.26～0.51
60 系列平开下悬铝包木窗（内开）	5+12A+5Low-E	1.7	0.21～0.41
80 系列平开下悬铝木复合窗（内开）	6+15Ar+6Low-E	1.7	0.28～0.55
70 系列铝包木固定窗	5+15A+5+15A+5	1.6	0.56
60 系列平开下悬铝包木固定窗（内开）	5+15A+5+15A+5Low-E	1.2	0.26～0.52
铝塑复合			
60 系列平开下悬铝塑复合窗（内开）	5+12A+5+12A+5	2.0	0.61
60 系列平开铝塑铝复合窗（内开）	5+9Ar+5Low-E	1.6	0.27～0.53
窗框面积比：F_k/F_c=0.30～0.35			

12.9.5 实木窗传热热工性能

实木窗传热热工性能　　表 1-12-17（表 E.0.4-5）

产品名称	玻璃类型	传热系数 K [W/（m^2·K）]	遮阳系数 SC_C
65 系列内开下悬实木窗	5+12A+5Low-E	1.8	0.25～0.49
65 系列平开下悬实木窗（内开下悬）	5+15Ar+5Low-E	1.6	0.25～0.49
65 系列内开下悬实木窗	5+12A+5+12A+5Low-E	1.5	0.23～0.46
75 系列平开下悬实木窗（内开下悬）	5+12A+5+12A+5	1.5	0.56
60 系列平开下悬实木窗（内开）	5+15Ar+5Low-E	1.3	0.28～0.53
窗框面积比：F_k/F_c=0.35～0.40			

注：1 各表内符号和数字：

1）A—空气；Ar—氩气；V—真空；Low-E—低辐射膜；PVB—夹胶；

2）字母前数字为中空间层厚度，其他数字为玻璃厚度。

2 表内整窗的传热系数数据是根据国家及北京门窗检测部门的数据整理归纳的。

3 窗的遮阳系数是根据玻璃的遮阳系数和窗框比计算得出的。

4 低辐射玻璃的遮阳系数因膜本身的性质及在中空玻璃内的不同位置而变化很大，北京地区属于寒冷地区，居住建筑的主要能耗是供暖能耗，因此建议除东西向有遮阳系数限值的情况外，采用遮阳系数高的产品。

5 外窗的传热系数为玻璃和窗框的整体传热系数，不同材料窗框的传热性能对整窗传热系数的影响与下列因素有关：

1）塑料窗的传热系数与窗框的空腔数有关（从室内至室外），腔数越多性能越好；

2）断热铝合金窗传热系数与窗框断热的材质、宽度和厚度有关，宽度和厚度越大，性能越好；

3）玻璃钢窗传热系数与窗框空腔内是否填充保温材料有关；

4）实木窗框传热系数与木材本身的性能有关。

13 防火门窗的等级选定

13.1 防火门分级

防火门窗按国家标准《防火门》GB 12955—2008分类，A类防火门窗分为甲、乙、丙三级，其耐火极限时间分别为：甲级1.5h、乙级1.0h、丙级0.5h［根据《建筑设计防火规范》GB 50016—2014（2018年版）］。

13.2 防火门分类

防火门应具有自行关闭功能。双扇防火门应具有按顺序自行关闭的功能（管井的维修门和住宅的户门除外）。

（1）常开防火门。设置在建筑内经常有人通行处的防火门宜采用常开防火门。常开防火门能在火灾时自行关闭，并应具有信号反馈的功能。

（2）常闭防火门。除允许设置常开防火门的位置外，其他位置的防火门均应采用常闭防火门。常闭防火门应在其明显位置设置“保持防火门关闭”等提示标识。

13.3 设置要求

13.3.1 应设置防火门的部位

1. 防烟楼梯间　　防烟楼梯间的门应采用甲级防火门。

2. 避难层中设备间　　避难层中的管井和设备间当门开向避难区时，应采用甲级防火门（与出入口距离应>5m）。

3. 防火墙上的门窗　　防火墙上不应开设门、窗、洞口，确需开设时，应设置不可开启或火灾时能自动关闭的甲级防火门、窗。

4. 疏散走道防火分区处　　疏散走道在防火分区处应设置常开甲级防火门。

5. 防火隔间　　防火隔间的门应采用甲级防火门（面积不应小于6m^2；门间距不小于4m，装修A级）。

6. 避难走道　　防火分区至避难走道入口处应设置防烟前室（面积大于6m^2），开向前室的门应采用甲级防火门，前室开向避难走道的门应采用乙级防火门。

7. 锅炉房、变压器室　　锅炉房、变压器室与其他部位之间的分隔、防火隔墙耐火极限不低于2.0h，楼板不低于1.5h，并不应开设洞口，若开门应为甲级防火门窗。

8. 消防电梯井、机房　　消防电梯井、机房与相邻电梯井、机房间防火隔墙上应为甲级防火门。

9. 锅炉房内储油间　　储油间应采用耐火极限不低于3.0h防火隔墙与锅炉间分隔，防火隔墙上设置门时，应采用甲级防火门。

10. 柴油发电机房　　民用建筑内的柴油发电机房应采用耐火极限不低于 2.0h 的防火隔墙和不低于 1.5h 的不燃性楼板与其他部分分隔，门应采用甲级防火门。

11. 通风、空调机房和变配电室　　通风、空气调节机房和变配电室开向建筑内的门应采用甲级防火门。

12. 消防控制室及其他设备房　　消防控制室和其他设备房开向建筑内的门应采用乙级防火门。

13. 管道井　　电缆井、管道井、排烟道、排气道等竖向井道，应分别独立设置，井壁的耐火极限不应低于 1.0h，井壁上的检查门应采用丙级防火门。

14. 中庭隔墙上门　　建筑内中庭，上下层面积叠加超过规范规定时，与周围连通空间应进行防火分隔。防火隔墙耐火极限不应低于 1.0h，防火卷帘不应低于 3.0h，与中庭相连通的门窗应采用火灾时能自行关闭的甲级防火门窗。

15. 高层病房避难间　　高层病房楼应在二层及以上楼层和洁净手术部设置避难间，避难间应靠近楼梯间，并应采用防火隔墙（不低于 2.0h）和甲级防火门与其他部位分隔，避难间内应设置直接对外可开启的乙级防火窗。

16. 图书馆书库、资料库　　图书馆内书库、资料库应用防火墙与毗邻建筑完全隔离，书库、资料库防火墙上的门应为甲级防火门。

17. 计算机房　　面积≥140m^2 的计算机房，门应外开，并为甲级防火门窗。

18. 旅馆中的餐厅　　旅馆中的餐厅部分应用防火墙及甲级防火门与其他部分分隔。

19. 剧场舞台　　剧场舞台通向各处的洞口应设甲级防火门；高低压配电室与舞台、侧台、后台相连时必须设置前室并设甲级防火门。

20. 体育场馆　　体育比赛和训练建筑的灯控、声控、配电室、发电机房、空调机房、消防控制室等部位应作防火分隔，门窗的耐火极限不低于 1.5h（甲级）。

21. 汽车库坡道、停车区　　多层、高层及地下车库（敞开式、斜板式除外）坡道两侧用防火墙与停车区分开，坡道出入口应采用水幕、防火卷帘或甲级防火门与停车区隔开，当坡道及车库均设自动灭火系统时，不受此限。

22. 厂房内中间储罐　　厂房内的丙类液体中间储罐应设在单独房间内，其容量不应大于 5m^3，房间应采用耐火极限不低于 3.0h 的防火隔墙和 1.5h 的楼板与其他部位分隔，房间门应采用甲级防火门。

23. 乙类厂房的配电站　　乙类厂房的配电站，确需在防火墙上开窗时，应采用甲级防火窗。

24. 地下室人防工程　　人防消防控制室、消防水泵房、排烟机房、灭火剂储瓶间、变配电室、通信机房、通风和空调机房及可燃物存放量超过 30kg/m^2 的房间，其房门均应为甲级防火门。

防火分区至避难走道入口处应设置前室，前室的面积不应小于 6m^2，前室的门应为甲级防火门。

25. 办公建筑　　机要室、档案室、重要库房隔墙耐火极限不应小于 2.0h，房门应为甲级防火门。

26. 影剧院　　电影院观众厅疏散门应为甲级防火门，剧场舞台口上部与观众厅闷顶间隔墙的耐火极限不小于 1.5h，剧院后台辅助用房隔墙不小于 2.0h，墙上门均为乙级。

13.3.2 应设置乙级防火门的部位

1. 厂房内设置办公室（仓库内）　　员工宿舍严禁设置在厂房内，当办公室、休息室设置在（丙、丁仓库）丙类厂房内时，应采用耐火极限不低于 2.5h 的防火隔墙和 1.0h 的楼板与其他部位分隔，至少设置 1 个独立的安全出口，隔墙上若需开设相互连通的门时应为乙级防火门。

2. 步行街两侧商铺　　其面向步行街一侧的围护构件的耐火极限不应低于 1.0h，并宜采用实体墙，其门、窗应采用乙级防火门窗。

3. 住宅建筑的户门　　住宅建筑高度 27m<*H*≤54m 时（9～18 层），每个单元设置一座疏散楼梯时（楼梯通至屋面，单元之间通过屋面连通），户门采用乙级防火门。

（1）7 层及以下：当住宅建筑高度 *H*≤21m 时（7 层及以下）可采用敞开楼梯间；疏散楼梯与电梯井相邻，户门采用乙级防火门时，仍可采用开敞楼梯。

（2）8～11 层：当住宅建筑高度 21m<*H*≤33m 时（8～11 层），户门采用乙级防火门时，可采用开敞楼梯，否则为封闭楼梯。

（3）12 层及以上：当住宅建筑高度 *H*>33m 时应采用防烟楼梯间。户门不宜直接开向前室，确有困难时，每层开向前室的户门使用二级防火门的不应大于 3 樘。

4. 18 层以上设避难间　　住宅建筑高度 *H*>54m（18 层以上）时，每户应有一个房间符合下列规定：

（1）应靠外墙设置，并应设置可开启外窗；

（2）内外墙体的耐火极限不应低于 1.0h，房间门宜采用乙级防火门。外窗的耐火完整性不宜低于 1.0h。

5. 医疗建筑内用房、建筑内附建幼、老房　　医疗建筑内：手术室或手术部、产房、重症监护室、贵重精密医疗装备用房、储藏间、实验室、胶片室等。

附设在建筑内：托儿所、幼儿园的儿童用房和儿童游乐厅等儿童活动场所、老年人活动场所，应采用耐火极限不低于 2.0h 的防火隔墙和不低于 1.0h 的楼板与其他场所或部位分隔，墙上必须设置的门窗应为乙级防火门窗。

6. 消防控制室、灭火设备室、消防水泵房（通风、变配电为甲级）　　附设在建筑内的消防控制室、灭火设备室、消防水泵房和通风空调机房、变配电室等应采用耐火极限不低于 2.0h 的防火隔墙和不低于 1.50h 的楼板与其他部位分隔。消防控制室和其他设备房开向建筑内的门应采用乙级防火门。

7. 疏散楼梯间的门

（1）封闭楼梯间：高层建筑，人员密集的公共建筑，人员密集的多层丙类厂房，甲、乙类厂房的封闭楼梯间的门应采用乙级防火门，并应向疏散方向开启；其他建筑可采用双向弹簧门。

（2）扩大封闭楼梯间：楼梯间的首层可将走道和门厅等包括在楼梯间内形成扩大的封闭楼梯间，但应采用乙级防火门等与其他走道和房间分隔。

（3）防烟楼梯间：疏散走道通向前室及前室通向楼梯间的门应采用乙级防火门。

（4）地下、半地下楼梯间：室内外地坪高差大于10m或3层及以下的地下、半地下建筑应采用防烟楼梯间，其他地下或半地下建筑应采用封闭楼梯间。应在首层采用耐火极限不低于2.0h的防火隔墙与其他部位分隔并应直通室外，确需在墙上开门时，应采用乙级防火门。

（5）室外疏散梯：通向室外楼梯的门应采用乙级防火门，并应向外开启。

8. 医院

病房楼每层防火分区内，有两个及两个以上护理单元时，通向公共走道的单元入口处应设乙级防火门。

综合医院每层电梯间应设前室，走道通向前室的门为乙级防火门。

9. 变配电所

位于多层建筑一层时，通向相邻房间及过道的门为乙级防火门。

位于高层主体建筑（或裙房）或多层建筑二层及以上时，通向相邻房间的门为甲级，通向过道的门为乙级。

位于地下时，通向相邻房间及过道的门均为甲级。

通向汽车库或附近堆有易燃物品时，门为甲级，直接通向室外的门为丙级。

10. 其他部位

建筑内下列部位应采用耐火极限不低于2.0h的防火隔墙与其他部位分隔，墙上的门窗应采用乙级防火门窗，确有困难时可采用防火卷帘。

（1）甲、乙类生产部位和建筑内使用丙类液体的部位；

（2）厂房内有明火和高温的部位；

（3）甲、乙、丙类厂房（仓库）内布置有不同火灾危险性类别的房间；

（4）民用建筑内的附属库房，剧场后台的辅助用房；

（5）宿舍、公寓建筑中的公共厨房和其他建筑内的厨房；

（6）附设在住宅建筑内的机动车库。

14 防火卷帘的分类

14.1 《国家建筑标准设计图集 防火门窗》12J609

14.1.1 分类（按材质区分）

1. 钢质防火卷帘
 （1）GFJ 钢防火卷帘；
 （2）TFJ 水雾式钢特级防火卷帘；
 （3）KGFJ 带平开小门钢防火卷帘；
 （4）CGFJ 侧向钢防火卷帘；
 （5）PGFJ 水平钢防火卷帘。

2. 无机材料复合防火卷帘
 （1）WFJ 水雾式无机纤维复合特级防火卷帘；
 （2）SWFJ 双轨无机纤维复合特级防火卷帘。

14.1.2 耐火性能

《防火卷帘》GB 14102—2005

防火卷帘耐火性能分类表 表 1-14-1

耐火性能代号	名称	耐火极限（h）	帘面漏烟量 [m^3/（m^2·min）]
F2	钢质防火卷帘	≥2.00	
F3		≥3.00	
FY2	钢质防火、防烟卷帘	≥2.00	≤0.2
FY3		≥3.00	
F2	无机纤维复合防火卷帘	≥2.00	
F3		≥3.00	
FY2	无机纤维复合防火、防烟卷帘	≥2.00	≤0.2
FY3		≥3.00	
TF3	特级防火卷帘	≥3.00	≤0.2

注：表中耐火极限时间不是以背火面升温作为判定条件，与防火规范有区别。

14.1.3 选用要点

1. GFJ 钢防火卷帘

用于防火分区分隔时的要求：

钢防火卷帘依据《钢质防火卷帘通用技术条件》GB 14102—2005及相关企业标准设计制作。按《建筑设计防火规范》GB 50014—2014规定，作为防火分区分隔时，卷帘两侧应设置独立的闭式自动喷水系统保护，喷水时间不小于3.0h，喷水强变不小于0.5L/（s·m），喷头间距应为2～2.5m，喷头距卷帘的距离宜为0.5m。

适用于工业和民用建筑防火分区分隔，洞口最大尺寸宽为18m，高为9m。

2. TFJ水雾式钢特级防火卷帘

水雾式钢特级防火卷帘依据《钢质防火卷帘通用技术条件》GB 14102—2005及有关企业标准制作，为保证其防火功能又节约消防用水，将喷水系统改为水雾系统。

适用于以卷帘背火面温升为限定条件（平均温升≤140℃，最高温升≤180℃），耐火极限≥3.0h，不设喷淋的防火分区分隔。洞口最大尺寸宽为9m，高为5.1m（提示：温升温度太低，不宜作为防火分区分隔）。

3. WFJ水雾式无机纤维复合特级防火卷帘

该防火卷帘帘面由防火布、硅酸铝毡及装饰布等组成，其纵向有钢丝绳拉结，横向设有钢带，其两端折弯并伸入导轨保证其不变形脱轨，洞口最大尺寸宽为6.6m，高为6m。

4. SWFJ双轨无机纤维复合特级防火卷帘

双轨无机纤维特级防火卷帘系由两道防火卷帘组成，中间间隔为200～500mm，该空气层增强了卷帘的防火隔热性能，用于防火分区的分隔，洞口最大尺寸宽为6.6m，高为6m。

5. KGFJ带平开小门钢防火卷帘

该防火卷帘用于需设疏散门的部位，接收火警信号后卷帘关闭，行人通过平开小门疏散，其洞口最大尺寸宽为9m，高为6m。

6. CGFJ侧向钢防火卷帘

侧向钢卷帘依据《钢质防火卷帘通用技术条件》GB 14102—2005及相关企业标准制作，特点是卷帘箱竖于楼地面，帘板悬挂于上方导轨内，靠滚轮沿导轨运动实现卷帘启闭。导轨可为直线或曲线，地面无导轨。适用于大跨度洞口及曲线形低空间场合的防火隔断，如中庭、地下停车库等。洞口最大宽度≤40m，高度≤6m，最小弯曲半径≥0.8m。

7. PGFJ水平钢防火卷帘

该防火卷帘主要作为自动扶梯口或其他水平洞口的防火隔断。最大洞口宽度≤5m，最大洞口长度≤16m，最小弯曲半径≥0.6m。

14.2 《钢质防火门、防火卷帘》09BJ13—4通用图集

14.2.1 功能

卷帘门遇火情时，门自动下降，并在距地1.5m处，中停1～10min供人员紧急疏散，而后门体继续下降关闭。门体外有紧急提升按钮，必要时可升高至中停位置继续疏散，按确定延时时间，时间到后，门体再自动降落关闭。可远程集中控制并兼有手动、自动启闭功能。

14.2.2 分类

1. 钢质防火卷帘

钢质防火卷帘——GFJ1

帘中门钢质防火卷帘——GFJ2

水喷雾钢质防火卷帘——GFJ3

带平开小门防火卷帘——GFJ4

侧向钢质防火卷帘——GFJ5

平卧型钢质防火卷帘——GFJ6

2. 无机复合防火卷帘　　无机复合单轨防火卷帘——FFJ1

无机复合双轨防火卷帘——FFJ2

3. 编号表达

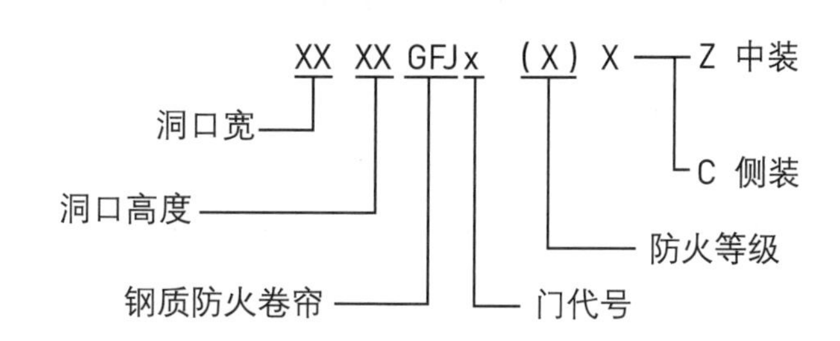

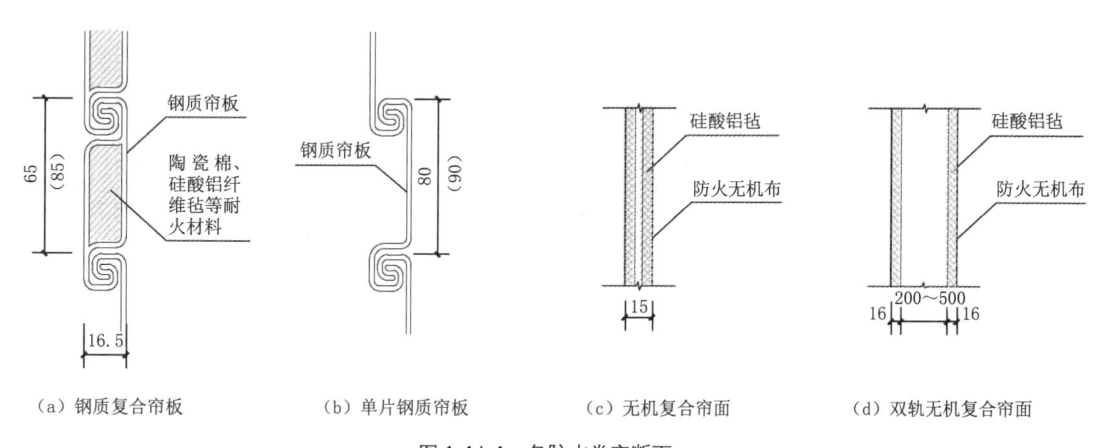

图 1-14-1　各防水卷帘断面

14.2.3　耐火性能

防火卷帘耐火性能分类表　　表 1-14-2

	钢质防火卷帘				帘中门钢质防火卷帘	水喷雾钢质防火卷帘	带平开小门防火卷帘	侧向钢质防火卷帘	平卧型钢质防火卷帘	无机复合单轨防火卷帘	无机复合双轨防火卷帘
代号	GFJ1				GFJ2	GFJ3	GFJ4	GFJ5	GFJ6	FFJ1	FFJ2
防火等级	F_1	F_2	F_3	F_4	F_4	F_4	F_4	F_4	F_4	F_3	F_5（特级）
耐火极限（h）	1.5	2.0	2.5	3.0	3.0	3.0	3.0	3.0	3.0	2.5	4.0

由表 1-14-2 可知，防火等级 F_1、F_2：单片钢质防火卷帘；防火等级 F_3、F_4：复合钢质防火卷帘、无机复合单轨防火卷帘。

试验方法有按卷帘的背火面温升、按卷帘的背火面辐射热两种。

防火等级 F_5：特级防火卷帘将背火面温升作为判定条件，耐火极限不低于3h，满足防火隔热要求，能达到防火分区分隔的要求，市场现有双轨双帘无机复合防火卷帘；可不设喷水保护。

15 建筑室内空气质量标准及室内环境污染浓度限量

15.1 室内空气质量标准

《全国民用建筑工程设计技术措施 规划·建筑·景观》(2009年版)

室内空气质量标准 **表1-15-1（表2.7.8-1）**

序号	参数类别	参数	单位	标准值	备注
1	物理性	温度	℃	22～28	夏季空调
				16～24	冬季采暖
2		相对湿度	%	40～80	夏季空调
				30～60	冬季采暖
3		空气流速	m/s	≤0.3	夏季空调
				≤0.2	冬季采暖
4		新风量	m^3/h·人	≥30	
5	化学性	二氧化硫 SO_2	mg/m^3	≤0.50	1h 均值
6		过氧化氮 NO_2	mg/m^3	≤0.24	1h 均值
7		一氧化碳 CO	mg/m^3	≤10	1h 均值
8		二氧化碳 CO_2	%	≤0.10	日平均值
9		氨 NH_3	mg/m^3	≤0.20	1h 均值
10		臭氧 O_3	mg/m^3	≤0.16	1h 均值
11		甲醛 HCHO	mg/m^3	≤0.10	1h 均值
12		苯 C_6H_6	mg/m^3	≤0.11	1h 均值
13		甲苯 C_7H_8	mg/m^3	≤0.20	1h 均值
14		二甲苯 C_8H_{10}	mg/m^3	≤0.20	1h 均值
15		苯并〔a〕芘 B（a）P	ng/m^3	≤1.0	日平均值
16		可吸入颗粒 PM_{10}	mg/m^3	≤0.15	日平均值
17		总挥发性有机物 TVOC	mg/m^3	≤0.60	8h 均值
18	生物性	菌落总数	cfu/m^3	≤2500	依据仪器定
19	放射性	氡 Rn-222	Bq/m^3	≤400	年平均值（行动水平）

注：1 本表摘自《室内空气质量标准》GB/T 18883—2002。
2 新风量要求不小于标准值，除温度、相对湿度外的其他参数要求不大于标准值。
3 行动水平即达到此水平建议采取干预行动以降低室内氡浓度。

15.2 室内环境污染物浓度限量

《民用建筑工程室内环境污染控制标准》GB 50325—2020

室内游离甲醛、苯、甲苯、二甲苯、氨、氡（Rn-222）和总挥发性有机化合物 TVOC 等空气污染物浓度应符合现行国家标准《民用建筑工程室内环境污染控制标准》GB 50325—2020 的规定，见表 1-6-2。

6.0.4 民用建筑工程竣工验收时，必须进行室内环境污染物浓度检测，其限量应符合表 6.0.4 的规定。

民用建筑室内环境污染物浓度限量 表 1-15-2（表 6.0.4）

污染物	Ⅰ类民用建筑工程	Ⅱ类民用建筑工程
氡（Bq/m^3）	≤150	≤150
甲醛（mg/m^3）	≤0.07	≤0.08
氨（mg/m^3）	≤0.15	≤0.20
苯（mg/m^3）	≤0.06	≤0.09
甲苯（mg/m^3）	≤0.15	≤0.20
二甲苯（mg/m^3）	≤0.20	≤0.20
TVOC（mg/m^3）	≤0.45	≤0.50

注：1 污染物浓度测量值，除氡外均指室内污染物浓度测量值扣除室外上风向空气中污染物浓度测量值（本底值）后的测量值。
2 污染物浓度测量值的极限值判定，采用全数值比较法。

16 空气洁净度的等级划分

16.1 术语

《洁净厂房设计规范》GB 50073—2013

2.0.1 洁净室——空气悬浮粒子浓度受控的房间。它的建造和使用应减少室内诱入、产生及滞留的粒子。室内其他有关参数如温度、湿度、压力等按要求进行控制。

2.0.2 洁净区——空气悬浮粒子浓度受控的限定空间。它的建造和使用应减少空间内诱入、产生及滞留粒子。空间内其他有关参数如温度、湿度、压力等按要求进行控制。洁净区可以是开放式或封闭式。

2.0.4 人身净化用室——人员在进入洁净区之前按一定程序进行净化的房间。

2.0.5 物料净化用室——物料在进入洁净区之前按一定程序进行净化的房间。

2.0.12 洁净度——以单位体积空气中大于或等于某粒径粒子的数量来区分的洁净程度。

2.0.19 洁净工作区——除特殊工艺要求外，指洁净室内离地面高度0.8～1.5m区域。

2.0.20 空气吹淋室——利用高速洁净气流吹落并清除进入洁净室人员表面附着粒子的小室。

2.0.21 气闸室——设备在洁净室出入口，阻隔室外或邻室污染气流和压差控制而设置的缓冲间。

2.0.37 专用消防口——消防人员为灭火而进入建筑物的专用入口，平时封闭，使用时由消防人员从室外打开。

2.0.39 生物洁净室——洁净室空气中悬浮微生物控制在规定值内的限定空间。

16.2 国内外分级比较

16.2.1 我国洁净度等级

我国规范《洁净厂房设计规范》GB 50073—2013 等级采用国际标准 ISO 14644-1 中洁净室及相关受控环境第一部分——“空气洁净度等级”的空气洁净度等级确定。

16.2.2 美国联邦标准

美国联邦标准从 1963～1973 年 10 年中修改两次，从 209 标准到 209a、209b 标准，以 0.5 μm 和 5 μm 粒径尘粒每立方英尺数计数的三级分级标准。

美国联邦 209b 中的三级标准　　表 1-16-1

<table>
<tr><th rowspan="2">洁净室级别</th><th colspan="2">尘埃粒子</th><th rowspan="2">压力（mm 水柱）</th><th colspan="2">温度℃</th><th rowspan="2">相对湿度（%）</th><th rowspan="2">气流（m/s）</th><th rowspan="2">照明（lx）</th></tr>
<tr><th>粒径（μm）</th><th>浓度（个/L）</th><th>推荐</th><th>误差</th></tr>
<tr><td>100 级</td><td>≥0.5</td><td>≤3.5</td><td rowspan="3">全部门关闭后洁净度高的房间比低的应高出 1.27mm 以上，全开启时空气向外流动</td><td rowspan="3">22.2</td><td rowspan="3">± 2.8，个别 ± 0.14</td><td rowspan="3">40 ± 5</td><td rowspan="3">层流时 0.46 ± 0.09；垂直层流时可至 0.46 以下；非层流时一般不低于 20 次/h</td><td rowspan="3">非层流时 1076～1615</td></tr>
<tr><td>1 万级</td><td>≥0.5
≥5</td><td>≤350
≤2.3</td></tr>
<tr><td>10 万级</td><td>≥0.5
≥5</td><td>≤3500
≤25</td></tr>
</table>

注：在原定三个等级之外，美国联邦 209b 中提出可增加千级、五千级与八万级三个可选等级。

16.3 空气洁净度等级

《洁净厂房设计规范》GB 50073—2013

洁净室及洁净区空气洁净度整数等级 表 1-16-2（表 3.0.1）

美国联邦 209b（相当）	空气洁净度等级（N）	大于或等于要求粒径的最大浓度限值（pc/m^3）					
		0.1μm	0.2μm	0.3μm	0.5μm	1μm	5μm
	1	10	2	—	—	—	—
	2	100	24	10	4	—	—
	3	1000	237	102	35	8	—
	4	10000	2370	1020	352	83	—
100 级	5	100000	23700	10200	3520	832	29
千级	6	1000000	237000	102000	35200	8320	293
万级	7	—	—	—	352000	83200	2930
十万级	8	—	—	—	3520000	832000	29300
	9	—	—	—	35200000	8320000	293000

注：按不同的测量方法，各等级水平的浓度数据有效数字不应超过 3 位。

16.4 气流流型和送风量

《洁净厂房设计规范》GB 50073—2013

气流流型和送风量表 表 1-16-3（表 6.3.3）

洁净度等级	气流流型	平均风速（m/s）	换气次数（h^{-1}）
1～3	单向流	0.3～0.5	—
4、5	单向流	0.2～0.4	—
6	非单向	—	50～60
7	非单向	—	15～25
8、9	非单向	—	10～15

注：1 换气次数适用于层高小于 4.0m 的洁净室。
2 应根室内人员、工艺设备的布置以及物料传输等情况采用上下限值。

16.5 人员净化和物料净化

《洁净厂房设计规范》GB 50073—2013

4.3.1 洁净厂房内应设置人员净化、物料净化用室和设施，并应根据需要设置生活用室和其他用室。

4.3.2 人员净化用室和生活用室的设置应符合下列规定：

1 应设置存放雨具、换鞋、存外衣、更换洁净工作服等人员净化用室。

2 厕所、盥洗室、淋浴室、休息室等生活用室以及空气吹淋室、气闸室、工作服洗涤间和干燥间等可根据需要设置。

4.3.3 人员净化用室和生活用室的设计应符合下列规定：

1 人员净化用室的入口处应设净鞋措施。

2 存外衣、更换洁净工作服的房间应分别设置。

3 外衣存衣柜应按设计人数每人设一柜，洁净工作服宜集中挂入带有空气吹淋的洁净柜内。

4 盥洗室应设洗手和烘干设施。

5 空气吹淋室应设在洁净区人员入口处，并与洁净工作服更衣室相邻。单人空气吹淋室按最大班人数每30人设一台。洁净区工作人员超过5人时，空气吹淋室一侧应设旁通门。

6 严于5级的垂直单向流洁净室宜设气闸室。

7 洁净区内不得设厕所。人员净化用室内的厕所应设前室。

16.6 人流路线设计规定

《洁净厂房设计规范》GB 50073—2013

4.3.4 人流路线应符合下列规定：

1 人流路线应避免往复交叉。

2 人员净化用室和生活用室的布置应按人员净化程序进行布置。

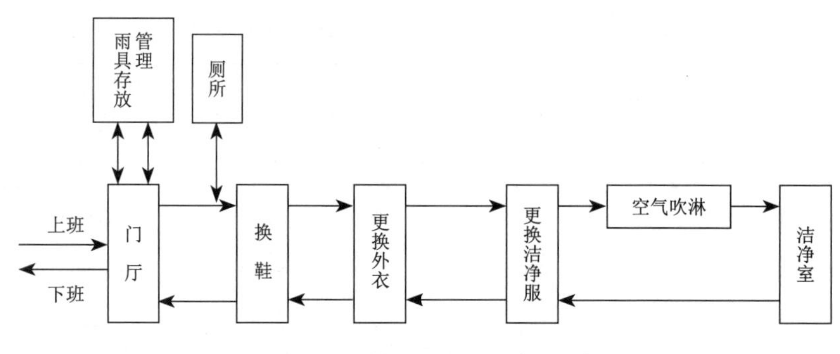

图 1-16-1（图 4.3.4） 人员净化程序

17 电梯的分类及选择

17.1 电梯分类

电梯按建筑使用功能要求可分为五大类，详见《全国工程设计技术措施 规划·建筑·景观》(2009年版)。

电梯按功能分类 表 1-17-1

类别	功能	说明
Ⅰ类	乘客电梯	运送乘客
Ⅱ类	客货电梯	主要为运送乘客，同时可运货物
Ⅲ类	病床电梯	运送病床（病人）和医疗设备
Ⅳ类	载货电梯	运送货物，有人伴随
Ⅴ类	杂物电梯	运送图书资料、文件、杂物食品提升装置，不能进人

Ⅰ、Ⅱ、Ⅲ三类电梯之区别是轿厢内装修不同；住宅与非住宅电梯均为乘客电梯；住宅电梯宜采用Ⅱ类电梯（客货电梯）。

17.2 设置要求

17.2.1 必须设置电梯的情况

必须设置电梯的情况（最低要求）：

（1）住宅：7 层及以上或最高层距室外超过 16m；

（2）宿舍：7 层及以上或最高距入口层地面超过 21m；

（3）办公：5 层及以上建筑；

（4）高层建筑：应设置电梯；

（5）医疗建筑、大型商店、图书馆、档案馆：4 层及以上；

（6）一、二级旅馆：3 层及以上；

（7）三级旅馆：4 层及以上。

17.2.2 设置数量

1. 电梯选用表

电梯选用表 表 1-17-2

	选用数量				额定载重量（kg）/人数			额定速度（m/s）
	经济级	常用级	舒适级	豪华级				
住宅（户/台）	90～100	60～90	30～60	＜30	400/5 人	630/8 人	1000/13 人	0.63，1.00，1.60，2.50

续表

<table>
<tr><th colspan="2" rowspan="2"></th><th colspan="4">选用数量</th><th colspan="5" rowspan="2">额定载重量（kg）/人数</th><th rowspan="2">额定速度（m/s）</th></tr>
<tr><th>经济级</th><th>常用级</th><th>舒适级</th><th>豪华级</th></tr>
<tr><td colspan="2">旅馆（间/台）</td><td>120～140</td><td>100～120</td><td>70～100</td><td><70</td><td>630kg</td><td>800kg</td><td>1000kg</td><td>1250kg</td><td>1600kg</td><td rowspan="2">0.63，1.00</td></tr>
<tr><td rowspan="3">办公</td><td>按建筑面积（m^2/台）</td><td>6000</td><td>5000</td><td>4000</td><td><2000</td><td rowspan="3">8人</td><td rowspan="3">10人</td><td rowspan="3">13人</td><td rowspan="3">16人</td><td rowspan="3">21人</td></tr>
<tr><td>按使用面积（m^2/台）</td><td>3000</td><td>2500</td><td>2000</td><td><1000</td><td rowspan="2">1.60，2.50</td></tr>
<tr><td>人数（人/台）</td><td>350</td><td>300</td><td>250</td><td><250</td></tr>
<tr><td colspan="2">住院部（床/台）</td><td>200</td><td>150</td><td>100</td><td><100</td><td colspan="2">1600kg/21人</td><td colspan="2">2000kg/26人</td><td>2500kg/33人</td><td>0.63，1.00，1.60，2.50</td></tr>
</table>

2. 电梯设置数量的其他规定

（1）12层及12层以上的高层住宅，其电梯不应少于2台，当每层居住25人（8户）层数为24层以上应设3台，层数为35层以上时，应设4台，7层至11层住宅可设1台。

（2）住宅的消防电梯可与客梯合用。

（3）旅馆的工作，服务电梯台数为客梯的0.3～0.5倍；表1-104的台数不包括消防和服务电梯。

（4）住院部宜增设1～2台供医护人员专用的客梯；超过3层的门诊楼设1～2台乘客电梯。

（5）办公建筑的有效使用面积为总面积的67%～73%，一般取70%；使用人数可按4～10m^2/人估算。

（6）电梯速度从底层至顶层运行不超过30秒为宜（消防要求<60秒）。一般使用人数面积按10～12m^2/人（应扣除首层和裙房不用电梯面积）。

速度选择：6～15层时速度选1.5～2.5m/s；15～25层时速度选2.5～3.5m/s。

17.2.3 消防电梯设置

摘自《建筑设计防火规范》GB 50016—2014（2018年版）中内容

1. 应设消防电梯的高层建筑

（1）一类公共建筑及高度超过32m的其他二类公共建筑；

（2）建筑高度大于33m的住宅建筑；

（3）设置消防电梯的建筑的地下或半地下室，埋深大于 10m 且总建筑面积大于 3000m^2 的其他地下或半地下建筑（室）。

2. 消防电梯设置规定

（1）消防电梯宜分别设在不同的防火分区内，且每个防火分区不应少于 1 台。

（2）消防电梯有前室时，其面积：居住>4.5m^2，公建>6.0m^2。当与防烟楼梯间合用前室时，其面积居住>6.0m^2，公建>10.0m^2。

（3）消防电梯间前室宜靠外墙设置，在首层应设直通室外出口或通向室外通道长度不超过 30m。

（4）消防电梯间前室的门应为乙级防火门，不应设置卷帘。

（5）消防电梯载重量不应小于 800kg；从首层到顶层行驶时间应不超过 60s。

（6）消防电梯的井底应设排水设施，排水井容量不应小于 2.0m^3，水泵排水量不应小于 10L/s，宜放置于电梯底坑之外。

（7）消防电梯井、机房与相邻电梯井、机房之间应采用耐火极限不低于 2.0h 的墙隔开，如在隔墙上开门时，应为甲级防火门。

17.2.4 电梯设计布置注意点

（1）当相邻两层站间距超过 11m 时，其间应设安全门，其高度≥1.8m，宽度≥0.35m，具有层门相同的耐火性能和机械强度，不得向井道开启，门体无孔洞。

（2）通向电梯机房的楼梯和门的宽度不宜小于 1.20m，楼梯的坡度应≤45°。

（3）层门入口高度为 2m 时，相邻两层站间距离不应小于 2.45m；层门入口高 2.1m 时，不应小于 2.55m。

（4）层门尺寸指门套装修后的净尺寸，土建层门的洞口预留尺寸，一般宽度为层门两边各加 100mm，高度为层门高加 100mm。

（5）电梯井道底坑下不宜设置人们到达的空间，若有人到达，底坑楼面支撑荷载最小为 5000Pa/m^2，电梯应配有安全钳装置，并应得到电梯供应商书面确认文件。

17.2.5 无机房电梯

无机房电梯无专用机房，驱动主机安装于井道或轿厢上，要求顶层净高较高。使用受层数限制。速度为 1.0m/s 时，最大提升高度为 40m（最多 16 层）；速度为 1.6～1.7m/s 时，最大提升高度为 80m（最多 24 层）。载重量 1000kg 以下时，顶层净高为 4.5m；1000kg 以上时，顶层净高为 4.8～5.0m。

17.2.6 液压电梯

额定速度 0.1～1.0m/s，每小时运行次数不应大于 60 次。

机房靠近井道，允许离开距离≤8m，机房尺寸（宽 × 深 × 高）为：1.9m×2.1m×2.0m。

底坑深不应小于 1.2m，适宜行程<40m，货梯适宜行程为 20m，额定速度为 0.5m/s。

18 楼梯的形式及设计选用

18.1 术语

（1）开敞楼梯，是指在建筑内部没有墙体、门窗或其他建筑构配件分隔的楼梯。

（2）敞开楼梯间，是指楼梯四周有一面敞开，其余三面为具有相应燃烧性能和耐火极限的实体墙，在符合规定的层数和其他条件下，可作为垂直疏散通道。

（3）封闭楼梯间，是指楼梯四周用具有相应燃烧性能和耐火极限的建筑构配件分隔，能保证人员安全疏散的楼梯间，其门为双向弹簧门或乙级防火门。

（4）防烟楼梯间，在楼梯间入口处设有防烟前室或设有开敞的阳台、凹廊等，能保证人员安全疏散，通向前室和楼梯间的门均为乙级防火门。

18.2 防火规范中对楼梯间的要求

《建筑设计防火规范》GB 50016—2014

18.2.1 安全疏散和避难

1. 公共建筑

（1）应设防烟楼梯间

5.5.10 高层公共建筑的疏散楼梯，当分散设置确有困难且从任一疏散门至最近疏散楼梯间入口的距离不大于 10m 时，可采用剪刀楼梯间，但应符合下列规定：

1 楼梯间应为防烟楼梯间；

2 梯段之间应设置耐火极限不低于 1.00h 的防火隔墙；

3 楼梯间的前室应分别设置。

5.5.12 一类高层公共建筑和建筑高度大于 32m 的二类高层公共建筑，其疏散楼梯间应采用防烟楼梯间。

（2）应设封闭楼梯间

裙房和建筑高度不大于32m的二类公共建筑，其疏散楼梯应为封闭楼梯间。注：当裙房与高层建筑主体之间设置防火墙时，裙房的疏散楼梯可按本规范有关单、多层建筑的要求确定。

5.5.13 **下列多层公共建筑的疏散楼梯，除与敞开式外廊直接相连的楼梯间外，均应采用封闭楼梯间：**

1 **医疗建筑、旅馆、老年人建筑及类似使用功能的建筑；**

2 **设置歌舞娱乐放映游艺场所的建筑；**

3 **商店、图书馆、展览建筑、会议中心及类似使用功能的建筑；**

4 **6层及以上的其他建筑。**

2. 住宅建筑

（1）疏散楼梯设置要求

5.5.27 住宅建筑的疏散楼梯设置应符合下列规定：

1 建筑高度不大于21m的住宅建筑可采用敞开楼梯间；与电梯井相邻布置的疏散楼梯应采用封闭楼梯间，当户门采用乙级防火门时，仍可采用敞开楼梯间。

2 建筑高度大于21m、不大于33m的住宅建筑应采用封闭楼梯间；当户门采用乙级防火门时，可采用敞开楼梯间。

3 建筑高度大于33m的住宅建筑应采用防烟楼梯间。户门不宜直接开向前室，确有困难时，每层开向同一前室的户门不应大于3樘且应采用乙级防火门。

（2）设剪刀楼梯要求

5.5.28 住宅单元的疏散楼梯，当分散设置确有困难且任一户门至最近疏散楼梯间入口的距离不大于10m时，可采用剪刀楼梯，但应符合下列规定：

1 应采用防烟楼梯间。

2 梯段之间应设置耐火极限不低于1.00h的防火隔墙。

3 楼梯间的前室不宜共用；共用时，前室的使用面积不应小于6.0m^2。

4 楼梯间的前室或共用前室不宜与消防电梯的前室合用；楼梯间的共用前室与消防电梯的前室合用时，合用前室的使用面积不应小于12.0m^2，且短边不应小于2.4m。

18.2.2 疏散楼梯间和疏散楼梯

1. 疏散楼梯间要求

6.4.1 疏散楼梯间应符合下列规定：

1 楼梯间应能天然采光和自然通风，并宜靠外墙设置。靠外墙设置时，楼梯间、前室及合用前室外墙上的窗口与两侧门、窗、洞口最近边缘的水平距离不应小于1.0m。

2 楼梯间内不应设置烧水间、可燃材料储藏室、垃圾道。

3 楼梯间内不应有影响疏散的凸出物或其他障碍物。

4 封闭楼梯间、防烟楼梯间及其前室，不应设置卷帘。

5 楼梯间内不应设置甲、乙、丙类液体管道。

6 封闭楼梯间、防烟楼梯间及其前室内禁止穿过或设置可燃气体管道。敞开楼梯间内不应设置可燃气体管道，当住宅建筑的敞开楼梯间内确需设置可燃气体管道和可燃气体计量表时，应采用金属管和设置切断气源的阀门。

2. 封闭楼梯间要求

6.4.2 封闭楼梯间除应符合 6.4.1 条规定外，尚应符合下列规定：

1 不能自然通风或自然通风不能满足要求时，应设置机械加压送风系统或采用防烟楼梯间。

2 除楼梯间的出入口和外窗外，楼梯间的墙上不应开设其他门、窗、洞口。

3 高层建筑、人员密集的公共建筑，人员密集的多层丙类厂房，甲、乙类厂房，其封闭楼梯间的门应采用乙级防火门，并向疏散方向开启，其他建筑，可采用双向弹簧门。

4 楼梯间的首层可将走道和门厅等包括在楼梯间内形成扩大的封闭楼梯间，但应采用乙级防火门等与其他走道和房间分隔。

3. 防烟楼梯间要求

6.4.3 防烟楼梯间除应符合 6.4.1 条规定外，尚应符合下列规定：

1 应设置防烟设施。

2 前室可与消防电梯间前室合用。

3 前室的使用面积：公共建筑，高层厂房（仓库）不应小于 6.0m²；住宅建筑不应小于 4.5m²。

与消防电梯间前室合用时，合用前室的使用面积：公共建筑、高层厂房（仓库）不应小于 10.0m²；住宅建筑不应小于 6.0m²。

4 疏散走道通向前室以及前室通向楼梯间的门应采用乙级防火门。

5 除住宅建筑的楼梯间前室外，防烟楼梯间和前室内的墙上不应开设除疏散门和送风口外的其他门、窗、洞口。

6 楼梯间的首层可将走道和门厅等包括在楼梯前室内形成扩大的前室，但应采用乙级防火门等与其他走道和房间分隔。

6.4.4 除通向避难层错位的疏散楼梯外，建筑内的疏散楼梯间在各层的平面位置不应改变。

4. 地下、半地下疏散楼梯要求

除住宅建筑套内的自用楼梯外，地下或半地下建筑（室）的疏散楼梯间，应符合下列规定（住宅建筑套内的自用楼梯除外）：

1 室内地面与室外出入口地坪高差大于 10m 或 3 层及以上的地下、半地下建筑（室），其疏散楼梯应采用防烟楼梯间；其他地下或半地下建筑（室），其疏散楼梯应采用封闭楼梯间。

2 应在首层采用耐火极限不低于 2.00h 的防火隔墙与其他部位分隔并应直通室外，确需在隔墙上开门时，应采用乙级防火门。

3 建筑的地下或半地下部分与地上部分不应共用楼梯间，确需共用楼梯间时，应在首层采用耐火极限不低于 2.00h 的防火隔墙和乙级防火门将地下或半地下部分与地上部分的连通部位完全分隔，并应设置明显的标志。

5. 室外疏散楼梯要求

6.4.5 室外疏散楼梯应符合下列规定：

1 栏杆扶手的高度不应小于 1.10m，楼梯的净宽度不应小于 0.90m。

2 倾斜角度不应大于 45°。

3 梯段和平台均应采用不燃材料制作。平台的耐火极限不应低于 1.00h，梯段的耐火极限不应低于 0.25h。

4 通向室外楼梯的门应采用乙级防火门，并应向外开启。

5 除疏散门外，楼梯周围 2m 内的墙面上不应设置门、窗、洞口。疏散门不应正对梯段。

6. 厂房疏散梯要求

6.4.6 用作丁、戊类厂房内第二安全出口的楼梯可采用金属梯，但其净宽度不应小于 0.90m，倾斜角度不应大于 45°。

丁、戊类高层厂房当每层平台人数不超过 2 人且各层平台上同时工作人数总和不超过 10 人时，其疏散楼梯可采用敞开楼梯或利用净宽度不小于 0.90m、倾斜角度不大于 60° 的金属梯。

7. 疏散梯之不宜

6.4.7 疏散用楼梯和疏散通道上的阶段不宜采用螺旋楼梯和扇形踏步；确需采用时，踏步上、下两级所形成的平面角度不应大于 10°，且每级离扶手 250mm 处的踏步深度不应小于 220mm。

6.4.8 建筑内的公共疏散楼梯，其梯段及扶手间的水平净距不宜小于 150mm。

6.4.9 高度大于 10m 的三级耐火等级建筑应设置通至屋顶的室外消防梯。室外消防梯不应面对老虎窗，宽度不应小于 0.6m，且宜从离地面 3.0m 高处设置。

8. 下沉广场的疏散

6.4.12 用于防火分隔的下沉式广场等室外开敞空间，应符合下列规定：

1 分隔后的不同区域通向下沉式广场等室外开敞空间的开口最近边缘之间的水平距离不应小于 13m。室外开敞空间除用于人员疏散外不得用于其他商业或可能导致火灾蔓延的用途，其中用于疏散的净面积不应小于 169m^2。

2 下沉式广场等室外开敞空间内应设置不少于 1 部直通地面的疏散楼梯。当连接下沉广场的防火分区需利用下沉广场进行疏散时，疏散楼梯的总宽度不应小于任一防火分区通向室外开敞空间的设计疏散总净宽度。

3 确需设置防风雨篷时，防风雨篷不应完全封闭，四周开口部位应均匀布置，开口的面积不应小于该空间地面面积的25%，开口高度不应小于1.0m；开口设置百叶时，百叶的有效排烟面积可按百叶通风口面积的60%计算。

18.3 楼梯的细部设计

18.3.1 《民用建筑设计统一标准》GB 50352—2019 的规定

1. 台阶、坡道和栏杆

6.7.1 台阶设置应符合下列规定：

1 公共建筑室内外台阶踏步宽度不宜小于0.3m，踏步高度不宜大于0.15m，且不宜小于0.1m；

2 踏步应采取防滑措施；

3 室内台阶踏步数不宜少于2级，当高差不足2级时，宜按坡道设置；

4 台阶总高度超过0.7m时，应在临空面采取防护设施；

5 阶梯教室、体育场馆和影剧院观众厅纵走道的台阶设置应符合国家现行相关标准的规定。

6.7.2 坡道设置应符合下列规定：

1 室内坡道坡度不宜大于1∶8，室外坡道坡度不宜大于1∶10；

2 当室内坡道水平投影长度超过15.0m时，宜设休息平台，平台宽度应根据使用功能或设备尺寸所需缓冲空间而定；

3 坡道应采取防滑措施；

4 当坡道总高度超过0.7m时，应在临空面采取防护设施；

5 供轮椅使用的坡道应符合现行国家标准《无障碍设计规范》GB 50763的有关规定；

6 机动车和非机动车使用的坡道应符合现行行业标准《车库建筑设计规范》JGJ 100的有关规定。

6.7.3 阳台、外廊、室内回廊、内天井、上人屋面及室外楼梯等临空处应设置防护栏杆，并应符合下列规定：

1 栏杆应以坚固、耐久的材料制作，并应能承受现行国家标准《建筑结构荷载规范》GB 50009及其他国家现行相关标准规定的水平荷载。

2 当临空高度在24.0m以下时，栏杆高度不应低于1.05m；当临空高度在24.0m及以上时，栏杆高度不应低于1.1m。上人屋面和交通、商业、旅馆、医院、学校等建筑临开敞中庭的栏杆高度不应小于1.2m。

3 栏杆高度应从所在楼地面或屋面至栏杆扶手顶面垂直高度计算，当底面有宽度大于或等于0.22m，且高度低于或等于0.45m的可踏部位时，应从可踏部位顶面起算。

4 公共场所栏杆离地面0.1m高度范围内不宜留空。

2. 楼梯

6.7.4 **住宅、托儿所、幼儿园、中小学及其他少年儿童专用活动场所的栏杆必须采取防止攀爬的构造。当采用垂直杆件做栏杆时，其杆件净间距不应大于0.11m。**

6.8.1 楼梯的数量、位置、梯段净宽和楼梯间形式应满足使用方便和安全疏散的要求。

6.8.2 当一侧有扶手时，梯段净宽应为墙体装饰面至扶手中心线的水平距离，当双侧有扶手时，梯段净宽应为两侧扶手中心线之间的水平距离。当有凸出物时，梯段净宽应从凸出物表面算起。

6.8.3 梯段净宽除应符合现行国家标准《建筑设计防火规范》GB 50016及国家现行相关专用建筑设计标准的规定外，供日常主要交通用的楼梯的梯段净宽应根据建筑物使用特征，按每股人流宽度为0.55m+（0～0.15）m的人流股数确定，并不应少于两股人流。（0～0.15）m为人流在行进中人体的摆幅，公共建筑人流众多的场所应取上限值。

6.8.4 当梯段改变方向时，扶手转向端处的平台最小宽度不应小于梯段净宽，并不得小于1.2m。当有搬运大型物件需要时，应适量加宽。直跑楼梯的中间平台宽度不应小于0.9m。

6.8.5 每个梯段的踏步级数不应少于3级，且不应超过18级。

6.8.6 **楼梯平台上部及下部过道处的净高不应小于2.0m，梯段净高不应小于2.2m。**

注：梯段净高为自踏步前缘（包括每个梯段最低和最高一级踏步前缘线以外0.3m范围内）量至上方突出物下缘间的垂直高度。

6.8.7 楼梯应至少于一侧设扶手，梯段净宽达三股人流时应两侧设扶手，达四股人流时宜加设中间扶手。

6.8.8 室内楼梯扶手高度自踏步前缘线量起不宜小于0.9m。楼梯水平栏杆或栏板长度大于0.5m时，其高度不应小于1.05m。

6.8.9 **托儿所、幼儿园、中小学校及其他少年儿童专用活动场所，当楼梯井净宽大于0.2m时，必须采取防止少年儿童坠落的措施。**

6.8.10 楼梯踏步的宽度和高度应符合表6.8.10的规定。

楼梯踏步最小宽度和最大高度（m）　　表 1-18-1（表 6.8.10）

楼梯类别		最小宽度	最大高度
住宅楼梯	住宅公共楼梯	0.260	0.175
	住宅套内楼梯	0.220	0.200
宿舍楼梯	小学宿舍楼梯	0.260	0.150
	其他宿舍楼梯	0.270	0.165
老年人建筑楼梯	住宅建筑楼梯	0.300	0.150
	公共建筑楼梯	0.320	0.130
托儿所、幼儿园楼梯		0.260	0.130
小学校楼梯		0.260	0.150
人员密集且竖向交通繁忙的建筑和大、中学校楼梯		0.280	0.165
其他建筑楼梯		0.260	0.175
超高层建筑核心筒内楼梯		0.250	0.180
检修及内部服务楼梯		0.220	0.200

注：螺旋楼梯和扇形踏步离内侧扶手中心 0.250m 处的踏步宽度不应小于 0.220m。

6.8.11 梯段内每个踏步高度、宽度应一致，相邻梯段的踏步高度、宽度宜一致。

6.8.12 当同一建筑地上、地下为不同使用功能时，楼梯踏步高度和宽度可分别按本标准表 6.8.10 的规定执行。

6.8.13 踏步应采取防滑措施。

6.8.14 当专用建筑设计标准对楼梯有明确规定时，应按国家现行专用建筑设计标准的规定执行。

18.3.2 《住宅设计规范》GB 50096—2011 的规定

1. 窗台、栏杆和台阶

6.1.1 楼梯间、电梯厅等共用部分的外窗，窗外没有阳台或平台，且窗台距楼面、地面的净高小于 0.90m 时，应设置防护设施。

6.1.2 公共出入口台阶高度超过 0.70m 并侧面临空时，应设置防护设施，防护设施净高不应低于 1.05m。

6.1.3 外廊、内天井及上人屋面等临空处的栏杆净高，六层及六层以下不应低于 1.05m，七层及七层以上不应低于 1.10m。防护栏杆必须采用防止儿童攀登的构造，栏杆的垂直杆件间净距不应大于 0.11m。放置花盆处必须采取防坠落措施。

6.1.4 公共出入口台阶踏步宽度不宜小于 0.30m，踏步高度不宜大于 0.15m，并不宜小于 0.10m，踏步高度应均匀一致，并应采取防滑措施。

台阶踏步数不应少于2级，当高差不足2级时，应按坡道设置；台阶宽度大于1.80m时，两侧宜设置栏杆扶手，高度应为0.90m。

2. 楼梯

6.3.1 **楼梯梯段净宽不应小于1.10m，不超过六层的住宅，一边设有栏杆的梯段净宽不应小于1.00m。**

6.3.2 **楼梯踏步宽度不应小于0.26m，踏步高度不应大于0.175m。扶手高度不应小于0.90m。楼梯水平段栏杆长度大于0.50m时，其扶手高度不应小于1.05m。楼梯栏杆垂直杆件间净空不应大于0.11m。**

6.3.3 楼梯平台净宽不应小于楼梯梯段净宽，且不得小于1.20m。楼梯平台的结构下缘至人行通道的垂直高度不应低于2.00m。入口处地坪与室外地面应有高差，并不应小于0.10m。

6.3.4 楼梯为剪刀梯时，楼梯平台的净宽不得小于1.30m。

6.3.5 **楼梯井净宽大于0.11m时，必须采取防止儿童攀滑的措施。**

18.3.3 《托儿所、幼儿园建筑设计规范》JGJ 39—2016的规定

4.1.11 楼梯扶手和踏步等应符合下列规定：

1 楼梯间应有直接的天然采光和自然通风；

2 楼梯设成人扶手外，应在梯段两侧设幼儿扶手，其高度应为0.60m；

3 供幼儿使用的楼梯踏步高度宜为0.13m，宽度为0.26m；

4 严寒地区不应设置室外楼梯；

5 幼儿使用的楼梯不应采用扇形、螺旋形踏步；

6 楼梯踏步面应采用防滑材料；

7 楼梯间在首层直通室外。

18.3.4 《中小学校设计规范》GB 50099—2011的规定

8.1.5 **临空窗台的高度不应低于0.90m。**

8.1.6 **上人屋面、外廊、楼梯、平台、阳台等临空部位必须设防护栏杆，防护栏杆必须牢固、安全，高度不应低于1.10m。防护栏杆最薄弱处承受的最小水平推力不应不小于1.5kN/m。**

18.3.5 《老年人照料设施建筑设计标准》JGJ 450—2018的规定

5.7.4 老年人用房的阳台、上人平台应符合下列规定：

4 开敞式阳台、上人平台的栏杆、栏板应采取防坠落措施，且距地面0.35m高度范围内不宜留空。

19 金属吊顶龙骨及吊顶面板的类别

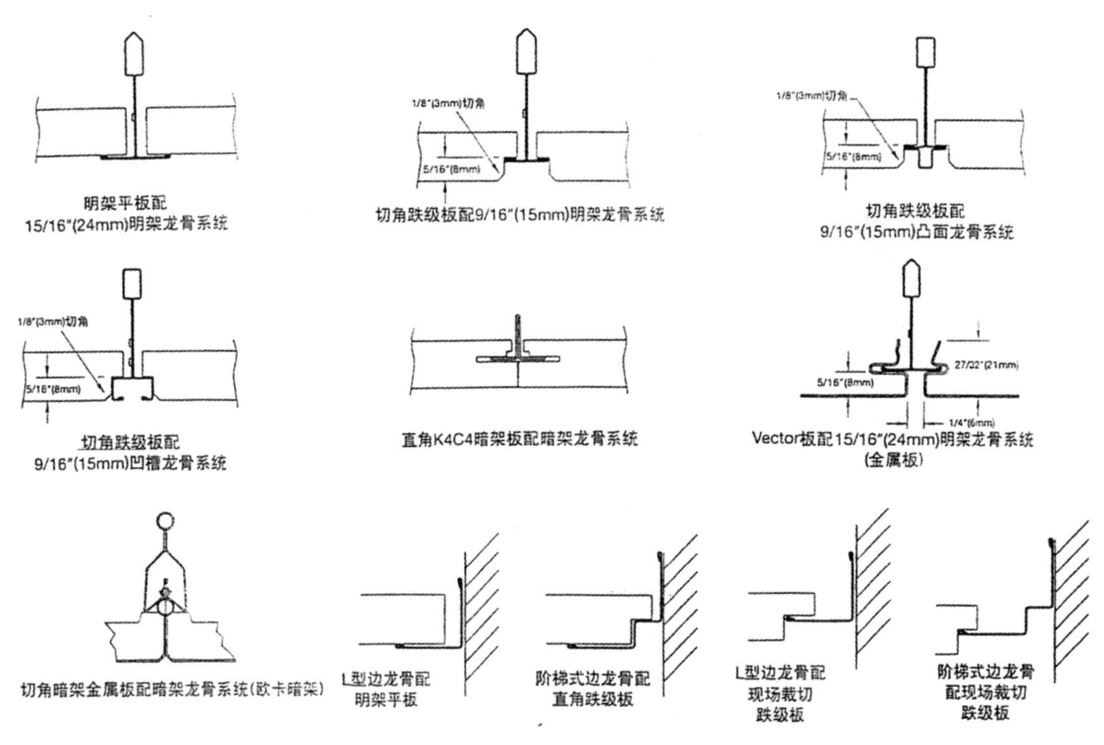

图 1-19-1 金属吊顶龙骨及面板

（1）金属吊顶龙骨类别："T" 形龙骨、"U" 形龙骨。

"T" 形龙骨类别：明架龙骨、凸面龙骨、凹槽龙骨、暗架龙骨等。

（2）吊顶板类别：石膏板、矿棉板、水泥类板材、金属板、金属挂片、金属格栅、合成树脂板、塑料吊顶板、硅酸钙板、镁质水泥板、夹胶玻璃、镜面玻璃等。

（3）板面涂层：金属板通常用聚酯预辊涂、粉末喷涂、氟碳喷涂、覆膜等。矿棉板、硅酸钙板用白色丙烯酸乳胶片、进口高级 PVC 饰面膜、合成矿物纤维—乙烯基乳胶片、防污聚酯软胶、乙烯基落膜等。

各类吊顶做法详见《工程做法》08BJ 1-1 通用图集中顶棚 D140 – D160。

20 常用油漆种类

20.1 室内外常用油漆材料做法

室内外常用油漆种类　　表 1-20-1

	不同底漆	室内面漆	室外面漆
室内外金属基材	•无机环氧富锌漆（防腐能力强） •环氧底漆（可在潮湿空气中使用） •聚氨酯底漆（不可在潮湿空气中使用）	•丙烯酸漆 •聚氨酯漆 •氟碳漆 •氯化橡胶漆	•丙烯酸漆 •聚氨酯漆 •氟碳漆 •氯化橡胶漆
	分层做法	室内面漆	室外面漆
室内外木材基材	1. 喷（刷）面漆 2～3 道； 2. 喷（刷）底漆 2～3 道（乳液 1 道、酚醛 1～2 道）800～1000 目砂纸打磨； 3. 分遍批涂木器用腻子，用 500～600 目砂纸打磨； 4. 封固底漆（用于吸水较强的基材，一般木材无此道工序）； 5. 木基材打磨去毛刺	•合成树脂乳液涂料 •水性醇酸漆 •酚醛磁漆（调和漆） •丙烯酸漆 •水性丙烯酸漆 •硝基清漆 •聚氨酯漆 •水性聚氨酯漆	•合成树脂乳液涂料 •无机复合涂料 •有机—无机复合涂料 •有机硅丙烯酸漆 •水性丙烯酸漆 •油性丙烯酸漆 •丙烯酸聚氨酯漆 •水性聚氨酯漆 •水性氟碳漆 •油性氟碳漆

20.2 基面处理

20.2.1 金属材料

（1）金属表面的灰尘、油漆、鳞皮、锈斑、氧化皮等需清除干净并打磨，金属表面必须干燥。表面处理需符合《涂装前钢材表面锈蚀等级和防锈等级标准》GB/T 8923；

（2）除锈和防锈处理需符合《钢结构工程施工质量验收规范》GB 50205 中的有关规定；

（3）一般防腐厚度＞90μm，重防腐＞200 μm；

（4）无机环氧富锌漆不能用作面漆。

20.2.2 木材

（1）木基材干燥要适度，含水率宜在 8%～12% 之间，并需作防腐、防霉处理；

（2）涂装前木基材须干净、无油、无蜡、坚固。

21 地下工程防水等级标准及常用防水做法

21.1 地下工程防水等级标准

《地下工程防水技术规范》GB 50108—2008

3.2.1 地下工程的防水等级应分为四级，各等级防水标准应符合表3.2.1的规定。

地下工程防水标准　　表1-21-1（表3.2.1）

防水等级	防水标准
一级	不允许渗水，结构表面无湿渍
二级	不允许漏水，结构表面可有少量湿渍； 工业与民用建筑：总湿渍面积不应大于总防水面积（包括顶板、墙面、地面）的1/1000；任意100m^2防水面积上的湿渍不超过2处，单个湿渍的最大面积不大于0.1m^2； 其他地下工程：总湿渍面积不应大于总防水面积的2/1000；任意100m^2防水面积上的湿渍不超过3处，单个湿渍的最大面积不大于0.2m^2；其中，隧道工程还要求平均渗水量不大于0.05L/（m^2·d），任意100m^2防水面积上的渗水量不大于0.15L/（m^2·d）
三级	有少量漏水点，不得有线流和漏泥砂； 任意100m^2防水面积上的漏水或湿渍点数不超过7处，单个漏水点的最大漏水量不大于2.5L/d，单个湿渍的最大面积不大于0.3m^2
四级	有漏水点，不得有线流和漏泥砂； 整个工程平均漏水量不大于2L/（m^2·d）；任意100m^2防水面积上的平均漏水量不大于4L/（m^2·d）

3.2.2 地下工程不同防水等级的适用范围，应根据工程的重要性和使用中对防水的要求按表3.2.2选定。

不同防水等级的适用范围　　表1-21-2（表3.2.2）

防水等级	适用范围
一级	人员长期停留的场所；因有少量湿渍会使物品变质、失效的贮物场所及严重影响设备正常运转和危及工程安全运营的部位；极重要的战备工程、地铁车站
二级	人员经常活动的场所；在有少量湿渍的情况下不会使物品变质、失效的贮物场所及基本不影响设备正常运转和工程安全运营的部位；重要的战备工程
三级	人员临时活动的场所；一般战备工程
四级	对渗漏水无严格要求的工程

21.2 地下工程防水设防要求

明挖法地下工程防水设防要求　　表 1-21-3（表 3.3.1-1）

工程部位	主体结构							施工缝							后浇带					变形缝（诱导缝）					
防水措施	防水混凝土	防水卷材	防水涂料	塑料防水板	膨润土防水材料	防水砂浆	金属防水板	遇水膨胀止水条（胶）	外贴式止水带	中埋式止水带	外抹防水砂浆	外涂防水涂料	水泥基渗透结晶型防水涂料	预埋注浆管	补偿收缩混凝土	外贴式止水带	预埋注浆管	遇水膨胀止水条（胶）	防水密封材料	中埋式止水带	外贴式止水带	可卸式止水带	防水密封材料	外贴防水卷材	外涂防水涂料
防水等级 一级	应选	应选一至二种						应选二种							应选	应选二种				应选	应选一至二种				
防水等级 二级	应选	应选一种						应选一至二种							应选	应选一至二种				应选	应选一至二种				
防水等级 三级	应选	宜选一种						宜选一至二种							应选	宜选一至二种				应选	宜选一至二种				
防水等级 四级	宜选	—						宜选一种							应选	宜选一种				应选	宜选一种				

暗挖法地下工程防水设防要求　　表 1-21-4（表 3.3.1-2）

工程部位	衬砌结构						内衬砌施工缝						内衬砌变形缝（诱导缝）				
防水措施	防水混凝土	塑料防水板	防水砂浆	防水涂料	防水卷材	金属防水层	外贴式止水带	预埋注浆管	遇水膨胀止水条（胶）	防水密封材料	中埋式止水带	水泥基渗透结晶型防水涂料	中埋式止水带	外贴式止水带	可卸式止水带	防水密封材料	遇水膨胀止水条（胶）
防水等级 一级	必选	应选一至二种					应选一至二种						应选	应选一至二种			
防水等级 二级	应选	应选一种					应选一种						应选	应选一种			
防水等级 三级	宜选	宜选一种					宜选一种						应选	宜选一种			
防水等级 四级	宜选	宜选一种					宜选一种						应选	宜选一种			

21.3 防水混凝土设计抗渗等级

4.1.4 防水混凝土的设计抗渗等级，应符合表 4.1.4 的规定。

防水混凝土设计抗渗等级 表 1-21-5（表 4.1.4）

工程埋置深度 H(m)	设计抗渗等级
$H<10$	P6
$10\leqslant H<20$	P8
$20\leqslant H<30$	P10
$H\geqslant 30$	P12

注：1 本表适用于Ⅰ、Ⅱ、Ⅲ类围岩（土层及软弱围岩）。
2 山岭隧道防水混凝土的抗渗等级可按国家现行有关标准执行。

21.4 地下工程卷材防水对厚度的要求

4.3.6 卷材防水层的厚度应符合表 4.3.6 的规定。

不同品种卷材的厚度 表 1-21-6（表 4.3.6）

卷材品种	高聚物改性沥青类防水卷材			合成高分子类防水卷材			
	弹性体改性沥青防水卷材、改性沥青聚乙烯胎防水卷材	自粘聚合物改性沥青防水卷材		三元乙丙橡胶防水卷材	聚氯乙烯防水卷材	聚乙烯丙纶复合防水卷材	高分子自粘胶膜防水卷材
		聚酯毡胎体	无胎体				
单层厚度（mm）	≥4	≥3	≥1.5	≥1.5	≥1.5	卷材：≥0.9 粘结料：≥1.3 芯材厚度≥0.6	≥1.2
双层总厚度（mm）	≥（4+3）	≥（3+3）	≥（1.5+1.5）	≥（1.2+1.2）	≥（1.2+1.2）	卷材：≥（0.7+0.7） 粘结料：≥（1.3+1.3） 芯材厚度≥0.5	—

注：1 带有聚酯毡胎体的自粘聚合物改性沥青防水卷材应执行国家现行标准《自粘聚合物改性沥青聚酯胎防水卷材》JC 898；
2 无胎体的自粘聚合物改性沥青防水卷材应执行国家现行标准《自粘橡胶沥青防水卷材》JC 840。

21.5 卷材上（外）保护层的要求

《全国民用建筑工程设计技术措施 规划·建筑·景观》（2009 年版）

8 卷材防水层上保护层要求：

1 顶板：C20 细石混凝土保护层厚度在采用机械回填时不宜小于 70mm，采用人工回填时不宜小于 50mm。防水层与保护层之间宜设隔离层。如干铺一道防水卷材，以防保护层伸缩变形时破坏防水层。

2 底板：细石混凝土保护层厚度不应小于 50mm。

3 侧墙：宜采用沥青基防水保护板、塑料排水板、有一定强度的软质保护材料（宜选用挤塑聚苯板）或抹 20mm 厚 1：2.5 水泥砂浆，也可采用砌非黏土砖墙作保护层（非黏土砖保护墙与主体结构之间宜留

30～50mm宽缝隙，并用细砂填实）。在防水层与砌体保护层之间宜设置隔离层。

22 《数据中心设计规范》中的分类分级

22.1 术语

《数据中心设计规范》GB 50174—2017

2.1.1 数据中心

为集中放置的电子信息设备提供运行环境的建筑场所，可以是一栋或几栋建筑物，也可以是一栋建筑物的一部分，包括主机房、辅助区、支持区和行政管理区等。

2.1.2 主机房

主要用于数据处理设备安装和运行的建筑空间，包括服务器机房、网络机房、存储机房等功能区域。

2.1.3 辅助区

用于电子信息设备和软件的安装、调试、维护、运行监控和管理的场所，包括进线间、测试机房、总控中心、消防和安防控制室、拆包区、备件库、打印室、维修室等区域。

2.1.4 支持区

为主机房、辅助区提供动力支持和安全保障的区域，包括变配电室、柴油发电机房、电池室、空调机房、动力站房、不间断电源系统用房、消防设施用房等。

2.1.5 行政管理区

用于日常行政管理及客户对托管设备进行管理的场所，包括办公室、门厅、值班室、盥洗室、更衣间和用户工作室等。

2.1.6 灾备数据中心

用于灾难发生时，接替生产系统运行，进行数据处理和支持关键业务功能继续运作的场所，包括限制区、普通区和专用区。

2.1.7 限制区

根据安全需要，限制不同类别人员进入的场所，包括主机房、辅助区和支持区等。

2.1.8 普通区

用于灾难恢复和日常训练、办公的场所。

2.1.9 专用区

用于灾难恢复期间使用及放置设备的场所。

2.1.10 基础设施

本规范专指在数据中心内，为电子信息设备提供运行保障的设施。

2.1.11 电子信息设备

对电子信息进行采集、加工、运算、存储、传输、检索等处理的设备，包括服务器、交换机、存储设备等。

2.1.12 冗余

重复配置系统的一些或全部部件，当系统发生故障时，重复配置的部件介入并承担故障部件的工作，由此延长系统的平均故障间隔时间。

2.1.13 $N+X$冗余

系统满足基本需求外，增加了X个组件、X个单元、X个模块或X个路径。任何 X 个组件、单元、模块或路径的故障或维护不会导致系统运行中断（$X=1\sim N$）。

2.1.14 容错

具有两套或两套以上的系统，在同一时刻，至少有一套系统在正常工作。按容错系统配置的基础设施，在经受住一次严重的突发设备故障或人为操作失误后，仍能满足电子信息设备正常运行的基本需求。

2.1.15 电磁干扰（EMI）

电磁骚扰引起的装置、设备或系统性能的下降。

2.1.16 电磁屏蔽

用导电材料减少交变电磁场向指定区域的穿透。

2.1.17 电磁屏蔽室

专门用于衰减、隔离来自内部或外部电场、磁场能量的建筑空间体。

2.1.18 截止波导通风窗

截止波导与通风口结合为一体的装置，该装置既允许空气流通，又能够衰减一定频率范围内的电磁波。

2.1.19 可拆卸式电磁屏蔽室

按照设计要求，由预先加工成型的屏蔽壳体模块板、结构件、屏蔽部件等，经过施工现场装配，组建成具有可拆卸结构的电磁屏蔽室。

2.1.20 焊接式电磁屏蔽室

主体结构采用现场焊接方式建造的具有固定结构的电磁屏蔽室。

2.1.21 保护性接地

以保护人身和设备安全为目的的接地。

2.1.22 功能性接地

用于保证设备（系统）正常运行，正确地实现设备（系统）功能的接地。

2.1.23 接地线

从接地端子或接地汇集排至接地极的连接导体。

2.1.24 等电位联结带

将等电位联结网格、设备的金属外壳、金属管道、金属线槽、建筑物金属结构等连接其上形成等电位联结的金属带。

2.1.25 等电位联结导体

将分开的诸导电性物体连接到接地汇集排、等电位联结带或等电位联结网格的导体。

2.1.26 双重电源

一个负荷的电源是由两个电路提供的，这两个电路就安全供电而言被认为是相互独立的。

2.1.27 总控中心（ECC）

为数据中心各系统提供集中监控、指挥调度、技术支持和应急演练的平台，也可称为监控中心。

2.1.28 不间断电源系统（UPS）

由变流器、开关和储能装置组合构成的系统，在输入电源正常或故障时，输出交流或直流电能，在一定时间内，维持对负载供电的连续性。

22.2 分级与性能要求

《数据中心设计规范》GB 50174—2017

22.2.1 分级

3.1.1 数据中心应划分为A、B、C三级。设计时应根据数据中心的使用性质、数据丢失或网络中断在经济或社会上造成的损失或影响程度确定所属级别。

3.1.2 符合下列情况之一的数据中心应为A级：

1 电子信息系统运行中断将造成重大的经济损失；

2 电子信息系统运行中断将造成公共场所秩序严重混乱。

3.1.3 符合下列情况之一的数据中心应为B级：

1 电子信息系统运行中断将造成较大的经济损失；

2 电子信息系统运行中断将造成公共场所秩序混乱。

3.1.4 不属于A级或B级的数据中心应为C级。

3.1.5 在同城或异地建立的灾备数据中心，设计时宜与主用数据中心等级相同。

3.1.6 数据中心基础设施各组成部分宜按照相同等级的技术要求进行设计，也可按照不同等级的技术要求进行设计。当各组成部分按照不同等级进行设计时，数据中心的等级应按照其中最低等级部分确定。

22.2.2 性能要求

3.2.1 A级数据中心的基础设施宜按容错系统配置，在电子信息系统运行期间，基础设施应在一次意外事故后或单系统设备维护或检修时仍能保证电子信息系统正常运行。

3.2.2 A级数据中心同时满足下列要求时，电子信息设备的供电可采用不间断电源系统和市电电源系统相结合的供电方式：

1 设备或线路维护时，应保证电子信息设备正常运行；

2 市电直接供电的电源质量应满足电子信息设备正常运行的要求；

3 市电接入处的功率因数应符合当地供电部门的要求；

4 柴油发电机系统应能够承受容性负载的影响；

5 向公用电网注入的谐波电流分量（方均根值）允许值应符合现行国家标准《电能质量　公用电网谐波》GB / T 14549 的有关规定。

3.2.3 当两个或两个以上地处不同区域的数据中心同时建设，互为备份，且数据实时传输、业务满足连续性要求时，数据中心的基础设施可按容错系统配置，也可按冗余系统配置。

3.2.4 B级数据中心的基础设施应按冗余要求配置，在电子信息系统运行期间，基础设施在冗余能力范围内，不得因设备故障而导致电子信息系统运行中断。

3.2.5 C级数据中心的基础设施应按基本需求配置，在基础设施正常运行情况下，应保证电子信息系统运行不中断。

22.3 选址及设备布置

《数据中心设计规范》GB 50174—2017

22.3.1 选址

4.1.1 数据中心选址应符合下列规定：

1 电力供给应充足可靠，通信应快速畅通，交通应便捷；

2 采用水蒸发冷却方式制冷的数据中心，水源应充足；

3 自然环境应清洁，环境温度应有利于节约能源；

4 应远离产生粉尘、油烟、有害气体以及生产或贮存具有腐蚀性、易燃、易爆物品的场所；

5 应远离水灾、地震等自然灾害隐患区域；

6 应远离强振源和强噪声源；

7 应避开强电磁场干扰；

8 A级数据中心不宜建在公共停车库的正上方；

9 大中型数据中心不宜建在住宅小区和商业区内。

4.1.2 设置在建筑物内局部区域的数据中心，在确定主机房的位置时，应对安全、设备运输、管线敷设、雷电感应、结构荷载、水患及空调系统室外设备的安装位置等问题进行综合分析和经济比较。

22.3.2 组成

4.2.1 数据中心的组成应根据系统运行特点及设备具体要求确定，宜由主机房、辅助区、支持区、行政管理区等功能区组成。

4.2.2 主机房的使用面积应根据电子信息设备的数量、外形尺寸和布置方式确定，并应预留今后业务发展需要的使用面积。主机房的使用面积可按下式计算：

$$A=SN \tag{4.2.2}$$

式中 A——主机房的使用面积（m^2）；

S——单台机柜（架）、大型电子信息设备和列头柜等设备占用面积（m^2／台），可取 $2.0m^2$／台～$4.0m^2$／台；

N——主机房内所有机柜（架）、大型电子信息设备和列头柜等设备的总台数。

4.2.3 辅助区和支持区的面积之和可为主机房面积的1.5倍～2.5倍。

4.2.4 用户工作室的使用面积可按 $4m^2$／人～$5m^2$／人计算；硬件及软件人员办公室等有人长期工作的房间，使用面积可按 $5m^2$／人～$7m^2$／人计算。

4.2.5 在灾难发生时，仍需保证电子信息业务连续性的单位，应建立灾备数据中心。灾备数据中心的组成应根据安全需求、使用功能和人员类别划分为限制区、普通区和专用区。

22.3.3 设备布置

4.3.1 数据中心内的各类设备应根据工艺设计进行布置，应满足系统运行、运行管理、人员操作和安全、设备和物料运输、设备散热、安装和维护的要求。

4.3.2 容错系统中相互备用的设备应布置在不同的物理隔间内，相互备用的管线宜沿不同路径敷设。

4.3.3 当机柜（架）内的设备为前进风（后出风）冷却方式，且机柜自身结构未采用封闭冷风通道或封闭热风通道方式时，机柜（架）的布置宜采用面对面、背对背方式。

4.3.4 主机房内通道与设备之间的距离应符合下列规定：

1 用于搬运设备的通道净宽不应小于 1.5m；

2 面对面布置的机柜（架）正面之间的距离不宜小于 1.2m；

3 背对背布置的机柜（架）背面之间的距离不宜小于 0.8m；

4 当需要在机柜（架）侧面和后面维修测试时，机柜（架）与机柜（架）、机柜（架）与墙之间的距离不宜小于 1.0m；

5 成行排列的机柜（架），其长度大于 6m 时，两端应设有通道；当两个通道之间的距离大于 15m 时，在两个通道之间还应增加通道。通道的宽度不宜小于 1m，局部可为 0.8m。

22.4 各级数据中心技术要求

《数据中心设计规范》GB 50174—2017

各级数据中心技术要求 表 1-22-1（附录 A 表 A）

项目	技术要求			备注
	A 级	B 级	C 级	
选址				
距离停车场	不宜小于 20m	不宜小于 10m	—	包括自用和外部停车场
距离铁路或高速公路的距离	不宜小于 800m	不宜小于 100m	—	不包括各场所自身使用的数据中心
距离地铁的距离	不宜小于 100m	不宜小于 80m		不包括地铁公司自身使用的数据中心
在飞机航道范围内建设数据中心距离飞机场	不宜小于 8000m	不宜小于 1600m	—	不包括机场自身使用的数据中心
距离甲、乙类厂房和仓库、垃圾填埋场	不应小于 2000m		—	不包括甲、乙类厂房和仓库自身使用的数据中心
距离火药炸药库	不应小于 3000m		—	不包括火药炸药库自身使用的数据中心
距离核电站的危险区域	不应小于 40000m			不包括核电站自身使用的数据中心
距离住宅	不宜小于 100m			—
有可能发生洪水的地区	不应设置数据中心		不宜设置数据中心	—
地震断层附近或有滑坡危险区域	不应设置数据中心		不宜设置数据中心	—
从火车站、飞机场到达数据中心的交通道路	不应少于 2 条道路	—	—	—

续表

项目	技术要求			备注
	A 级	B 级	C 级	
环境要求				
冷通道或机柜进风区域的温度	18～27℃			不得结露
冷通道或机柜进风区域的相对湿度和露点温度	露点温度宜为 5.5～15℃，同时相对湿度不宜大于 60%			
主机房环境温度和相对湿度（停机时）	5～45℃，8%～80%，同时露点温度不宜大于 27℃			
主机房和辅助区温度变化率	使用磁带驱动时，应小于 5℃/h 使用磁盘驱动时，应小于 20℃/h			
辅助区温度、相对湿度（开机时）	18～28℃，35%～75%			
辅助区温度、相对湿度（停机时）	5～35℃，20%～80%			
不间断电源系统电池室温度	20～30℃			
主机房空气粒子浓度	应少于 17600000 粒			每立方米空气中粒径大于或等于 0.5μm 的悬浮粒子数
建筑与结构				
抗震设防分类	不应低于丙类，新建不应低于乙类	不应低于丙类	不宜低于丙类	—
主机房活荷载标准值（kN/m^2）	8～12	组合值系数 $\Psi_c=0.9$ 频遇值系数 $\Psi_f=0.9$ 准永久值系数 $\Psi_q=0.8$		根据机柜的摆放密度确定荷载值
主机房吊挂荷载（kN/m^2）	不应小于 1.2			—
不间断电源系统室活荷载标准值（kN/m^2）	宜为 8～10			—
电源室活荷载标准值（kN/m^2）	蓄电池组 4 层摆放时，不应小于 16			
总控中心活荷载标准值（kN/m^2）	不应小于 6			—
钢瓶间活荷载标准值（kN/m^2）	不应小于 8			—
电磁屏蔽室活荷载标准值（kN/m^2）	宜为 8～12			—
主机房外墙设采光窗	不宜		—	—
防静电活动地板的高度	不宜小于 500mm			作为空调静压箱时
	不宜小于 250mm			仅作为电缆布线使用时

续表

项目	技术要求			备注
	A级	B级	C级	
屋面的防水等级	Ⅰ	Ⅱ	Ⅲ	—
空气调节				
主机房和辅助区设置空气调节系统	应		可	—
不间断电源系统电池室设置空调降温系统	宜		可	—
主机房保持正压	应		可	—
冷冻机组、冷冻水泵、冷却水泵、冷却塔	应 $N+X$ 冗余（$X=1\sim N$）	宜 $N+1$ 冗余	应满足基本需要（N）	—
冷冻水供水温度	宜为 7℃～21℃			
冷冻水回水温度	宜为 12℃～27℃			
机房专用空调	应 $N+X$ 冗余（$X=1\sim N$）主机房中每个区域冗余 X 台	宜 $N+1$ 冗余，主机房中每个区域冗余一台	应满足基本需要（N）	—
采用不间断电源系统供电的设备	空调末端风机、控制系统、末端冷冻水泵	控制系统	—	—
蓄冷装置供应冷冻水的时间	不应小于不间断电源设备的供电时间	—		—
双冷源	可	—		—
冷冻水供回水管网	应双供双回、环形布置	宜单一路径		—
冷却水补水储存装置	应设置	—		—
冷却通道隔离	宜设置			—
电气				
供电电源	应由双重电源供电	宜由双重电源供电	应由两回线路供电	—
供电网络中独立于正常电源的专用馈电线路	可作为备用电源	—	—	—
变压器	应满足容错要求，可采用 $2N$ 系统	应满足冗余要求，宜 $N+1$ 冗余	应满足基本需要（N）	A级也可采用其他避免单点故障的系统配置
后备柴油发电机系统	应 $N+X$ 冗余（$X=1\sim N$）	当供电电源只有一路时，需设置后备柴油发电机系统，宜 $N+1$ 冗余	不间断电源系统的供电时间满足信息存储要求时，可不设置柴油发电机	—
后备柴油发电机的基本容量	应包括不间断电源系统的基本容量、空调和制冷设备的基本容量		—	—
柴油发电机燃料存储量	宜满足 12h 用油	—	—	1. 当外部供油时间有保障时，燃料存储量仅需大于外部供油时间。 2. 应防止柴油微生物滋生

续表

项目	技术要求			备注
	A级	B级	C级	
不间断电源系统配置	宜 $2N$ 或 $M(N+1)$（M=2、3、4…）	宜 $N+1$ 冗余	应满足基本需要（N）	$N \leqslant 4$
	可采用一路（N+1）UPS和一路市电供电方式	—	—	满足第3.2.2条要求时
	可 $2N$，也可（N+1）冗余	—	—	满足第3.2.3条要求时
不间断电源系统自动转换旁路	应设置		—	—
不间断电源系统手动维修旁路	应设置		—	—
不间断电源系统电池最少备用时间	15min 柴油发电机作为后备电源时	7min 柴油发电机作为后备电源时	根据实际需要确定	—
空调系统配电	双路电源（其中至少一路为应急电源），末端切换。应采用放射式配电系统	双路电源，末端切换。宜采用放射式配电系统	宜采用放射式配电系统	—
变配电所物理隔离	容错配置的变配电设备应分别布置在不同的物理隔间内	—	—	—
电子信息设备交流供电电源质量要求				
稳态电压偏移范围（%）	+7～-10			交流供电时
稳态频率偏移范围（Hz）	±0.5			交流供电时
输入电压波形失真度（%）	≤5			电子信息设备正常工作时
允许断电持续时间（ms）	0～10			不同电源之间进行切换时
网络与布线系统				
承担数据业务的主干和水平子系统	应采用OM3/OM4多模光缆、单模光缆或6A类以上对绞电缆，主干和水平子系统均应冗余	宜采用OM3/OM4多模光缆、单模光缆或6A类以上对绞电缆，主干子系统应冗余	—	—
进线间	不应少于2个	不应少于1个	宜为1个	—
智能布线管理系统	宜	可	—	—
线缆标识系统	应在线缆两端打上标签			配电电缆宜采用线缆标识系统

续表

项目	技术要求			备注
	A 级	B 级	C 级	
在隐蔽通风空间敷设的通信缆线防火要求	应采用 CMP 级或低烟无卤阻燃电缆，OFNP 或 OFCP 级光缆	—	—	也可采用同等级的其他电缆或光缆
公用电信配线网络接口	应为 2 个以上	宜为 2 个	宜为 1 个	—
环境和设备监控系统				
空气质量	应检测粒子浓度		—	离线定期检测
空气质量	应检测温度、露点、压差		宜检测温度、露点	在线检测或通过数据接口将参数接入机房环境和设备监控系统中
漏水检测报警	应装设漏水感应器			
强制排水设备	应检测设备的运行状态			
集中空调和新风系统、动力系统	应检测设备运行状态、滤网压差			
机房专用空调	应检测状态参数：开关、制冷、加热、加湿、除湿、水阀开度、水流量； 应检测报警参数：温度、相对湿度、传感器故障、压缩机压力、加湿器水位、风量			
供配电系统	应检测开关状态、电流、电压、有功功率、功率因数、谐波含量、电子信息设备用电量、数据中心用电量、电能利用效率		宜根据需要选择	
不间断电源系统	应检测输入和输出功率、电压、频率、电流、功率因数、负荷率；电池输入电压、电流、容量；同步 / 不同步状态、不间断电源系统 / 旁路供电状态、市电故障、不间断电源系统故障		宜根据需要选择	
电池	应检测监控每一个蓄电池的电压、内阻、故障和环境温度	应检测监控每一组蓄电池的电压、故障和环境温度	—	
柴油发电机系统	应检测油箱（罐）油位、柴油机转速、输出功率、频率、电压、功率因数		—	
主机集中控制和管理	应采用带外管理或 KVM 切换系统		—	—
安全防范系统				
发电机房、变配电室、电池室、动力站房	应设置出入控制（识读设备采用读卡器）和视频监视	应设置入侵探测器	应设置机械锁	—

续表

项目	技术要求			备注
	A级	B级	C级	
安全出口	应设置推杆锁和视频监视，并应与总控中心连锁报警		应设置推杆锁	—
总控中心	应设置出入控制（识读设备采用读卡器）和视频监视		应设置机械锁	—
安防设备间	应设置出入控制（识读设备采用读卡器）	应设置入侵探测器	应设置机械锁	—
主机房出入口	应设置出入控制（识读设备采用读卡器）或人体生物特征识别、视频监视	应设置出入控制（识读设备采用读卡器）和视频监视	应设置机械锁和入侵探测器	—
主机房内	应设置视频监视		—	—
建筑物周围和停车场	应设置视频监视		—	适用于独立建筑的机房
给水排水				
冷却水储水量	宜满足 12h 用水	—	—	1. 当外部供水时间有保障时，水存储量仅需大于外部供水时间。 2. 应保证水质满足使用要求
与主机房无关的给排水管道穿越主机房	不应		不宜	—
主机房地面设置排水系统	应			用于冷凝水排水、空调加湿器排水、消防喷洒排水、管道漏水
消防与安全				
主机房设置气体灭火系统	宜			—
变配电、不间断电源系统和电池室设置气体灭火系统	宜			—
主机房设置细水雾灭火系统	可			—
变配电、不间断电源系统和电池室设置细水雾灭火系统	可			—
主机房设置自动喷水灭火系统	可（当两个或两个以上数据中心互为备份时）	可		—
吸气式烟雾探测火灾报警系统	宜		—	作为早期报警，灵敏度严于 0.01% obs/m

23 各类特殊功能房间设计布置的要求和特点

23.1 建筑内锅炉房

《锅炉房设计规范》GB 50041—2020

23.1.1 一般要求

3.0.4 地下、半地下、地下室和半地下室锅炉房，严禁选用液化石油气或相对密度大于或等于0.75的气体燃料。

3.0.12 锅炉台数和容量应根据设计热负荷经技术经济比较后确定，并应符合下列规定：

1 锅炉台数和容量应按所有运行锅炉在额定蒸发量或热功率时能满足锅炉房最大设计热负荷的要求；

2 应保证锅炉房在较高或较低热负荷运行工况下能安全运行，并应使锅炉台数，额定蒸发量或热功率，锅炉效率和其他运行性能均能有效地适应热负荷变化，且应考虑全年热负荷低峰期锅炉机组的运行工况；

3 锅炉房的锅炉总台数：新建锅炉房，不宜超过5台；扩建和改建锅炉房，不宜超过7台；非独立锅炉房，不宜超过4台；

4 锅炉房的1台额定蒸发量或热功率最大的锅炉检修时，其余锅炉应能满足下列要求：

1）连续生产用热所需的最低热负荷；

2）采暖通风、空调和生活用热所需的最低热负荷。

23.1.2 位置选择

4.1.2 锅炉房宜为独立的建筑物。

4.1.3 当锅炉房和其他建筑物相连或设置在其内部时，不应设置在人员密集场所和重要部门的上一层、下一层、贴邻位置以及主要通道、疏散口的两旁，并应设置在首层或地下室一层靠建筑物外墙部位。

4.1.4 住宅建筑内，不宜设置锅炉房。

23.1.3 锅炉间、辅助间和生活间的布置

4.3.1 单台蒸汽锅炉额定蒸发量为1t/h～25t/h或单台热水锅炉额定热功率为0.7MW～17.5MW的锅炉房，其辅助间和生活间宜贴邻锅炉间固定端一侧布置；单台蒸汽锅炉额定蒸发量为35t/h～75t/h或单台热水锅炉额定热功率为29MW～174MW的锅炉房，其辅助间和生活间根据具体情况，可贴邻锅炉间布置，或单独布置。

4.3.7 锅炉房出入口的设置应符合下列规定：

1 出入口不应少于2个，但对独立锅炉房的锅炉间，当炉前走道总长度小于12m，且总建筑面积小于200m^{2}时，其出入口可设1个；

2 锅炉间人员出入口应有1个直通室外；

3 锅炉间为多层布置时，其各层的人员出入口不应少于2个；楼层上的人员出入口，应有直接通向地面的安全楼梯。

4.3.8 锅炉间通向室外的门应向室外开启，锅炉房内的辅助间或生活间直通锅炉间的门应向锅炉间内开启。

23.1.4 土建要求

15.1.1 锅炉房的火灾危险性分类和耐火等级应符合下列规定：

1 锅炉间应属于丁类生产厂房，建筑不应低于二级耐火等级：当为燃煤锅炉间且锅炉的总蒸发量小于或等于4t/h或热水锅炉总额定热功率小于或等于2.8MW时，锅炉间建筑不应低于三级耐火等级；

2 油箱间、油泵间和重油加热器间应属于丙类生产厂房，其建筑均不应低于二级耐火等级；

3 燃气调压间及气瓶专用房间应属于甲类生产厂房，其建筑不应低于二级耐火等级。

15.1.2 锅炉房的外墙、楼地面或屋面应有相应的防爆措施，并应有相当于锅炉间占地面积10%的泄压面积，泄压方向不得朝向人员聚集的场所、房间和人行通道，泄压处也不得与这些地方相邻。地下锅炉房采用竖井泄爆方式时，竖井的净横断面积应满足泄压面积的要求。

15.1.3 燃油、燃气锅炉房锅炉间与相邻地辅助间之间应设置防火隔墙，并应符合下列规定：

1 锅炉间与油箱间、油泵间和重油加热器间之间的防火隔墙，其耐火极限不应低于3.00h，隔墙上开设的门应为甲级防火门；

2 锅炉间与调压间之间的防火隔墙，其耐火极限不应低于3.00h；

3 锅炉间与其他辅助间之间的防火隔墙，其耐火极限不应低于2.00h，隔墙上开设的门应为甲级防火门。

15.1.4 锅炉房和其他建筑物贴邻时，应采用防火墙与贴邻的建筑分隔。

15.1.5 调压间的门窗应向外开启并不应直接通向锅炉间，地面应采用不产生火花地坪。

17.0.3 油泵间、日用油箱间宜采用泡沫灭火系统、气体灭火系统或细水雾灭火系统，其系统设计应符合现行国家标准《泡沫灭火系统设计规范》GB 50151、《气体灭火系统设计规范》GB 50370和《细水雾灭火系统技术规范》GB 50898的有关规定。

17.0.7 消防集中控制盘宜设在仪表控制室内。

23.2 建筑内变配电所

《民用建筑电气设计标准》GB 51348—2019

23.2.1 土建要求

4.10.1 可燃油油浸变压器室以及电压为35kV、20kV或10kV的配电装置室和电容器室的耐火等级都不得低于二级。

4.10.2 非燃或难燃介质的配电变压器室以及低压配电装置室和电容器室的耐火等级不宜低于二级。

4.10.3 民用建筑内的变电所对外开的门应为防火门，并应符合下列规定：

1 变电所位于高层主体建筑或裙房内时，通向其他相邻房间的门应为甲级防火门，通向过道的门应为乙级防火门；

2 变电所位于多层建筑物的二层或更高层时，通向其他相邻房间的门应为甲级防火门，通向过道的门应为乙级防火门；

3 变电所位于多层建筑物的首层时，通向相邻房间或过道的门应为乙级防火门；

4 变电所位于地下层或下面有地下层时，通向相邻房间或过道的门应为甲级防火门；

5 变电所通向汽车库的门应为甲级防火门；

6 当变电所设置在建筑首层，且向室外开门的上层有窗或非实体墙时，变电所直接通向室外的门应为丙级防火门。

4.10.4 变电所的通风窗，应采用不燃材料制作。

4.10.5 配电装置室及变压器室门的宽度宜按最大不可拆卸部件宽度加0.3m，高度宜按不可拆卸部件最大高度加0.5m。

4.10.6 当变电所设置在建筑物内时，应向结构专业提出荷载要求并应设有运输通道。当其通道为吊装孔或吊装平台时，其吊装孔和平台的尺寸应满足吊装最大设备的需要，吊钩与吊装孔的垂直距离应满足吊装最高设备的需要。

设置在超高层建筑避难层、设备层的变电所，变压器容量不宜大于1250kVA，当采用单相变压器组成三相变压器时，单相变压器容量不大于800kVA时可不专设运输通道。

4.10.7 当变电所与上、下或贴邻的居住、教室、办公房间仅有一层楼板或墙体相隔时，变电所内应采取屏蔽、降噪等措施。

4.10.8 电压为35kV、20kV或10kV配电室和电容器室，宜装设不能开启的自然采光窗，窗台距室外地坪不宜低于1.8m，临街的一面不宜开设窗户。

4.10.9 变压器室、配电装置室、电容器室的门应向外开，并应装锁，相邻配电装置室之间设有防火隔墙时，隔墙上的门应为甲级防火门，并向低电压配电室开启，当隔墙仅为管理需求设置时，隔墙上的门应为双向开启的不燃材料制作的弹簧门。

4.10.10 变压器室、配电装置室、电容器室等应设置防止雨、雪和小动物进入屋内的设施。

4.10.11 长度大于7m的配电装置室，应设2个出口，并宜布置在配电室的两端；长度大于60m的配电装置室宜设3个出口，相邻安全出口的门间距离不应大于40m。独立式变电所采用双层布置时，位于楼上的配电装置室应至少设一个通向室外的平台或通道的出口。

4.10.12 变电所的电缆沟、电缆夹层和电缆室，应采取防水、排水措施。当配变电所设置在地下层时，其进出地下层的电缆口必须采取有效的防水措施。

4.10.13 变电所内配电箱不应采用嵌入式安装在建筑物的外墙上。

23.2.2 暖通及给水排水专业的要求

4.11.1 设在地上的变电所内的变压器室宜采用自然通风，设在地下的变电所的变压器室应设机械送排风系统，夏季的排风温度不宜高于45℃，进风和排风的温差不宜大于15℃。

4.11.2 并联电容器室应有良好的自然通风，通风量应根据并联电容器温度类别按夏季排风温度不超过并联电容器所允许的最高环境空气温度计算。当自然通风不能满足排热要求时，可增设机械排风。

4.11.3 当变压器室、并联电容器室采用机械通风时，通风管道应采用不燃材料制作，并宜在进风口处加空气过滤器。

4.11.4 在供暖地区，控制室（值班室）应供暖，供暖计算温度为18℃。在严寒地区，当配电室内温度影响电气设备元件和仪表正常运行时，应设供暖装置。控制室和配电装置室内的供暖装置，应采取防止渗漏措施，不应有法兰、螺纹接头和阀门等。

4.11.5 位于炎热地区的变电所，屋面应有隔热措施。控制室或值班室宜设置通风或空调装置。

4.11.6 位于地下层的配变电所，其控制室（值班室）应保证运行的卫生条件，当不能满足要求时，应装设通风系统或空调装置。在高潮湿环境地区尚应根据需要考虑设置除湿装置。

4.11.7 变压器室、并联电力电容器室、配电装置室以及控制室（值班室）内不应有与其无关的管道通过。

4.11.8 装有六氟化硫（SF_6）设备的配电装置的房间，低位区应配备SF_6泄露报警仪及事故排风装置。

4.11.9 有人值班的变电所，宜设卫生间及给水排水设施。

23.3 建筑内商店营业厅、展览厅

《建筑设计防火规范》GB 50016—2014（2018 年版）

5.3.4 当建筑为一、二级耐火等级、设置自动灭火系统和火灾自动报警系统并采用不燃或难燃材料装修时，其每个防火分区的最大允许建筑面积应符合下列规定：

1 设置在高层建筑内时，不应大于 4000m²；

2 设置在单层建筑或仅设置在多层建筑的首层内时，不应大于 10000m²；

3 设置在地下或半地下时，不应大于 2000m²。

23.4 建筑内托儿所、幼儿园、老年人和儿童的活动场所

《建筑设计防火规范》GB 50016—2014（2018 年版）

5.4.4 托儿所、幼儿园的儿童用房，老年人活动场所和儿童游乐厅等儿童活动场所宜设置在独立的建筑内，并且不应设置在地下或半地下；当采用一、二级耐火等级的建筑时，不应超过 3 层；采用三级耐火建筑的建筑时，不应超过 2 层；采用四级耐火等级的建筑时，应为单层；确需设置在其他民用建筑内时，应符合下列规定：

1 设置在一、二级耐火等级的建筑内时，应布置在首层、二层或三层；

2 设置在三级耐火等级的建筑内时，应布置在首层或二层；

3 设置在四级耐火等级的建筑内时，应布置在首层；

4 设置在高层建筑内时，应设置独立的安全出口和疏散楼梯；

5 设置在单、多层建筑内时，宜设置独立的安全出口和疏散楼梯。

23.5 建筑内医院和疗养院的住院部分

《建筑设计防火规范》GB 50016—2014（2018 年版）

5.4.5 医院和疗养院的住院部分不应设置在地下或半地下。

医院和疗养院的住院部分采用三级耐火等级建筑时，不应超过 2 层；采用四级耐火等级建筑时，应为单层；设置在三级耐火等级的建筑内时，应布置在首层或二层；设置在四级耐火等级的建筑内时，应布置在首层。

23.6 建筑内教学建筑、食堂、菜市场

《建筑设计防火规范》GB 50016—2014（2018 年版）

5.4.6 教学建筑、食堂、菜市场采用三级耐火等级建筑时，不应超过 2 层；采用四级耐火等级建筑时，应为单层；设置在三级耐火等级的建筑内时，应布置在首层或二层；设置在四级耐火等级的建筑内时，应布置在首层。

23.7 建筑内剧场、电影院、礼堂

《建筑设计防火规范》GB 50016—2014（2018年版）

5.4.7 剧场、电影院、礼堂宜设置在独立的建筑内；采用三级耐火等级建筑时，不应超过2层；确需设置在其他民用建筑内时，至少应设置1个独立的安全出口和疏散楼梯，并应符合下列规定：

1 应采用耐火极限不低于2.00h的防火隔墙和甲级防火门与其他区域分隔。

2 设置在一、二级耐火等级的建筑内时，观众厅宜布置在首层、二层或三层；确需布置在四层及以上楼层时，一个厅、室的疏散门不应少于2个，且每个观众厅的建筑面积不宜大于400m^2。

3 设置在三级耐火等级的建筑内时，不应布置在三层及以上楼层。

4 设置在地下或半地下时，宜设置在地下一层，不应设置在地下三层及以下楼层。

5 设置在高层建筑内时，应设置火灾自动报警系统及自动喷水灭火系统等自动灭火系统。

23.8 建筑内会议厅、多功能厅等人员聚集场所

《建筑设计防火规范》GB 50016—2014（2018年版）

5.4.8 建筑内会议厅、多功能厅等人员密集的场所，宜布置在首层、二层或三层。设置在三级耐火等级的建筑内时，不应布置在三层及以上楼层。确需布置在一、二级耐火等级建筑的其他楼层时，应符合下列规定：

1 一个厅、室的疏散门不应少于2个，且建筑面积不宜大于400㎡；

2 设置在地下或半地下时，宜设置在地下一层，不应设置在地下三层及以下楼层；

3 设置在高层建筑内时，应设置火灾自动报警系统和自动喷水灭火系统等自动灭火系统。

23.9 建筑内其他场所

《建筑设计防火规范》GB 50016—2014（2018年版）

5.4.9 歌舞厅、录像厅、夜总会、卡拉OK厅（含具有卡拉OK功能的餐厅）、游艺厅（含电子游艺厅）、桑拿浴室（不包括洗浴部分）、网吧等歌舞娱乐放映游艺场所（不含剧场、电影院）的布置应符合下列规定：

1 不应布置在地下二层及以下楼层；

2 宜布置在一、二级耐火等级建筑内的首层、二层或三层的靠外墙部位；

3 不宜布置在袋形走道的两侧或尽端；

4 确需布置在地下一层时，地下一层的地面与室外出入口地坪的高差不应大于 10m；

5 确需布置在地下或四层及以上楼层时，一个厅、室的建筑面积不应大于 200m^2；

6 厅、室之间及与建筑的其他部位之间，应采用耐火极限不低于 2.00h 的防火隔墙和 1.00h 的不燃性楼板分隔，设置在厅、室墙上的门和该场所与建筑内其他部位相通的门均应采用乙级防火门。

23.10 建筑内配、变电所

参考《全国民用建筑工程设计技术措施　规划·建筑·景观》(2009 年版) 及《民用建筑电气设计标准》GB 51348—2019

15.3.3 附建式配、变电所设置条件：

1 民用建筑内不宜设置有可燃性油的变配电所，变压器进入主体建筑宜选用干式变压器、无油开关。

2 不应布置在厨房、浴室、厕所、给水泵房和水箱间、污水泵房等经常积水场所的正下方或贴邻，因条件限制必需布置时，应有可靠的防渗漏措施。

3 变压器室不宜与有防电磁干扰要求的设备或机房贴邻或位于正上方或正下方，不能满足时应采取防电磁干扰措施。

4 高层建筑的变、配电所宜布置在首层或地下一层靠外墙部位，并应设置独立的出口；不应设在地下室最底层，设备间、电缆夹层、电缆沟等处有防水，排水措施，避免洪水或积水从其他管道淹渍配电所、地下层的电缆口必须采取有效防水措施。

5 地下变电所应选择通风、散热良好位置。无条件时应设机械进排风。

6 当建筑高度超过 100m 时，也可在高层区的避难层、技术层或顶层内设置变电所，严禁选用可燃性油的电气设备，同时应解决设备的垂直搬运和电缆敷设问题。

7 配、变电所应避开建筑物的伸缩缝处。

8 由供电部门维护的高压分界小室（π 接室），当位于建筑物内时应选择在地下一层或首层，并宜与变电所相邻，分界小室的门应直接通向室外或通向公用走廊。

9 变电所贴邻设备用房时，应采取适当抬高地面或其他防水措施。设在冷冻机房、洗衣房、锅炉房、水泵房等潮湿或多粉尘场所的配电装置，宜设于单独电气控制室内。

15.3.5 配、变电所建筑设计要求：

3 高低压配电室、变压器室、电容器室、控制室不应有无关的管道

（雨水、煤气、上下水等）通过。

4 变压器室之间、变压器室与配电室之间，应采用不低于2.00h的不燃烧体墙隔开。

5 配电室、电容器室和各种辅助房间的室内装修材料耐火性能不低于A级。

7 当变配电室设在楼上或地下室时，应预留设备运输的吊装孔洞、吊装平台，其尺寸应能满足最大设备运输需要，其上方要有吊装设备的空间。

8 室内配电装置距建筑顶板（梁除外）的距离不小于0.80m，距梁底不小于0.60m。

9 配电装置室及变压器室门的宽度按最大不可拆卸部件宽度加0.3m，高度宜按不可拆卸部件最大高度加0.5m。

10 配电室、电容器室宜设固定采光窗，窗台距室外地坪不宜低于1.8m，临街一侧不宜开设窗户。重要及无人值班的配、变电所应加装栅栏（ϕ12钢筋，间距按不大于100mm）和金属网等保护措施，无人值班的应装通风百叶窗；变压器室、配电装置室、电容器室的门应设置防止雨、雪、小动物进入屋内的设施（如钢丝网的网孔不大于10mm×10mm；挡鼠板详图见国标图集）。

11 寒冷或风沙大地区配电装置室外窗应设密闭窗；控制室可开启窗及通向室外的门应设纱窗、纱门；控制室宜有较好的朝向，控制屏应避免阳光直射和眩光。

23.11 建筑内冷（热）源机房

《全国民用建筑工程设计技术措施　规划·建筑·景观》（2009年版）

15.2.2 机房布置原则：

1 机房应设置在冷（热）负荷中心。

2 吸收式制冷机房应靠近热源，燃油、燃气设备应考虑燃料的运输、储存方式；电动压缩式冷水机组机房要尽量靠近变电所；燃气直燃机房尽量靠近供气管网和调压站；地源、水源热泵系统机房应靠近热源井或水源泵房。

3 机房宜独立设置。冷（热）源机房可以附建在民用建筑地下室、建筑首层单独房间内。

4 机房不宜设在住宅或有安静要求的房间上面、下面或贴邻，避免设备产生的振动、噪音和燃烧废气造成影响。

5 对于高层建筑，在符合规范的前提下，也可设在设备层或屋顶上，但要考虑设备运转荷载对建筑的影响，设备和管道设置对建筑层高的要求，以及设备安装方法和预留孔洞问题。

6 机房的位置应有良好的自然通风或机械通风。

7 大型制冷机房应设控制室、修理间、值班室、厕所；小型机房可不设控制室；控制室与机房之间采用隔断隔开。

15.2.4 机房的疏散门设置应符合防火疏散要求，机房应预留设备安装、检修的孔洞及运输通道。

15.2.8 机房内应有冲洗地面的上下水设施；机组和水泵及水处理设备四周应设计100mm×100mm的排水明沟，地面应做0.5%的坡度坡向明沟，室内应设集水坑和排水设施；设备基础应高出地面标高 50～100mm。

15.2.9 机房内设备产生的噪音应采取有效的降噪减噪措施。

15.2.11 空调机房：一般设置在设有空调房间的楼层或设备层，不宜与有噪声限制的房间或产生污秽气体、粉尘房间相邻，应有一面靠外墙，其隔墙与门的设置应符合防火规范要求。房间净高 3.5～4.5m。

15.2.12 空调机房新风进风口、排风口位置应符合下列要求：

1 进风口应设在室外空气洁净的地方，并宜设置在北墙上，降温用的进风口宜设在建筑背阴处。

2 进风口应设在排风口的上风侧（接近排风口同时使用时主导风向的上风侧），且应低于排风口并尽量保持不小于 10m 的间距。

3 进风口底部距室外地面不宜少于 2.0m；通风用进风机房，当进风口布置在绿化地带时，则不少于 1.0m。

4 排风口主管至少高出屋面 0.5m 以上，排风口应避开人员停留或经常通行的活动地点或对卫生洁净有要求的场所，同时应采取防止气流短路措施；排风口应位于建筑物空气动力阴影区和正压区以上。

5 对可能产生噪声的进、排风口设计应按所处场所声环境要求采取消声措施。

柴油发电机房、水泵房、中水处理站、燃气表室、热交换站等房间的设计布置要求详见《全国民用建筑工程设计技术措施　规划·建筑·景观》(2009 年版)。

第2部分

建筑施工图中的建筑设计总说明

内容提要

0.1 设计说明的作用及要求

建筑施工图设计说明是设计者在项目施工过程中对建筑施工单位的标准要求和具体说明，是对拟建项目总体构成及各部分配件具体材料做法的文字表达。其内容能全面反映出拟建项目建筑的总体形象、框架及各部分建筑材料的做法构成。

施工图设计说明是施工单位、监理单位、甲方基建人员必读的建筑图纸文件之一，是施工时各方均应遵守的建设大纲，其内容应全面、完整、准确、具体。设计说明的内容应能全面、完整地反映拟建项目的总体概况及建筑各部分的主要材料构成和建筑质量标准。

0.2 设计说明编制依据

本章节建筑施工图设计总说明是按照住房和城乡建设部《建筑工程设计文件编制深度规定》（2017年版）的基本要求，以及北京市《绿色建筑设计标准》DB 11/938—2012的要求，根据工程设计的多年实践经验，把工程项目的建筑设计总说明分为18个栏目（其中“2 设计范围与分工”、“17 施工配合及特殊说明”两项是为了在建设过程中使甲方、设计、施工三方更好地协同配合而设定）。

对于每个栏目应该包含的内容及要点均有“栏目说明”，也有具体内容的示范举例，设计者可参考选择。

0.3 设计说明栏目内容

一般工程施工图建筑设计说明含下列栏目：

①设计依据；②设计范围与分工；③项目概况；④设计标高、建筑坐标及定位；⑤墙体工程；⑥防水工程；⑦屋面工程；⑧门窗、幕墙；⑨内装修、油漆；⑩外装修、室外工程；⑪电梯（自动扶梯）选用；⑫无障碍设计；⑬消防设计；⑭围护结构节能设计；⑮人防设计；⑯选用图集；⑰施工配合及特殊说明；⑱绿色建筑专篇。

0.4 各栏目内容的要点提示

0.4.1 设计依据栏

在“设计依据”栏目中对于拟建项目工程的建设立项文件、建设审批文件、建设标准要求（工艺资料）、设计合同、建设基础资料等均应有明确的标注及说明，文件有名称、批准文号和日期，并要求提供的材料文件切实可靠，有据可查。

参照的主要设计规范及标准应写清完整的名称及版本编号。

0.4.2 设计范围与分工栏

在“设计范围与分工”栏目中应明确设计单位的设计范围及设计内容（应与签订的设计合同书一致），对于项目中的二次设计、景观设计、局部外包设计等应明确具体内容、范围、阶段时间、配合条件等，要求做到工作分工明确、各方责任清楚。

0.4.3 项目概况栏

在“项目概况”栏目中应能总体反映拟建项目的基本情况（如建设地点、建设规模、建设用地总建筑面积、各单项面积、建筑高度、层数、工程类别、等级等全貌），对于幢号数量较多的项目宜编制“建筑特征表”以便更清晰完整地反映项目的全貌。

0.4.4 5～10栏目中的材料标准要求

在这六个栏目中，对拟建项目不同建筑的各个部分（如墙体、屋面、防水门窗、幕墙、内外装修、电梯、自动扶梯）具体使用的材料、设备的技术性能及质量标准都应有明确具体的定量定级的要求，设计说明中对材料及设备的要求应该成为工程建设过程中施工单位选购材料设备的基本要求，若有较大变化时，应经过设计单位确认许可。特别是对于一些常用的具有多种等级、价格差异较大、涉及建筑技术性能与质量的材料及设备，必须明确设计的选用标准及要求。该部分说明是拟建项目在文字上的全面概括，其内容与其他图纸、材料做法表、对照表、门窗统计表、檐口大样、节点详图等图纸上的内容应一致。

0.4.5 选用图集栏

在说明中除了对“设计依据”栏中主要选用的规范、标准进行说明之外，对施工图中所引用的标准图集等资料，也应有明确的标注，应写清图集名称、编号及编制单位，便于施工单位查找使用；在项目建设过程中对施工单位及外包单位应该执行的技术规程或规范宜有明确的提示说明，这样能使施工及外包单位严格执行规程，保证建筑质量。

1 设计依据

1.1 分类

设计依据文件按类别可分为三类：

1. 项目建设的立项许可及建设审批文件——项目立项的批准文件，规划意见书，人防、消防审批文件（后期的用地规划及建设工程规划许可证）。

2. 项目合作及工程建设需要的文件——工程设计合同、设计要求或任务书、经双方确认的"施工图设计输入条件"文件、市政设施条件基础资料、场地勘探报告、地形图等。

3. 项目设计依据的主要规范、标准及规程——除了应包括所设计的建筑特有的（如办公建筑、学校建筑、住宅建筑、洁净厂房、剧场、图书馆等）规范及标准之外，一般项目会有下列内容：

（1）《民用建筑设计统一标准》 GB 50352

（2）《无障碍设计规范》 GB 50763

（3）《坡屋面工程技术规范》 GB 50693

（4）《屋面工程技术规范》 GB 50345

（5）《建筑地面设计规范》 GB 50037

（6）《建筑内部装修设计防火规范》 GB 50222

（7）《民用建筑隔声设计规范》 GB 50118

（8）《建筑采光设计标准》 GB/T 50033

（9）《民用建筑工程室内环境污染控制规范》 GB 50305

（10）《建筑设计防火规范》 GB 50016

（11）有地下车库时：

《车库建筑设计规范》 JGJ 100

《汽车库、修车库、停车场设计防火规范》 GB 50067

《地下工程防水技术规范》 GB 50108

（12）有人防工程时：

《人民防空地下室设计规范》 GB 50038

《人民防空工程设计防火规范》 GB 50098

（13）节能标准

（A）按建筑性质选定地方标准：

北京市地方标准《居住建筑节能设计标准》（节能 75%） DB 11/891

《公共建筑节能设计标准》（节能 60% 以上） DB 11/687

（注：一般工程以执行地方标准为主，当无地方标准时可参照国家标准。）

（B）国家、行业节能标准：

《严寒和寒冷地区居住建筑节能设计标准》（节能 65%） JGJ 26

《公共建筑节能设计标准》（节能 60% 以上） GB 50189

（14）绿色建筑评价：

北京市地方标准《绿色建筑设计标准》 DB 11/T 825

《绿色建筑评价标准》 GB/T 50378

（15）雨水控制与利用：

《雨水控制与利用工程设计规范》 DB/685

设计依据栏目中应主要列出建筑设计中所涉及的针对本项目工程的主要设计规范及标准，与项目有关的验收规范、应用技术规程、管理规定、检验标准、构造做法图集等可以在细部分项（如墙体、门窗等）或选用图集栏目中列出。

1.2 常用的规程、规范、图集

1.2.1 防水混凝土施工缝、后浇带，穿墙管留洞、坑槽等

《地下防水工程质量验收规范》 GB 50208

1.2.2 门窗、幕墙、玻璃选用

《建筑安全玻璃管理规定》发改运行〔2003〕2116 号

《建筑玻璃应用技术规程》 JGJ 113

1.2.3 金属、石材及玻璃幕墙

《金属与石材幕墙工程技术规范》 JGJ 133

《建筑幕墙》 GB/T 21086

《玻璃幕墙工程技术规范》 JGJ 102

《玻璃幕墙工程质量检验标准》 JGJ/T 139

1.2.4 墙体结构（国标图集）

《框架结构填充小型空心砌块墙体建筑构造》 05J 102-2

《混凝土小型空山砌块墙体建筑构造》 05J 102-1

《蒸压加气混凝土砌块建筑构造》 03J 104

《砖墙建筑构造》（烧结多孔砖、普通砖、蒸化砖） 04J 101

《轻钢龙骨内隔墙》 03J 111-1

《轻质条板内隔墙》 03J 113

2 设计范围及分工

2.1 栏目说明

设计说明中应明确本单位的设计范围及设计内容（应与设计合同一致），对于甲方另外委托的二次设计应有详尽的说明，做到设计分工明确，设计范围、内容清楚。

2.2 主要内容

1. 本单位设计范围及内容

地块内各幢号的土建设计（含建筑、结构、上下水、暖通空调、强弱电），场地总平面设计，室外综合管网设计。

2. 甲方另行委托二次设计

如景观设计、精装修设计、幕墙设计、照明设计等由甲方另行委托有资质的单位进行二次设计，本单位应与二次设计单位沟通，协调配合。

3 项目概况

3.1 栏目说明

说明应能总体反映拟建项目的基本情况（如建设地点、建设用地、建设规模、总建筑面积、各单项面积、层数、高度、工程类别、技术经济指标等），对于幢号较多的项目宜编制“建筑特征表”，以便更清晰完整地反映项目的全貌。

3.2 主要内容

（1）项目工程名称，承建单位，建设地点（四边毗邻道路、单位名称），分期建设状况，项目设计规模、等级，主要技术经济指标，总用地面积，建设用地面积，总建筑面积（地上、地下分述），建筑基底面积，建筑密度，容积率，建筑层数（地上、地下分述）、高度，建筑结构形式，结构类别，使用年限，抗震设防烈度，防火设计的建筑分类（仅限于高层），地上、地下部分耐火等级。

（2）人防工程的抗力等级及防化等级，战时用途及平时用途，平战转换说明。

（3）地块内机动车停车数量（地上、地下分述），非机动车停车数量。

（4）住宅应明确套型和套数（每套的建筑面积、使用面积）。

（5）旅馆应明确客房间数和床位数，医院应明确门诊人次和住院床位数。

建筑特征表　　表 2-3-1

编号	功能	层数（F/B）	檐高（m）	建筑面积（m^2）	结构类别/使用年限	结构形式	抗震设防烈度	耐火等级（地上/地下）	备注

4 设计标高、建筑坐标及定位

4.1 栏目说明

应明确说明设计采用何种高程系统及坐标系统，应明确说明放线定位时图中标注的建筑角坐标的准确含义（角坐标为建筑外墙轴线的交点、角坐标为建筑结构外皮之交点、角坐标为建筑外保温外皮之交点等三种情况）。

当新建筑紧靠原有建筑建设时，也可以按设计建筑与原有建筑的相对位置及关系尺寸来定位。

4.2 示例

（1）本工程高程采用 ______ 高程系统；坐标采用 ______ 坐标系统；

（2）本工程所注场地坐标为征地红线折点（钉桩）坐标；

（3）建筑角坐标为建筑外墙 ______ 交点之坐标；

（4）本工程建筑各层标注标高为建筑完成面标高，屋面标高为结构顶面标高；

（5）本工程标高以米（m）为单位，总平面尺寸以米（m）为单位，其他尺寸以毫米（mm）为单位。

5 墙体工程

5.1 栏目说明

应说明墙体各部分(外墙、内墙、地上、地下)材料的等级、容量、抗压强度等技术性能，对怕湿材料施工时的处理措施，墙体构造柱、墙垛的技术措施，轻隔墙地面无基础时元宝基础的做法，墙体(楼板)上的留洞、竖井等部分施工时的做法及技术措施应有说明，并明确选用(执行)的墙体材料、建筑构造图集的名称及编号。

5.2 示例

一、墙身及砌体

(1)结构形式外墙

本工程为框架结构，外墙干挂250mm厚花岗岩板幕墙，外保温粘贴90mm厚复合岩棉板。

(2)框架填充墙

外墙框架填充墙采用300mm厚06级加气混凝土砌块，抗压强度≥35MPa。

(3)地上内墙

内墙采用100～200mm厚06级加气混凝土砌块，潮湿淋水墙体采用混凝土空心砌块。

(4)地下内外墙

地下室内隔墙采用200mm厚混凝土空心砌块，地下防火墙为240mm厚轻质混凝土砌块耐火极限大于等于3.0h，地下室外墙为钢筋混凝土自防水抗渗墙体。

(5)墙体定位

墙体定位如未注明，均为轴线居中或与混凝土结构墙体或柱边取平。

(6)潮湿墙体墙根抹灰

潮湿淋水房间墙体根部宜先浇筑C15素混凝土槛，高200mm，与墙同厚，潮湿淋水一侧墙体抹灰宜为水泥砂浆。

二、构造柱及墙垛

(1)单片墙

单片墙端头一律设构造柱。

(2)小墙垛

图中未注明尺寸的墙垛均为100mm(或200mm)，结构墙体上

≤200mm 的垛为素混凝土配筋 2 ϕ 6mm，伸出 60mm（或 150mm），间距 200mm。

三、元宝基础

非承重墙一般应做元宝基础。上底宽 500mm，基础为 C15 或 C20 素混凝土；下底宽 300～500mm，高 300mm。

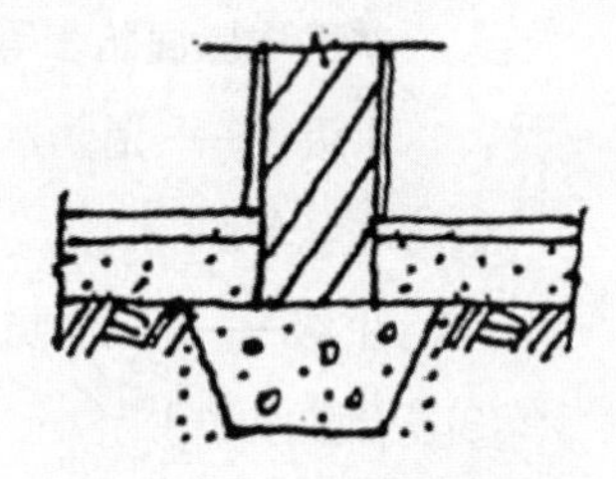

图 2-5-1 元宝基础示意图

四、留洞

（1）墙体、楼板

墙体及砌体上的预留孔洞及埋件应在施工时预留，不得事后剔凿；楼板上的预留孔洞要求位置正确，严禁剔凿、断筋；空调管应预留套管，并用 C20 细石混凝土浇灌密实。

（2）预留孔洞

砌筑墙体上预留孔洞见建筑及设备图，钢筋混凝墙上留洞见结构及设备图。

五、竖井

所有室内竖井外壁均应在管道安装完成后砌筑，竖井内楼面在管边安装后用 C20 细石混凝土层层封堵。带检修门的管井门口处宜做高 100mm（高度同踢脚）挡水门槛。

6 防水工程

6.1 栏目说明

本栏目对建筑各个部位的防水做法集中、分部描述，这样的编排对工程防水做法全貌比较完整、清楚，强调突出了设计的完整性、统一性。各部分防水描述应说明设计等级（使用年限），采用材料的名称、厚度、层数并应强调说明施工中应特别注意和遵守的基本要求和技术措施。

6.2 示例

一、屋面防水

（1）防水等级（防水做法）

[按新版《屋面工程技术规范》GB 50345—2012，无使用年限屋面（种植屋面有年限）防水等级分为Ⅰ级、Ⅱ级。]

本工程屋面防水等级为：

Ⅰ级——一道防水层设防（①两道卷材防水层；②卷材＋涂膜；③复合防水层）

Ⅱ级——一道防水层设防（①卷材防水层；②涂膜防水层；③复合防水层）

（2）形式材料

本工程屋面采用倒置式（或正置式）平屋面（上人铺地砖，不上人铺细石混凝土）；

采用彩式水泥瓦（或钢挂瓦条、木挂瓦条）坡屋面；

防水层——选用（3mm＋3mm）高聚物改性沥青Ⅱ型防水层；

保温层——选用 60mm 厚 SF 憎水膨胀珍珠岩保温砂浆。

（3）雨水管

屋面雨水管为内排水（或外排水），采用ϕ120mm 钢管（或 PVC 管），内径不得小于 100mm。屋面雨水口位置、排水坡度详见屋顶平面图。

高低跨屋面相接时，高跨屋面雨水管出口处应铺设 500mm×500mm×60mm 混凝土预制板或预制混凝土水簸箕保护层。

（4）技术措施

屋面柔性防水层在搭接处应加强，女儿墙和突出屋面的结构的交接处应做泛水，上翻高度≥250mm。屋面转角处、檐沟、天沟、直式或横式水落口周围及屋面设备下部位置均应附加增强层（涂膜加聚酯无纺布或化纤无纺布）。

出屋面管道或泛水以下穿墙管，安装后用细石混凝土封严，管根四周与找平层及刚性防水层之间留凹槽嵌填密封材料，管道四周的找平层加大排水坡度并增设柔性防水附加层与防水层固定密封。水落口周围直径范围 500mm 内坡度不小于 5%。

（5）屋面留缝

配筋细石混凝土保护层与女儿墙、山墙交接处留缝宽 20mm。嵌填合成高分子密封材料；板中分格缝间距≤6m，宽 20mm。钢筋网片断开，缝内嵌填合成高分子密封材料。

屋面选用浆料保温层或块料保温层时均需设缝，具体做法详见选用的图集。

二、墙身防潮

（1）位置、做法

除设有钢筋混凝土地梁外，其他砌块墙身防潮层设于 -0.06m 处，做法为 20mm 厚 1：2.5 防水砂浆（加 3%～5% 防水剂）。

（2）垂直面

防潮层低于室外地面时，低于室外地面的垂直面均应加做防水砂浆防潮层。

三、楼层防水

（1）三种做法

卫生间、厨房操作间等潮湿房间防水楼、地面做法有三种：① 1.5mm 厚聚氨酯涂膜防水层，分两次抹；②铺 0.7mm 厚聚乙烯丙纶防水卷材，用 1.3mm 厚胶粘剂粘贴；③刷 1.5mm 厚聚合物水泥基涂料防水层。

防水层沿墙上翻，高出地面 300mm，厨房操作间、沐浴间等淋水面高出地面 1800mm（墙体抹灰用防水砂浆或加做防水涂膜层）。

（2）标高、坡度

有地漏做防水楼面的房间，门口标高均比楼层标高低 20mm（无障碍时为 15mm），楼地面找坡坡向地漏，坡度为 0.5%～10%。

（3）穿楼面措施

上述房间当管道穿过楼地面时，必须预埋套管，高出地面 50mm。套管周边 200mm 范围内加涂 1.5mm 厚防水涂膜加强层；地漏周围、穿楼面（墙面）管道及预埋件周围与找平层之间预留 10mm 宽、7mm 深的凹槽，并嵌填密封材料。

（4）排风烟道

排风排烟道洞边做混凝土坎边，高 100mm，宽同墙体。

四、地下防水

（1）做法说明

地下工程外防水做法，墙身部分（从外到内）为 500～800mm 厚，2：8 灰土（或 3：7）回填，60mm 厚聚苯板 B1 保护（保温）层，柔性防水卷材，抗渗钢筋混凝土结构墙体；底板（从下往上）为夯实素土、100mm 厚 C15 混凝土垫层，柔性卷材防水层，隔离层，50mm 厚细石混凝土卷材保护层，钢筋混凝土抗渗结构底板；顶板（从下往上）为抗渗钢筋混凝土结构顶板，挤塑板保温层（覆土≥800mm 可不设），卷材防水层，隔离层，50～70mm 厚 C20 细石混凝土板保护层。

地下室四边及上、下六个面构成一个密封体，地下室的每个面都不允许漏水。对于地下部分每个面的做法、节点及选用图集均应有明确的表达。

（2）执行规范

地下防水工程执行《地下工程防水技术规范》GB 50108 的相关规定。地下防水混凝土建筑构造做法（如施工缝、穿墙管道留洞、坑槽、后浇带、变形缝等）应按《地下防水工程质量验收规范》GB 50208 处理。

（3）绝对标高常年水位

本工程地下室为钢筋混凝土结构。地下 ______ 层绝对标高为 ______。

工程场地常年最高地下水位为 ______。

（4）防水等级

本工程地下室设计防水等级为Ⅰ级（或Ⅱ级），两道防水设防（或一道防水设防），钢筋混凝土外墙结构自防水，设计抗渗等级为 P6（或 P8、P10、P12），试配标号应比设计高 0.2MPa。

（5）防水层

混凝土外墙外采用柔性卷材防水层两道、（4mm+3mm）高聚物改性沥青卷材防水层。

（6）保护层

在卷材防水层外粘贴 60mm 厚模塑聚苯板 B1 级（或 B1 级挤塑板），四周 500～800mm 范围内用 2：8 灰土分层夯实，每步≤300mm。

（7）施工缝

地下室底板、墙身及顶板的防水做法详见墙身大样图。

（8）后浇带、变形缝

按《地下工程防水技术规范》GB 50108 表 3.3.1 选用。

7 屋面工程

7.1 栏目说明

屋面工程中的“防水”及“保温”两项分别在“防水工程”及“节能设计”两个栏目中详细说明。本栏目说明主要应简要、全面地表达屋面工程总体设计情况，并明确工程设计、施工执行的规范。

7.2 示例

（1）执行规范

屋面工程设计、施工执行规范：《屋面工程技术规范》GB 50345—2012；《屋面工程质量验收规范》GB 50207—2012。

（2）防水等级

本工程屋面防水等级为Ⅰ级（或Ⅱ级），两道防水层设防（或一道防水层设防）。

（3）形式

本工程采用倒置式（或正置式）平屋面（或坡屋面、种植屋面、全屋屋面）。

（4）防水、保温

防水层选用（3mm+3mm）高聚物改性沥青防水卷材（Ⅱ型）。

保温层选用 ______ 厚 SF 憎水膨胀珍珠岩保温砂浆（或 ______ 厚 B1 级挤塑板、B1 级硬泡聚氨酯板及泡沫玻璃板 A 级）。

（5）做法标注

屋面排水、屋面各总部分做法、屋面设备基础防水构造详见屋顶平面图。

8 门窗、幕墙

8.1 栏目说明

应说明选用门窗的颜色、具体材质（金属、PVC、木质等）及基本物理性能（防火、保温、透光等），对特殊功能的门窗（如人防工程、防火门等）应写清耐火等级及防爆性能等级。

8.2 示例

一、外窗

（1）外窗选用

本工程外窗选用氟碳喷涂深灰色 PA 断桥铝合金 Low-E 中空玻璃（6+12A+6）节能窗，外窗开启形式详见立面图及门窗表，开启扇处设置纱扇，室内设活动遮光帘。

（2）编号、尺寸

门窗编号及尺寸详见门窗统计表、门窗大样中的尺寸均表示洞口尺寸，门窗的加工尺寸须按照外墙装修面层的厚度由厂方调整。

（3）门窗立樘

外门窗立樘详见墙身大样，内门窗立樘除另有标注外，一般居墙中，管道竖井门设门槛，高度同墙踢脚。

（4）物理性能

北京地区建筑外窗的物理性能一般可以按以下值选取。

①外窗的保温性能

节能 75% 的住宅，K=1.8～2.0w/（m^2·k）；节能 60% 以上时，甲类公建 K=1.4～3.0w/（m^2·k），乙类公建 K=1.3～2.7w/（m^2·k）。

②外窗的气密性能

节能 75% 的住宅不小于 7 级（q_1≤1.0，q_2≤3.0）；节能 60% 以上时，50m 以下公建不小于 6 级（q_1≤1.5，q_2≤4.5），50m 以上公建不小于 7 级。

③外窗的抗风压性能

高层不小于5级（3.0kPa≤P_3＜3.5kPa），多层不小于4级（2.5kPa≤P_3＜3.0kPa）。

④外窗的空气隔声性能

一般不低于 3 级（30dB≤R_W＜35dB），较高标准时 4 级。

⑤外窗的水密性能

一般不低于 3 级（250Pa≤ΔP＜350Pa）。

（5）门窗玻璃

玻璃品种详见门窗表。厚度应满足抗风压性能及安全要求，执行《建筑玻璃应用技术规程》JGJ 113—2015 标准及《建筑安全玻璃管理规定》发改运行〔2003〕2116 号，当单块面积＞1.5m^2、距地安装高度低于 0.8m 时，均应采用安全玻璃。

二、内外门

（1）做法说明

对工程设计所选用的外门的形式、材质（如不锈钢框玻璃门、钢化玻璃门、铝合金门、不锈钢自动转门、住宅单元防盗门），防火墙上的防火门、卷帘门，防火墙两侧有防火要求的窗，疏散楼梯间及前室的门的防火等级、材质、耐火极限等应明确说明，对防火墙上的防火门、楼梯间及前室的防火门要强调加设自动闭门器。对地下（地上）设备间、控制室及一般房间的门应有简要说明。

（2）外门、防火墙

本工程主入口外门选用直径______米不锈钢自动转门，其他外门为不锈钢玻璃门。防火分区分隔墙上为甲级防火门及特级防火卷帘（无机复合帘），耐火极限时间≥3h。

（3）楼梯间、前室门

疏散楼梯间及前室为带玻璃条乙级防火门。

（4）加闭门口

防火分区的分隔门、楼梯间及前室的防火门均应加设自动闭门器。

（5）内门

一般房间门为装饰门，特殊功能房间门详见各单体建筑门窗统计表。

（6）设备用房门

通风及空调机房和变配电室开向建筑内的门应为甲级防火门，消防控制室和其他设备用房开向建筑内的门应为乙级防火门。

地下室人防消防控制室、消防水泵房、排烟机房、灭火剂储瓶间、变配电室、通信机房、通风和空调机房及可燃物存量超30kg/m^2的房间，其门均应为甲级防火门。

（7）竖井检修门

竖井检修门为丙级防火门并加做门槛（同踢脚高），防烟楼梯间、消防电梯间前室内门应提高一级。

三、幕墙

（1）做法说明

幕墙工程属于专业公司二次设计项目，栏目需明确幕墙工程应执行的规范及幕墙玻璃的要求，最终的幕墙设计图纸应征得建筑设计者的确认。

（2）幕墙工程执行规范

幕墙工程的设计、制作和安装应执行：《建筑幕墙》GB/T 21086—2007、《玻璃幕墙工程技术规范》JGJ 102—2003、《金属与石材幕墙工程技术规范》JGJ 133。

（3）幕墙玻璃执行规范

幕墙玻璃部分应执行：《建筑玻璃应用技术规程》JGJ 113—2015、《建筑安全玻璃管理规定》发改运行〔2003〕2116。

（4）建筑立面设计

幕墙立面图仅表示立面形式、分格、开启方式、颜色和材质的设计要求，具体细节构造设计由幕墙设计单位负责。

幕墙工程应满足防火墙两侧、窗间墙、窗槛墙的防火要求，同时应满足外围护结构的各项物理、力学性能。

（5）幕墙选用、分格

不论是玻璃幕墙还是金属或石材幕墙应首选单元式（有排水系统设计，工厂预制等）。

幕墙的立面分格应注意立柱分格与平面隔墙位置相对应；横梁分格与楼板分层位置相对应。

（6）物理性能

玻璃幕墙的气密性能应不低于《建筑幕墙》GB/T 21086 中规定的 3 级。玻璃幕墙的其他物理性能要求同门窗。

9 内装修、油漆

9.1 内装修栏目说明

说明应明确内装修工程所执行的规范及规程，对所设计项目各部分各种类别的房间及主要公共空间内装修所采用的材料、做法、厚度宜作简要、全面的说明，对重点特殊部分宜作重点说明。

9.2 内装修示例

（1）执行规范

本项目内装修工程执行《建筑内部装修设计防火规范》GB 50222—2017、《建筑地面设计规范》GB 50037—2013。

（2）建筑做法厚度

本工程一般楼面建筑做法厚度为 ______。卫生间等有水房间做法厚度为 ______。

厨房操作间（有地沟）做法厚度为 ______。楼梯梯段踏步，平台厚度为 ______。

（贴面砖时留 40mm，贴大理石板时留 50mm）。

（3）对二次精装的要求

在二次精装修时，被改动的隔墙、内门或窗必须符合原建筑设计对防火、隔声等功能的要求。

（4）详细做法

本工程每个幢号建筑室内各部位及房间的详细具体做法，详见各幢号做法对照表，一般房间及主要部位做法如下：

主入口、门厅、大厅——花岗岩地面、大理石墙、艺术吊顶（详见二次精装修要求）；

办公、会议——地砖楼地面、乳胶漆墙面、石膏板吊顶；

公共卫生间——防滑地砖地面、瓷砖墙面、金属板吊顶；

楼梯间、前室——地砖地面（梯段）、涂料墙面及顶棚。

（5）材料确认

装修选用的材料由施工单位制作样板，经确认后封样，并据此进行验收。

9.3 油漆栏目说明

现场油漆工程所涉及的内外门、钢栏杆、木扶手等应明确其颜色、品种及做法，并强调对露明的金属构件加刷防锈漆两道后再做外层油漆，对有特殊功能要求（如防火、防腐蚀）的部分应有明确说明。

9.4 油漆示例

（1）室内外露明金属体均刷防锈漆两道后再做设计要求的面漆。

（2）所有预埋的木砖及木料均需经环保型防腐涂料处理。

（3）本工程室内楼梯栏杆为黑色调和漆，木扶手为本色硝基清漆；室外栏杆为深灰色氟碳漆、环氧漆打底（适应潮湿空气）。

（4）各种油漆涂料均由施工单位制作样板，经确认后封样，并据此验收核对。

一般室内（外）油漆有：丙烯酸漆、聚氨酯漆、氟碳漆、氯化橡胶漆等。

一般室内木材面漆有：合成树脂乳液涂料、水性醇酸漆、酚醛磁漆（调和漆）、丙烯酸漆、硝基清漆、聚氨酯漆等。

10 外装修、室外工程

10.1 外装修栏目说明

本栏目外装修是指建筑的外皮做法，含建筑的外挑檐、雨篷、室外台阶、坡道、散水等；室外工程是指室外道路（含路面结构、道牙、雨水口）、围墙、入口大门等，室外的上下水管线、供热管线、电力通信管线及其他管线归综合管网。本栏目宜简要说明各部分材料、做法名称，详细具体做法见做法表。

10.2 外装修示例

（1）外墙皮

本工程为框架结构，框架填充墙为______厚06级加气混凝土块（或混凝土空心砌块等），抗压强度≥3.5MPa；外保温采用______厚钢网岩棉板（A级）（或岩棉复合板、玻璃棉复合板等），外皮为30mm厚花岗岩石材幕墙，局部幕墙为金属结构铝板及石材百页片墙面。

（2）入口雨篷

主入口雨篷为钢结构玻璃雨篷（由专业厂家二次设计）。

（3）台阶、坡道、散水

建筑入口台阶、坡道及散水均采用石材。

10.3 室外工程示例

（1）道路路面

室外机动车道选用中粒式沥青混凝土路面（或混凝土整体路面、透水路面、砖路面、花岗石路面等），人行道选用透水砖路面。

（2）道牙

机动车道选用花岗岩立式道牙（或预制C25混凝土成品道牙）。

地块内其他地面铺装及建筑小品详见室外景观二次设计图纸。

11 电梯（自动扶梯）选用

11.1 栏目说明

实际工程中经常出现电梯订货滞后及型号变化的情况，因此对设计选用的电梯类别、性能及施工尺寸应列表详细说明，以适应变化时的核对和选择。

自动扶梯：设计中有自动扶梯时，应说明自动扶梯的倾斜角度、梯级宽度、额定速度、输送能力及护板材料等特征。

11.2 示例

选用电梯性能及尺寸表 表 2-11-1

栋号	类别	编号（每组）	载重（kg）/速度（m/s）	梯井净尺寸（宽×深）(m)	顶层净高（m）/底坑深（m）	厅门尺寸（宽×高）（m）	停站层→层	数量（台）	备注

说明：1 土建施工前必须仔细核对业主最终选定的电梯的规格型号及其对井道、底坑、顶层净高及电梯机房等的尺寸要求，避免因订货变化而引起尺寸差错。

2 表中厅门尺寸为土建预留尺寸，轿厢门净宽＝厅门宽－0.20m，净高＝厅门高－0.10m。

12 无障碍设计

12.1 栏目说明

不同类别的建筑无障碍设计的内容及要求不尽相同，因此在设计说明中首先应说明所设计建筑的类别，再根据规范及行业规定的要求明确无障碍设计的范围及具体内容。

12.2 示例

（1）执行规范

项目工程执行《无障碍设计规范》GB 50763—2012。

（2）室外

园区内的人行道、公共绿地、主要室外通路出入口均应实施无障碍设计，详见二次设计图纸。

（3）建筑内外

本工程属办公（或科研、教育、商业服务楼）建筑，各幢号主入口均设无障碍坡道，入口平台候梯厅、公共走道均满足无障碍通行的要求，楼内电梯设有无障碍设施，各单体内的公共卫生间均设有无障碍专用厕所。

13 消防设计

13.1 栏目说明

本栏目内容应包括室外消防及建筑室内消防两部分。对项目内的每个建筑幢号执行的防火规范中的类别（几类高层，单、多层）分别说明。

（1）室外部分

室外部分应说明室外消防车道的宽度、车道边离建筑的距离，尽端道路回车道尺寸及消防专用场地尺寸、位置，对消防车道经过绿地、硬铺装或有地下管线时采取何种加强措施应加以说明。

（2）室内部分

室内部分对建筑执行的防火规范、防火等级分类（高层时有），建筑檐高、面积，室内是否设置消防自动灭火系统，防火分区划分，每个分区面积（地上，地下），每个分区疏散楼梯数量、性质（开放、封闭、排烟楼梯）、宽度、疏散距离、人数，楼内消防电梯设置等均应详细说明。

13.2 示例

13.2.1 室外消防设计

（1）道路

地块内建筑物周围设有环形消防车道（或建筑物长边均设消防车道），道路离建筑距离为______m（≥5m，<10m），过街楼处车道净高______m（≥4m），道路净宽均≥4m；地块出入口道路转弯半径______m，区内道路半径______m，尽端道路回车道______m；高层消防专用场地（长×宽）______m（建筑高度 H<50m 时为 15m×10m；H>50m 时为 20m×10m）。

区内道路满足消防车通行、回转及消防作业的要求。

（2）消火栓（场地）

室外消火栓（消防专用场地）位置详见室外管网图纸（总平面图）。

（3）局部处理

环形消防车道局部路段遇绿化草皮、硬地铺装或地下管网时，绿化草皮之下，应加做可承受消防车通行的蜂窝状加强结构，地下管网上部地面及铺装地面应有足够的承载力。

13.2.2 室内消防设计

（1）地上层

例一：2号高层办公楼，主楼地上12层，地下1层，建筑檐高46m（H<50m），消防设计执行《建筑设计防火规范》GB 50016—2014（2018年版）。全楼设置自动灭火系统，每个防火分区的允许面积小于3000m²（1500m²×2）。地上部分设计耐火等级为二级，防火分区的划分详见平面图中防火分区示意图。办公楼每层分两个防火分区，每个防火分区内均不少于2个安全出入口，疏散楼梯均直通屋顶，每个防火分区内设有2台消防电梯。

（2）地下层

办公楼地下一层为中型汽车库，停车120辆，设计耐火等级为一级，采用自动灭火系统，每个防火分区允许面积4000m²（2000m²×2），地下汽车库设2个汽车疏散口，每个防火分区设2个人员疏散出入口。

例二：3号会议中心主楼，5层，建筑檐高22m（H<24m），消防设计执行《建筑设计防火规范》GB 50016—2014（2018年版）。本建筑设置自动灭火系统，每个防火分区的允许面积小于5000m²（2500m²×2），地上部分设计耐火等级为二级。本建筑每层为一个防火分区，楼层间设4个封闭楼梯间，总疏散宽度为6m。

例三：5号高层单元式住宅楼，地上18层，地下2层，建筑檐高52m（H<54m），消防设计执行《建筑设计防火规范》GB 50016—2014（2018年版）。每个防火分区允许面积不大于1500m²。地上部分设计耐火等级为二级，每个单元住宅防火分区面积为______m²，每单元设1个封闭楼梯间，楼梯直通屋顶，电梯为消防电梯；单元户门为甲级防火门；上、下窗槛墙为1.2m，靠外墙楼梯间、前室外墙上的窗口与两侧门窗洞口的水平距均>1.0m（楼梯间、单元之间水平距离应≥1.0m，户内房间之间无距离要求）。

14 围护结构节能设计

14.1 栏目说明

首先应说明在建项目所属的气候分区（如严寒、寒冷、夏热冬冷等），建筑的属性（如公建、居住），执行的建筑节能设计标准（无地方标准时，可执行国家或行业标准）；其次说明设计建筑的体形系数 S

（居住建筑不同层数对 S 值有不同的限值），建筑东、西、南、北四个单一朝向外墙的窗墙面积比 M（公建外墙 M 限值≤0.70，屋面天窗限值甲类 M≤0.30，乙类 M≤0.20，居住建筑不同朝向外墙的 M 限值也不同）。按照不同的体形系数 S 及外墙和屋顶的 M 值，才能确定所设计建筑各个部位热工设计对传热系数 K 的限值（居住建筑执行节能 75% 的标准后，外墙面和屋面提出了平均传热系数和主断面传热系数的区别，对公共建筑框架填充墙应作加权计算）。

在按序描述各个部位热工设计性能时应先明确节能设计标准的限值，然后再说明设计所选用的材料、做法、厚度及可达到的设计 K 值。最后对建筑梁、柱、女儿墙、挑檐等热桥部位，门窗框与洞口的保温封堵，变形缝保温构造，外窗（幕墙）可开启面积等均加以说明。

对设计所选用的保温材料及墙体材料的热工性能宜统一列表说明。

14.2 示例

（以北京地区某工程为例。该项目节能设计执行《公共建筑节能设计标准》DB 11/687—2015。）

2 号办公楼节能设计说明：

（1）项目工程地处寒冷地区，办公楼节能设计执行北京市《公共建筑节能设计标准》DB 11/687—2015，节能 60% 以上（住宅执行北京市《居住建筑节能设计标准》DB 11/891—2012，节能 75%），本项目属甲类公建。

（2）2 号办公楼 12 层、建筑面积 15000m^2，体形系数 S=0.28（≤0.30 档），建筑单一朝向窗墙比 M 分别为东______、西______、南______、北______，均<0.50（取≤0.50 档），屋顶无透明部分。

（3）外窗。当体形系数 S=0.28（≤0.30）、各朝向窗墙比 M 均≤0.50 时，标准要求 K≤2.0、$SHGC$>0.40。本工程外窗选用 PA 断桥铝合金 Low-E 中空玻璃（6+12A+6）节能窗，其 K=2.0，遮阳系数 $SHGC$=0.45，外窗气密性不小于 7 级。

（4）屋面。标准要求平均传热系数 K≤0.40。

2 号办公楼屋面为倒置式架空平屋面，保温层选用______厚 B_1 级挤塑板（0.029×1.15）[B_1 级硬泡聚氨酯板（0.025×1.15）、A 级泡沫玻璃板（V0.054×1.15）、SF 憎水膨胀珍珠岩保温浆料（0.054×1.15）]。屋面平均传热系数 K=______。

（5）外墙。标准要求平均传热系数 K≤0.45。

2 号办公楼为框架剪力墙结构，框架填充墙采用______厚

______级加气混凝土砌块，抗压强度≥3.5kPa，采用外墙外保温系统。砌块墙外粘贴______厚钢网岩棉板（0.04×1.15）[钢网玻璃纤维板（0.035×1.15）、增强无机粒装棉板（0.04×1.15）、纤维膨胀珍珠岩板（0.048×1.15）、无机发泡保温板（0.054×1.15）、泡沫水泥板（0.048×1.15）、泡沫玻璃板（0.047×1.05）、超细无机纤维（幕墙内）（0.035×1.15）]。

200mm厚钢筋混凝土墙上粘贴______厚______板（厚度及材料宜同大墙面）。外墙综合平均传热系数 K=______。

（6）架空、外挑楼板。标准要求 K≤0.45。接触室外空气的架空楼板，底面喷______厚超细无机纤维保温层，面层加保护膜。K=______。

（7）采暖与非采暖隔墙。标准要求 K≤1.50。采暖与非采暖隔墙（材料、厚度说明）加抹______厚保温浆料SF憎水膨珠浆料（0.052×1.10）[膨胀玻化微珠（0.07×1.10）、A_2级胶粉聚苯颗粒（0.059×1.10）]。

（8）与供暖相邻的非供暖地下车库顶板。标准要求 K≤0.50。做法可为超细无机纤维保温层，面层加保护膜，也可在楼板上加保温层。

（9）非透光外门。标准要求 K≤3.00，K=______。

（10）变形缝。两侧墙做内保温时标准要求 K≤0.60。缝宽＜200mm时，缝内满填时选“缝2”做法，随施工逐层填入；缝宽＞200mm时，缝边两侧墙做内保温（材料、厚度），K=______。

（11）地下室墙基、窗井处外保温。

采暖地下室外墙：外墙外皮粘贴60mm厚模塑聚苯板保温（保护）层。

采暖地下室窗井处：主墙体外抹40mm厚不燃保温浆料或贴保温板。

不燃保温浆料有膨胀玻化微珠浆料、憎水膨胀珍珠岩砂浆、A级胶粉橡胶颗粒。

（12）无地下室时墙基保温。北京地区地面至地下800mm深粘贴60mm厚聚苯板。严寒和寒冷地区在《居住建筑节能设计标准中》对地下室外墙及周边地面保温材料的热阻值 R 有一定的要求。设计时应按不同地区、不同热阻值来确定保温材料的厚度（墙身一般用EPS板，地面一般用XPS板）。

（13）建筑节能除了满足上述各项要求之外，各个幢号的设计、施工还应满足以下各条要求：

①开启面积：外窗的实际可开启面积不应小于同朝向外墙总面积的5%，幕墙实际可开启面积不应小于同朝向幕墙总面积的5%（在国家标准中，外窗的可开启面积不应小于窗面积的30%；幕墙应有可开启部分或设有通风换气装置）。

② M＜0.40时：当单一朝向的窗墙比 M＜0.40时，此处窗玻璃的可

见光透射比应≥0.40。

③入口门斗：人员出入频繁的北、东、西向外门应设门斗或防冷风进入设施。

④缝隙、滴水线：建筑施工时，外门窗框与墙体之间的缝隙应采用发泡聚氨酯高效保温材料填实，不得采用水泥砂浆补缝，其洞口周边缝隙内外两侧用硅酮系列建筑密封胶，门窗上口均应做滴水线。

⑤热桥、窗口：外墙出挑构件及附墙部件（如阳台、雨罩、室外机搁板、附壁柱、凸窗、装饰线等）均应采取隔断热桥和保温措施，窗口外侧也有保温措施。

14.3 保温材料热工性能指标

本工程选用保温材料的热工性能指标　　表 2-14-1

墙体材料	导热系数 λ [W/（m·k）]	密度（kg/m^3）	燃烧性能	使用部位
模塑聚苯板（EPS）	≤0.042	18～22	B_1（阻燃）	地下外墙保温（保护）
超细无机纤维	≤0.035	>38	A（不燃）	地下室顶板，外挑板
SF 憎水膨胀珍珠岩保温浆料	≤0.054	250	A	屋面
06 级加气混凝土块	≤0.19	625	A	框架填充墙
300 厚钢筋混凝土墙	≤1.74	2500	A	地下室结构外墙

15 人防设计

15.1 栏目说明

人防工程需单独上报审批，其设计说明内容宜独立、完整，其内容一般包括：

（1）编制依据文件（当地人防办审批意见）。

（2）设计项目概况（建筑性质、结构形式、建筑面积、地上及地下层数）。

（3）人防工程地下层位置，平时及战时用途及人防等级、类别，设计抗力等级及防化等级（专业队、一等人员掩蔽部为乙级；二等人员掩蔽为丙级；人防物资库、汽车库为丁级），人防工程总建筑面积（人员掩蔽部应明确掩蔽人数及面积，车库应明确停车数量)，防护单元及防爆单元划分数量，每个防护单元面积、每个防护单元出入口数量及通风口设置情况，主、次出入口防毒通道、洗消间、简易洗消，密闭通道设置及防护密闭门。密闭门的设置及集水坑位置、尺寸宜统一说明。

(4)室内装修的简要说明。

(5)对人防工程的平时和战时转换应予以详细说明(参见北京市地方标准《平战结合人民防空工程设计规范》DB 11/994—2013)。

15.2 示例

(1)依据文件

本工程按人防办文件 _____ (名称、文号、日期)进行建筑施工图设计。

(2)建筑结构

本工程为综合办公楼，结构形式为框架剪力墙结构，地上12层、地下2层，总建筑面积 _____m^2，其中地上 _____m^2，地下 _____m^2。

(3)位置、功能、类别、等级

人防工程位于地下二层(地下一层为商业、餐厅、机电辅助用房)，人防工程平时为汽车库，战时为物资库，设计抗力等级甲类，核6级防化等级为丁级，停放机动车 _____ 辆。

(4)面积、出入口

人防工程总面积 _______m^2。

防护单元有1个室外出入口，1个室内次出入口。

(5)出入口设置竖井、集水坑

室外出入口及室内出入口处设有1道防护密闭门，1道密闭门，之间为密闭通道，坡道入口处设洗消污水集水坑(平时为车道集水坑)。进风竖井(平时为排风竖井)兼室外备用垂直物资运输口。

(6)室内装修

室内顶棚、墙面刮耐水腻子两道或补平修整后刷素水泥浆。

(7)平战转换

平战转换应对外窗、单元分隔墙及外部出入口需封堵部位进行说明。

16 选用图集

16.1 栏目说明

施工图中选用何种标准图集，应根据不同地区的具体情况而定，应合理选用当地常用及习惯的图集。

16.2 主要内容

（1）对当地有较成熟和齐全图集的地区，如北京及周边地区，宜直接选用华北标办编制的华北标 BJ 系列图集建筑构造通用图集，其构造做法配套齐全并不断变更改进。

（2）内蒙古、天津、河北、山西、河南等地共同编制的五省市通用图集《05 系列工程建设标准设计图集》DBJT19—20—2005，对节能及相应配套缺少详图，此时可采用国标图集补充，但宜征得当地建设部门的确认和同意。

（3）有些地区结合当地材料及工程习惯做法，有专门图集并指定必须采用，此时，可根据情况合理选用。

（4）对无标准图集的地区或虽有当地图集但不够齐全的地区宜统一采用国家标准图集。

（5）选用图集应明确列出图名、编号及编制单位，便于各方查找，一项工程中宜只采用一种通用标准图集（或以某种图集为主），个别构造缺少时可补充其他标准图集。

17 施工配合及特殊说明

17.1 栏目说明

对于施工过程中必须共同配合及特别注意的问题需加以说明，包括材料的选择及确定、施工中矛盾问题的处理、工程设计与二次精装设计的合理交接等内容。

17.2 主要内容

（1）外装修材料

建筑外装修材料的材质、颜色、规格等需通过样品的选择和制作局部样板后由甲方、设计方共同商议确定。

（2）内装修材料

室内装修涉及材料规格、品种、颜色等问题时，宜与甲方、设计方商议后再确定。

（3）图纸差错与矛盾

工程施工过程中，若发现不同专业图纸之间相互矛盾，应及时与设计方联系解决，不得未经统一协调就擅自施工。

（4）与二次设计交接

对于需要二次精装设计的部分，施工做到一定部位而止，为精装留出做法厚度，栏目中应明确说明地面、楼面、墙面、顶棚各做法中施工做至哪一层，余留精装的厚度（高度）。

（5）二次设计沟通与确认

当与二次设计单位配合时，宜强调说明需互相配合、及时沟通，并强调最后的审核及确认。

18 绿色建筑专篇

18.1 栏目说明

新版《绿色建筑评价标准》GB/T 50378—2019 适用于各类民用建筑绿色性能的评价，包括公共建筑和住宅建筑。标准以“四节一环保”为基本约束，以“以人为本”为核心要求，对建筑的安全耐久、健康舒适、生活便利、资源节约、环境宜居等五项指标进行综合评价。每项指标都含有基本项及评分项，评价体系还统一设置了加分项。绿色建筑的划分可分为基本级、一星级、二星级、三星级四个等级。满足全部控制项要求时，绿色建筑等级为基本级；当总得分分别达到 60 分、70 分、85 分且满足相关技术要求时，绿色建筑的等级分别为一星级、二星级、三星级。

18.2 主要内容

（1）首先宜说明绿色建筑评价的具体对象及范围（如某单体建筑或建筑群；评价场地范围边界线）。

（2）对单项建筑进行评价时，内容涉及工程项目总体要求时（如容积率、绿地率、雨水年径总流量控制等指标），应根据项目总体指标控制。

（3）对建筑群进行评价时，先用本标准评分项和加分项对各单体建筑进行评价，得各单体总得分。再按各单体建筑面积进行加权计算后才得建筑群总得分，按此确定建筑群的绿色建筑等级。

（建筑群是指位置毗邻、功能相同、权属相同、技术体系相同或相近的两个及两个以上单体建筑组成的群体。）

（4）按评价标准中的4（安全耐久）、5（健康舒适）、6（生活便利）7（资源节约）、8（环境宜居）、9（提高与创新）对五项指标及提高与创新项中各项逐条进行打分。按《绿色建筑评价标准》GB/T 50378—2019 表 3.2.4 及条文 3.2.5 计算所评价项目的总得分，且要满足上述标准表 3.2.8 的技术要求。按最后分值可确定所评价项目的绿色等级。

18.3 绿色建筑评价得分表

绿建评价总分计算表　　表 2-18-1

	基本级要求	一星级要求	二星级要求	三星级要求	评分和加分项		
总得分	40	≥60	≥70	≥85	总分	得分	总得分
4 安全耐久	—	≥30			100		
5 健康舒适		≥30			100		
6 生活便利		≥30			100		
7 资源节约		≥60			200		
8 环境宜居		≥30			100		
9 提高与创新		—			100		

绿建评价分项评分表 表 2-18-2

章节	分类	编号	条文内容	总分值	自评结果	得分情况说明
4 安全耐久	控制项	4.1.1	场地应避开滑坡、泥石流等地质危险地段，易发生洪涝地区应有可靠的防洪涝基础设施；场地应无危险化学品、易燃易爆危险源的威胁，应无电磁辐射、含氡土壤的危害	—		
		4.1.2	建筑结构应满足承载力和建筑使用功能要求。建筑外墙、屋面、门窗、幕墙及外保温等围护结构应满足安全、耐久和防护的要求	—		
		4.1.3	外遮阳、太阳能设施、空调室外机位、外墙花池等外部设施应与建筑主体结构统一设计、施工，并应具备安装、检修与维护条件	—		
		4.1.4	建筑内部的非结构构件、设备及附属设施等应连接牢固并能适应主体结构变形	—		
		4.1.5	建筑外门窗必须安装牢固，其抗风压性能和水密性能应符合国家现行有关标准的规定	—		
		4.1.6	卫生间、浴室的地面应设置防水层，墙面、顶棚应设置防潮层	—		
		4.1.7	走廊、疏散通道等通行空间应满足紧急疏散、应急救护等要求，且应保持畅通	—		
		4.1.8	应具有安全防护的警示和引导标识系统	—		
	评分项	4.2.1	采用基于性能的抗震设计并合理提高建筑的抗震性能，评价分值为10分	10		
		4.2.2	采取保障人员安全的防护措施，评价总分值为15分，并按下列规则分别评分并累计： 1 采取措施提高阳台、外窗、窗台、防护栏杆等安全防护水平，得5分； 2 建筑物出入口均设外墙饰面、门窗玻璃意外脱落的防护措施，并与人员通行区域的遮阳、遮风或挡雨措施结合，得5分； 3 利用场地或景观形成可降低坠物风险的缓冲区、隔离带，得5分	15		
		4.2.3	采用具有安全防护功能的产品或配件，评价总分值为10分，并按下列规则分别评分并累计： 1 采用具有安全防护功能的玻璃，得5分； 2 采用具备防夹功能的门窗，得5分	10		
		4.2.4	室内外地面或路面设置防滑措施，评价总分值为10分，并按下列规则分别评分并累计： 1 建筑出入口及平台、公共走廊、电梯门厅、厨房、浴室、卫生间等设置防滑措施，防滑等级不低于现行行业标准《建筑地面工程防滑技术规程》JGJ/T 331规定的B_d、B_w级，得3分； 2 建筑室内外活动场所采用防滑地面，防滑等级达到现行行业标准《建筑地面工程防滑技术规程》JGJ/T 331规定的A_d、A_w级，得4分； 3 建筑坡道、楼梯踏步防滑等级达到现行行业标准《建筑地面工程防滑技术规程》JGJ/T 331规定的A_d、A_w级或按水平地面等级提高一级，并采用防滑条等防滑构造技术措施，得3分	10		
		4.2.5	采取人车分流措施，且步行和自行车交通系统有充足照明，评价分值为8分	8		
		4.2.6	采取提升建筑适变性的措施，评价总分值为18分，并按下列规则分别评分并累计： 1 采取通用开放、灵活可变的使用空间设计，或采取建筑使用功能可变措施，得7分； 2 建筑结构与建筑设备管线分离，得7分； 3 采用与建筑功能和空间变化相适应的设备设施布置方式或控制方式，得4分	18		

续表

章节	分类	编号	条文内容	总分值	自评结果	得分情况说明
4 安全耐久	评分项	4.2.7	采取提升建筑部品部件耐久性的措施，评价总分值为10分，并按下列规则分别评分并累计： 1 使用耐腐蚀、抗老化、耐久性能好的管材、管线、管件，得5分； 2 活动配件选用长寿命产品，并考虑部品组合的同寿命性；不同使用寿命的部品组合时，采用便于分别拆换、更新和升级的构造，得5分	10		
		4.2.8	提高建筑结构材料的耐久性，评价总分值为10分，并按下列规则评分： 1 按100年进行耐久性设计，得10分。 2 采用耐久性能好的建筑结构材料，满足下列条件之一，得10分： 1）对于混凝土构件，提高钢筋保护层厚度或采用高耐久混凝土； 2）对于钢构件，采用耐候结构钢及耐候型防腐涂料； 3）对于木构件，采用防腐木材、耐久木材或耐久木制品	10		
		4.2.9	合理采用耐久性好、易维护的装饰装修建筑材料，评价总分值为9分，并按下列规则分别评分并累计： 1 采用耐久性好的外饰面材料，得3分； 2 采用耐久性好的防水和密封材料，得3分； 3 采用耐久性好、易维护的室内装饰装修材料，得3分	9		
5 健康舒适	控制项	5.1.1	室内空气中的氨、甲醛、苯、总挥发性有机物、氡等污染物浓度应符合现行国家标准《室内空气质量标准》GB/T 18883的有关规定。建筑室内和建筑主出入口处应禁止吸烟，并应在醒目位置设置禁烟标志	—		
		5.1.2	应采取措施避免厨房、餐厅、打印复印室、卫生间、地下车库等区域的空气和污染物串通到其他空间；应防止厨房、卫生间的排气倒灌	—		
		5.1.3	给水排水系统的设置应符合下列规定： 1 生活饮用水水质应满足现行国家标准《生活饮用水卫生标准》GB 5749的要求； 2 应制定水池、水箱等储水设施定期清洗消毒计划并实施，且生活饮用水储水设施每半年清洗消毒不应少于1次； 3 应使用构造内自带水封的便器，且其水封深度不应小于50mm； 4 非传统水源管道和设备应设置明确、清晰的永久性标识	—		
		5.1.4	主要功能房间的室内噪声级和隔声性能应符合下列规定： 1 室内噪声级应满足现行国家标准《民用建筑隔声设计规范》GB 50118中的低限要求； 2 外墙、隔墙、楼板和门窗的隔声性能应满足现行国家标准《民用建筑隔声设计规范》GB 50118中的低限要求	—		
		5.1.5	建筑照明应符合下列规定： 1 照明数量和质量应符合现行国家标准《建筑照明设计标准》GB 50034的规定； 2 人员长期停留的场所应采用符合现行国家标准《灯和灯系统的光生物安全性》GB/T 20145规定的无危险类照明产品； 3 选用LED照明产品的光输出波形的波动深度应满足现行国家标准《LED室内照明应用技术要求》GB/T 31831的规定	—		
		5.1.6	应采取措施保障室内热环境。采用集中供暖空调系统的建筑，房间内的温度、湿度、新风量等设计参数应符合现行国家标准《民用建筑供暖通风与空气调节设计规范》GB 50736的有关规定；采用非集中供暖空调系统的建筑，应具有保障室内热环境的措施或预留条件	—		
		5.1.7	围护结构热工性能应符合下列规定： 1 在室内设计温度、湿度条件下，建筑非透光围护结构内表面不得结露； 2 供暖建筑的屋面、外墙内部不应产生冷凝； 3 屋顶和外墙隔热性能应满足现行国家标准《民用建筑热工设计规范》GB 50176的要求	—		
		5.1.8	主要功能房间应具有现场独立控制的热环境调节装置	—		
		5.1.9	地下车库应设置与排风设备联动的一氧化碳浓度监测装置	—		

续表

章节	分类	编号	条文内容	总分值	自评结果	得分情况说明
5 健康舒适	评分项	5.2.1	控制室内主要空气污染物的浓度，评价总分值为 12 分，并按下列规则分别评分并累计： 1 氨、甲醛、苯、总挥发性有机物、氡等污染物浓度低于现行国家标准《室内空气质量标准》GB/T 18883 规定限值的 10%，得 3 分；低于 20%，得 6 分； 2 室内 PM2.5 年均浓度不高于 25μg/m^3，且室内 PM10 年均浓度不高于 50μg/m^3，得 6 分	12		
		5.2.2	选用的装饰装修材料满足国家现行绿色产品评价标准中对有害物质限量的要求，评价总分值为 8 分。选用满足要求的装饰装修材料达到 3 类及以上，得 5 分；达到 5 类及以上，得 8 分	8		
		5.2.3	直饮水、集中生活热水、游泳池水、采暖空调系统用水、景观水体等的水质满足国家现行有关标准的要求，评价分值为 8 分	8		
		5.2.4	生活饮用水水池、水箱等储水设施采取措施满足卫生要求，评价总分值为 9 分，并按下列规则分别评分并累计： 1 使用符合国家现行有关标准要求的成品水箱，得 4 分； 2 采取保证储水不变质的措施，得 5 分	9		
		5.2.5	所有给水排水管道、设备、设施设置明确、清晰的永久性标识，评价分值为 8 分	8		
		5.2.6	采取措施优化主要功能房间的室内声环境，评价总分值为 8 分。噪声级达到现行国家标准《民用建筑隔声设计规范》GB 50118 中的低限标准限值和高要求标准限值的平均值，得 4 分；达到高要求标准限值，得 8 分	8		
		5.2.7	主要功能房间的隔声性能良好，评价总分值为 10 分，并按下列规则分别评分并累计： 1 构件及相邻房间之间的空气声隔声性能达到现行国家标准《民用建筑隔声设计规范》GB 50118 中的低限标准限值和高要求标准限值的平均值，得 3 分；达到高要求标准限值，得 5 分； 2 楼板的撞击声隔声性能达到现行国家标准《民用建筑隔声设计规范》GB 50118 中的低限标准限值和高要求标准限值的平均值，得 3 分；达到高要求标准限值，得 5 分	10		
		5.2.8	充分利用天然光，评价总分值为 12 分，并按下列规则分别评分并累计： 1 住宅建筑室内主要功能空间至少 60% 面积比例区域，其采光照度值不低千 300lx 的小时数平均不少于 8h/d，得 9 分。 2 公共建筑按下列规则分别评分并累计： 1）内区采光系数满足采光要求的面积比例达到 60%，得 3 分； 2）地下空间平均采光系数不小于 0.5% 的面积与地下室首层面积的比例达到 10% 以上，得 3 分； 3）室内主要功能空间至少 60% 面积比例区域的采光照度值不低千采光要求的小时数平均不少于 4h/d，得 3 分。 3 主要功能房间有眩光控制措施，得 3 分	12		
		5.2.9	具有良好的室内热湿环境，评价总分值为 8 分，并按下列规则评分： 1 采用自然通风或复合通风的建筑，建筑主要功能房间室内热环境参数在适应性热舒适区域的时间比例，达到 30%，得 2 分；每再增加 10%，再得 1 分，最高得 8 分。 2 采用人工冷热源的建筑，主要功能房间达到现行国家标准《民用建筑室内热湿环境评价标准》GB/T 50785 规定的室内人工冷热源热湿环境整体评价 11 级的面积比例，达到 60%，得 5 分；每再增加 10%，再得 1 分，最高得 8 分	8		
		5.2.10	优化建筑空间和平面布局，改善自然通风效果，评价总分值为 8 分，并按下列规则评分： 1 住宅建筑：通风开口面积与房间地板面积的比例在夏热冬暖地区达到 12%，在夏热冬冷地区达到 8%，在其他地区达到 5%，得 5 分；每再增加 2%，再得 1 分，最高得 8 分。 2 公共建筑：过渡季典型工况下主要功能房间平均自然通风换气次数不小于 2 次 /h 的面积比例达到 70%，得 5 分；每再增加 10%，再得 1 分，最高得 8 分	8		

续表

<table>
<tr><th>章节</th><th>分类</th><th>编号</th><th>条文内容</th><th>总分值</th><th>自评结果</th><th>得分情况说明</th></tr>
<tr><td>5 健康舒适</td><td>评分项</td><td>5.2.11</td><td>设置可调节遮阳设施，改善室内热舒适，评价总分值为9分，根据可调节遮阳设施的面积占外窗透明部分的比例按表5.2.11的规则评分。
表5.2.11 可调节遮阳设施的面积占外窗透明部分比例评分规则<table><tr><th>可调节遮阳设施的面积占外窗透明部分比例 S_1</th><th>得分</th></tr><tr><td>$25\%\leqslant S_1<35\%$</td><td>3</td></tr><tr><td>$35\%\leqslant S_1<45\%$</td><td>5</td></tr><tr><td>$45\%\leqslant S_1<55\%$</td><td>7</td></tr><tr><td>$S_1\geqslant55\%$</td><td>9</td></tr></table></td><td>9</td><td></td><td></td></tr>
<tr><td rowspan="10">6 生活便利</td><td rowspan="6">控制项</td><td>6.1.1</td><td>建筑、室外场地、公共绿地、城市道路相互之间应设置连贯的无障碍步行系统</td><td>—</td><td></td><td></td></tr>
<tr><td>6.1.2</td><td>场地人行出入口500m内应设有公共交通站点或配备联系公共交通站点的专用接驳车</td><td>—</td><td></td><td></td></tr>
<tr><td>6.1.3</td><td>停车场应具有电动汽车充电设施或具备充电设施的安装条件，并应合理设置电动汽车和无障碍汽车停车位</td><td>—</td><td></td><td></td></tr>
<tr><td>6.1.4</td><td>自行车停车场所应位置合理、方便出入</td><td>—</td><td></td><td></td></tr>
<tr><td>6.1.5</td><td>建筑设备管理系统应具有自动监控管理功能</td><td>—</td><td></td><td></td></tr>
<tr><td>6.1.6</td><td>建筑应设置信息网络系统</td><td>—</td><td></td><td></td></tr>
<tr><td rowspan="4">评分项</td><td>6.2.1</td><td>场地与公共交通站点联系便捷，评价总分值为8分，并按下列规则分别评分并累计：
1 场地出入口到达公共交通站点的步行距离不超过500m，或到达轨道交通站的步行距离不大于800m，得2分；场地出入口到达公共交通站点的步行距离不超过300m，或到达轨道交通站的步行距离不大于500m，得4分；
2 场地出入口步行距离800m范围内设有不少于2条线路的公共交通站点，得4分</td><td>8</td><td></td><td></td></tr>
<tr><td>6.2.2</td><td>建筑室内外公共区域满足全龄化设计要求，评价总分值为8分，并按下列规则分别评分并累计：
1 建筑室内公共区域、室外公共活动场地及道路均满足无障碍设计要求，得3分；
2 建筑室内公共区域的墙、柱等处的阳角均为圆角，并设有安全抓杆或扶手，得3分；
3 设有可容纳担架的无障碍电梯，得2分</td><td>8</td><td></td><td></td></tr>
<tr><td>6.2.3</td><td>提供便利的公共服务，评价总分值为10分，并按下列规则评分：
1 住宅建筑，满足下列要求中的4项，得5分；满足6项及以上，得10分。
1）场地出入口到达幼儿园的步行距离不大于300m；
2）场地出入口到达小学的步行距离不大于500m；
3）场地出入口到达中学的步行距离不大于1000m；
4）场地出入口到达医院的步行距离不大于1000m；
5）场地出入口到达群众文化活动设施的步行距离不大于800m；
6）场地出入口到达老年人日间照料设施的步行距离不大于500m；
7）场地周边500m范围内具有不少于3种商业服务设施。
2 公共建筑，满足下列要求中的3项，得5分；满足5项，得10分。
1）建筑内至少兼容2种面向社会的公共服务功能；
2）建筑向社会公众提供开放的公共活动空间；
3）电动汽车充电桩的车位数占总车位数的比例不低于10%；
4）周边500m范围内设有社会公共停车场（库）；
5）场地不封闭或场地内步行公共通道向社会开放</td><td>10</td><td></td><td></td></tr>
<tr><td>6.2.4</td><td>城市绿地、广场及公共运动场地等开敞空间，步行可达，评价总分值为5分，并按下列规则分别评分并累计：
1 场地出入口到达城市公园绿地、居住区公园、广场的步行距离不大于300m，得3分；
2 到达中型多功能运动场地的步行距离不大于500m，得2分</td><td>5</td><td></td><td></td></tr>
</table>

续表

章节	分类	编号	条文内容	总分值	自评结果	得分情况说明
6 生活便利	评分项	6.2.5	合理设置健身场地和空间，评价总分值为10分，并按下列规则分别评分并累计： 1 室外健身场地面积不少于总用地面积的0.5%，得3分； 2 设置宽度不少于1.25m的专用健身慢行道，健身慢行道长度不少于用地红线周长的1/4且不少于100m，得2分； 3 室内健身空间的面积不少于地上建筑面积的0.3%且不少于60m，得3分； 4 楼梯间具有天然采光和良好的视野，且距离主入口的距离不大于15m，得2分	10		
		6.2.6	设置分类、分级用能自动远传计量系统，且设置能源管理系统实现对建筑能耗的监测、数据分析和管理，评价分值为8分	8		
		6.2.7	设置PM10、PM2.5、CO_2浓度的空气质量监测系统，且具有存储至少一年的监测数据和实时显示等功能，评价分值为5分	5		
		6.2.8	设置用水远传计量系统、水质在线监测系统，评价总分值为7分，并按下列规则分别评分并累计： 1 设置用水量远传计量系统，能分类、分级记录、统计分析各种用水情况，得3分； 2 利用计量数据进行管网漏损自动检测、分析与整改，管道漏损率低于5%，得2分； 3 设置水质在线监测系统，监测生活饮用水、管道直饮水、游泳池水、非传统水源、空调冷却水的水质指标，记录并保存水质监测结果，且能随时供用户查询，得2分	7		
		6.2.9	具有智能化服务系统，评价总分值为9分，并按下列规则分别评分并累计： 1 具有家电控制、照明控制、安全报警、环境监测、建筑设备控制、工作生活服务等至少3种类型的服务功能，得3分； 2 具有远程监控的功能，得3分； 3 具有接入智慧城市（城区、社区）的功能，得3分	9		
		6.2.10	制定完善的节能、节水、节材、绿化的操作规程、应急预案，实施能源资源管理激励机制，且有效实施，评价总分值为5分，并按下列规则分别评分并累计： 1 相关设施具有完善的操作规程和应急预案，得2分； 2 物业管理机构的工作考核体系中包含节能和节水绩效考核激励机制，得3分	5		
		6.2.11	建筑平均日用水量满足现行国家标准《民用建筑节水设计标准》GB 50555中节水用水定额的要求，评价总分值为5分，并按下列规则评分： 1 平均日用水量大于节水用水定额的平均值、不大于上限值，得2分。 2 平均日用水量大于节水用水定额下限值、不大于平均值，得3分。 3 平均日用水量不大于节水用水定额下限值，得5分	5		
		6.2.12	定期对建筑运营效果进行评估，并根据结果进行运行优化，评价总分值为12分，并按下列规则分别评分并累计： 1 制定绿色建筑运营效果评估的技术方案和计划，得3分； 2 定期检查、调适公共设施设备，具有检查、调试、运行、标定的记录，且记录完整，得3分； 3 定期开展节能诊断评估，并根据评估结果制定优化方案并实施，得4分； 4 定期对各类用水水质进行检测、公示，得2分	12		
		6.2.13	建立绿色教育宣传和实践机制，编制绿色设施使用手册，形成良好的绿色氛围，并定期开展使用者满意度调查，评价总分值为8分，并按下列规则分别评分并累计： 1 每年组织不少于2次的绿色建筑技术宣传、绿色生活引导、灾害应急演练等绿色教育宣传和实践活动，并有活动记录，得2分； 2 具有绿色生活展示、体验或交流分享的平台，并向使用者提供绿色设施使用手册，得3分； 3 每年开展1次针对建筑绿色性能的使用者满意度调查，且根据调查结果制定改进措施并实施、公示，得3分	8		

续表

<table>
<tr><th>章节</th><th>分类</th><th>编号</th><th>条文内容</th><th>总分值</th><th>自评结果</th><th>得分情况说明</th></tr>
<tr><td rowspan="11">7 资源节约</td><td rowspan="10">控制项</td><td>7.1.1</td><td>应结合场地自然条件和建筑功能需求，对建筑的体形、平面布局、空间尺度、围护结构等进行节能设计，且应符合国家有关节能设计的要求</td><td>—</td><td></td><td></td></tr>
<tr><td>7.1.2</td><td>应采取措施降低部分负荷、部分空间使用下的供暖、空调系统能耗，并应符合下列规定：
1 应区分房间的朝向细分供暖、空调区域，并应对系统进行分区控制；
2 空调冷源的部分负荷性能系数（IPLV）、电冷源综合制冷性能系数（SCOP）应符合现行国家标准《公共建筑节能设计标准》GB 50189 的规定</td><td>—</td><td></td><td></td></tr>
<tr><td>7.1.3</td><td>应根据建筑空间功能设置分区温度，合理降低室内过渡区空间的温度设定标准</td><td>—</td><td></td><td></td></tr>
<tr><td>7.1.4</td><td>主要功能房间的照明功率密度值不应高于现行国家标准《建筑照明设计标准》GB 50034 规定的现行值；公共区域的照明系统应采用分区、定时、感应等节能控制；采光区域的照明控制应独立于其他区域的照明控制</td><td>—</td><td></td><td></td></tr>
<tr><td>7.1.5</td><td>冷热源、输配系统和照明等各部分能耗应进行独立分项计量</td><td>—</td><td></td><td></td></tr>
<tr><td>7.1.6</td><td>垂直电梯应采取群控、变频调速或能量反馈等节能措施；自动扶梯应采用变频感应启动等节能控制措施</td><td>—</td><td></td><td></td></tr>
<tr><td>7.1.7</td><td>应制定水资源利用方案，统筹利用各种水资源，并应符合下列规定：
1 应按使用用途、付费或管理单元，分别设置用水计量装置；
2 用水点处水压大于 0.2MPa 的配水支管应设置减压设施，并应满足给水配件最低工作压力的要求；
3 用水器具和设备应满足节水产品的要求</td><td>—</td><td></td><td></td></tr>
<tr><td>7.1.8</td><td>不应采用建筑形体和布置严重不规则的建筑结构</td><td>—</td><td></td><td></td></tr>
<tr><td>7.1.9</td><td>建筑造型要素应简约，应无大量装饰性构件，并应符合下列规定：
1 住宅建筑的装饰性构件造价占建筑总造价的比例不应大于 2%；
2 公共建筑的装饰性构件造价占建筑总造价的比例不应大于 1%</td><td>—</td><td></td><td></td></tr>
<tr><td>7.1.10</td><td>选用的建筑材料应符合下列规定：
1 500km 以内生产的建筑材料重量占建筑材料总重量的比例应大于 60%；
2 现浇混凝土应采用预拌混凝土，建筑砂浆应采用预拌砂浆</td><td>—</td><td></td><td></td></tr>
<tr><td>评分项</td><td>7.2.1</td><td>节约集约利用土地，评价总分值为 20 分，并按下列规则评分：
1 对于住宅建筑，根据其所在居住街坊人均住宅用地指标按表 7.2.1-1 的规则评分。
表 7.2.1-1 居住街坊人均住宅用地指标评分规则
<table>
<tr><th rowspan="2">建筑气候区划</th><th colspan="5">人均住宅用地指标 A（m²）</th><th rowspan="2">得分</th></tr>
<tr><th>平均 3 层及以下</th><th>平均 4～6 层</th><th>平均 7～9 层</th><th>平均 10～18 层</th><th>平均 19 层及以上</th></tr>
<tr><td rowspan="2">Ⅰ、Ⅶ</td><td>33<A≤36</td><td>29<A≤32</td><td>21<A≤22</td><td>17<A≤19</td><td>12<A≤13</td><td>15</td></tr>
<tr><td>A≤33</td><td>A≤29</td><td>A≤21</td><td>A≤17</td><td>A≤12</td><td>20</td></tr>
<tr><td rowspan="2">Ⅱ、Ⅵ</td><td>33<A≤36</td><td>27<A≤30</td><td>20<A≤21</td><td>16<A≤17</td><td>12<A≤13</td><td>15</td></tr>
<tr><td>A≤33</td><td>A≤27</td><td>A≤20</td><td>A≤16</td><td>A≤12</td><td>20</td></tr>
<tr><td rowspan="2">Ⅲ、Ⅳ、Ⅴ</td><td>33<A≤36</td><td>24<A≤27</td><td>19<A≤20</td><td>15<A≤16</td><td>11<A≤12</td><td>15</td></tr>
<tr><td>A≤33</td><td>A≤24</td><td>A≤19</td><td>A≤15</td><td>A≤11</td><td>20</td></tr>
</table>
2 对于公共建筑，根据不同功能建筑的容积率（R）按表 7. 2. 1-2 的规则评分。
表 7.2.1-2 公共建筑容积率（R）评分规则
<table>
<tr><th>行政办公、商务办公、商业金融、旅馆饭店、交通枢纽等</th><th>教育、文化、体育、医疗卫生、社会福利等</th><th>得分</th></tr>
<tr><td>1.0≤R<1.5</td><td>0.5≤R<0.8</td><td>8</td></tr>
<tr><td>1.5≤R<2.5</td><td>R≥2.0</td><td>12</td></tr>
<tr><td>2.5≤R<3.5</td><td>0.8≤R<1.5</td><td>16</td></tr>
<tr><td>R≥3.5</td><td>1.5≤R<2.0</td><td>20</td></tr>
</table></td><td>20</td><td></td><td></td></tr>
</table>

续表

<table>
<tr><th>章节</th><th>分类</th><th>编号</th><th>条文内容</th><th>总分值</th><th>自评结果</th><th>得分情况说明</th></tr>
<tr><td rowspan="5">7 资源节约</td><td rowspan="5">评分项</td><td>7.2.2</td><td>合理开发利用地下空间，评价总分值为 12 分，根据地下空间开发利用指标，按表 7.2.2 的规则评分。
表 7.2.2 地下空间开发利用指标评分规则
<table>
<tr><th>建筑类型</th><th colspan="2">地下空间开发利用指标</th><th>得分</th></tr>
<tr><td rowspan="3">住宅建筑</td><td rowspan="2">地下建筑面积与地上建筑面积的比率 R_r</td><td>5%≤R_r<20%</td><td>5</td></tr>
<tr><td>R_r≥20%</td><td>7</td></tr>
<tr><td>地下一层建筑面积与总用地面积的比率 R_p</td><td>R_r≥35% 且 R_p<60%</td><td>12</td></tr>
<tr><td rowspan="3">公共建筑</td><td rowspan="2">地下建筑面积与总用地面积之比 R_{p1}</td><td>R_{p1}≥0.5</td><td>5</td></tr>
<tr><td>R_{p1}≥0.7 且 R_p<70%</td><td>7</td></tr>
<tr><td>地下一层建筑面积与总用地面积的比率 R_p</td><td>R_{p1}≥1.0 且 R_p<60%</td><td>12</td></tr>
</table></td><td>12</td><td></td><td></td></tr>
<tr><td>7.2.3</td><td>采用机械式停车设施、地下停车库或地面停车楼等方式，评价总分值为 8 分，并按下列规则评分：
1 住宅建筑地面停车位数量与住宅总套数的比率小于 10%，得 8 分。
2 公共建筑地面停车占地面积与其总建设用地面积的比率小于 8%，得 8 分</td><td>8</td><td></td><td></td></tr>
<tr><td>7.2.4</td><td>优化建筑围护结构的热工性能，评价总分值为 15 分，并按下列规则评分：
1 围护结构热工性能比国家现行相关建筑节能设计标准规定的提高幅度达到 5%，得 5 分；达到 10%，得 10 分；达到 15%，得 15 分。
2 建筑供暖空调负荷降低 5%，得 5 分；降低 10%，得 10 分；降低 15%，得 15 分</td><td>15</td><td></td><td></td></tr>
<tr><td>7.2.5</td><td>供暖空调系统的冷、热源机组能效均优于现行国家标准《公共建筑节能设计标准》GB 50189 的规定以及现行有关国家标准能效限定值的要求，评价总分值为 10 分，按表 7.2.5 的规则评分。
表 7.2.5 冷、热源机组能效提升幅度评分规则
<table>
<tr><th colspan="2">机组类型</th><th>能效指标</th><th>参照标准</th><th colspan="2">评分要求</th></tr>
<tr><td colspan="2">电机驱动的蒸气压缩循环冷水（热泵）机组</td><td>制冷性能系数（COP）</td><td rowspan="6">现行国家标准《公共建筑节能设计标准》GB 50189</td><td>提高 6%</td><td>提高 12%</td></tr>
<tr><td colspan="2">直燃型溴化锂吸收式冷（温）水机组</td><td>制冷、供热性能系数（COP）</td><td>提高 6%</td><td>提高 12%</td></tr>
<tr><td colspan="2">单元式空气调节机、风管送风式和屋顶式空调机组</td><td>能效比（EER）</td><td>提高 6%</td><td>提高 12%</td></tr>
<tr><td colspan="2">多联式空调（热泵）机组</td><td>制冷性能系数 [IPLV（C）]</td><td>提高 8%</td><td>提高 16%</td></tr>
<tr><td rowspan="2">锅炉</td><td>燃煤</td><td>热效率</td><td>提高 3 个百分点</td><td>提高 6 个百分点</td></tr>
<tr><td>燃油燃气</td><td>热效率</td><td>提高 2 个百分点</td><td>提高 4 个百分点</td></tr>
<tr><td colspan="2">房间空气调节器</td><td>能效比（EER）能源消耗效率</td><td rowspan="3">现行有关国家标准</td><td rowspan="3">节能评价值</td><td rowspan="3">1 级能效等级限值</td></tr>
<tr><td colspan="2">家用燃气热水炉</td><td>热效率值（η）</td></tr>
<tr><td colspan="2">蒸汽型溴化锂吸收式冷水机组</td><td>制冷、供热性能系数（COP）</td></tr>
<tr><td colspan="4">得分</td><td>5 分</td><td>10 分</td></tr>
</table></td><td>10</td><td></td><td></td></tr>
<tr><td>7.2.6</td><td>采取有效措施降低供暖空调系统的末端系统及输配系统的能耗，评价总分值为 5 分，并按以下规则分别评分并累计：
1 通风空调系统风机的单位风量耗功率比现行国家标准《公共建筑节能设计标准》GB 50189 的规定低 20%，得 2 分；
2 集中供暖系统热水循环泵的耗电输热比、空调冷热水系统循环水泵的耗电输冷（热）比比现行国家标准《民用建筑供暖通风与空气调节设计规范》GB 50736 规定值低 20%，得 3 分</td><td>5</td><td></td><td></td></tr>
</table>

续表

<table>
<tr><th>章节</th><th>分类</th><th>编号</th><th>条文内容</th><th>总分值</th><th>自评结果</th><th>得分情况说明</th></tr>
<tr><td rowspan="6">7 资源节约</td><td rowspan="6">评分项</td><td>7.2.7</td><td>采用节能型电气设备及节能控制措施，评价总分值为 10 分，并按下列规则分别评分并累计：
1 主要功能房间的照明功率密度值达到现行国家标准《建筑照明设计标准》GB 50034 规定的目标值，得 5 分；
2 采光区域的人工照明随天然光照度变化自动调节，得 2 分；
3 照明产品、三相配电变压器、水泵、风机等设备满足国家现行有关标准的节能评价值的要求，得 3 分</td><td>10</td><td></td><td></td></tr>
<tr><td>7.2.8</td><td>采取措施降低建筑能耗，评价总分值为 10 分。建筑能耗相比国家现行有关建筑节能标准降低 10%，得 5 分；降低 20%，得 10 分</td><td>10</td><td></td><td></td></tr>
<tr><td>7.2.9</td><td>结合当地气候和自然资源条件合理利用可再生能源，评价总分值为 10 分，按表 7.2.9 的规则评分。
表 7.2.9　可再生能源利用评分规则
<table>
<tr><th colspan="2">可再生能源利用类型和指标</th><th>得分</th></tr>
<tr><td rowspan="5">由可再生能源提供的生活用热水比例 R_{hw}</td><td>$20\% \leqslant R_{hw} < 35\%$</td><td>2</td></tr>
<tr><td>$35\% \leqslant R_{hw} < 50\%$</td><td>4</td></tr>
<tr><td>$50\% \leqslant R_{hw} < 65\%$</td><td>6</td></tr>
<tr><td>$65\% \leqslant R_{lrw} < 80\%$</td><td>8</td></tr>
<tr><td>$R_{hw} \geqslant 80\%$</td><td>10</td></tr>
<tr><td rowspan="5">由可再生能源提供的空调用冷量和热量比例 R_{ch}</td><td>$20\% \leqslant R_{ch} < 35\%$</td><td>2</td></tr>
<tr><td>$35\% \leqslant R_{ch} < 50\%$</td><td>4</td></tr>
<tr><td>$50\% \leqslant R_{ch} < 65\%$</td><td>6</td></tr>
<tr><td>$65\% \leqslant R_{ch} < 80\%$</td><td>8</td></tr>
<tr><td>$R_{ch} \geqslant 80\%$</td><td>10</td></tr>
<tr><td rowspan="5">由可再生能源提供电量比例 R_e</td><td>$0.5\% \leqslant R_e < 1.0\%$</td><td>2</td></tr>
<tr><td>$1.0\% \leqslant R_e < 2.0\%$</td><td>4</td></tr>
<tr><td>$2.0\% \leqslant R_e < 3.0\%$</td><td>6</td></tr>
<tr><td>$3.0\% \leqslant R_e < 4.0\%$</td><td>8</td></tr>
<tr><td>$R_e \geqslant 4.0\%$</td><td>10</td></tr>
</table></td><td>10</td><td></td><td></td></tr>
<tr><td>7.2.10</td><td>使用较高用水效率等级的卫生器具，评价总分值为 15 分，并按下列规则评分：
1 全部卫生器具的用水效率等级达到 2 级，得 8 分。
2 50% 以上卫生器具的用水效率等级达到 1 级且其他达到 2 级，得 12 分。
3 全部卫生器具的用水效率等级达到 1 级，得 15 分</td><td>15</td><td></td><td></td></tr>
<tr><td>7.2.11</td><td>绿化灌溉及空调冷却水系统采用节水设备或技术，评价总分值为 12 分，并按下列规则分别评分并累计：
1 绿化灌溉采用节水设备或技术，并按下列规则评分：
1）采用节水灌溉系统，得 4 分。
2）在采用节水灌溉系统的基础上，设置土壤湿度感应器、雨天自动关闭装置等节水控制措施，或种植无须永久灌溉植物，得 6 分。
2 空调冷却水系统采用节水设备或技术，并按下列规则评分：
1）循环冷却水系统采取设置水处理措施、加大集水盘、设置平衡管或平衡水箱等方式，避免冷却水泵停泵时冷却水溢出，得 3 分。
2）采用无蒸发耗水量的冷却技术，得 6 分</td><td>12</td><td></td><td></td></tr>
<tr><td>7.2.12</td><td>结合雨水综合利用设施营造室外景观水体，室外景观水体利用雨水的补水量大于水体蒸发量的 60%，且采用保障水体水质的生态水处理技术，评价总分值为 8 分，并按下列规则分别评分并累计：
1 对进入室外景观水体的雨水，利用生态设施削减径流污染，得 4 分；
2 利用水生动、植物保障室外景观水体水质，得 4 分</td><td>8</td><td></td><td></td></tr>
</table>

续表

章节	分类	编号	条文内容	总分值	自评结果	得分情况说明
7 资源节约	评分项	7.2.13	使用非传统水源，评价总分值为 15 分，并按下列规则分别评分并累计： 1 绿化灌溉、车库及道路冲洗、洗车用水采用非传统水源的用水量占其总用水量的比例不低于40%，得3分；不低于60%，得5分； 2 冲厕采用非传统水源的用水量占其总用水量的比例不低于 30%，得 3 分；不低于 50%，得 5 分； 3 冷却水补水采用非传统水源的用水量占其总用水量的比例不低于 20%，得 3 分；不低千 40%，得 5 分	15		
		7.2.14	建筑所有区域实施土建工程与装修工程一体化设计及施工，评价分值为 8 分	8		
		7.2.15	合理选用建筑结构材料与构件，评价总分值为 10 分，并按下列规则评分： 1 混凝土结构，按下列规则分别评分并累计： 1）400MPa 级及以上强度等级钢筋应用比例达到 85%，得 5 分； 2）混凝土竖向承重结构采用强度等级不小于 C50 混凝土用量占竖向承重结构中混凝土总量的比例达到 50%，得 5 分。 2 钢结构，按下列规则分别评分并累计： 1）Q345 及以上高强钢材用量占钢材总量的比例达到 50%，得 3 分；达到 70%，得 4 分； 2）螺栓连接等非现场焊接节点占现场全部连接、拼接节点的数量比例达到 50%，得 4 分； 3）采用施工时免支撑的楼屋面板，得 2 分。 3 混合结构：对其混凝土结构部分、钢结构部分，分别按本条第 1 款、第 2 款进行评价，得分取各项得分的平均值	10		
		7.2.16	建筑装修选用工业化内装部品，评价总分值为 8 分。建筑装修选用工业化内装部品占同类部品用量比例达到 50% 以上的部品种类，达到 1 种，得 3 分；达到 3 种，得 5 分；达到 3 种以上，得 8 分	8		
		7.2.17	选用可再循环材料、可再利用材料及利废建材，评价总分值为 12 分，并按下列规则分别评分并累计： 1 可再循环材料和可再利用材料用量比例，按下列规则评分： 1）住宅建筑达到 6% 或公共建筑达到 10%，得 3 分。 2）住宅建筑达到 10% 或公共建筑达到 15%，得 6 分。 2 利废建材选用及其用量比例，按下列规则评分： 1）采用一种利废建材，其占同类建材的用量比例不低千 50%，得 3 分。 2）选用两种及以上的利废建材，每一种占同类建材的用量比例均不低于 30%，得 6 分	12		
		7.2.18	选用绿色建材，评价总分值为 12 分。绿色建材应用比例不低于 30%，得 4 分；不低于 50%，得 8 分；不低于 70%，得 12 分	12		
8 环境宜居	控制项	8.1.1	建筑规划布局应满足日照标准，且不得降低周边建筑的日照标准	—		
		8.1.2	室外热环境应满足国家现行有关标准的要求	—		
		8.1.3	配建的绿地应符合所在地城乡规划的要求，应合理选择绿化方式，植物种植应适应当地气候和土壤，且应无毒害、易维护，种植区域覆土深度和排水能力应满足植物生长需求，并应采用复层绿化方式	—		
		8.1.4	场地的竖向设计应有利于雨水的收集或排放，应有效组织雨水的下渗、滞蓄或再利用；对大于 $10hm^2$ 的场地应进行雨水控制利用专项设计	—		
		8.1.5	建筑内外均应设置便于识别和使用的标识系统	—		
		8.1.6	场地内不应有排放超标的污染源	—		
		8.1.7	生活垃圾应分类收集，垃圾容器和收集点的设置应合理并应与周围景观协调	—		

续表

<table>
<tr><th>章节</th><th>分类</th><th>编号</th><th>条文内容</th><th>总分值</th><th>自评结果</th><th>得分情况说明</th></tr>
<tr><td rowspan="7">8 环境宜居</td><td rowspan="7">评分项</td><td>8.2.1</td><td>充分保护或修复场地生态环境，合理布局建筑及景观，评价总分值为 10 分，并按下列规则评分：
1 保护场地内原有的自然水域、湿地、植被等，保持场地内的生态系统与场地外生态系统的连贯性，得 10 分。
2 采取净地表层土回收利用等生态补偿措施，得 10 分。
3 根据场地实际状况，采取其他生态恢复或补偿措施，得 10 分</td><td>10</td><td></td><td></td></tr>
<tr><td>8.2.2</td><td>规划场地地表和屋面雨水径流，对场地雨水实施外排总量控制，评价总分值为 10 分。场地年径流总量控制率达到 55%，得 5 分；达到 70%，得 10 分</td><td>10</td><td></td><td></td></tr>
<tr><td>8.2.3</td><td>充分利用场地空间设置绿化用地，评价总分值为 16 分，并按下列规则评分：
1 住宅建筑按下列规则分别评分并累计：
1）绿地率达到规划指标 105% 及以上，得 10 分；
2）住宅建筑所在居住街坊内人均集中绿地面积，按表 8.2.3 的规则评分，最高得 6 分。
表 8.2.3 住宅建筑人均集中绿地面积评分规则
<table><tr><th colspan="2">人均集中绿地面积 A_g（m^2/人）</th><th rowspan="2">得分</th></tr><tr><th>新区建设</th><th>旧区改建</th></tr><tr><td>0.50</td><td>0.35</td><td>2</td></tr><tr><td>$0.50 < A_g < 0.60$</td><td>$0.35 < A_g < 0.45$</td><td>4</td></tr><tr><td>$A_g \geqslant 0.60$</td><td>$A_g \geqslant 0.45$</td><td>6</td></tr></table>
2 公共建筑按下列规则分别评分并累计：
1）公共建筑绿地率达到规划指标 105% 及以上，得 10 分；
2）绿地向公众开放，得 6 分</td><td>16</td><td></td><td></td></tr>
<tr><td>8.2.4</td><td>室外吸烟区位置布局合理，评价总分值为 9 分，并按下列规则分别评分并累计：
1 室外吸烟区布置在建筑主出入口的主导风的下风向，与所有建筑出入口、新风进气口和可开启窗扇的距离不少于 8m，且距离儿童和老人活动场地不少于 8m，得 5 分；
2 室外吸烟区与绿植结合布置，并合理配置座椅和带烟头收集的垃圾筒，从建筑主出入口至室外吸烟区的导向标识完整、定位标识醒目，吸烟区设置吸烟有害健康的警示标识，得 4 分</td><td>9</td><td></td><td></td></tr>
<tr><td>8.2.5</td><td>利用场地空间设置绿色雨水基础设施，评价总分值为 15 分，并按下列规则分别评分并累计：
1 下凹式绿地、雨水花园等有调蓄雨水功能的绿地和水体的面积之和占绿地面积的比例达到 40%，得 3 分；达到 60%，得 5 分；
2 衔接和引导不少于 80% 的屋面雨水进入地面生态设施，得 3 分；
3 衔接和引导不少于 80% 的道路雨水进入地面生态设施，得 4 分；
4 硬质铺装地面中透水铺装面积的比例达到 50%，得 3 分</td><td>15</td><td></td><td></td></tr>
<tr><td>8.2.6</td><td>场地内的环境噪声优于现行国家标准《声环境质量标准》GB 3096 的要求，评价总分值为 10 分，并按下列规则评分：
1 环境噪声值大于 2 类声环境功能区标准限值，且小于或等于 3 类声环境功能区标准限值，得 5 分。
2 环境噪声值小于或等于 2 类声环境功能区标准限值，得 10 分</td><td>10</td><td></td><td></td></tr>
<tr><td>8.2.7</td><td>建筑及照明设计避免产生光污染，评价总分值为 10 分，并按下列规则分别评分并累计：
1 玻璃幕墙的可见光反射比及反射光对周边环境的影响符合《玻璃幕墙光热性能》GB/T 18091 的规定，得 5 分；
2 室外夜景照明光污染的限制符合现行国家标准《室外照明干扰光限制规范》GB/T 35626 和现行行业标准《城市夜景照明设计规范》JGJ/T 163 的规定，得 5 分</td><td>10</td><td></td><td></td></tr>
</table>

续表

章节	分类	编号	条文内容	总分值	自评结果	得分情况说明
8 环境宜居	评分项	8.2.8	场地内风环境有利于室外行走、活动舒适和建筑的自然通风，评价总分值为 10 分，并按下列规则分别评分并累计： 1 在冬季典型风速和风向条件下，按下列规则分别评分并累计： 1）建筑物周围人行区距地高 1.5m 处风速小于 5m/s，户外休息区、儿童娱乐区风速小于 2m/s，且室外风速放大系数小于 2，得 3 分； 2）除迎风第一排建筑外，建筑迎风面与背风面表面风压差不大于 5Pa，得 2 分。 2 过渡季、夏季典型风速和风向条件下，按下列规则分别评分并累计： 1）场地内人活动区不出现涡旋或无风区，得 3 分； 2）50% 以上可开启外窗室内外表面的风压差大于 0.5Pa，得 2 分	10		
		8.2.9	采取措施降低热岛强度，评价总分值为 10 分，按下列规则分别评分并累计： 1 场地中处于建筑阴影区外的步道、游憩场、庭院、广场等室外活动场地设有乔木、花架等遮阴措施的面积比例，住宅建筑达到 30%，公共建筑达到 10%，得 2 分；住宅建筑达到 50%，公共建筑达到 20%，得 3 分； 2 场地中处于建筑阴影区外的机动车道，路面太阳辐射反射系数不小于 0.4 或设有遮阴面积较大的行道树的路段长度超过 70%，得 3 分； 3 屋顶的绿化面积、太阳能板水平投影面积以及太阳辐射反射系数不小于 0.4 的屋面面积合计达到 75%，得 4 分	10		
9 创新	加分项	9.2.1	采取措施进一步降低建筑供暖空调系统的能耗，评价总分值为 30 分。建筑供暖空调系统能耗相比国家现行有关建筑节能标准降低 40%，得 10 分；每再降低 10%，再得 5 分，最高得 30 分	30		
		9.2.2	采用适宜地区特色的建筑风貌设计，因地制宜传承地域建筑文化，评价分值为 20 分	20		
		9.2.3	合理选用废弃场地进行建设，或充分利用尚可使用的旧建筑，评价分值为 8 分	8		
		9.2.4	场地绿容率不低于 3.0，评价总分值为 5 分，并按下列规则评分： 1 场地绿容率计算值不低千 3.0，得 3 分。 2 场地绿容率实测值不低于 3.0，得 5 分	5		
		9.2.5	采用符合工业化建造要求的结构体系与建筑构件，评价分值为 10 分，并按下列规则评分： 1 主体结构采用钢结构、木结构，得 10 分。 2 主体结构采用装配式混凝土结构，地上部分预制构件应用混凝土体积占混凝土总体积的比例达到 35%，得 5 分；达到 50%，得 10 分	10		
		9.2.6	应用建筑信息模型（BIM）技术，评价总分值为 15 分。在建筑的规划设计、施工建造和运行维护阶段中的一个阶段应用，得 5 分；两个阶段应用，得 10 分；三个阶段应用，得 15 分	15		
		9.2.7	进行建筑碳排放计算分析，采取措施降低单位建筑面积碳排放强度，评价分值为 12 分	12		
			按照绿色施工的要求进行施工和管理，评价总分值为 20 分，并按下列规则分别评分并累计： 1 获得绿色施工优良等级或绿色施工示范工程认定，得 8 分； 2 采取措施减少预拌混凝土损耗，损耗率降低至 1.0%，得 4 分； 3 采取措施减少现场加工钢筋损耗，损耗率降低至 1.5%，得 4 分； 4 现浇混凝土构件采用铝膜等免墙面粉刷的模板体系，得 4 分	20		

续表

章节	分类	编号	条文内容	总分值	自评结果	得分情况说明
9 创新	加分项	9.2.8	采用建设工程质量潜在缺陷保险产品，评价总分值为 20 分，并按下列规则分别评分并累计： 1 保险承保范围包括地基基础工程、主体结构工程、屋面防水工程和其他土建工程的质量问题，得 10 分； 2 保险承保范围包括了装修工程、电气管线、上下水管线的安装工程，供热、供冷系统工程的质量问题，得 10 分	20		
		9.2.9	采取节约资源、保护生态环境、保障安全健康、智慧友好运行、传承历史文化等其他创新，并有明显效益，评价总分值为 40 分。每采取一项，得 10 分，最高得 40 分	40		

第3部分

建筑施工图的图面表达

内容提要

建筑设计通过各种图纸来表达所设计的工程项目，要求图纸的图面表达标准、规范，内容完整、全面。设计表达的宗旨是“标准、规范、统一、简洁”。一个项目工程建筑专业的图纸一般分为总平面系统图纸与建筑单体系统图纸两大部分（有些工程还有景观设计、绿化设计、室内精装修设计等系统图纸）。

本章节对总平面系统设计中的主要内容及设计要素进行了分析解读。对总平面设计中建筑物的定位控制、高程控制、原始测绘地形图的内容，总平面图的设计要求，总平面图中设计说明的内容及技术经济指标表格的内容，道路系统设计中道路坡度、宽度的确定，竖向设计中常用的术语，总平面系统中大地块场地的排水设计，综合管线设计的要求及相关规定，场地的雨水控制与利用，场地平整与土方计算以及在总平面系统设计中各类图纸的内容及具体要求，均有详细的描述。另外，对建筑单体系统中要表达的主要图纸如封面、图纸目录、建筑平面图、建筑剖面图、建筑立面图、屋顶平面图、公共楼梯间及公共卫生间详图、外墙檐口节点大样图、工程做法表及做法对照表、门窗统计表及门窗大样图等图纸均以简图说明。对每一部分必须标注的尺寸内容及设计要点都有简要的文字标注及说明。

以上两部分内容是以住房和城乡建设部《建筑工程设计文件编制深度规定》(2017 年版）的基本要求，以及国家标准《总图制图标准》GB/T 50103—2010、《建筑制图标准》GB/T 50104—2010、《房屋建筑制图统一标准》GB/T 50001—2010 为依据编写。章节内容对于统一规范图纸画法、完整全面地表达建筑项目的设计内容有一定的参照和示范作用。

1 封面及图纸目录

1.1 封面

1.1.1 深度规定条文

《建筑工程设计文件编制深度规定》(2017 年版)。

4.1.2 总封面标识的内容。

1 项目名称。

2 设计单位名称。

3 项目的设计编号。

4 设计阶段。

5 编制单位法定代表人、技术总负责人和项目总负责人的姓名及其签字或授权盖章。

6 设计日期（即设计文件交付日期）。

1.1.2 封面格式

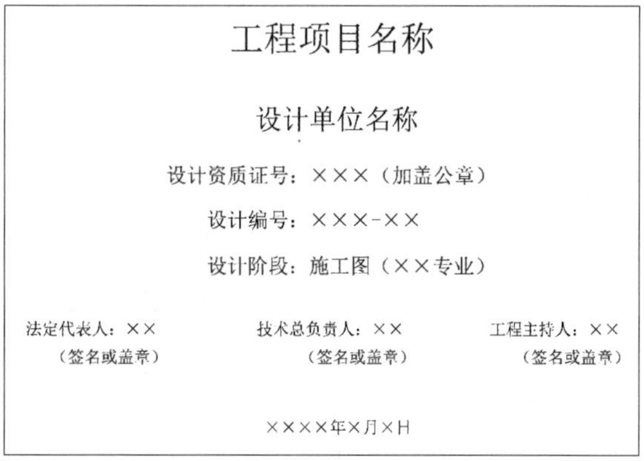

工程项目名称

设计单位名称

设计资质证号：×××（加盖公章）

设计编号：×××-××

设计阶段：施工图（××专业）

法定代表人：××（签名或盖章） 技术总负责人：××（签名或盖章） 工程主持人：××（签名或盖章）

××××年×月×日

图 3-1-1（图 3.1.1-1） 封面格式示例

1.2 图纸目录

1.2.1 图纸目录格式

图纸目录示例 **表 3-1-1（表 3.1.2-1）**

建筑					结构	给水排水	暖通空调	电气
序号	图号	图纸名称	比例	图幅				
1	建总 -1	总平面图	1：1000	A1				
2	……	……	……	……				
3	建施 -1	设计说明	1：100	A1				
4	建施 -2	首层平面	1：100	A1				
……	……	……	……	……				

1.2.2 图纸目录内容

（1）图签栏：根据国家标准《质量管理体系要求》GB/T 19001—2016 中对主要技术岗位审定人、工程主持人、专业负责人、校核人、设计人、制图人等不同岗位任职资格和岗位职责的规定，在设计图纸的签字栏中应包含以上各个职位，标题栏内容应按国家标准《房屋建筑制图统一标准》GB/T 50001—2017 标准执行。

（2）目录内容：建筑专业的图纸目录是含其他专业（结构、给水排水、暖通与空调、电气）的总目录（景观、园林绿化专项除外），其他专业可按各自专业图纸编排。

1.2.3 图纸目录编排方式

（1）总体编排方式：在工程实践中，根据按项目建设规模的大小、建设项目幢号的数量多少、建设质量标准的差异，对工程图纸的编排也应有所不同。可以按单独幢号编排，也可按特性（如住宅、商业、办公等）成组编排。

（2）单幢图纸排序：只有一幢建筑的项目，其工程图纸一般有下列内容：封面—目录—总平面图（无总图子项时）—建筑设计说明—工程做法表及做法对照表—平面图—立面图—剖面图—各类详图（楼梯大样、卫生间大样、檐口墙身大样等）—门窗统计表及门窗大样。

无总图子项时，总平面图可以以“建总 -1”“建总 -2”……的顺序列在建施图之前，也可按建施顺序排列。

（3）多个子项的项目图纸编排：对于有多个子项的工程，每一个子项仍需要有独立的图纸编排，但其内容不一定如上述“单幢项目”那样齐全，部分内容如工程做法、建筑设计说明、部分详图等可以通过编制整个项目共同使用的建筑通用图来表达。建筑通用图应显示其通用性、标准化的特点，达到统一做法、提高设计功效的作用。

1.2.4 图纸规格、编号、修改图号

（1）单项工程施工图纸宜统一为一个规格（A1、A2 或加长），整套图纸中尽量少用 A0 大图。出于报审、存档的需求，可另作 A4 版的封面及目录。

（2）大型复杂的工程或成片住宅小区的总平面图应按“总施”图单独编号出图（如总施 -1、总施 -2……），一般工程（也可以是有几个幢号的工程）的总平面图可以按建施编号（如建施 -3 总平面图），也可按“建总 -1”“建总 -2”……编号，放在“建施 -1”之前。

（3）对于工程设计的局部修改，只需在“修改栏”加以记录，而图号不变，对有较大变更的图纸，应改为升版图号来替代原有图纸，用“建施 -3A”“建施 -3B”……来表示（加 A 为第一次修改，加 B 为第二次修改）。

2 总平面系统图纸表达

2.1 深度规定条文

《建筑工程设计文件编制深度规定》（2017 年版）

4.2 总平面

4.2.1 在施工图设计阶段，总平面专业设计文件应包括图纸目录、设计说明、设计图纸、计算书。

4.2.2 图纸目录。

应先列绘制的图纸，后列选用的标准图和重复利用图。

4.2.3 设计说明。

一般工程分别写在有关的图纸上，复杂工程也可单独。如重复利用某工程的施工图图纸及其说明时，应详细注明其编制单位、工程名称、设计编号和编制日期；列出主要技术经济指标表（见表 3.3.2，该表也可列在总平面图上），说明地形图、初步设计批复文件等设计依据、基础资料，当无初步设计时，说明参见 3.3.2 条第 1 款。

民用建筑主要技术经济指标表 表 3-2-1（表 3.3.2）

序号	名称	单位	数量	备注
1	总用地面积	hm^2		
2	总建筑面积	m^2		地上、地下部分应分列，不同功能性质部分应分列
3	建筑基底总面积	hm^2		
4	道路广场总面积	hm^2		含停车场面积
5	绿地总面积	hm^2		可加注公共绿地面积
6	容积率			地上总建筑面积 ÷ 总用地面积
7	建筑密度	%		建地基地总面积 ÷ 总用地面积
8	绿地率	%		绿地总面积 ÷ 总用地面积
9	机动车停车泊位数	辆		室内、外应分列
10	非机动车停放数量	辆		

注：1 当工程项目（如城市居住区）有相应的规划设计规范时，技术经济指标的内容应按其执行。
2 计算容积率时，通常不包括 ±0.00 以下地下建筑面积。

4.2.4 总平面图。

1 保留的地形和地物。

2 测量坐标网、坐标值。

3 场地范围的测量坐标（或定位尺寸），道路红线、建筑控制线、用地红线等的位置。

4 场地四邻原有及规划的道路、绿化带等的位置（主要坐标或定位尺寸），周边场地用地性质以及主要建筑物、构筑物、地下建筑物等的位置、名称、性质、层数。

5 建筑物、构筑物（人防工程、地下车库、油库、贮水池等隐蔽工程以虚线表示）的名称或编号、层数、定位（坐标或相互关系尺寸）。

6 广场、停车场、运动场地、道路、围墙、无障碍设施、排水沟、挡土墙、护坡等的定位（坐标或相互关系尺寸）。如有消防车道和扑救场地，需注明。

7 指北针或风玫瑰图。

8 建筑物、构筑物使用编号时，应列出“建筑物和构筑物名称编号表”。

9 注明尺寸单位、比例、建筑正负零的绝对标高、坐标及高程系统（如为场地建筑坐标网时，应注明与测量坐标网的相互关系）、补充图例等。

4.2.5 竖向布置图。

1 场地测量坐标网、坐标值。

2 场地四邻的道路、水面、地面的关键性标高。

3 建筑物、构筑物名称或编号、室内外地面设计标高、地下建筑的顶板面标高及覆土高度限制。

4 广场、停车场、运动场地的设计标高，以及景观设计中，水景、地形、台地、院落的控制性标高。

5 道路、坡道、排水沟的起点、变坡点、转折点和终点的设计标高（路面中心和排水沟顶及沟底），纵坡度、纵坡距、关键性坐标，道路表明双面坡或单面坡，立道牙或平道牙，必要时标明道路平曲线及竖曲线要素。

6 挡土墙、护坡或土坎顶部和底部的主要设计标高及护坡坡度。

7 用坡向箭头或等高线表示地面设计坡向，当对场地平整要求严格或地形起伏较大时，宜用设计等高线表示，地形复杂时应增加剖面表示设计地形。

8 指北针或风玫瑰图。

9 注明尺寸单位、比例、补充图例等。

10 注明尺寸单位、比例、建筑正负零的绝对标高、坐标及高程系统（如为场地建筑坐标网时，应注明与测量坐标网的相互关系）、补充图例等。

4.2.6 土石方图。

1 场地范围的坐标或注尺寸。

2 建筑物、构筑物、挡墙、台地、下沉广场、水系、土丘等位置（用细虚线表示）。

3 一般用方格网法（也可采用断面法），20m×20m 或 40m×40m（也可采用其他方格网尺寸）方格网及其定位，各方格点的原地面标高、设计标高、填挖高度、填区和挖区的分界线，各方格土石方量、总土石方量。

4 土石方工程平衡表（见表 4.2.7）。

土石方工程平衡表　　表 3-2-2（表 4.2.7）

序号	项目	土石方量（m^3）		说明
		填方	挖方	
1	场地平整			
2	室内地坪填土和地下建筑物、构筑物挖土、房屋及构筑物基础			
3	道路、管线地沟、排水沟			包括路堤填土、路堑和路槽挖土
4	土方损益			指土壤经过挖填后的损益数
5	合计			

注：表列项目随工程内容增减。

4.2.7 管道综合图。

1 总平面布置。

2 场地范围的坐标（或注尺寸）、道路红线、建筑控制线、用地红线等的位置。

3 保留、新建的各管线（管沟）、检查井、化粪池、储罐等的平面位置，注明各管线、化粪池、储罐等与建筑物、构筑物的距离和管线间距。

4 场外管线接入点的位置。

5 管线密集的地段宜适当增加断面图，表明管线与建筑物、构筑物、绿化之间及管线之间的距离，并注明主要交叉点上下管线的标高或间距。

6 指北针。

7 注明尺寸单位、比例、图例、施工要求。

4.2.8 绿化及建筑小品布置图。

1 总平面布置。

2 绿地（含水面）、人行步道及硬质铺地的定位。

3 建筑小品的位置（坐标或定位尺寸）、设计标高、详图索引。

4 指北针。

5 注明尺寸单位、比例、图例、施工要求等。

4.2.9 详图。

道路横断面、路面结构、挡土墙、护坡、排水沟、池壁、广场、运动场地、活动场地、停车场地面、围墙等详图。

4.2.10 设计图纸的增减。

1 当工程设计内容简单时，竖向布置图可与总平面图合并；

2 当路网复杂时，可增绘道路平面图；

3 土石方图和管线综合图可根据设计需要确定是否出图；

4 当绿化或景观环境另行委托设计时，可根据需要绘制绿化及建筑小品的示意性和控制性布置图。

4.2.11 计算书。

设计依据及基础资料、计算公式、计算过程、有关满足日照要求的分析资料及成果资料等。

2.2 总平面定位图

2.2.1 总平面定位图的表达

1. 总平面定位图例图（图 3-2-2）

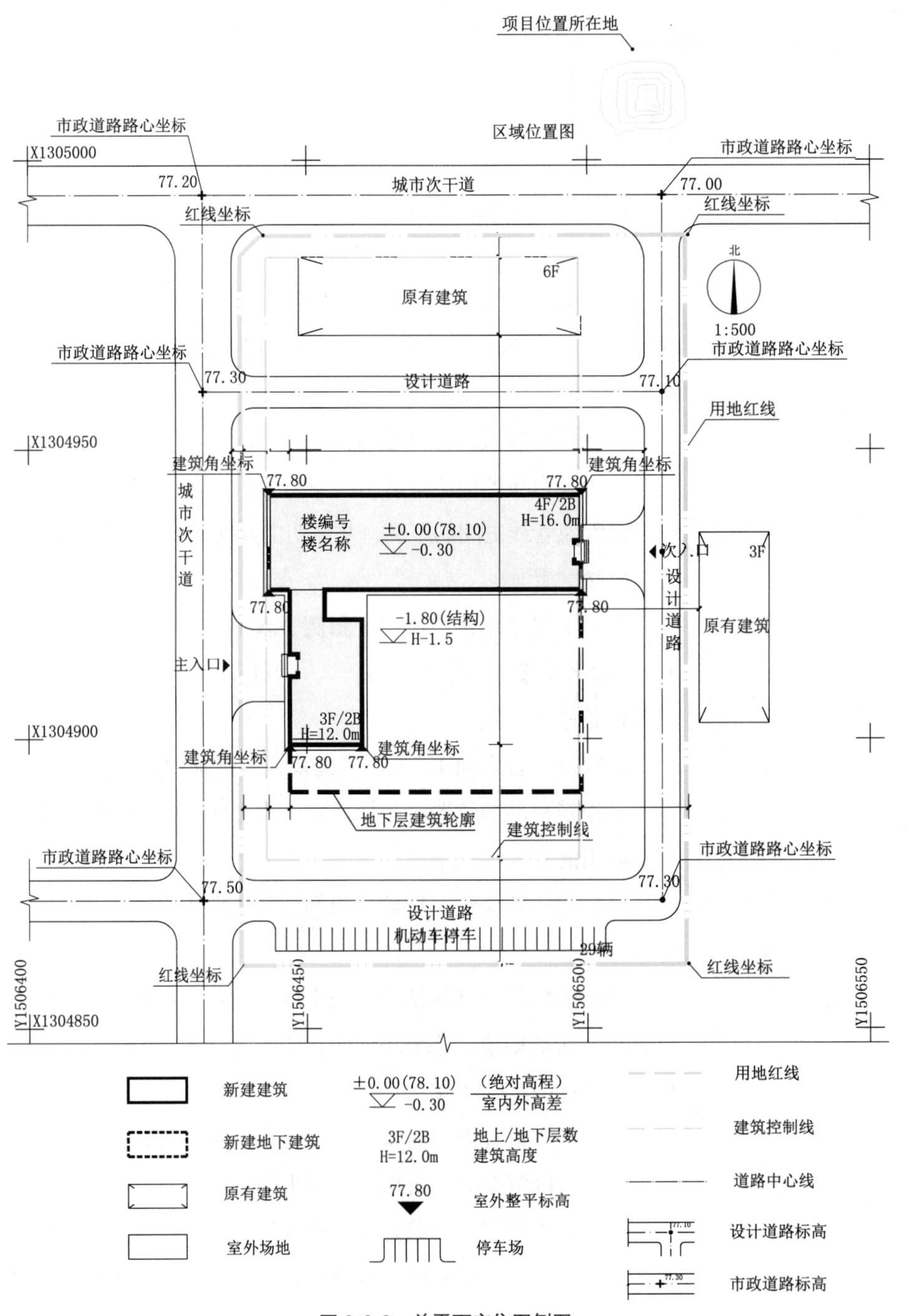

图 3-2-2 总平面定位图例图

在设计实践中，当工程设计内容较简单时（场地较小、幢号不多），一张总平面图可以包含竖向设计、道路设计、绿化及雨水排放等全部内容。但是当工程规模较大、建筑幢号较多、建筑地形复杂、场地范围较大时，一张总平面图难以清楚表达全部设计内容，此时可采用多张图纸、分项表达的方式（宜按“总平面—总平面道路及竖向设计图—总平面绿化及雨水控制利用图—总平面管线综合图”的顺序）。分项总图的设计说明及图面表达也应按分项标题排序，突出重点，其他的相关内容可以淡化或删除。

2. 绘制比例

1∶300、1∶500 或 1∶1000。

3. 原始测绘地形图

原始地形测绘图是规划、建筑设计的重要依据。根据测绘地形图可以基本了解建设场地及周围的地形、地貌状况，可以了解建设场地上现有建筑物、构筑物、地面线路状况，使建筑师能在有限的场地范围内结合地形地貌、场地建筑现状，做出合理的规划建筑设计方案。原地形和地物可单独表达，也可与设计合并表达，但以不影响新设计表达为前提。

（1）测绘地形图内容

原始地形图上除了标有测绘坐标网、坐标值、高程系统之外，还利用各种专业图例来表达地块及周边的现状。测绘地形图上一般会表示基地周边原有的道路，地形等高线，地面的河流、沟渠、陡坎，地面现存的建筑物、构筑物的位置、名称和层数，地上的架空线、入地线，地面上的种植作物、苗圃、树木，道路上的路灯、行道树，路上的涵洞、雨水口、各类井盖等。

（2）测绘地形图比例

当用于总体规划、总体布置或表示区域位置时，地形图比例一般为1∶2000、1∶5000、1∶10000、1∶25000、1∶50000；当用于单幢或多幢建筑项目时，比例一般为1∶500、1∶1000、1∶2000；当用于某项工程的总平面图、竖向布置图、管线综合图、道路平面图时，比例宜为1∶300、1∶500、1∶1000、1∶2000。

（3）地形图用网格间距

地形图上的网格间距最小为50m，一般为比例值的1/10（如1∶1000图网格距为100m，1∶2000图网格距为200m，1∶10000图网格距为1000m）。

（4）地形图图示表达

地形图常见表达方法如图3-2-3～图3-2-6。

4. 定位控制

（1）坐标系统的选择（图3-2-7）

①采用当地坐标系统：规划勘察设计部门提供控制点及坐标系。

②采用自设坐标系统：必须明确自设坐标系统与当地坐标系统的关系。通常为用地范围较大、建筑较多时采用，一般情况下不采用自设坐标系统。

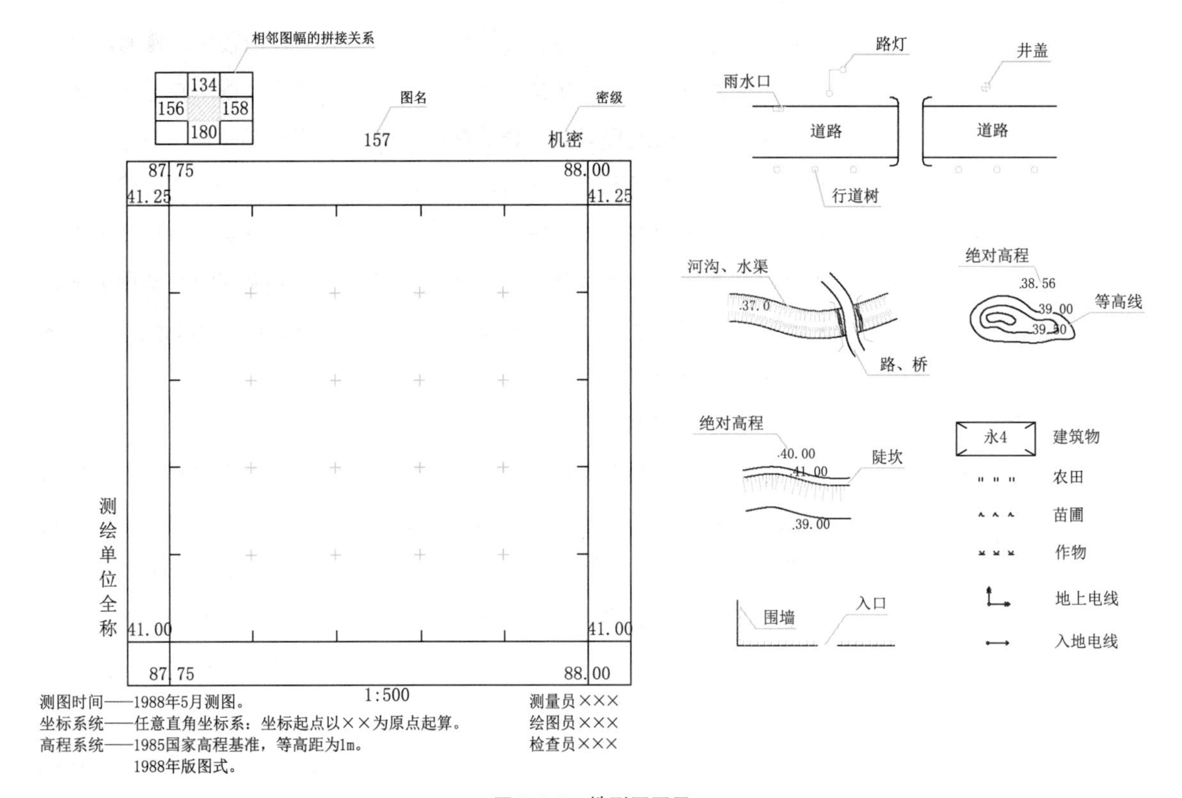

图 3-2-3　地形图图示

图 3-2-4　市区地形图例图

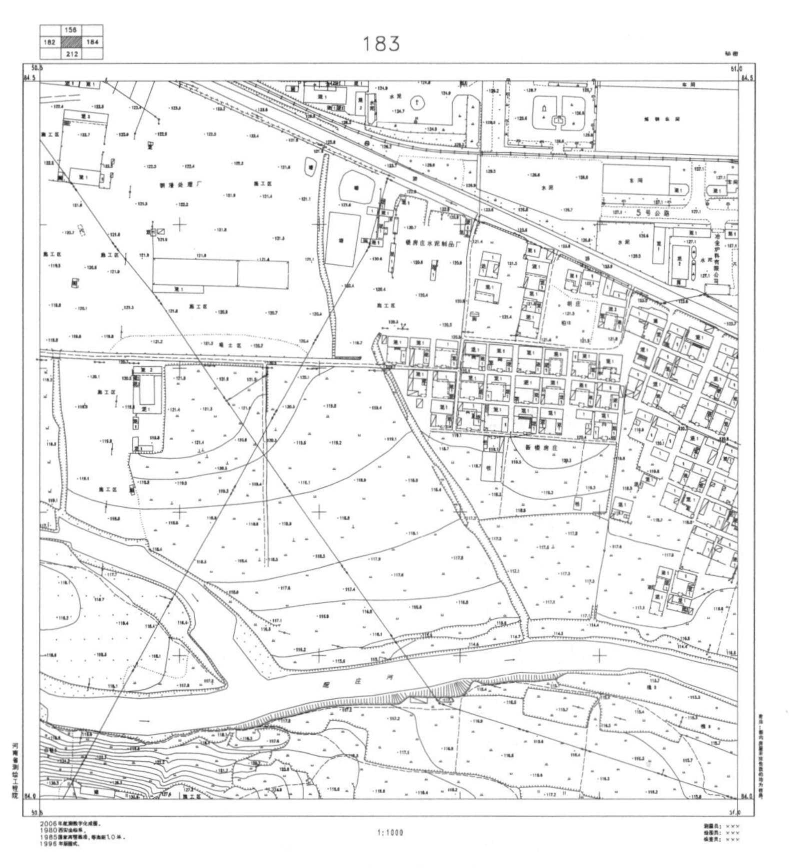

图 3-2-5 郊区地形图例图

图 3-2-6 山地地形图例图

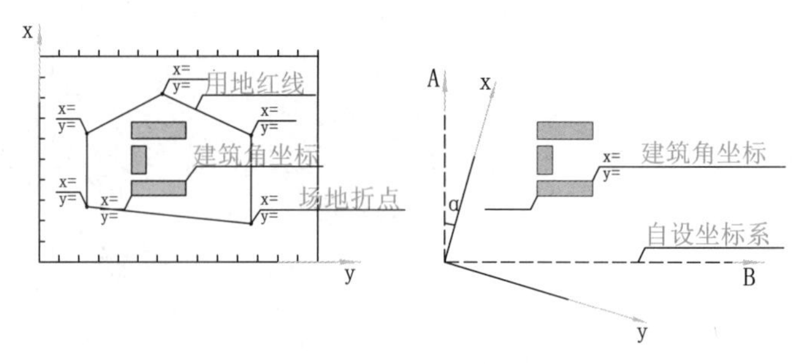

图 3-2-7 总图坐标系统示意

③用相关建筑关系尺寸控制：适用于在原有建筑中插建的单幢少量建筑。

（2）场地坐标的标注

征地红线折点（钉桩点）坐标。

（3）建筑坐标的标注

建筑外边、转角、规则形体时标出对角点坐标。

（4）一般建筑工程的标注

建筑工程是以平面直角坐标系统来定位的，一般各城市均有自己的坐标系统。

大地坐标系统是以地球经度、纬度来确定位置的系统，工程上应用较少。

5. 高程控制

1956 年黄海某地平均水面起标点定为 ±0.00（水准原点），称为黄海高程系统。

北京市以北京大学第一医院内石屋石桩标高为水准原点标高。水准原点标高为 48.623m，相当于 1985 年国家高程系统 -0.302m。1985 年国家高程基准点比 1956 年高程基准点高 0.029m。

6. 规划申报的要求

（1）标明建设场地的四角坐标、建设场地外的地形、地物。

（2）标明规划部门要求的用地红线（道路红线）和建筑控制线，并标出设计建筑与控制线及周围邻近建筑的距离。

（3）主要技术经济指标、总图说明、总图图例。

（4）场地四周的原有及规划道路，建筑物的位置、名称、层数。

（5）指北针或风玫瑰图。

（6）各地规划管理部门的其他要求。

7. 新建建筑的表达

（1）新建建筑首层平面外墙定位轮廓线以粗实线表示，上部出挑以细实线表示。建筑出入口处为细线，层数变化时建筑轮廓用细线表达。当以屋顶平面表示建筑轮廓时，应同时将首层平面轮廓以虚线、色度（色块填充）等方式表达出来。

（2）建筑内标 ±0.00 的绝对高程及室内外高差，右上角标出建筑物地上 / 地下层数及建筑高度（室外地面至屋顶檐口或女儿墙的高度），并以文字说明。标注楼名称或编号（使用编号时应列出建筑物名称编号表）、定位（坐标或相互关系尺寸，包括地上和地下部分）。

（3）标注新建建筑四角的角坐标，并标出与四邻建筑或控制线的尺寸，以及建筑四角场地整平标高。

（4）绘制建筑四周的散水、台阶、坡道、窗井等。地下室、油库水池等隐蔽工程用粗虚线、色度等易于区别的线型图例表示。其中防空地下室一般应单独绘制总平面图，以虚线、色度（色块填充）等方式表示出位置和范围，表达防护密闭门外的室外通道并标出长度。

（5）标注建筑基地周边规划道路的路心坐标及高程。

（6）标注基地出入口、建筑各出入口。

8. 总平面设计说明

（1）～（4）条为应有内容，（5）～（8）条应酌情选用，（9）～（10）条为规划审批。

（1）本工程高程采用 1985 年国家高程基准系统，坐标采用本地坐标系统。

（2）本工程所注建设场地坐标为用地红线折点（钉桩点）坐标。

（3）本工程建筑角坐标为建筑外墙结构外皮（或轴线、保温层外皮）交点的坐标。

（4）本工程标高以“米”为单位，总平面标注尺寸以“米”为单位。

（5）本图标注尺寸为建筑外墙保温层外皮（或石材幕墙装饰面外皮）之间、建筑保温层外皮（或幕墙装饰面外皮）与道路边线之间、建筑外墙保温外皮（或幕墙装饰面外皮）与用地红线之间的尺寸。

（6）本图所注道路标高为路面中心线上的点标高，道路坡度以百分数计（%），所注建筑物标高为建筑室内 ±0.00 的绝对标高，室外整平标高为室外散水坡脚、入口处台阶下的绝对标高。

（7）沥青或混凝土、高承载透水等）道路为双坡排水，道路横坡为 1.5%（或 2.0%）。

（8）本图标注的绿化、硬地铺装、水景等整体标高为场地控制性竖向规划，景观设计专业在此基础上深化竖向设计。

（9）本工程无障碍设计用以说明出入口、停车位、无障碍通道等内容，并符合现行《无障碍设计规范》GB 50763 的要求。

（10）根据《城市居住区规划设计规范》的要求应满足住宅大寒日日照 2h 的标准，对老年人居住建筑应满足冬至日 2h 日照的标准，旧区改建的项目内新建住宅的日照标准可酌情降低，但不应低于大寒日 1h 的标准；根据现行《托儿所、幼儿园建筑设计规范》JGJ 39-2016（2019 年版），应保证托幼的活动室满足冬至日 3h 日照，中小学普通教室冬至日满窗日照 2h。

9. 技术经济指标表格

（1）居住区规划要求

总平面中的技术经济指标表格对于不同的工程类别（住宅或公建）、不同的建设规模（单体或居住区）在表达时会有很大的差别。在进行居住区规划设计时，按照《城市居住区规划设计规范》的要求应考虑①居住用地控制指标、②用地平衡控制指标、③住宅建筑净密度控制指标、④公共服务设施控制指标等多项控制因素，相应的指标表格也较多。为简化和便于应用，综合技术经济指标又分为必要指标和选用指标两类供项目设计选用。

（2）一般工程的要求

对于一般规模较小的工程（如单体建筑或组团规模以下的住宅区），技术经济指标不需要反映总体规划区的各项平衡控制指标，而只要求满足规划部门已确定的规划审批条件所提的要求（如建设场地的建设用地面积、代征用地面积、容积率、建筑密度、绿化率、建筑总面积、建筑高度、机动车及非机动车停车数量等），并能总体反映项目工程的主要建设情况。

（3）表格范例（表 3-2-3、表 3-2-4）

总平面图主要技术经济指标 表 3-2-3

序号	名称	单位	数量（m^3）		备注
1	总用地面积	m^2	建设用地		
			代征（道、绿）		
2	总建筑面积	m^2			
3	地上建筑面积	m^2	住宅		
			公建		
4	地下建筑面积	m^2	住宅		
			公建		
5	总居住户数	户			
6	总居住人口	人			2.8～3.2 人 / 户
7	建筑基底总面积	m^2			
8	绿地总面积	m^2			
9	容积率	%	$\dfrac{\text{地上建筑面积}}{\text{占地用地面积}}$		
10	建筑密度	%	$\dfrac{\text{建筑基底}}{\text{建设用地}}$		
11	绿地率	%	$\dfrac{\text{绿化面积}}{\text{建设用地}}$		
12	机动车停车	辆			
13	非机动车停车	辆			

注：5、6 为住宅项目指标，公共建筑无此内容。

建（构）筑物编号 表 3-2-4

楼号—名称	建筑面积（m^2）	地上 / 地下层数	备注
1 号—行政办公楼		10F/2B	控高 45m
2 号—科研综合楼		6F	
……			
7 号—传达室		2F	
……			
9 号—消防水池		地下	

2.2.2 总平面定位图的技术要点

1. 图纸审查内容

城镇一般建设项目申报《建设工程规划许可证》时的常规审查内容如下：

（1）已审查通过设计方案的建设项目：申报图纸是否符合修建性详细规划或已审查通过的设计方案。

（2）前款规定项目以外的建设项目：

①申报图纸的用地范围与规划确定的范围一致；

②建设项目的性质符合城乡规划的要求；

③容积率符合城乡规划的要求；

④建筑高度符合城乡规划的要求；

⑤建筑密度、空地率或绿地率符合城乡规划的要求；

⑥停车位数量符合法律、法规、规章和城乡规划的要求；

⑦建筑间距符合法律、法规、规章和城乡规划技术标准的要求；

⑧居住公共服务设施符合现行法律、法规、规章、国家标准《城市居住区规划设计规范》GB 50180 及各地方规定的要求，如北京市项目需满足《北京市居住公共服务设施规划设计指标》（市规发〔2006〕384 号）文件的要求；

⑨建设项目后退道路红线的距离符合法律、法规、规章和城乡规划管理技术规定的要求；

⑩已安排了必要的水、电、气、热等市政基础设施。

（3）其他法律、法规、规章中要求审查的内容。

2. 建筑高度的计算

《北京地区建设工程规划设计通则》2012 年 10 月版技术篇第三章第二节

二、相关规定

1．一般地区，平顶房屋建筑高度按室外地坪至建筑物女儿墙高度或挑檐上檐口高度计算（图 1，H_1）。屋顶上的附属物如电梯间、楼梯间、水箱间、烟囱等，其总水平投影面积不超过屋顶面积的 20%，且高度小于等于 4m 的，不计入建筑高度之内。

一般地区，坡顶房屋当屋面坡度小于等于 30° 时，按室外地坪至檐口上沿高度计算（图 2，H），当屋面坡度大于 30° 时，应同时计算并标注室外地坪至檐口上沿和屋脊的高度（图 2，H_1、H_2）。空调冷却塔等设备高度不计入建筑高度。

对于屋顶部分采取错落方式的复杂形体建筑，一般按建筑具有实际使用功能层计算建筑高度；遇具有实际使用功能的，其投影面积或附属物投影面积之和超过标准层建筑面积 20%的，以最高点计算建筑高度（图 3）。

2．在文物保护单位保护范围及建设控制地带内和重要风景区附近的建筑物、世界遗产保护范围及有净空高度限制的机场、航线、电台、电信、微波通信、气象台、卫星地面站等地区，建筑高度指建筑物及其附属构筑物的最高点，包括电梯间、楼梯间、水箱、烟囱、屋脊、天线、避雷针等（图 1，H_1）。

3．建筑物高出屋顶（女儿墙）的部分应通透，其在各方向投影面积大于建筑投影面积 20% 的，按照最高点计算建筑高度。

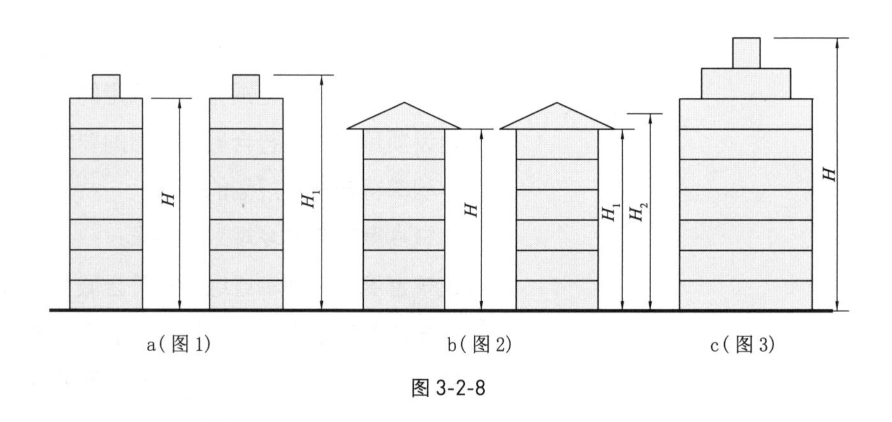

图 3-2-8

4．建筑室外地坪指建筑外墙散水处。当建筑不同位置的散水高程不一致时，以计算建筑高度相关方向的散水平均位置为室外地坪（图 4 中 B 栋建筑高度取 H_1）。

5．在规划市区范围内建筑物散水高出相邻城市规划道路高程 0.5m 及以上时，建筑高度从道路路面计起。

3. 建筑退线退界

建筑退线首先应参考各地城市规划管理条例等规划管理文件。

以下以北京市为例，摘自《北京地区建设工程规划设计通则》2012 年 10 月版技术篇第三章第四节

二、建筑退线

建筑退线指建筑物根据城市规划要求后退五种规划控制线（如城市道路红线、城市绿地绿线、文物保护范围紫线、铁路边界黄线、河湖边界蓝线等）。

退线距离指临规划控制线一侧建筑物外墙外皮（不含居住建筑阳台）最突出处与该控制线之间的水平方向的垂直距离。

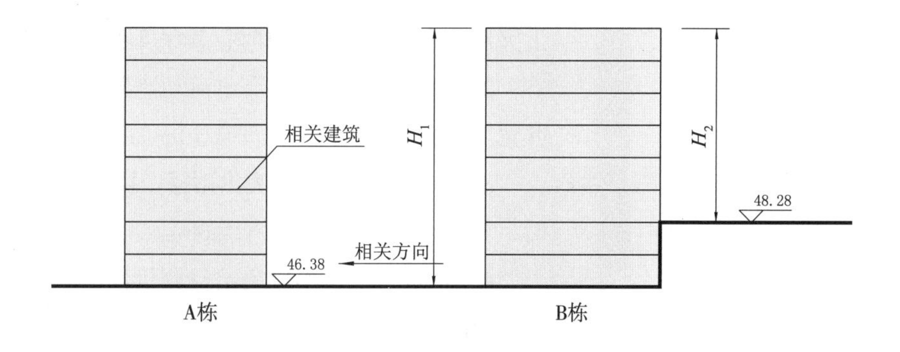

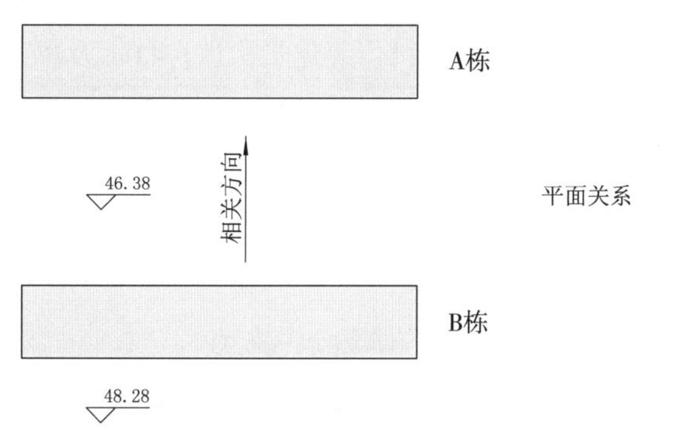

图 3-2-9（图 4）

沿建设用地边界线和沿城市道路、公路、河道、铁路、轨道交通两侧的建筑，退让距离除应当符合消防、环保、防洪和交通安全等方面的规定外，还应当符合以下规定：

（1）不得突出建筑红线的建筑部件

《民用建筑设计统一标准》GB 50352—2019

4.3.1 除骑楼、建筑连接体、地铁相关设施及连接城市的管线、管沟、管廊等市政公共设施以外，建筑物及其附属的下列设施不应突出道路红线或用地红线建造：

1 地下设施，应包括支护桩、地下连续墙、地下室底板及其基础、化粪池、各类水池、处理池、沉淀池等构筑物及其他附属设施等；

2 地上设施，应包括门廊、连廊、阳台、室外楼梯、凸窗、空调机位、雨篷、挑檐、装饰构架、固定遮阳板、台阶、坡道、花池、围墙、平台、散水明沟、地下室进风及排风口、地下室出入口、集水井、采光井、烟囱等。

（2）允许突出道路红线的建筑部件

《民用建筑设计统一标准》GB 50352—2019

4.3.2 经当地规划行政主管部门批准，既有建筑改造工程必须突出道路红线的建筑突出物应符合下列规定：

1 在人行道上空：

1）2.5m 以下，不应突出凸窗、窗扇、窗罩等建筑构件；2.5m 及以上突出凸窗、窗扇，窗罩时，其深度不应大于 0.6m。

2）2.5m 以下，不应突出活动遮阳；2.5m 及以上突出活动遮阳时，其宽度不应大于人行道宽度减 1.0m, 并不应大于 3.0m。

3）3.0m 以下，不应突出雨篷、挑檐；3.0m 及以上突出雨篷、挑檐时，其突出的深度不应大于 2.0m。

4）3.0m 以下，不应突出空调机位；3.0m 及以上突出空调机位时，其突出的深度不应大于 0.6m。

2 在无人行道的路面上空，4.0m 以下不应突出凸窗、窗扇、窗罩、空调机位等建筑构件；4.0m 及以上突出凸窗、窗扇、窗罩、空调机位时，其突出深度不应大于 0.6m。

3 任何建筑突出物与建筑本身均应结合牢固。

4 建筑物和建筑突出物均不得向道路上空直接排泄雨水、空调冷凝水等。

（3）建筑控制线

各地方城市规划行政主管部门在用地红线范围内另行划定建筑控制线时，建筑物的基底不应超出建筑控制线，突出建筑控制线的建筑突出物和附属设施应符合当地城市规划的要求。

以北京地区为例：

《北京地区建设工程规划设计通则》2012 年 10 月版技术篇第三章第四节

3 建筑工程退让一般城市道路红线的距离

城市道路两侧建筑工程与城市道路的距离，应按照经审查同意的城市设计研究确定；未进行城市设计的，应综合城市景观、交通组织等因素研究确定，但不得小于下列规定。

（1）建筑工程与一般城市道路红线之间的最小距离

建筑工程与一般城市道路红线之间的最小距离（m） 表 3-2-5

建筑类别 \ 建筑高度 \ 交通开口 \ 道路宽度		0<D≤20		20<D≤30		30<D≤60		60>D	
		无口	有口	无口	有口	无口	有口	无口	有口
居住建筑	0<H≤18	>1(>0)	>1(>0)	>1(>0)	>1(>0)	>1(>0)	>1(>0)	>1(>0)	>1(>0)
	18<H≤30	>1(>0)	>1(>0)	>1(>0)	>3(>0)	>3(>0)	>3(>0)	>3(>0)	>3(>0)
	30<H≤45	>1(>0)	>3(>0)	>3(>0)	>3(>0)	>3(>0)	>5(>3)	>5(>3)	>5(>3)
	45<H≤60	>3(>0)	>3(>0)	>3(>0)	>5(>3)	>5(>3)	>5(>3)	>5(>3)	>7(>5)
	H>60	>3(>0)	>5(>3)	>5(>3)	>5(>3)	>5(>3)	>7(>5)	>7(>5)	>7(>5)

续表

建筑类别 \ 建筑高度 \ 交通开口 \ 道路宽度		0<D≤20		20<D≤30		30<D≤60		60>D	
		无口	有口	无口	有口	无口	有口	无口	有口
行政、科研办公	0<H≤18	>1(>0)	>1(>0)	>1(>0)	>1(>0)	>1(>0)	>1(>0)	>1(>0)	>3(>0)
	18<H≤30	>1(>0)	>3(>0)	>3(>0)	>3(>0)	>3(>0)	>3(>0)	>3(>0)	>5(>3)
	30<H≤45	>3(>0)	>3(>0)	>3(>0)	>5(>3)	>5(>3)	>5(>3)	>5(>3)	>7(>5)
	45<H≤60	>3(>0)	>5(>3)	>5(>3)	>5(>3)	>5(>3)	>7(>5)	>7(>5)	>7(>5)
	H>60	>5(>3)	>5(>3)	>5(>3)	>7(>5)	>7(>5)	>7(>5)	>7(>5)	>10(>7)
商务办公	0<H≤18	>1(>0)	>1(>0)	>1(>0)	>1(>0)	>1(>0)	>3(>0)	>3(>0)	>3(>0)
	18<H≤30	>3(>0)	>3(>0)	>3(>0)	>3(>0)	>3(>0)	>5(>3)	>5(>3)	>7(>5)
	30<H≤45	>3(>0)	>5(>3)	>5(>3)	>5(>3)	>5(>3)	>7(>5)	>7(>5)	>7(>5)
	45<H≤60	>5(>3)	>5(>3)	>5(>3)	>7(>5)	>7(>5)	>7(>5)	>7(>5)	>10(>7)
	H>60	>5(>3)	>7(>5)	>7(>5)	>7(>5)	>7(>5)	>10(>7)	>10(>7)	>10(>7)
金融商贸服务设施（商业、宾馆等）	0<H≤18	>1(>0)	>1(>0)	>1(>0)	>3(>0)	>3(>0)	>5(>3)	>5(>3)	>5(>3)
	18<H≤30	>3(>0)	>3(>0)	>3(>0)	>5(>3)	>5(>3)	>7(>5)	>7(>5)	>7(>5)
	30<H≤45	>5(>3)	>5(>3)	>5(>3)	>7(>5)	>7(>5)	>7(>5)	>7(>5)	>10(>7)
	45<H≤60	>5(>3)	>7(>5)	>7(>5)	>7(>5)	>7(>5)	>10(>7)	>10(>7)	>10(>7)
	H>60	>7(>5)	>7(>5)	>7(>5)	>10(>7)	>10(>7)	>10(>7)	>10(>7)	>10(>7)
大型集散建筑（剧场、展览、交通场站、体育场馆等）	0<H≤18	>3(>0)	>3(>0)	>3(>0)	>5(>3)	>5(>3)	>5(>3)	>5(>3)	>7(>5)
	18<H≤30	>5(>3)	>5(>3)	>5(>3)	>7(>5)	>7(>5)	>7(>5)	>7(>5)	>10(>7)
	30<H≤45	>5(>3)	>7(>5)	>7(>5)	>7(>5)	>7(>5)	>10(>7)	>10(>7)	>10(>7)
	45<H≤60	>7(>5)	>7(>5)	>7(>5)	>10(>7)	>10(>7)	>10(>7)	>10(>7)	>10(>10)
	H>60	>7(>5)	>10(>7)	>10(>7)	>10(>7)	>10(>7)	>10(>10)	>10(>10)	>10(>10)
大型医疗卫生	0<H≤18	>1(>0)	>1(>0)	>1(>0)	>3(>0)	>3(>0)	>5(>3)	>5(>3)	>5(>3)
	18<H≤30	>3(>0)	>3(>0)	>3(>0)	>5(>3)	>5(>3)	>7(>5)	>7(>5)	>7(>5)
	30<H≤45	>5(>3)	>5(>3)	>5(>3)	>7(>5)	>7(>5)	>7(>5)	>7(>5)	>10(>7)
	45<H≤60	>5(>3)	>7(>5)	>7(>5)	>7(>5)	>7(>5)	>10(>7)	>10(>7)	>10(>7)
	H>60	>7(>5)	>7(>5)	>7(>5)	>10(>7)	>10(>7)	>10(>7)	>10(>7)	>10(>7)

注:（1）括号内数字适用于二环路以内地区。

（2）建筑退规划道路红线的距离二层以上部分可以适当减少，但最小距离不得小于相应数值的下一档数值。

（3）交通开口系指建设工程邻规划道路一侧设置机动车进入建设用地的出入口。

（4）规划建筑与规划道路红线距离不一致时，各点距离的平均值不小于上表数值，且最小距离不得小于相应数值的下一档数值。

（5）有关其他建筑在底层设置不大于 $1000m^2$ 建设规模的商业用房时，应按照表中数据乘以 1.1 的系数。

（6）城市道路两侧现有建筑物翻建或建设临时建设工程，按规定保留距离的宽度确有困难的，可适当照顾。但建设工程与现有城市道路路面边线的距离，不得小于 6～10m。

（4）其他规定

《北京地区建设工程规划设计通则》2012 年 10 月版技术篇第三章第四节

（2）其他规定

a．机动车流量超过每小时 270 辆时，学校主要教学用房的外墙面与次干道（含次干道）道路同侧路边的距离不应小于 80m，当小于 80m 时，必须采取有效的隔声措施。

b．中小型电影院、剧场建筑从红线退后距离应符合城市规划按 $0.2m^2$/ 座留出集散空地的要求；大型、特大型电影院除应满足此要求外，且深度不应小于 10m。当剧场前面集散空地不能满足这一规定，或剧场前面疏散口的总宽不能满足计算要求时，应在剧场后面或侧面另辟疏散口，并应设有与其疏散容量相适应的疏散通道通向空地。剧场建筑后面及侧面临接道路可视为疏散通路，宽度不得小于 3.50m。

c．新建影剧院、游乐场、体育馆、展览馆、大型商场等有大量人流、车流集散的多、低层建筑（含高层建筑裙房），其面临城市道路的主要出入口后退道路规划红线的距离，除经批准的详细规划另有规定外，不得小于 10m，并应留出临时停车或回车场地。

d．建设项目临规划城市道路交叉口的，除按上表执行外，应当按照《北京市人民政府关于在城市道路两侧和交叉路口周围新建、改建建筑工程若干规定》的规定执行。道路交叉口四周的建筑物后退道路规划红线的距离，不得小于 5m，自道路规划红线拓宽前直线段延长线交汇点起 30m 范围内，退让道路红线不小于 10m。

e．沿城市高架道路两侧新建、改建、扩建居住建筑，除按上表执行外，其沿高架道路主线边缘线后退距离，不小于 30m；其沿高架道路匝道边缘线后退距离，不小于 15m。

（二）建筑退让绿化控制线（退让绿线）

建筑在解决市政、交通、消防等问题的前提下可不退让绿化控制线。

（三）建筑退让文物控制线（退让紫线）

建筑在解决市政、交通、消防等问题的前提下可不退让文物控制线。

旧城内建设项目核发规划条件之前，应就建设项目用地范围内现存建筑是否具有保护价值，征求市文物行政主管部门和专家的意见。根据文物的重要等级及相应的文物保护规划划定的文物保护建控的要求进行建筑退让及限高要求。

位于文物保护单位保护范围内的建设项目，核发选址意见书或规划条件之前，应征求市文物行政主管部门的意见。

（四）建筑退让水体控制线（退让蓝线）

建筑在解决市政、交通、消防等问题的前提下可不退让蓝线。

（五）建筑退让基础设施控制线（退让黄线）

1．铁路

（1）高速铁路两侧的建筑工程与轨道中心线的距离不得小于 50m；铁路干线两侧的建筑工程与轨道中心线的距离不得小于 20m；铁路支线、专用线两侧的建筑工程与轨道中心线的距离不得小于 15m；铁路两侧的围墙与轨道中心线的距离不得小于 10m，围墙的高度不得大于 3m。

（2）铁路两侧的高层建筑、高大构筑物（水塔、烟囱等）、危险品仓库和厂房与轨道中心线的距离须经铁路主管部门审核后确定。

（3）在铁路道口附近进行建设的，须符合铁路道口管理的有关规定。

（4）悬浮交通线两侧新建、改建、扩建建筑物，其后退轨道中心线距离除有关规划另有规定外，不得小于 50m。

（5）沿地面和高架轨道交通两侧新建、改建、扩建建筑物，其后退线路轨道外边线外侧距离除另有规定外，不得小于 30m。

（6）沿地下轨道交通两侧新建、改建、扩建建筑物，其后退隧道外边线外侧距离应符合轨道交通管理的有关规定。

2．高压走廊

在电力线路保护区范围内，不得新建、改建、扩建建筑物。

（1）架空电力线路保护区，指导线边线向外侧延伸所形成的两平行线内的区域。

a．一般地区沿架空电力线路两侧新建、改建、扩建建筑物，其后退导线边线距离除有关规划另有规定外，不得小于以下距离：

500 千伏，30m；

220 千伏，20m；

110 千伏，12.5m；

35 千伏，10m。

在中心城区内的建筑物，以上规定确有困难的，其后退距离由城市规划管理部门会同电力、环保部门核定。

城市高压架空线沿建筑布置的，应满足环保、电力部门的要求，并按国家相关规范要求留出必要的安全距离。

b．中心城和郊区城镇人口密集地区，沿架空电力线路两侧新建、改建、扩建建筑物，其后退线路中心线距离应符合电力管理的有关规定。

（2）电力电缆线路保护区，指地下电力电缆线路向外两侧延伸所形成的两平行线内的区域。其每边向外侧延伸的距离应不小于 0.75m。

3．市政基础设施防护距离按相关的技术规范规定执行，相关内容详见第二部分第五章。

4．重大危险品设施详见相关技术规范规定执行。

4. 建筑间距

《北京地区建设工程规划设计通则》技术篇第三章第五节

一、建筑间距

建筑间距指两栋建筑物或构筑物外墙外皮最凸出处（不含居住建筑阳台、首层门厅、东西南等采光面一侧的外挂楼电梯厅及采光面的立面装饰构件）之间的水平距离。

确定间距应以满足建筑间距系数为基础，综合考虑防火、防震、通风（通风间距）、采光、视线干扰（生活私密性间距）、防噪、绿化、卫生、管线敷设、建筑布局形式以及节约用地等因素，并满足相关规定。

建筑间距的取值不得小于建筑计算间距、建筑防火间距、生活私密性间距等间距中的最大值。

（一）建筑计算间距

建筑计算间距指通过间距系数计算得出的间距。

1. 相关定义

（1）遮挡建筑

遮挡建筑指对相邻现状或规划建筑（指已取得建设工程规划许可或已取得设计方案审查意见的规划建筑）的日照条件产生影响的建筑（图 1）。

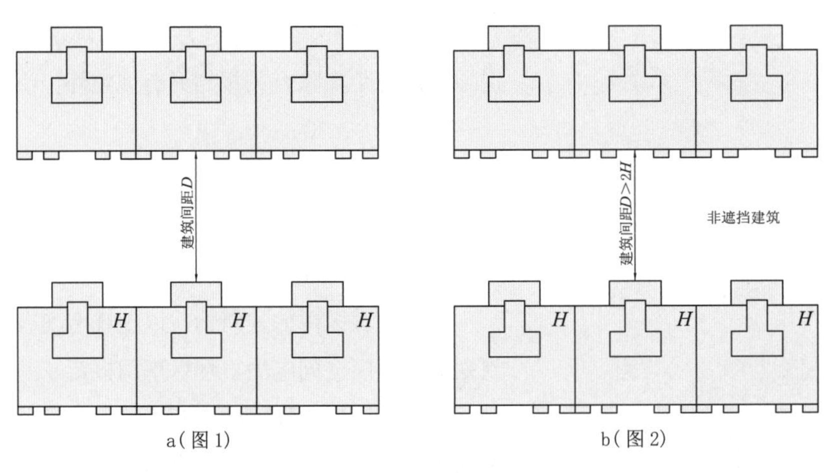

a（图 1）　　b（图 2）

图 3-2-10

当建筑与北侧建筑在正南北方向的水平距离超过其自身高度 2 倍时，不视为遮挡建筑（图 2）。

（2）被遮挡建筑

被遮挡建筑指日照条件因其他建筑的建设或存在而受到影响的建筑。

（3）建筑计算间距系数（简称间距系数）

正南北或正东西方向上出现重叠的建筑之间，遮挡建筑与被遮挡建筑在正南北或正东西方向上的水平距离与遮挡建筑高度的比值。

被遮挡建筑与遮挡建筑在相对面上有窗时均须计算间距系数。

（4）建筑的长高比

建筑的长高比指建筑的长度与其高度的比值。

建筑的长度指建筑平面剖切线在各方向的水平投影长度中的最大值（图3）。

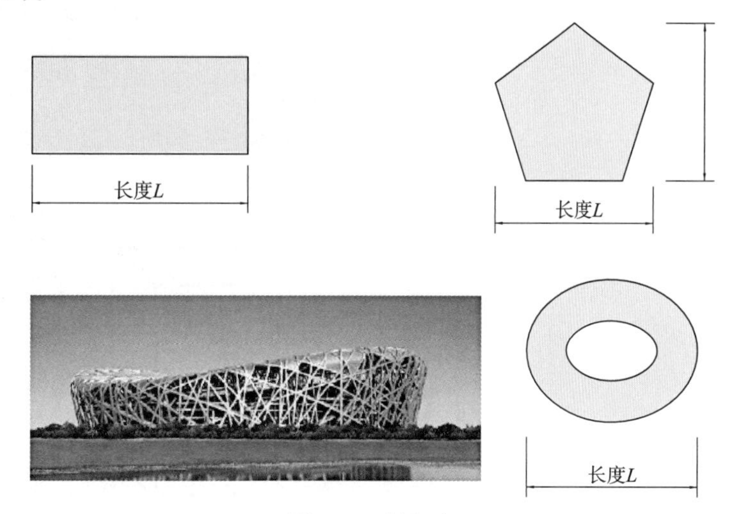

图3-2-11（图3）

（5）塔式建筑

指各方向投影立面的长高比均小于1，且长度小于50m的建筑（图4）。

图3-2-12（图4）

（6）板式建筑

指各方向投影立面的长高比存在两面及以上大于等于1，且整体外形近似于单个长方体的建筑（图5）。各方向投影立面的长高比均小于1、但长度大于等于50m的建筑定义为板式建筑（图6）。

（7）复杂形体

a（图 5）

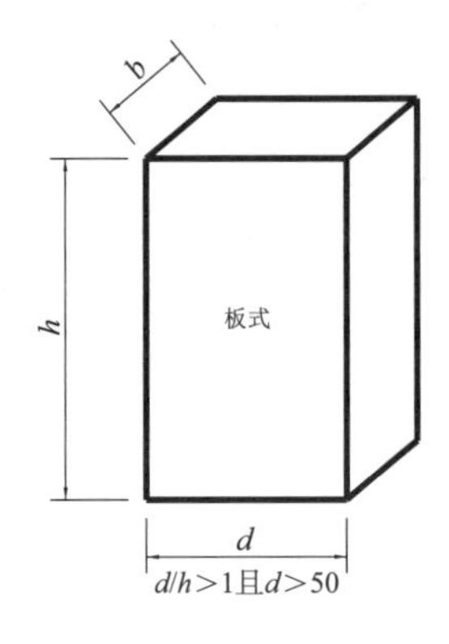

b（图 6）

图 3-2-13

a（图7）

b（图8）

图 3-2-14

不能简单确定为塔式建筑，也不能简单确定为板式建筑的建筑，包括由塔式建筑和板式建筑以各种方式组合而成的建筑（图 7），以及自身形体复杂的建筑（图 8）。

（8）建筑物两侧

指建筑物正东、正西两侧小于等于 2 倍其东西方向长度的范围（图 9）。

（9）长边、端边

塔式建筑各方向的长度均为长边。

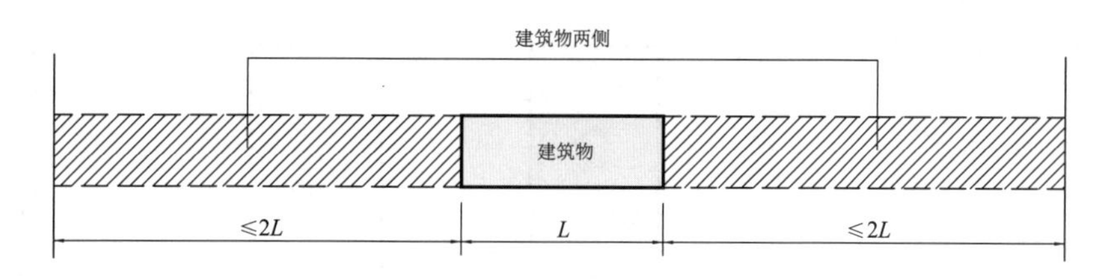

图 3-2-15（图 9）

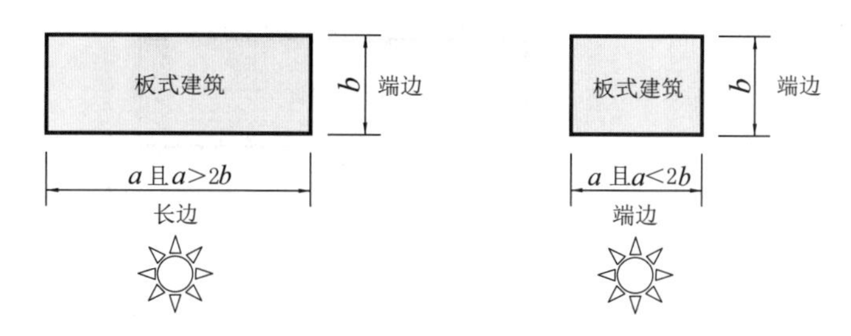

图 3-2-16（图 10）

板式建筑主要朝向的长度大于次要朝向的长度 2 倍以上时，其主要朝向的建筑外墙称长边，次要朝向的建筑外墙称端边；板式建筑主要朝向的长度大于次要朝向的长度 2 倍以下时，其各朝向的建筑外墙均为长边（图 10）。

2. 间距系数（R）规定

（1）计算建筑间距系数的情形

a. 二层和二层以上的建筑工程遮挡二层和二层以上居住建筑，二层和二层以上居住建筑的居室窗位于朝向南偏东（或偏西）60°～105° 范围内时，只计算其居室窗朝向正东（或西）方向上板式遮挡建筑的间距系数，不计算其居室窗朝向正东（或西）方向上塔式遮挡建筑的间距系数。

二层和二层以上居住建筑的居室窗位于朝向南偏东（或偏西）小于 60° 范围内时，只计算其居室窗朝向方向上平行相对的板式遮挡建筑和正南方向上遮挡建筑的间距系数。当被遮挡建筑朝向相互垂直的居室窗数量相差 10 倍以上时，只计算多数居室窗所在朝向上遮挡建筑的间距系数。

b. 一层建筑工程位于二层及二层以上居住建筑南侧时，参照《北京市生活居住建筑间距暂行规定》计算一层建筑工程间距系数。

平房居住建筑位于二层及二层以上居住建筑东西两侧时，不计算间距系数（图 11）。其他一层建筑工程位于二层及二层以上居住建筑东西两侧时参照《北京市生活居住建筑间距暂行规定》计算建筑工程间距系数。

c. 二层和二层以上建筑工程遮挡平房居住建筑时，需计算间距系数，该平房居住建筑的居室窗位于朝向南偏东（或偏西）小于 105° 范围内时，只该居室正南方向上遮挡建筑的间距系数（图 12）。

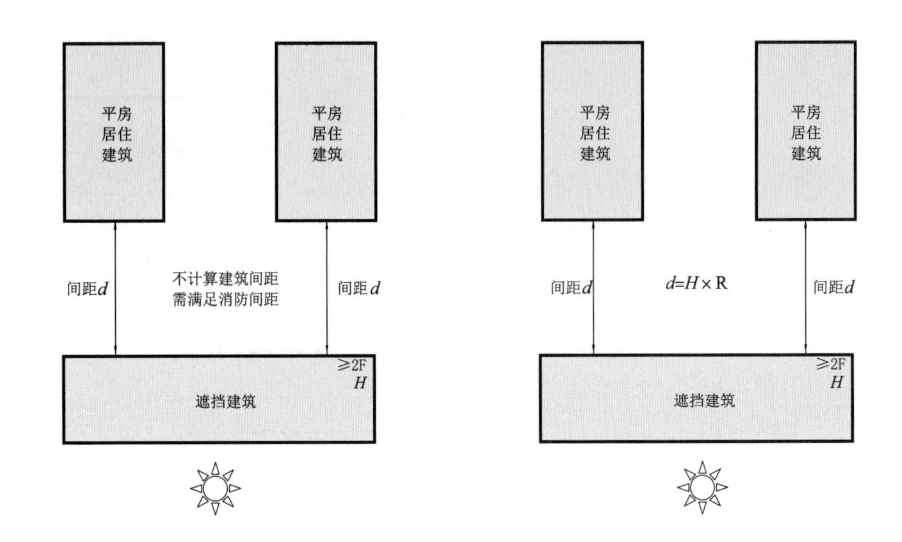

图 3-2-17（图 11）

d. 四合院、农村宅基地农宅等平房居住建筑之间不计算间距系数（图 13）。

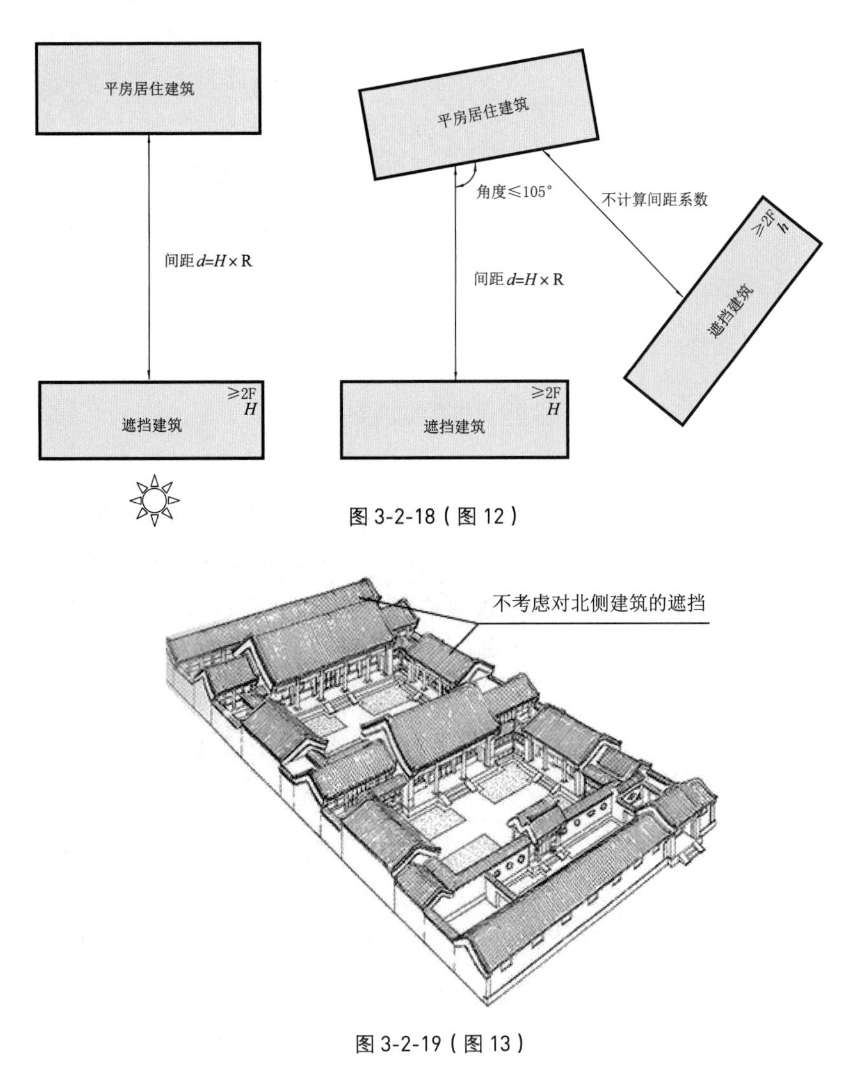

图 3-2-18（图 12）

图 3-2-19（图 13）

e. 公共建筑被遮挡，只有在其工作用房开窗位于朝向南偏东（或偏西）小于45° 范围内时，计算其正南方向上遮挡建筑的间距系数（图14a），其余情形均不计算间距系数（图14b）。

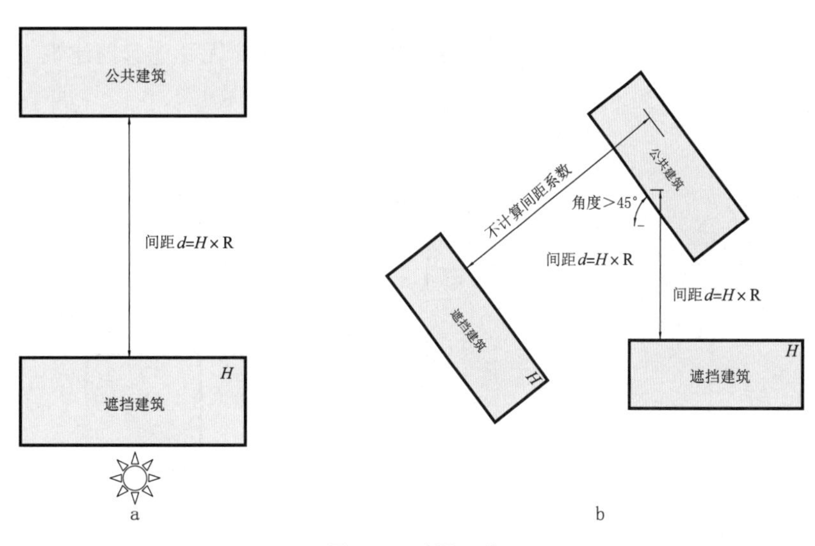

图 3-2-20（图 14）

3. 居住建筑（即居民住宅）间距系数

（1）遮挡建筑为板式建筑

板式居住建筑的长边平行相对布置时，根据其朝向和与正南的夹角不同，长边之间的建筑间距系数不得小于表3-2-6规定的建筑间距系数（图15）

群体布置时板式居住建筑的间距系数 表 3-2-6

建筑朝向与正南夹角	0° ～20°	20° 以上～60°	60° 以上
新建区	1.7	1.4	1.5
改建区	1.6	1.4	1.5

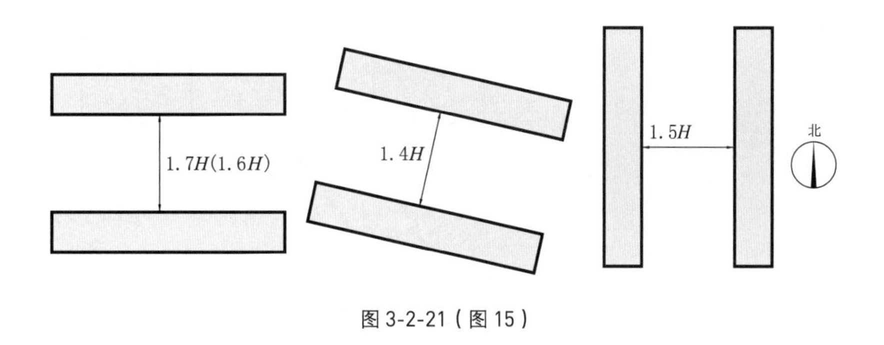

图 3-2-21（图 15）

建筑朝向与正南夹角在 20°～60° 范围内执行 1.4 倍间距系数时，须同时按照正南北方向 1.6H 倍间距系数进行校核。

鉴于没有绝对平行相对的建筑，在相关建筑之间基本平行时（两建筑夹角小于 5°）时，可按照群体布置的间距系数计算建筑间距。

在规划设计中要特别注意两个临界角度（20°、60°）的准确性。

新建居住区和旧城改建区的多层住宅建筑间距系数均按 1.6 倍控制。

（2）遮挡建筑为塔式建筑

a. 单栋建筑在两侧无其他遮挡建筑（含规划建筑）时，与其正北侧居住建筑的间距系数不得小于 1.0（图 16）。

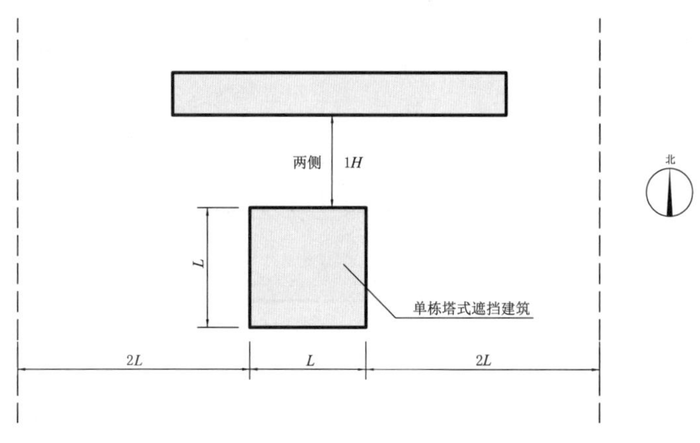

图 3-2-22（图 16）

b. 多栋塔式建筑成东西向单排布置（塔式建筑之间正东西向投影有重叠）时，与其北侧居住建筑的建筑间距系数，按下列规定执行：

（a）相邻塔式建筑的间距等于或大于单栋塔式建筑的长度时（该间距范围内无其他遮挡建筑），建筑间距系数不得小于 1.2（图 17）。

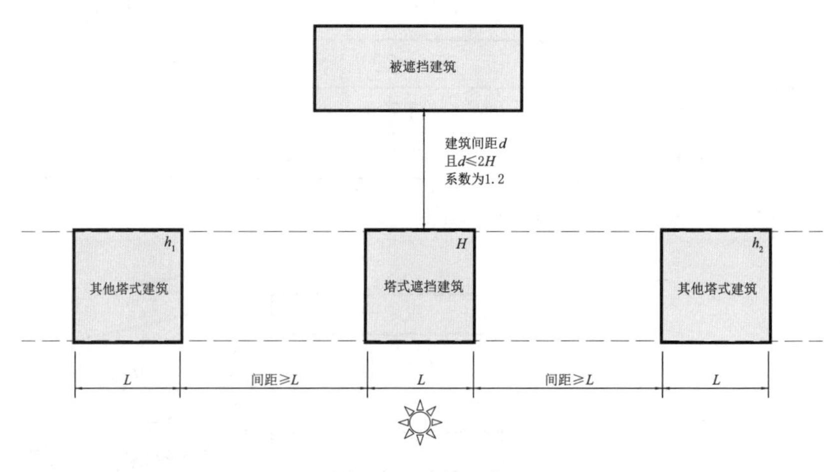

图 3-2-23（图 17）

（b）相邻塔式建筑的间距小于单栋塔式建筑的长度时（该间距范围内无其他遮挡建筑），塔式居住建筑长高比的长度，可按各塔式居住建筑的正面长度与间距之和计算，并根据其不同的长高比，采用不得小于表 3–2–7 规定的建筑间距系数；如相邻建筑与其两侧相邻建筑的间距小于

多栋塔式居住建筑的间距系数 表 3-2-7

遮挡阳光建筑群的长高比	1.0 以下	1.0～2.0	2.0 以上～2.5	2.5 以上
新建区	1.0	1.2	1.5	1.7
改建区	1.0	1.2	1.5	1.6

该相邻建筑的长度时，应计算全部相关建筑的长度与间距之和（图 18）。

长高比大于 1 且小于 2 的单栋建筑与其北侧居住建筑的间距，可按上述规定执行。

c. 多栋塔式建筑错落布置（塔式建筑之间正东西向投影没有重叠）、遮挡建筑东西两侧两倍面宽控制线范围内有其他塔式建筑存在，其他塔式建筑与被遮挡建筑及被遮挡建筑的延长线的南北向垂直距离小于或等于其他塔式建筑两倍高度的，遮挡建筑的间距系数按 1.2 执行（图 19）。

其他塔式建筑与被遮挡建筑及被遮挡建筑延长线的南北向垂直距离大于其他塔式建筑 2 倍高度的，遮挡建筑的间距系数按 1.0 执行（图 20）。

被遮挡建筑东南角正东偏南 22.5°，西南角正西偏南 22.5° 范围内的建筑不作为遮挡建筑（图 21）。

（3）遮挡建筑为复杂形体建筑

a. 遮挡建筑为由塔式建筑和板式建筑以各种方式组合而成的复杂形体建筑板式部分在下方的建筑，对其北侧遮挡建筑的间距应先计算板式部分建筑间距系数 1.6 或 1.7，超出板式的部分再根据其长高比确定体型及综合考虑周边建筑布置情况后，采用相应的间距系数（当采用塔式间距系数时，需满足塔式建筑间距系数的相关规定），最终以间距最不利情况确定建筑间距（图 22）。当板式部分与其北侧被遮挡建筑的间距系数达到 2 倍及以上时，可不考虑其影响，直接计算其他部分的建筑间距系数（图 23）。

板式部分在上方的建筑，按整体核算长高比确定体型后，采用相应的间距系数（图 24）。

复杂形体建筑与其正北方向或正东西方向被遮挡建筑的间距系数，可采取对遮挡建筑在水平方向或垂直方向，从下至上做水平向剖面、从北至南做东西向剖面或从东至西做南北向剖面的方式，对建筑各个部分进行剖面计算，剖面的长高比小于 1 时，按塔式计算；大于 1 时按板式计算，最终以最大间距控制。

b. 遮挡建筑为自身形体复杂的复杂形体建筑与其正北方向或正东西方向被遮挡建筑的间距，可采取对遮挡建筑从北至南做东西向剖面或从东至西做南北向剖面的方式，剖面的长高比小于 1 时，按塔式计算；大于 1 时按板式计算，最终以最大间距控制。

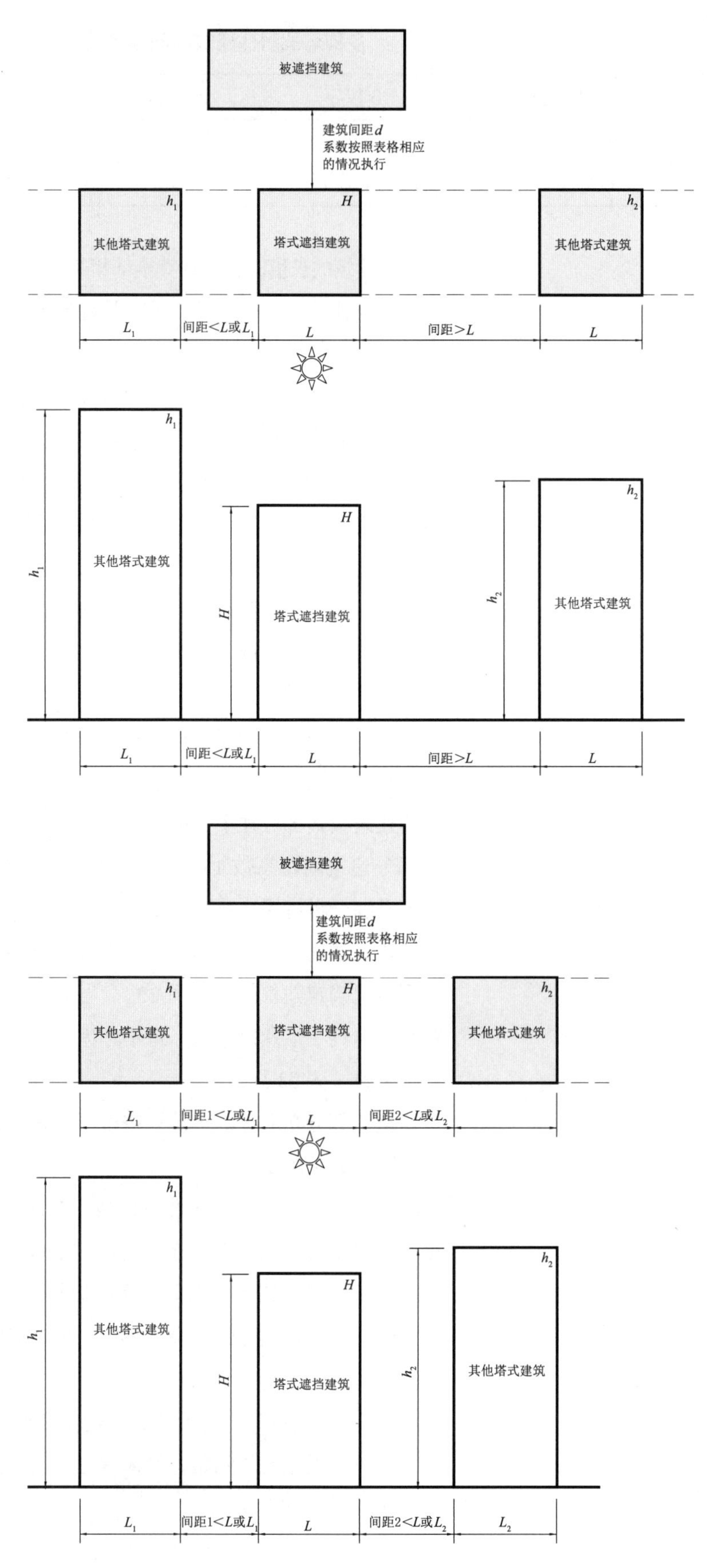
被遮挡建筑
建筑间距d
系数按照表格相应
的情况执行
h_1
其他塔式建筑
H
塔式遮挡建筑
h_2
其他塔式建筑
L_1
间距<L或L_1
L
间距>L
L
h_1
其他塔式建筑
H
塔式遮挡建筑
h_2
其他塔式建筑
L_1
间距<L或L_1
L
间距>L
L
被遮挡建筑
建筑间距d
系数按照表格相应
的情况执行
h_1
其他塔式建筑
H
塔式遮挡建筑
h_2
其他塔式建筑
L_1
间距1<L或L_1
L
间距2<L或L_2
h_1
其他塔式建筑
H
塔式遮挡建筑
h_2
其他塔式建筑
L_1
间距1<L或L_1
L
间距2<L或L_2
L_2

图 3-2-24（图 18）

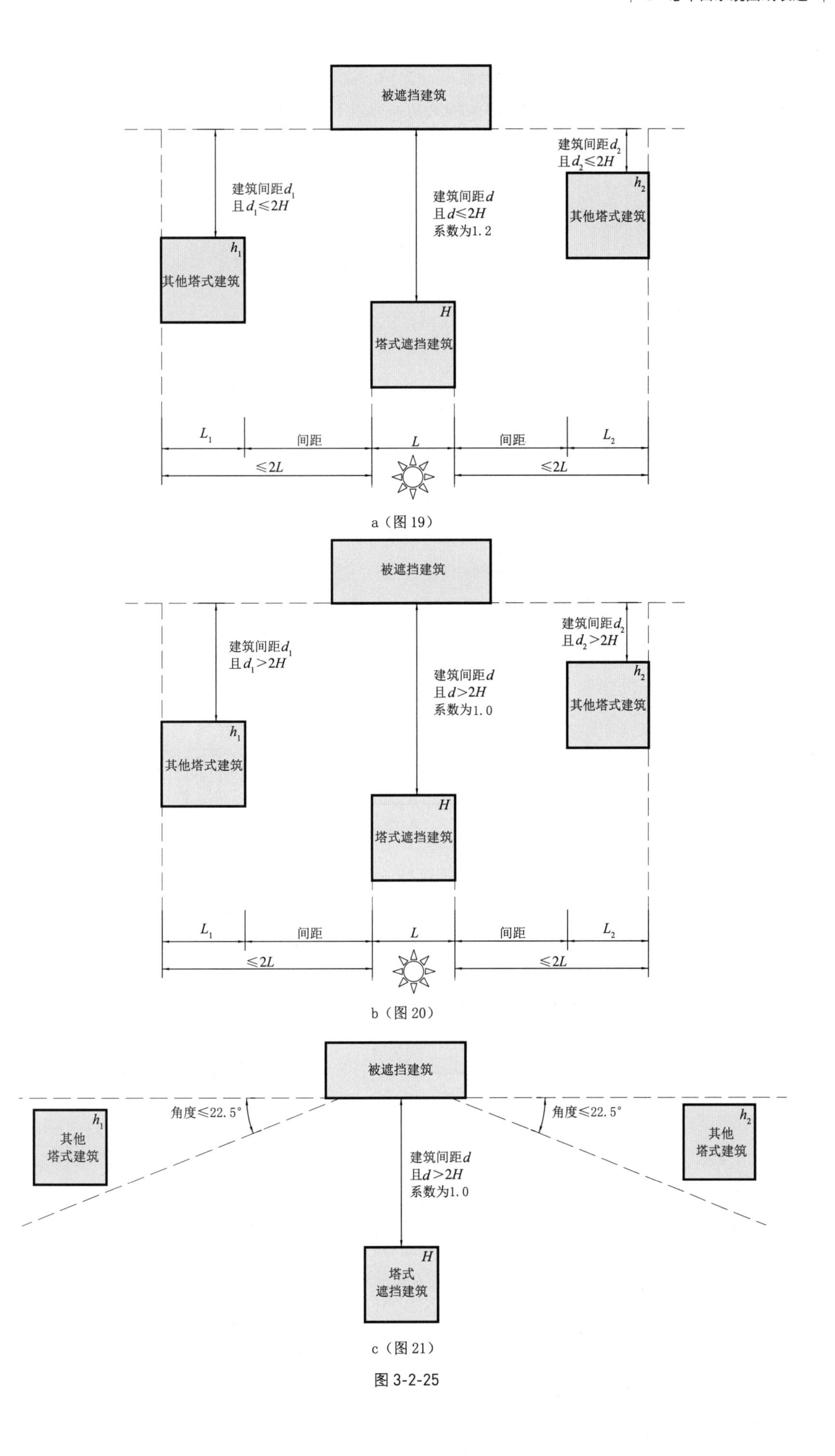
被遮挡建筑
建筑间距d_1
且$d_1 \leqslant 2H$
建筑间距d
且$d \leqslant 2H$
系数为1.2
建筑间距d_2
且$d_2 \leqslant 2H$
h_1
其他塔式建筑
h_2
其他塔式建筑
H
塔式遮挡建筑
L_1
间距
L
间距
L_2
$\leqslant 2L$
$\leqslant 2L$
a（图 19）
被遮挡建筑
建筑间距d_1
且$d_1 > 2H$
建筑间距d
且$d > 2H$
系数为1.0
建筑间距d_2
且$d_2 > 2H$
h_1
其他塔式建筑
h_2
其他塔式建筑
H
塔式遮挡建筑
L_1
间距
L
间距
L_2
$\leqslant 2L$
$\leqslant 2L$
b（图 20）
被遮挡建筑
角度≤22.5°
角度≤22.5°
h_1
其他
塔式建筑
h_2
其他
塔式建筑
建筑间距d
且$d > 2H$
系数为1.0
H
塔式
遮挡建筑
c（图 21）

图 3-2-25

（4）特殊情况

a. 遮挡建筑与被遮挡建筑相对但不平行时，应当按照正南北或正东西方向最不利点计算间距系数（图 25）。

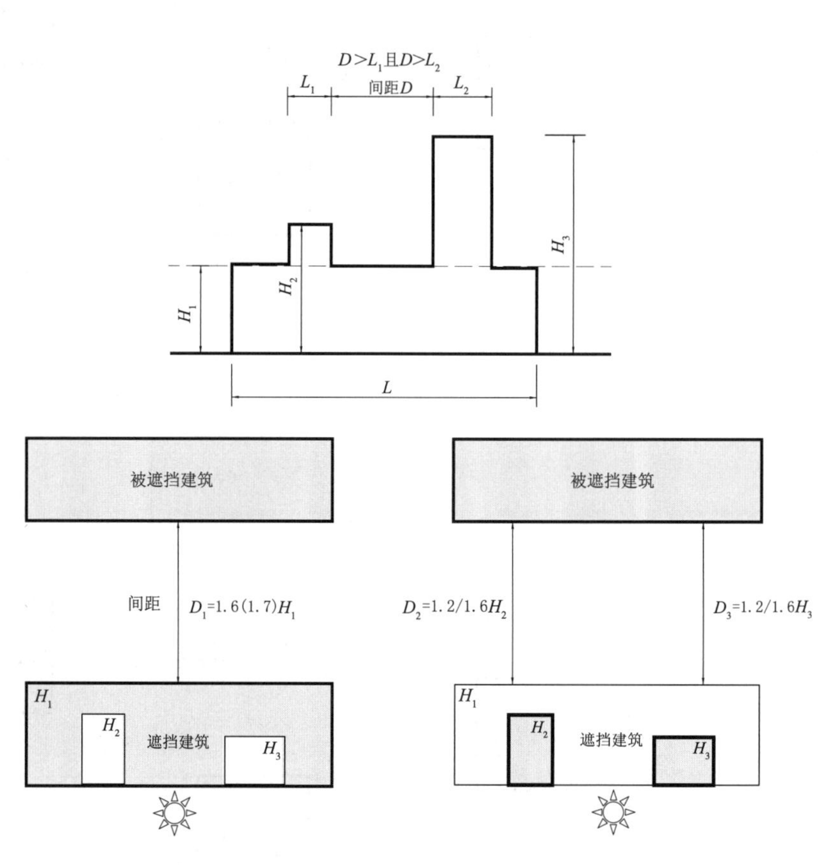

步骤 1，先计算板式建筑部分的间距

步骤 2，再判断突出的部分是板式还是塔式，（H_2-H_1）/L_1，（H_3-H_1）L_1 分别计算其间距
步骤 3，D_1、D_2、D_3 取最大值为遮挡建筑间距

a（图 22）

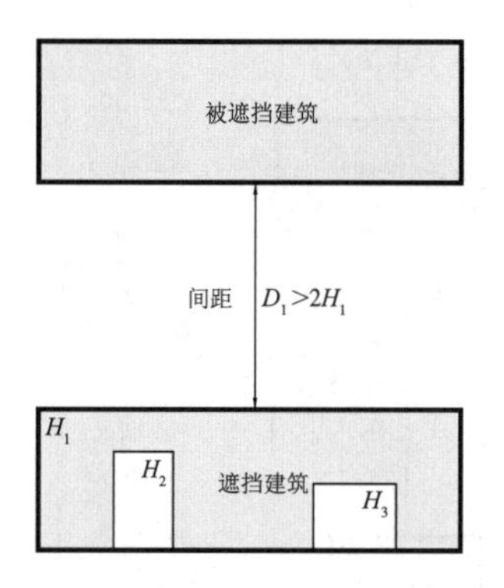

步骤 1，当板式部分与其北侧被遮挡建筑的间距系数达到 2 倍及以上时

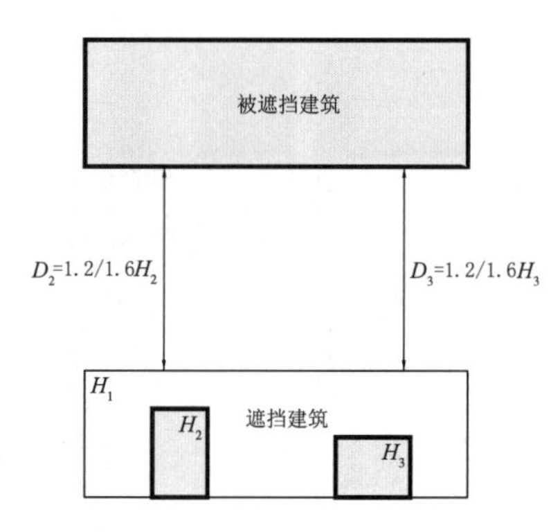

步骤 2，直接判断突出的部分是板式还是塔式，（H_2-H_1）/L_1，（H_3-H_1）L_1 分别计算其间距
步骤 3，D_2、D_3 取最大值为遮挡建筑间距

b（图 23）

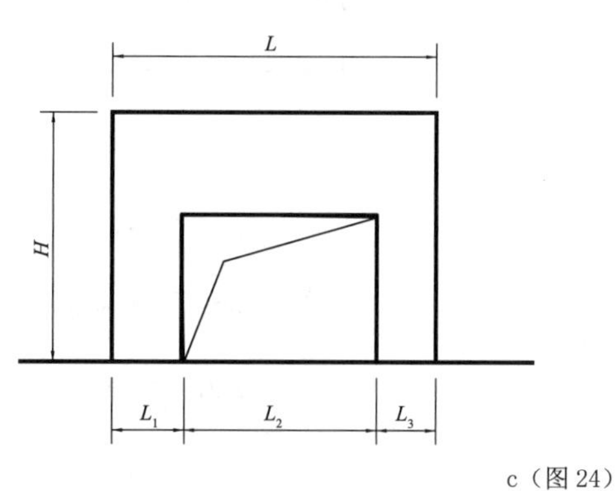

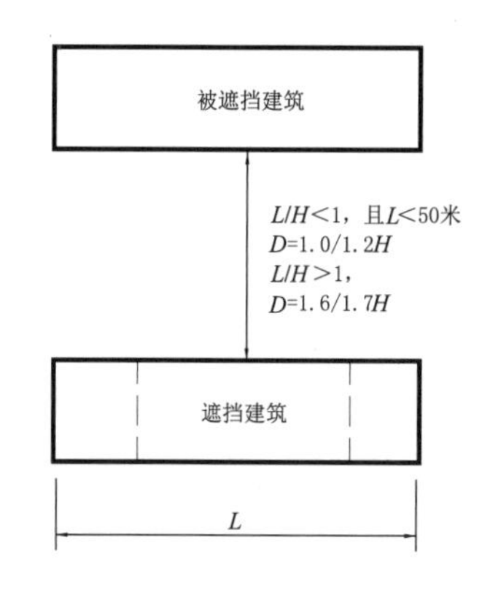

c（图 24）

图 3-2-26

b．多栋建筑错落布置（建筑之间正东西向投影无重叠）、遮挡建筑东西两侧两倍面宽处南北方向控制线范围内有其他建筑（含规划建筑）存在时，其他建筑与被遮挡建筑及被遮挡建筑的延长线的南北向垂直距离小于或等于其他建筑 2 倍高度的，塔式建筑间距系数按 1.2 执行，板式建筑间距系数按 1.6（1.7）执行，复杂形体按（3）b 执行，其中按塔式计算时取 1.2（图 26）。

其他建筑与被遮挡建筑及被遮挡建筑延长线的南北向垂直距离大于其他建筑 2 倍高度的（被遮挡建筑东南角正东偏南 22.5°，西南角正西偏南 22.5° 范围内的建筑不作为遮挡建筑），塔式建筑的间距系数按 1.0 执行，板式建筑系数按 1.6（1.7）执行，复杂形体按（3）b 执行，其中按塔式计算时取 1.0（图 27）。

c．板式建筑或复杂形体建筑和塔式建筑相邻且间距小于塔式建筑间距面宽时，对其北侧遮挡建筑的间距应先计算板式部分建筑间距系数 1.6 或 1.7，超出板式的部分再根据其长高比确定体型及综合考虑周边建筑布置情况后，采用相应的间距系数（当采用塔式间距系数时，需满足塔式建筑间距系数的相关规定），最终以间距最大值确定建筑间距。当板式部分与其北侧被遮挡建筑的间距系数达到 2 倍及以上时，可不考虑其影响，直接计算塔式建筑间距系数（图 28）。

d．多栋复杂形体相邻时，参照前四款规定综合分析后确定。

4．公共建筑间距系数

（1）中小学、托幼、医疗建筑和养老设施的间距系数

板式建筑与中小学教室、托儿所和幼儿园的活动室、医疗病房等公共建筑的建筑间距系数采用不小于下表（表 3–2–8）规定的建筑间距系数。

中小学教室、托儿所和幼儿园的活动室、医疗病房建筑的间距系数　　表 3-2-8

建筑朝向与正南夹角	0° ～20°	20° ～60°	60° 以上
建筑间距系数	1.9	1.6	1.8

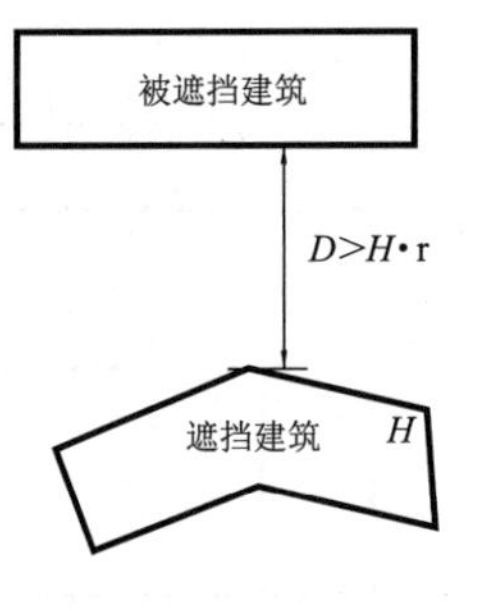

图 3-2-27（图 25）

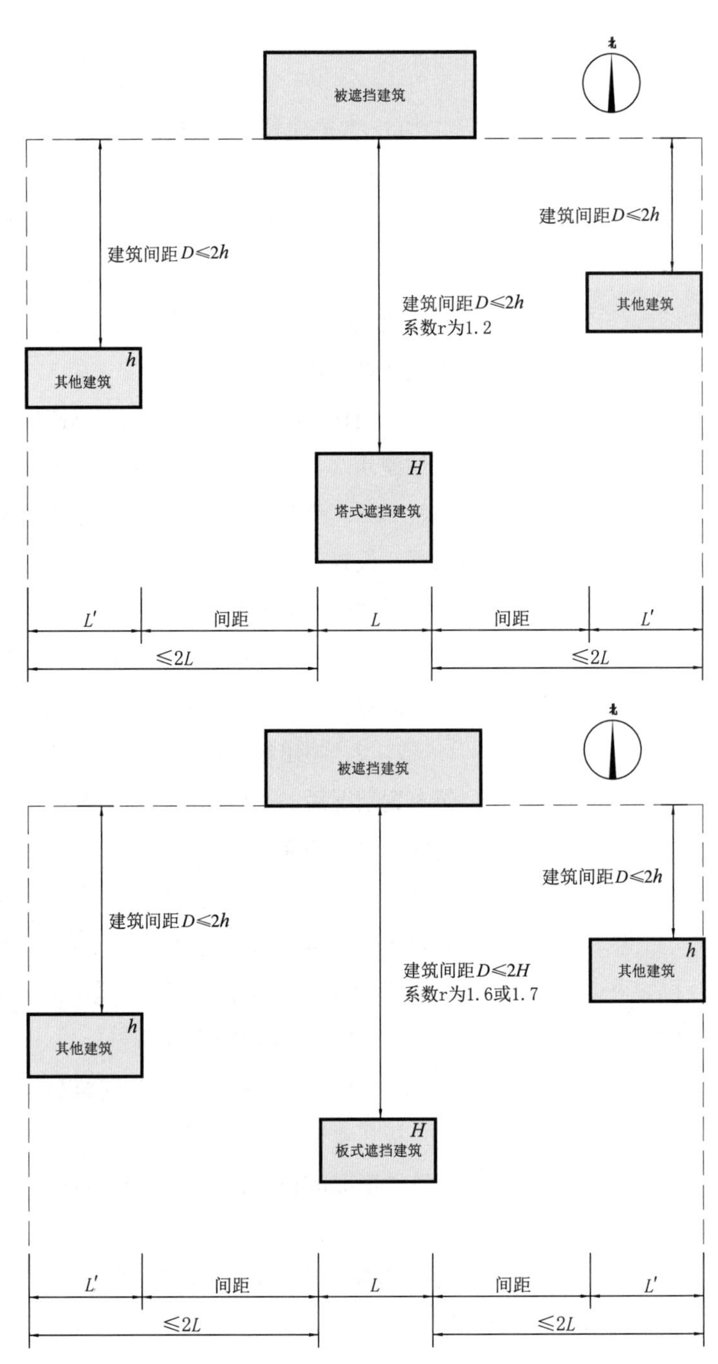

图 3-2-28（图 26）

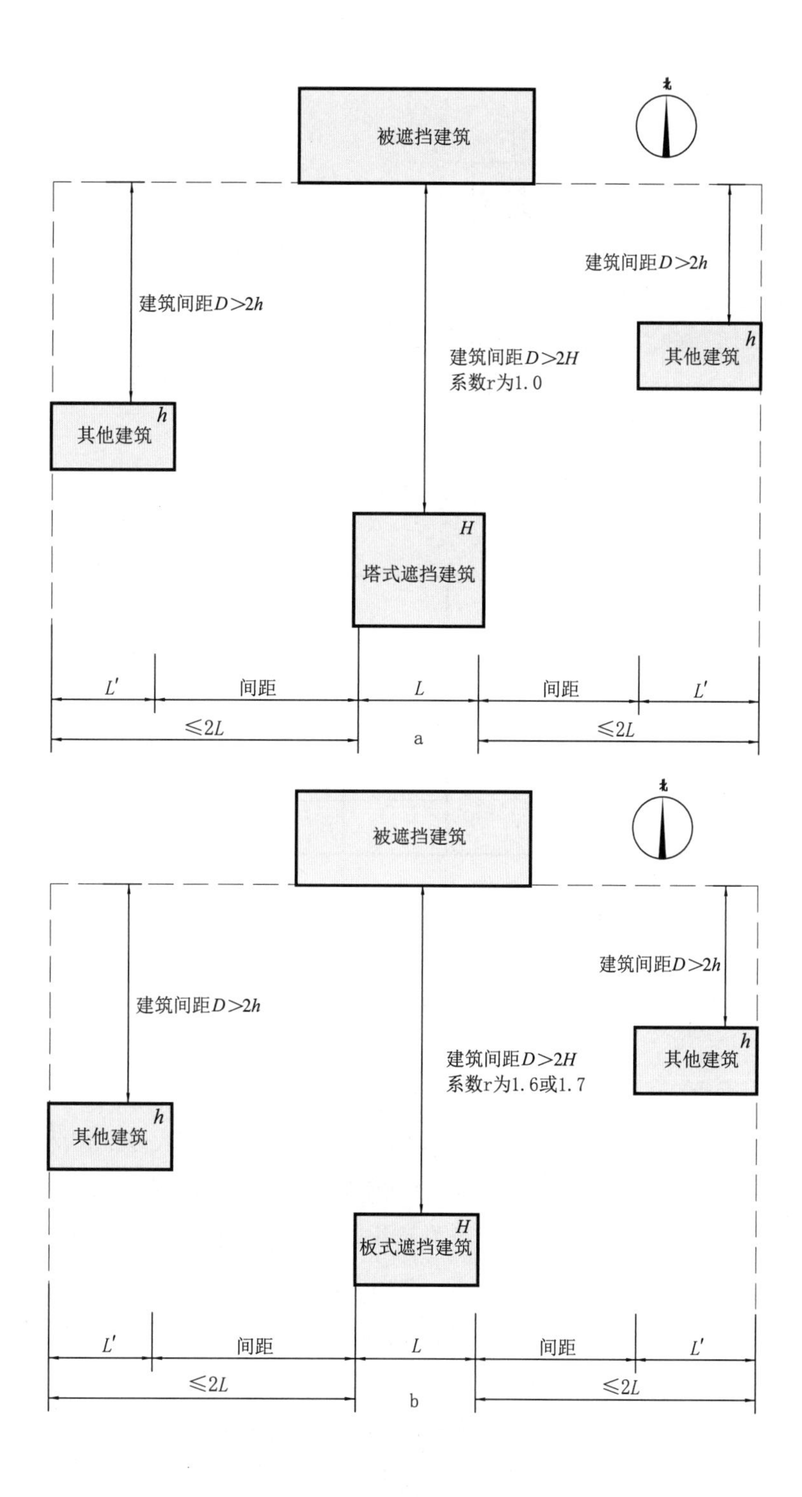
被遮挡建筑
建筑间距$D>2h$
建筑间距$D>2h$
建筑间距$D>2H$
系数r为1.0
其他建筑 h
其他建筑 h
H
塔式遮挡建筑
L'
间距
L
间距
L'
≤2L
≤2L
a
被遮挡建筑
建筑间距$D>2h$
建筑间距$D>2h$
建筑间距$D>2H$
系数r为1.6或1.7
其他建筑 h
其他建筑 h
H
板式遮挡建筑
L'
间距
L
间距
L'
≤2L
≤2L
b

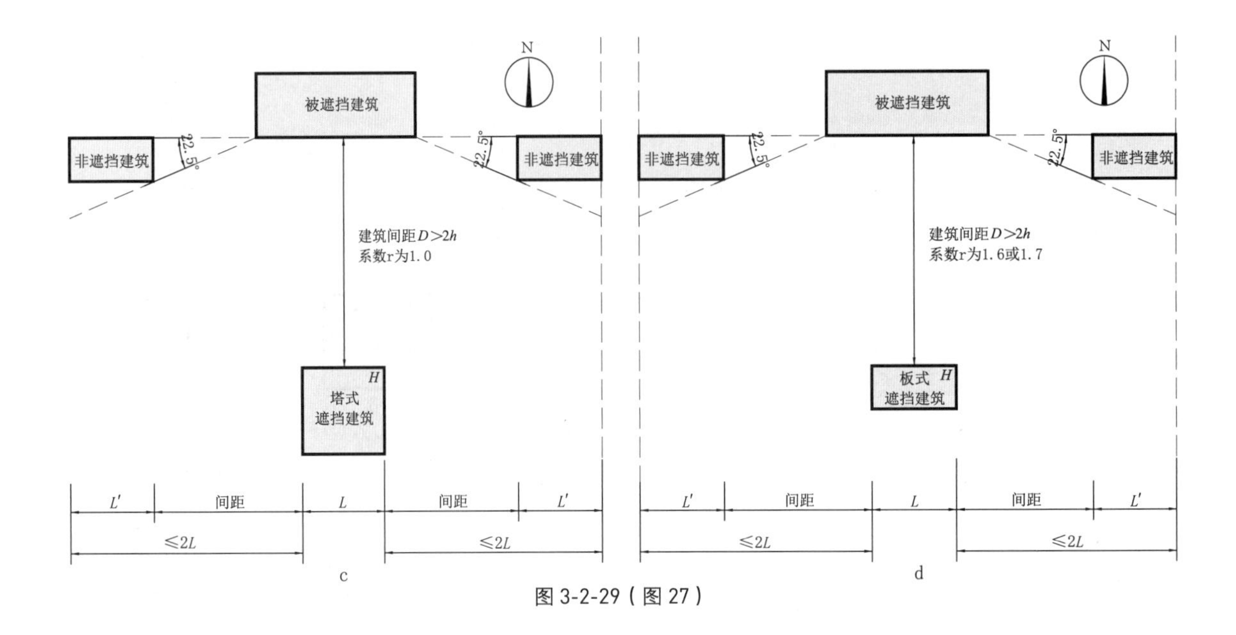

图 3-2-29（图 27）

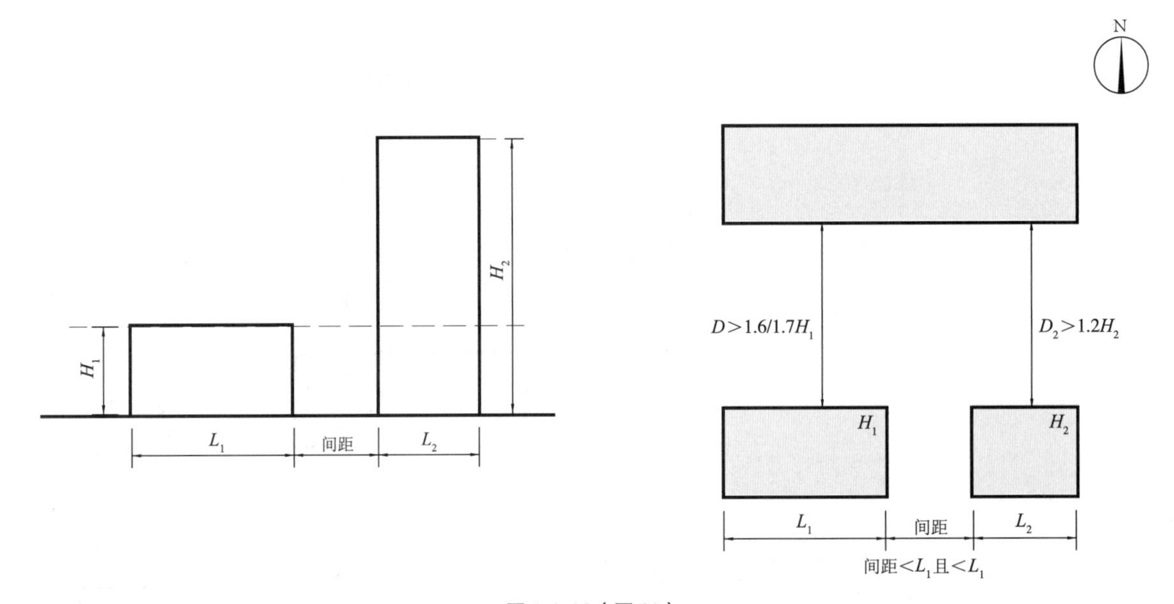

图 3-2-30（图 28）

塔式建筑与中小学教室、托儿所和幼儿园的活动室、医疗病房等建筑的建筑间距系数由城市规划行政主管部门视具体情况确定，但不得小于关于塔式居住建筑间距系数的规定。

中小学教室指普通教室。中小学、托幼和医疗建筑中除上述规定的用房外，其他有日照要求的用房参照办公建筑进行管理。

独立占地的养老设施的寝室与活动室参照本条执行，其他有日照要求的用房参照办公建筑进行管理。

（2）办公楼、集体宿舍、招待所、旅馆等公共建筑间距系数

办公楼、集体宿舍、招待所、旅馆等公共建筑的工作用房开窗位于朝向南偏东（或偏西）小于 45° 范围内时，需要考虑其正南方向上建

筑的建筑间距系数，遮挡建筑为板式时除特殊情况外建筑间距系数不得小于 1.3。遮挡建筑为塔式时按居住建筑间距的规定执行，间距系数最大不超过 1.3。

办公楼指行政办公楼、科研办公楼，不包括商业金融用地内的写字楼、商务办公、酒店等。

（3）其他不考虑建筑间距系数的情况

下列情况建筑间距系数由城市规划行政主管部门按规划要求确定。

a. 2 层或 2 层以下的办公楼、集体宿舍、招待所、旅馆等建筑被遮挡阳光时。

b. 商业、服务业、影剧院、公用设施等建筑（主要指对日照需求较少的公共服务设施和市政基础设施）被遮挡阳光时。

c. 办公楼、集体宿舍、招待所、旅馆等建筑被遮挡阳光且与遮挡建筑属于同一单位时。

d. 相邻单位经协商就建筑间距达成协议时。

特定地区建筑间距（如功能区、产业园区等）按照市政府批准的规划执行。

5. 建筑计算间距的确定

（1）按照建筑间距系数核算建筑间距时应从遮挡建筑的屋顶的垂直投影处计算（图 3–29）。

图 3-2-31（图 29）

（2）两建筑相对且其中被遮挡建筑在相对面上无窗或两建筑在相对面上均无窗时，可比《北京市生活居住建筑间距暂行规定》规定的间距适当减少，但应符合消防间距的要求，被遮挡建筑在相对面上有窗时除外（图 30）。相对面是指建筑在正南北或正东西方向上相互重叠的部分。

（3）当遮挡建筑与被遮挡建筑有室外地坪差时，遮挡建筑的建筑高度从被遮挡建筑的室外地坪计算。与遮挡建筑同期规划的被遮挡建筑底层为非居住用房时，可将遮挡建筑的高度减去被遮挡建筑底层非居住用房的高度后计算建筑间距，其中底层非居住用房被遮挡部分（如商业、物业管理等）与上层居住用房结构形式相同时，建筑高度核减数值不得超过 6m，层数不超过 2 层（图 31）。

（4）两栋 4 层或 4 层以上的生活居住建筑（至少一栋为居住建筑）的间距，采用规定的建筑间距系数计算建筑间距后仍小于以下距离的，应先按照间距系数核算后，对照本条规定取最大值；在没有建筑间距系数规定时，可直接取本条规定的相应数值（图 32）。

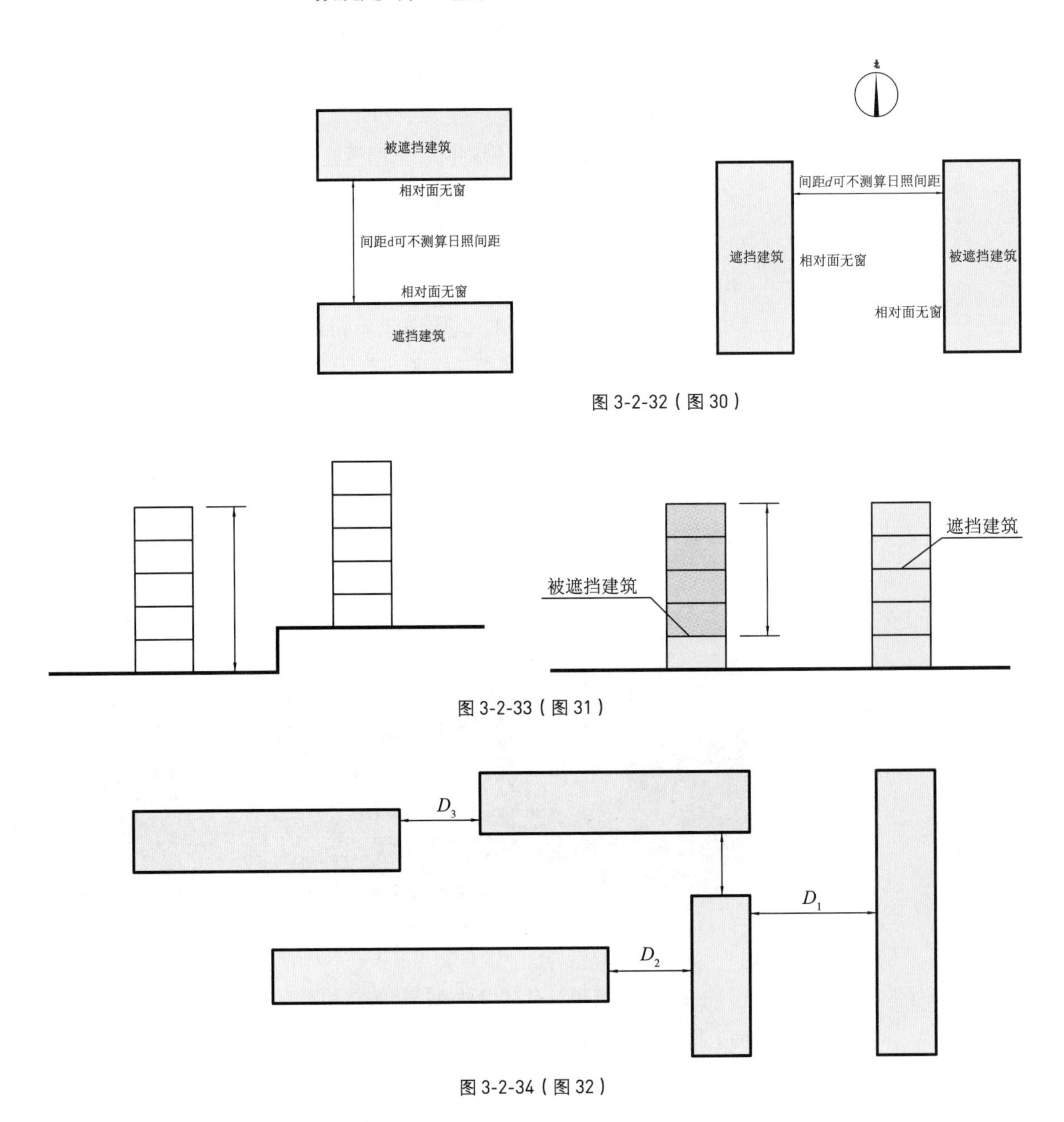

图 3-2-32（图 30）

图 3-2-33（图 31）

图 3-2-34（图 32）

两建筑的长边相对的，不小于 18m（D_1）。

一建筑的长边与另一建筑的端边相对的，不小于 12m（D_2）。

两建筑的端边相对的，不小于 10m（D_3）。

4 层或 4 层以上的生活居住建筑与 3 层或 3 层以下生活居住建筑的

间距，由规划管理部门按规划要求确定。

上述规定中“在没有建筑间距系数规定时”是指被遮挡建筑为非居住建筑以及被遮挡建筑为居住建筑，且在相对面上无居室窗，或在相对面上有居室窗但在其他朝向上有满足日照要求的居室窗的情况。

（5）在按照间距系数计算后，南北向建筑间距大于 120m 时，可按 120m 控制建筑间距；正东西向建筑间距大于 50m 时，可按 50m 控制建筑间距（但应对新建建筑自身、周围现状或规划建筑的日照情况进行测算，其测算结果应满足《城市居住区规划设计规范》。南北向建筑间距大于 170m 时，可不测算日照）。

（二）建筑防火间距（消防间距）

指防止着火建筑的辐射热在一定时间内引燃相邻建筑，且便于消防扑救的间隔间距。

1. 多层建筑消防间距

多层建筑消防间距按照《建筑防火规范》GB 50016—2014 执行，其中多层民用建筑之间的防火间距，不应小于表 3-2-9 的规定。

民用建筑的防火间距 表 3-2-9（表 5.2.2）

耐火等级	耐火等级		
	一、二级	三级	四级
	防火间距（m）		
一、二级	6	7	9
三级	7	8	10
四级	9	10	12

注:（1）两座建筑相邻较高的一面的外墙为防火墙或高出相邻较低一座一、二级耐火等级建筑物的屋面 15m 范围内的外墙为防火墙且不开设门窗洞口时，其防火间距不限。

（2）相邻的两座建筑物，当较低一座的耐火等级不低于二级、屋顶不设天窗、屋顶承重构件的耐火极限不低于 1h，且相邻的较低一面外墙为防火墙时，其防火间距不应小于 3.5m。

（3）相邻的两座建筑物，当较低一座的耐火等级不低于二级，相邻较高一面外墙的开口部位设有甲级防火门窗，或设置符合现行国家标准《自动喷水灭火系统设计规范》GB 50084 规定的防火分隔水幕或防火卷帘时，其防火间距不应小于 3.5m。

（4）相邻两座建筑物，当相邻外墙为不燃烧体且无外露的燃烧体屋檐，每面外墙上未设置防火保护措施的门窗洞口不正对开设，且面积之和小于等于该外墙面积的 5% 时，其防火间距可按本表规定减少 25%。

（5）耐火等级低于四级的原有建筑物，其防火间距可按四级确定；以木柱承重且以不燃烧材料作为墙体的建筑，其耐火等级应按四级确定。

（6）防火间距应按相邻建筑物外墙的最近距离计算，当外墙有突出的燃烧构件时，应从其突出部分外缘算起。

2. 高层建筑消防间距的规定

高层建筑消防间距按照《建筑防火规范》GB 50016—2014 执行，其中高层建筑之间及高层建筑与其他民用建筑之间的防火间距不应小于表 3-2-10 的规定。

高层建筑之间及高层建筑与其他民用建筑之间的防火间距（m）　　表 3-2-10

建筑类别	高层建筑	裙房	其他民用建筑		
			耐火等级		
			一、二级	三级	四级
高层建筑	13	9	9	11	14
裙房	9	6	6	7	9

注：防火间距应按相邻建筑外墙的最近距离计算；当外墙有突出可燃构件时，从其突出的部分外缘算起。

（三）其他间距规定

1. 建筑通风间距

通风间距是为了获得较好的自然通风，两幢建筑间为避免受由于风压而形成的负风压影响所需保持的最小距离。

2. 生活私密性间距

设计中应注意避免出现对居室的视线干扰情况。生活私密性间距一般最小为 18m，如一建筑无窗与另一居住建筑有窗相对的可适当减少，但须符合消防间距的要求。

3. 城市防灾疏散间距

城市主要防灾疏散通道两侧的建筑间距应大于 40m，且应大于建筑高度的 1.5 倍。

4. 市政站点设施间距规定

建设项目涉及调压站、锅炉房等市政设施的间距控制详见本通则下篇第五章市政工程规划设计要求的具体内容。

2.3 总平面道路及竖向设计图

2.3.1 总平面道路及竖向设计图的表达

1. 总平面道路及竖向设计图例图（图 3-2-35）

2. 绘制比例　　一般应为 1：500，1：1000。

3. 主要表达的内容　　（1）标明场地范围的测量坐标值。

（2）标明场地周边的道路、场地、水面的竖向标高。

（3）标注建（构）筑物的名称或编号、建筑四角整平标高、室外场地设计标高、地下建筑物的顶板结构标高及覆土深度限制。

（4）绘制广场、停车场、运动场地、道路、汽车坡道、排水沟、挡土墙、护坡的定位（坐标或相互关系尺寸）。

（5）标明广场、停车场、运动场地的设计标高，景观设计中水景、地形、台地、院落的控制性标高。

（6）标明用地内道路、坡道、雨水口、排水沟的设计标高。

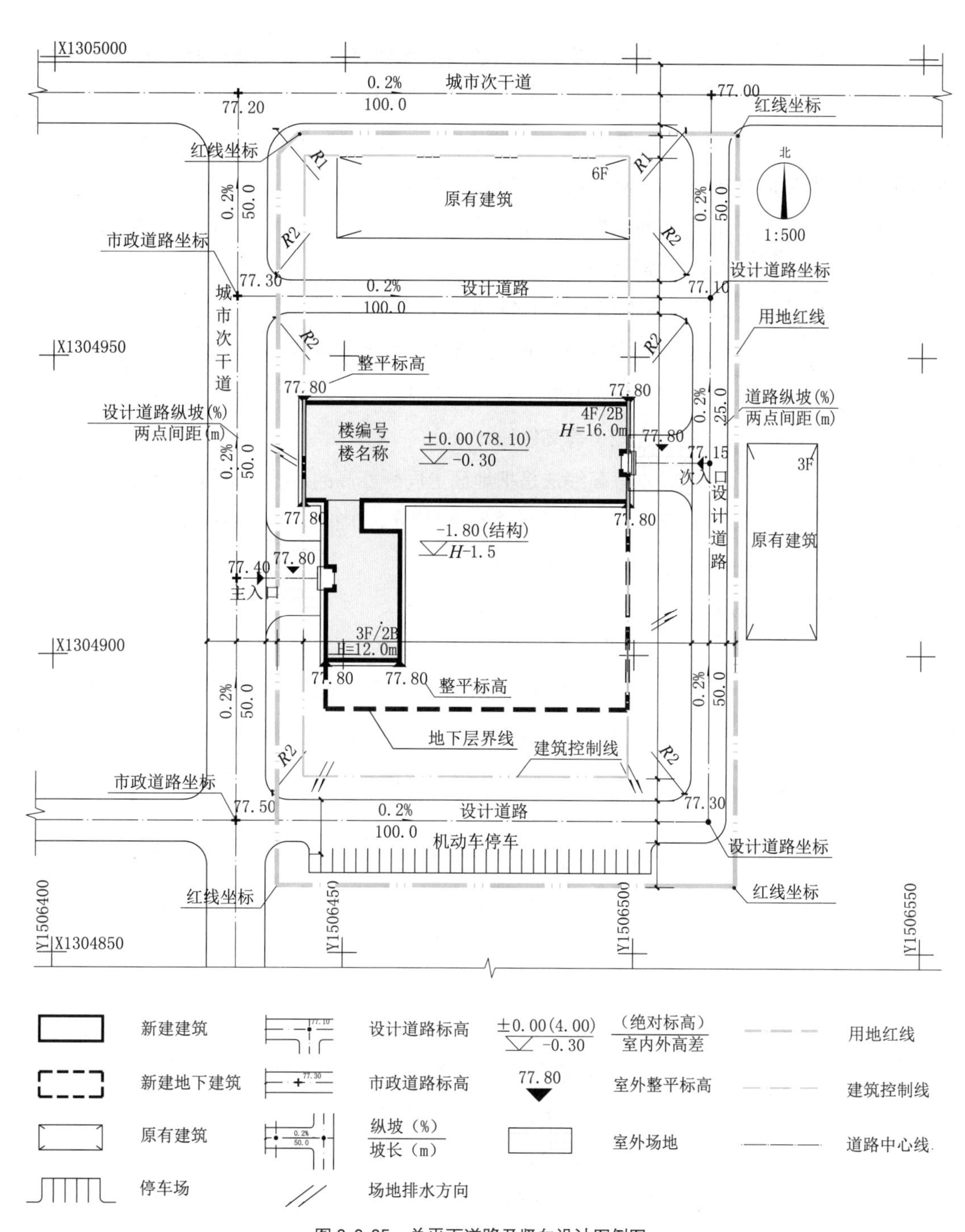

图 3-2-35 总平面道路及竖向设计图例图

（7）标注挡土墙、护坡顶部和底部的主要设计标高及护坡坡度。

（8）标明地面坡向。根据规模及地形复杂程度可采用标高法、箭头法、等高线法等。

4. 道路的表达

（1）标明设计道路的关键点坐标和尺寸定位、转弯半径、停车场地（机动车及非机动车）、消防操作场地等尺寸，道路材料不同时应区分。

（2）标注道路（路面中心）、坡道、雨水收水口、排水沟（及沟底）

的起点、变坡点、转折点和终点的设计标高；标注道路纵坡度、纵坡距、关键性坐标；标注道路表面双面坡或单面坡。

（3）含绿化带的人行道宜用大样图详细表达，平面表达宜简化。

5. 场地整平及地面排水的表达

场地整平及地面排水设计一般可用标高标注法或等高线法来表示。当对场地平整要求严格或起伏较大时，宜用设计等高线表示，且辅以场地剖面图。

（1）标高标注法

在设计需整平场地的控制角点位置注写标高，用分界线或箭头辅助说明排水方向（图 3-2-36）。

（2）等高线法

等高线法是把地面上同一标高的点相连成线，用曲线或直线描绘地面坡向。通常等高距为 0.1m、0.2m、0.5m 或 1.0m。地面排水方向垂直于等高线（图 3-2-37）。

6. 竖向设计图设计说明

设计说明一般有下列几条：

（1）本工程采用 1985 年国家高程基准（或 ×××）高程系统；坐标采用本地（或 ××）坐标系统。

（2）本工程标注标高及总平面尺寸均以米（m）为单位。

（3）建筑标高：±0.00（×××）/ ▽ -×.××

（±0.00：绝对标高值；-×.××：室内外高差）

室外整平标高：▼

（表示建筑角点散水最低处标高或入口处室外标高；也可为室外场地整平标高）

地下室顶板：-1.80（结构）/ ▽ *H*-××

（虚线表示地下室顶板结构标高，*H* 为覆土深度，单位：m）

（4）图示如下（图 3-2-38）。

（5）道路的尺寸标注：本工程道路以与相邻建筑的距离尺寸定位（也可以是道路中心线交点，即路心定位），道路转弯半径 *R*，道路宽度为路两侧道牙之间的净距（m）。

（6）道路的材料及形式：本工程内道路为沥青混凝土（或混凝土透水）路面，宅前道路为条石铺装（或透水砖）路面。因为主干道为双坡 ×× 路面，横坡为 1.5%（或 2.0%），次干道为单坡平道牙，横坡为 1.5%。

（7）场地排水以双箭头 ⟍⟍ 表示排水方向。

（8）本图标注的绿化、硬地铺装、水景等整平标高为场地控制性竖向规划，景观设计专业在此基础上深化标高。

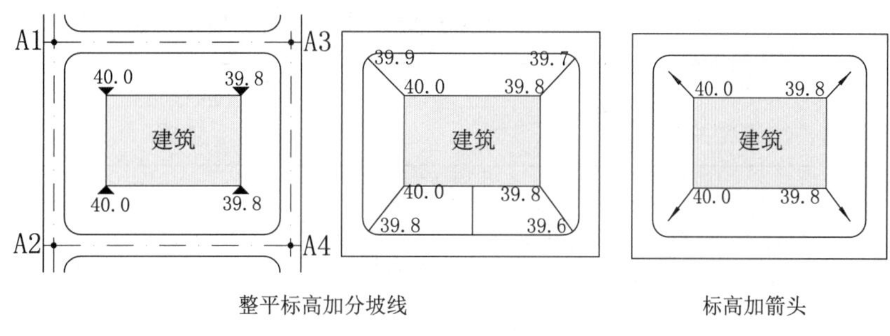

图 3-2-36　竖向设计标高标注法示意

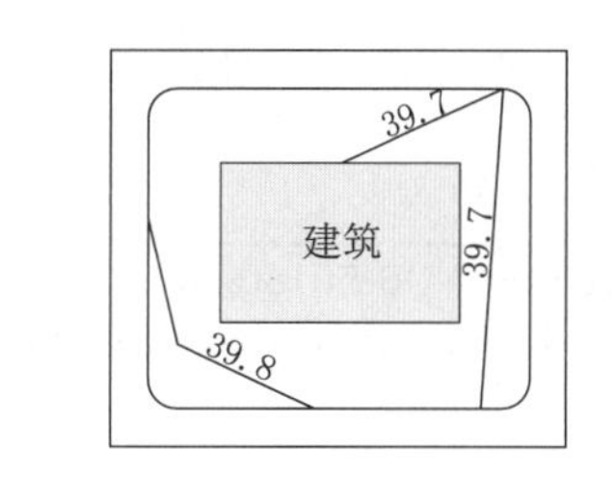

图 3-2-37　竖向设计等高线法示意

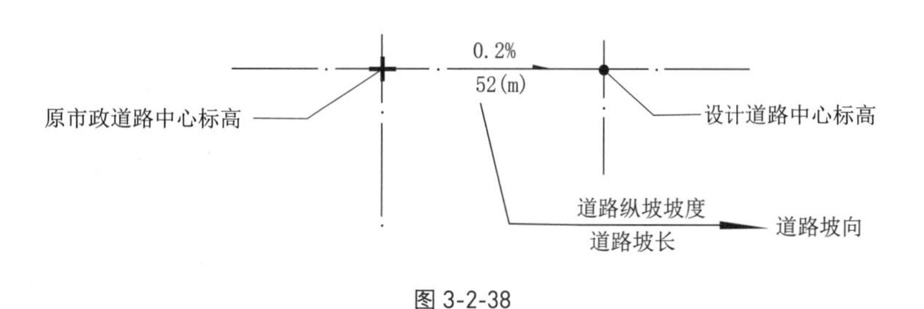

图 3-2-38

2.3.2　总平面道路及竖向设计图的技术要点

1. 道路及场地设计

（1）道路设计

居住区内道路可分为：居住区道路、小区路、组团路和宅间小路四级。道路的宽度，离建筑物、构筑物的最小距离，道路的纵坡、横坡应符合表 3-2-11 的规定。

路面宽度的规定（m）　　表 3-2-11

道路级别	路面宽度	建筑控制线之间距离	
		有供热管线时	无管线时
居住区道路	红线宽度不宜小于 20		
小区道路	6～9	14	10
组团路	3～5	10	8
宅间小路	≥2.5（多雪地区考虑堆雪宜加宽）		

注：依据《城市居住区规划设计规范》GB 50180—93（2016 年版）8.0.2.1～8.0.2.5 制表。

道路边缘至建、构筑物最小距离（m） 表 3-2-12

与建、构筑物关系 \ 道路级别			居住区道路	小区路	组团路及宅间小路
建筑物面向道路	无出入口	高层	5.0	3.0	2.0
		多层	3.0	3.0	2.0
	有出入口		—	5.0	2.5
建筑物山墙面向道路		高层	4.0	2.0	1.5
		多层	2.0	2.0	1.5
围墙面向道路			1.5	1.5	1.5

注：1 摘自《城市居住区规划设计规范》GB 50180—93（2016 年版）表 8.0.5。
2 居住区道路的边缘指红线；小区路、组团路及宅间小路的边缘指路面边线。当小区路设有人行便道时，其道路边缘指便道边线。

居住区内道路纵坡控制指标（%） 表 3-2-13（表 8.0.3）

道路类别	最小纵坡	最大纵坡	多雪严寒地区最大纵坡
机动车道	≥0.2	≤8.0	≤5.0 L≤600m
非机动车道	≥0.2	≤3.0 L≤50m	≤2.0 L≤100m
步行道	≥0.2	≤8.0	≤4.0

注：摘自《城市居住区规划设计规范》GB 50180—93（2016年版）表8.0.3。L为坡长（m）。

居住区内道路横坡控制指标（%） 表 3-2-14

道路类别	最小横坡	最大横坡
混凝土路	≥1.0	≤1.5
块石路	≥2.0	≤3.0
沥青路	≥1.5	≤2.0
人行道、草皮	≥2.0	≤3.0

（2）场地设计

场地的适用坡度应符合下表规定：

各种场地的适用坡度（%） 表 3-2-15

场地名称	适用坡度	场地名称	适用坡度
密实性地面和广场	0.3～3.0	室外场地 1. 儿童游乐场 2. 运动场 3. 杂用场地	 0.3～2.5 0.2～0.5 0.3～2.9
广场兼停车场	0.2～0.5		
绿地	0.5～1.0		
湿陷性黄土地面	0.5～7.0		

注：摘自《城市居住区规划设计规范》GB 50180—93（2016 年版）表 9.0.1。

2. 竖向设计常用术语

（1）水准原点

水准原点是指某一高程（标高）系统的起标零点。

（2）水准基点

水准基点是由水准原点引测出来的标高固定点，提供各部门确定标高引用的点。测绘部门在地面上星罗棋布地埋设了许多石桩，并精密测出石桩顶部的绝对标高。这个石桩点称为水准基点，符号为 BM ⊠。每个标高系统可以设若干水准基点，而水准原点只有一个。

（3）标高（高程）

标高也叫高程，单位是 m。

（4）绝对标高

国家系统的绝对标高是以 1956 年黄海某地平均水面设立的起算点定为 ±0.00，称为水准原点，此标高系统也叫黄海高程系统（后有 1985 年高程基准，1985 年高程基准比 1956 年黄海高程系统高 0.029m）。北京地方系统的水准原点比国家系统水准原点高出 0.30155m（0.302）。地形图及钻探报告均采用绝对标高，工程竖向设计也采用绝对标高。

（5）相对标高

建筑设计中通常以首层室内地面相对标高的起算点为 ±0.00，建筑总平面中必须标明相对标高与绝对标高的关系。图示为 ±0.00（绝对标高）。

（6）道路的分水点

即道路的高点，一般位于建筑物入口或道路的主出入口处。

（7）道路的汇水点

即道路的低点。不宜在道路交叉口或建筑入口处，若在交叉口或入口处，其周边须加设雨水口或排水沟。

（8）道路横断面

根据排水方式可分为单坡、双坡、平道牙、高道牙、明沟排水、边沟排水等多种形式。

（9）道路纵坡

道路长度方向的坡度。为有利于雨水排除及行车使用的合理性，道路纵坡有最小及最大的限制值。

（10）场地坡度

为保证雨水径流通畅，场地平整坡度一般为 0.3%～0.5%。为防止冲刷，一般不大于 5%，草皮可为 7%。密实地面、广场最大可为 3%。

（11）下凹式绿地

低于周围道路或地面 200mm 以内的绿地（做法含树池、雨水花园、植草沟、干塘、湿塘等）。

3. 场地排水的基本类型

建设用地场地排水的方式可归纳为 6 个基本类型（图 3-2-39）。

4. 场地平整设计

（1）复杂地形时

地形复杂、地面起伏较大的场地（如山坡、丘陵），在总平面规划设计阶段应该配合规划设计方案，对土方工程设计估算。对不同的建筑布局方案的土方工程量进行比较和选择，因为土方工程量的巨大差别会影响工程的经济性和合理性。

（2）平坦地形时

对于一般地形比较平坦、地面高差不大的场地，可以在竖向设计进行之后，再根据土方工程量对竖向设计进行调整。对于较平坦的场地，关键是如何确定场地比较合理的场地整平标高。场地整平标高的确定一般应考虑以下因素。

①排水方向：场地排水方向应适合场地四周地块的标高、场地周边道路的标高进行考虑。过于低洼的地块为防止积水需填高，对于高的地段宜削低。场地的竖向设计应该与四周环境协调，力求场地道路与周边道路进出便利、内部管网与市政管线合理交接、场地内外排水通畅无阻。

②工程出土量：根据不同的出土情况，估算出整个场地在工程建设过程中出土的基本数值，根据原地形和建设出土的情况来确定场地的整平标高。

设计建筑的体量规模（面积）、结构类别（砖混、钢筋混凝土框架、框剪、钢结构、木结构、装配式预制等）、室内外高差（－0.15～0.90）、地下建筑规模、层数（地下人防、地下汽车库）、室外管网状况（地下管廊、暖气沟、排水沟、电缆井等）等因素会产生不同的施工渣土、不同的基础出土，有时还会有景观设计中的挖河堆山而形成的土方。

③原地平衡原则：一般工程设计应尽量减少土方量，力求原地平衡。若工程情况特殊，出现较大的填方和挖方工程量，必须充分考虑方案的经济性及合理性。

5. 土方计算

（1）常用术语

A1-A4 四周道路路心标高
▼ 场地整平标高
🡇 场地出入口位置
═ 场地外周边道路
☰ 可接用污水管的市政道路

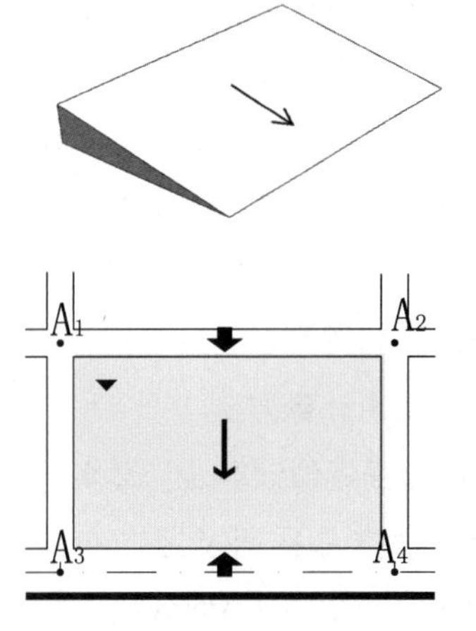

①设计场地：沿短边向一个方向倾斜。

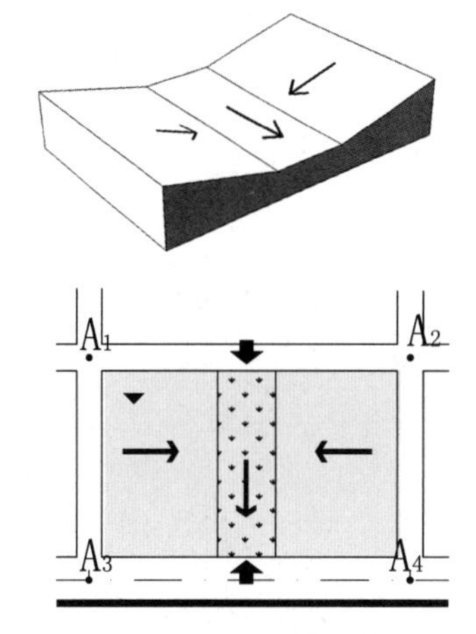

②设计场地：中间低、两边高，向中间倾斜，再向一个方向排出。

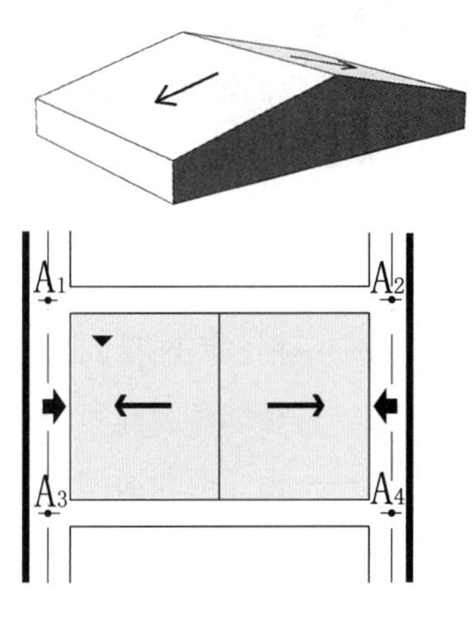

③设计场地：中间高、两边低，地面向两个方向倾斜。

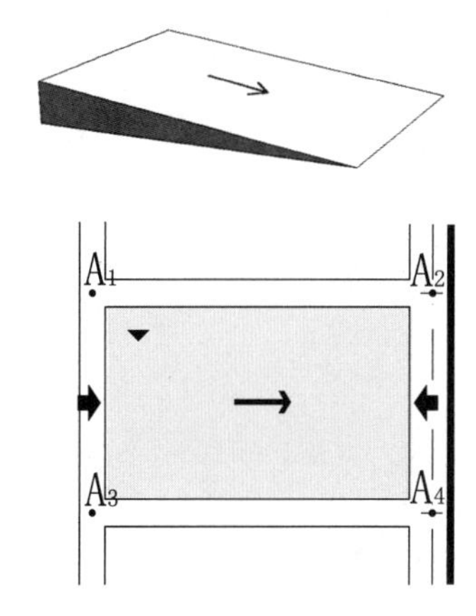

④设计场地：沿长边向一个方向倾斜。

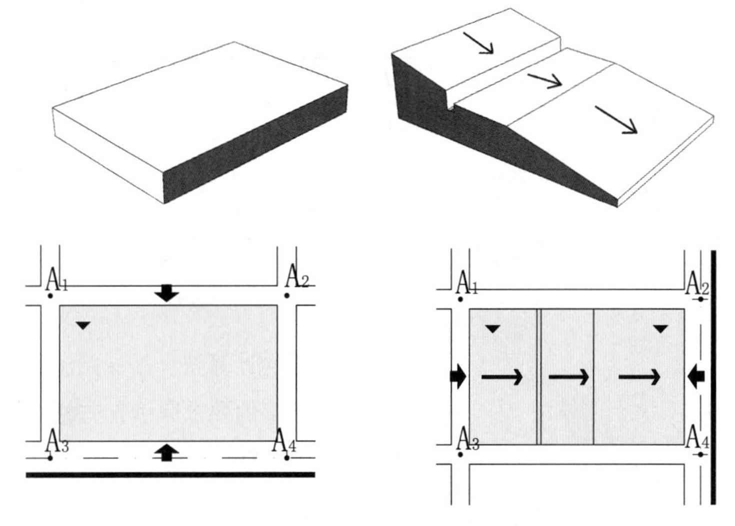

⑤设计场地：地面平整，靠道路纵坡排水。

⑥设计场地：地面高差大，有台阶和排水沟。

图 3-2-39 场地地面排水的基本类型

①松土系数：计算土方的填挖一律按实方计算，但计算土方运输时应乘以松土系数（松散时体积变大）。非黏性土壤（砂、砂卵石）松土系数为 1.05～1.025；岩土实土壤为 1.10～1.15；砂质黏土、黏性杂砂土、黏性土系数为 1.03～1.05。

②零线：网格线上不填不挖的点叫零点，各零点相连的线称零线，也是填方区和挖方区的分界线。

（2）常用计算方法

①横断面近似计算法：适用于地形平坦，纵横坡度比较均匀的场地。

（a）根据总平面及竖向布置图，将要计算的场地划分为横断面 AA′、BB′、CC′……划分的原则是垂直等高线或垂直于主要建筑物的长边（间距可为 20m、40m、10m、5m……）。

（b）按比例绘制每个横断面的自然地面轮廓线和设计地面轮廓线。设计地面轮廓线与自然地面轮廓线之间为填方和挖方的断面。

（c）计算每个断面的填方断面积和挖方断面积。

（d）根据断面面积计算土方量：

$$V=\frac{F_1+F_2}{2}\times L$$

式中 V——相邻两断面间的土方量（m^3）；

L——相邻两断面间的间距（m）；

F_1、F_2——相邻两断面的填（挖）方断面积（m^2）。

（e）按下列格式汇总土方量。

土方量计算汇总表　　表 3-2-16

断面	填方面积（m^2）	挖方面积（m^2）	断面间距（m）	填方体积（m^3）	挖方体积（m^3）
A-A′					
B-B′					
C-C′					
D-D′					
合计					

②方格网计算法：按原始测绘地形图的比例、测点的密度以及对土方计算精确度的要求来确定方格网的距离。一般选 20m、40m，比较精确时选 10m、5m。

（a）将具有等高线的建筑场地地形图划分为 20m×20m 的方格网，并标出各方格网各角点的设计标高和地面标高。由此求出各角点的施工高度。

（b）依照表格《零点位置计算表》，根据 h 定值及 n 度数，确定零点在网格线上的位置，连接各个零线，场地被零线划分为填方区和挖方区。

（c）依照表格《计算土方体积表》，按施工图高度总和，求出每个图形（三角形、五边形、梯形）土方。

（d）汇总所有图形的体积即可得到场地挖方区（或填方区）的总土方量（图 3-2-40）。

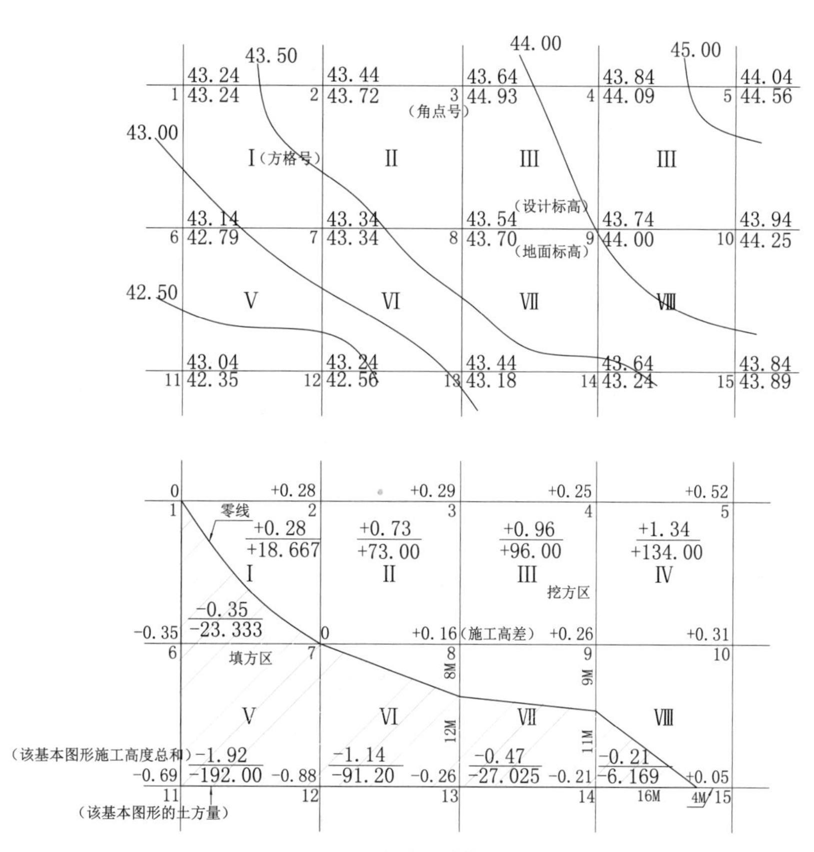

图 3-2-40 方格网计算法示例

6. 建筑四周场地整平标高的确定

（1）当建筑四周地形比较平缓，建筑四周的整平标高可以按四周最低的路面标高再加 0.30m 以上处理。

建筑整平标高▼＝A＋0.3（m）以上（A：建筑四周最低路心标高）。

（2）当地块地面起伏坡度较大时，四角整平标高可以取不同的数值。若取同一数值时，应考虑四周最低及最高路心标高、地面排水、土方量等因素。

（3）建筑四角整平标高设计计算示意图（图 3-2-41）。

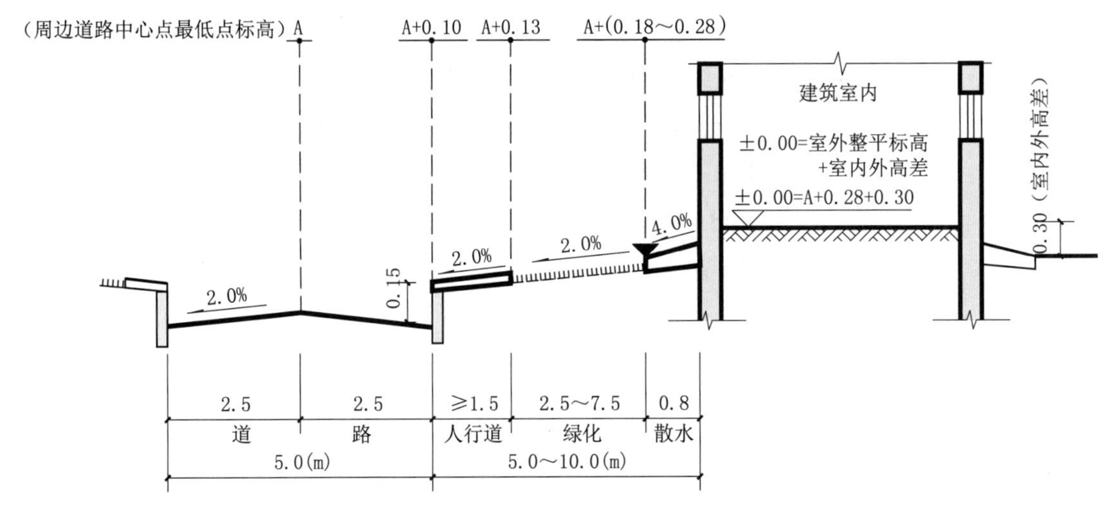

图 3-2-41　建筑四角整平标高设计计算示意图（m）

2.4　总平面绿化及雨水控制利用图

2.4.1　总平面绿化及雨水控制利用图的表达

1. 总平面绿化及雨水控制利用图例图（图 3-2-42）

2. 绘制比例　　一般为 1∶500，1∶1000。

3. 绿化工程相关设计内容的表达

以北京地区为例。摘自《北京地区建设工程规划设计通则》技术篇第三章第七节

四、报批要求

建设工程中的绿化工程设计的报批以市绿化管理部门及区、县绿化管理部门的具体要求为准。一般情况如下。

（二）图纸要求

2．所需图纸

（1）绿地布置总图：

图纸上要显示出建设用地范围、代征绿地范围、建设用地周边环境、建设用地位置示意图及相关设计说明（注意：距建筑外墙 1.5m 和道路边线 1m 以外的绿地方可计算为绿化用地）、指北针等。应清楚表达场地内各类绿化用地的范围、位置、面积、占比等。

图例中要标出：

a．建设用地红线

b．代征绿地范围线

c．地下建、构筑物范围线

d．建、构筑物悬挑部分投影线

e．实土绿地

f．覆土绿地（标注出覆土厚度）

g．屋顶绿化（覆土厚度应为 600～800mm）

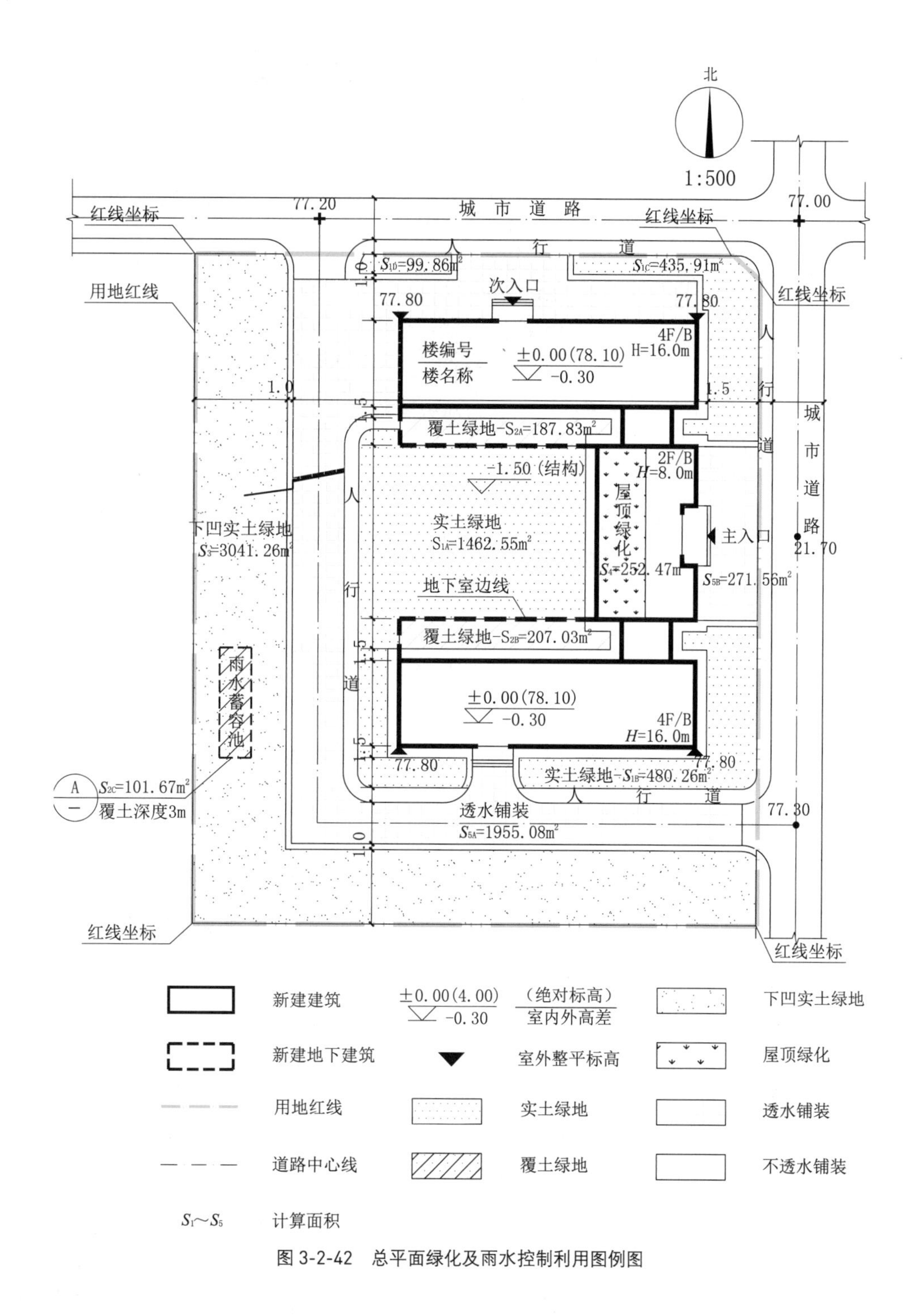

图 3-2-42 总平面绿化及雨水控制利用图例图

h．绿化停车场

i．集中绿地

j．现状树木：需保留树木位置、树种、干径、树冠投影线，古树名木还应标出编号、保护范围线（树冠投影线外扩 3m）

（2）覆土绿地剖面图，图中要标出：

a．标注覆土层厚度

b．标注室外地坪

c．剖切位置应能说明实土与覆土关系（带建筑楼号）

d．不同覆土位置分别绘制剖面图

（三）相关经济技术指标

为便于绿化管理部门审批，一般应将绿化工程的主要指标单独成表，包含以下内容：

1．建设用地总面积（不含代征地）

2．代征绿地面积

3．总建筑面积

（1）新建建筑面积

a．地上建筑面积

b．地下建筑面积

（2）保留建筑面积

4．居住总人口数

5．配套机动车位数量

（1）地上机动车位数量

（2）地下机动车位数量

6．绿地总面积（按相关规定计算）

（1）实土绿地面积

（2）覆土绿地面积（可按相关规定计算）

（3）屋顶绿化面积（可按相关规定计算）

（4）绿化停车场面积（参与绿地率计算的绿化停车场，其遮阴乔木栽植应不少于四行四列，株行距应不大于6m；不小于5m，且无地下建筑）

7．绿地率

8．居住小区集中绿地面积（建设用地面积大于等于十公顷或居住人口大于等于7000人）

4. 雨水控制利用相关设计内容的表达

（1）雨水控制与利用总平面图

图中应显示出场地竖向设计；道路纵坡、横坡；项目内雨水控制及排放；实土绿地和覆土绿地、屋顶绿化的范围、面积，覆土绿地应标出场地标高和下部结构顶板标高及覆土厚度，屋顶绿化应标明建筑层数和高度，下凹式绿地的范围和面积，透水铺装和非透水铺装的范围、面积；雨水调蓄设施的规模、位置等内容。

图例中要标出：

①实土绿地和覆土绿地、屋顶绿化；

②透水铺装和不透水铺装。

（2）雨水控制与利用设计说明

①设计依据：

《建筑与小区雨水控制及利用工程技术规范》GB 50400—2016；

《建筑给水排水设计规范》GB 50015—2003（2009 版）；

《雨水控制与利用工程设计规范》DB11/685—2013（北京市地标）。

除国家标准外，还应依据各地方编制的海绵城市规划要求方面的地方标准及规范，如北京地区应依据北京市地方标准。

②系统设计说明：根据各地方法规说明项目，是否进行了雨水控制与利用规划的编制。如需进行雨水控制与利用规划，除另行编制专项设计文件外，还应在说明中简要说明相关核心内容，如雨水控制与利用总体方案，地面高程控制外排雨水总量、年径流总量控制率、雨水控制与利用设施规模和布局等。

③条文满足情况说明：如根据地方规范，项目无需编制专项规划时，仍需满足规范的条文要求，如设置雨水调蓄设施、下凹式绿地、透水铺装、年径流总量控制率等，以上内容均应在说明中表达，并优先满足地方标准要求。

以北京地区工程项目为例，依据北京市地标《雨水控制与利用工程设计规范》DB11/685—2013，需针对以下条文内容进行说明：

a. 雨水蓄容计算：

根据《雨水控制与利用工程设计规范》DB11/685—2013 第 4.2.3 条，居住区项目的硬化面积＝屋顶硬化面积（不包括实现绿化的屋顶）。非居住区项目的硬化面积＝用地面积－绿地面积－透水铺装面积－屋顶绿化面积。

按配建雨水调蓄设施的标准，每平方千米硬化面积需配建 $30m^3$ 的雨水调蓄池。

（a）当下凹绿地的调蓄容积大于项目硬化面积需配置容积时，可不设雨水调蓄池。场地中下凹绿地的调蓄容积＝下凹绿地面积 × 有效调蓄深度（若为 150mm 深，则有效调蓄深度为 150－100＝50mm）。

（b）当不考虑下凹绿地的调蓄容积时，按项目硬化面积（按 $30m^3/km^2$ 硬地）标准来配置地下蓄容水池的数量。

b. 下凹式绿地占比：下凹式绿地占总绿地比例应≥50%。

c. 透水铺装率：公共停车场、人行道、步行街、自行车道和休闲广场、室外庭院的透水铺装率≥70%。

d. 年径流总量控制率：新开发区域≥85%，其他区域≥70%。

（3）雨水控制与利用经济技术指标表（表 3-2-17）

雨水控制与利用经济技术指标表　　表 3-2-17

序号	名称		数值	单位	备注
1	规划用地面积			m^2	
2	建设用地面积			m^2	
3	硬化面积			m^2	
4	其中	屋顶硬化面积		m^2	
5		道路硬化面积		m^2	
6	绿地率			%	
7	总绿地面积			m^2	
8	____mm 下凹绿地面积			m^2	
9	其中	实图绿地		m^2	
10		$x \geq 3$m 覆土绿地		m^2	x 为覆土厚度
11		1.5m$\leq x <$3m 覆土绿地		m^2	x 为覆土厚度
12	下凹式绿地面积比例			%	
13	停车场、人行道庭院铺装面积			m^2	
14	透水铺装面积			m^2	
15	其中	实土透水铺装面积		m^2	
16		覆土透水铺装面积		m^2	
17	透水铺装面积比例			%	

注：1 居住区项目的硬化面积＝屋顶硬化面积（不包括实现绿化的屋顶）。非居住区项目的硬化面积＝用地面积－绿地面积－透水铺装面积－屋顶绿化面积。

2 北京各区对径流系数 ϕ 的规定：海淀区≤0.28；其他区≤0.4～0.5。雨水蓄容池详见国标《雨水综合利用》17S705 图集。

（4）详图

①下凹式绿地详图（图 3-2-43）；

②透水路面及透水铺装做法详图（图 3-2-44～图 3-2-46）；

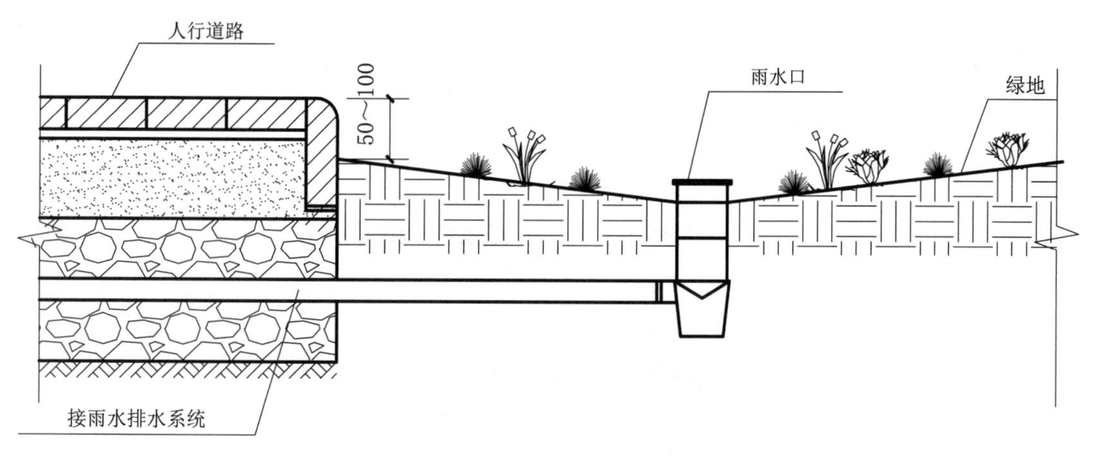

人行道路
50～100
雨水口
绿地
接雨水排水系统

图 3-2-43　下凹式绿地

80mm透水路面砖，粗砂扫缝，洒水封缝
30mm级配粗砂（或1:6干硬性水泥砂浆）
100mmC20无砂大孔混凝土基层（浇筑前将级配砂石垫层用水湿润）
300mm天然级配砂石碾实
素土夯实，压实系数≥0.93
180
80
30
100
300

图 3-44　透水砖透水路面

120mmC20无砂大孔混凝土，面层分块捣制，随打随抹，每块长度不大于6m，缝宽20mm，浸油松木条嵌缝
300mm天然级配砂石碾实
素土夯实，压实系数≥0.93
120
300

图 3-45　透水混凝土路面

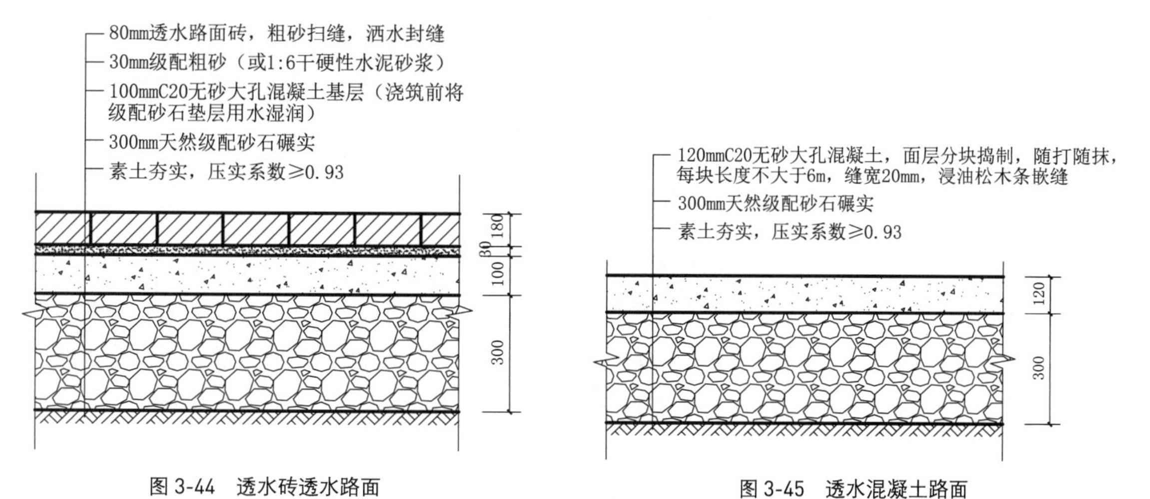

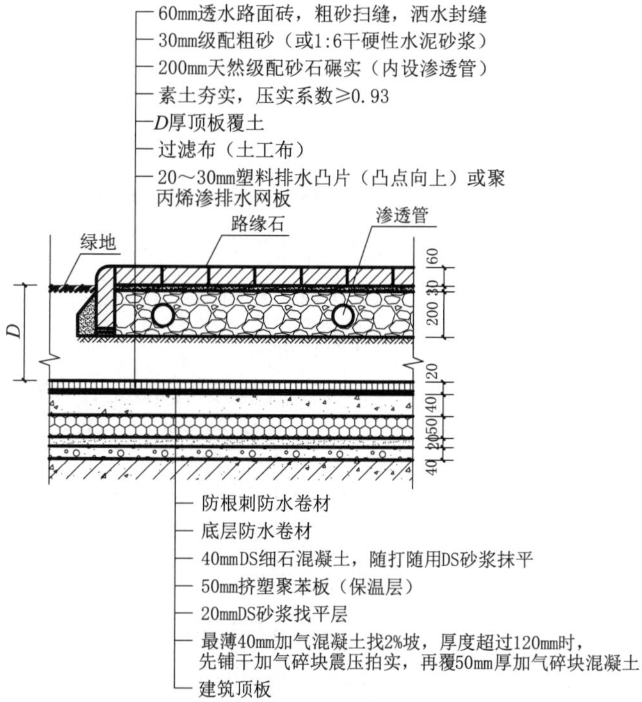

60mm透水路面砖，粗砂扫缝，洒水封缝
30mm级配粗砂（或1:6干硬性水泥砂浆）
200mm天然级配砂石碾实（内设渗透管）
素土夯实，压实系数≥0.93
D厚顶板覆土
过滤布（土工布）
20～30mm塑料排水凸片（凸点向上）或聚丙烯渗排水网板
绿地
路缘石
渗透管
D
60
30
200
20
40
50
20
40
防根刺防水卷材
底层防水卷材
40mmDS细石混凝土，随打随用DS砂浆抹平
50mm挤塑聚苯板（保温层）
20mmDS砂浆找平层
最薄40mm加气混凝土找2%坡，厚度超过120mm时，先铺干加气碎块震压拍实，再覆50mm厚加气碎块混凝土
建筑顶板

图 3-46　地下建筑顶板透水铺装

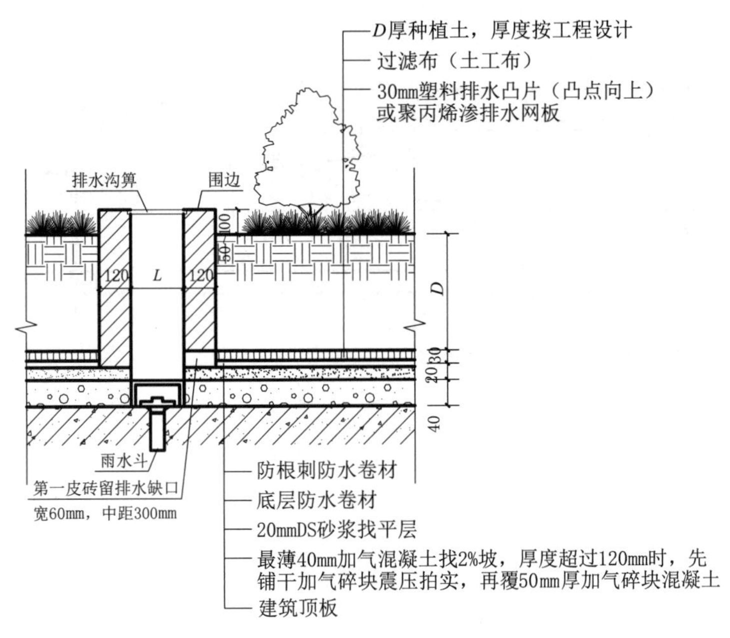

图 3-2-47　绿化屋面

③绿化屋面详图（图 3-2-47）；

④雨水调蓄设施详图（图 3-2-43）。

雨水入渗系统、收集回用系统、调蓄排放系统的各类设施详图可参考国标图集《海绵型建筑与小区雨水控制及利用》17S705。

2.4.2　总平面绿化及雨水控制利用图的技术要点

1. 绿地计算办法

各地方对于绿地的计算方法大多有地方规定，具体算法应以当地规划管理部门规定的条文为准。

以北京地区为例。摘自《北京地区建设工程规划设计通则》技术篇第三章第七节

二、计算办法

建设工程附属绿化用地面积是指在建设用地范围内按以下规则计算后的绿化用地面积之和。

建设工程附属绿地率是指建设工程附属绿化用地面积占该工程建设用地面积的比例。

（一）建设工程按下列规定计算附属绿化用地面积。

1. 永久性的绿化用地方可计入绿化用地面积；

2. 绿化用地中的园林设施的占地（如园路、座椅、花架、小型景观构筑物、小型景观水体等）计算为绿化用地，非园林设施的占地不计算为绿化用地；

3. 工程建设用地范围内，无地下建筑物、构筑物的绿化用地面积达到规划确定的附属绿化用地面积比例的 50% 以上的，所建绿化停车场、覆土绿地、屋顶花园方可依以下要求，按一定比例计入该工程的附

属绿化用地面积：

（1）栽植阔冠乔木不少于4行4列，株行距不大于6m、不小于5m的绿化停车场，且不被道路穿行并无地下建、构筑物的，在保证不影响邻近建筑正常采光时，按最外侧树中围合范围可按1∶1计入附属绿化用地面积；

（2）在地下建、构筑物上实施覆土绿化的部分，且不被建、构筑物封闭围合，其开放边长（即覆土断面与实土相接的边长）不小于覆土绿地边长1/3的，地下设施顶板上部至室外地坪覆土厚度达3m（含3m）以上的，其绿化面积可按1∶1计入附属绿化用地面积；覆土厚度达1.5m（含1.5m）以上、不足3m的，其绿化面积可按50%计入附属绿化用地面积。无法确定建筑室外地坪标高的，参照周边城市道路标高确定；

（3）建设屋顶花园，其建筑屋顶的结构、承载等按绿化要求进行设计，覆土厚度达到0.6～0.8m的绿化面积可按20%计入附属绿化用地面积。

（二）除旧城平房区外，以下情况原则上不计入建设工程附属绿化用地面积。

1. 工程建设用地范围以外的绿地；

2. 距建筑外墙1.5m和道路（路宽≥3m的）边线1m以内的用地；

3. 地面建、构筑物垂直投影范围内的用地；

4. 建筑所围合的、面积过于狭小、无光照等不能满足植物正常生长的用地；

5. 运动场的跑道及其所围合的用于运动等目的的非绿化内容的用地；

6. 其他不能计算的用地。

（三）根据现行《北京市绿化条例》相关规定，居住项目还应符合以下规定：

1. 新建居住区、居住小区绿化用地面积比例不得低于30%，并按照居住区人均不低于2m^2、居住小区人均不低于1m^{2}的标准建设集中绿地。规划居住人口7000人及以上或建设用地面积10hm^{2}及以上的居住建设项目，按照居住的标准进行绿化用地规划，即绿地率不低于30%，并按照人均不低于1m^{2}的标准建设集中绿地。

2. 居住项目配套建设的商业、服务业等公共服务设施的附属绿化用地可与居住项目的附属绿化用地统一计算。非居住区配套建设项目，其附属绿化用地原则上不能与居住项目合并计算。

（四）居住小区集中绿地每处规模一般不少于4000m^2，且不被机动车道路穿行，不得有影响小区集中绿地正常使用的构筑物和建筑物。如遇特殊情况无法达到上述要求，居住小区集中绿地设置可结合实际情况研究确定；规模较大的居住小区可按居住人口规模和服务半径（服务半径建议 300～500m），设置若干小区集中绿地；居住小区集中绿地内不宜设置地下建筑物和构筑物，确需设置地下设施的，其地下建筑物和构筑物的占地范围不得超过所在集中绿地面积的 50%，且覆土厚度应达到 3m 以上。

（五）规划旧城传统平房区建设工程附属绿化用地按照实际绿地面积计算；在符合传统风貌基础上，绿地率结合传统四合院格局实际情况研究确定。规划旧城传统平房区除依法保护好现状名木古树外，尽量留存现有树木，鼓励种植符合四合院传统风貌的较高大乔木。

2. 雨水控制与利用设计要点

各地区对雨水控制与利用的具体设计要求略有差别，以北京市为例。

北京市地方标准《雨水控制与利用工程设计规范》DB 11/685—2013

（1）设计时序

1.0.3 北京市新建、改建、扩建建设项目的规划和设计应包括雨水控制与利用的内容。雨水控制与利用设施应与项目主体工程同时规划设计、同时施工、同时投入使用。

（2）规划要求

4.1.4 总用地面积为 5 公顷（含）以上的新建工程项目，应先编制雨水控制与利用规划，再进行工程设计。用地面积小于 5 公顷的，可直接进行雨水控制与利用工程设计，但也应按照规划指标要求执行。

（3）设计标准

4.1.3 雨水控制与利用工程的设计标准，应使得建设区域的外排水总量不大于开发前的水平，并满足以下要求：

1 已建成城区的外排雨水流量径流系数不大于 0.5；

2 新开发区域外排雨水流量径流系数不大于 0.4；

3 外排雨水峰值流量不大于市政管网的接纳能力。

（4）雨水控制与利用规划编制内容

4.2.2 雨水控制与利用规划应根据降雨量、市政条件、地质资料等经分析计算后提出，并应包括以下内容：

1 规划依据、设计参数；

2 雨水控制与利用方案；

3 雨水控制与利用设施规模和布局；

4 地面高程控制、外排雨水总量测算；

5 年径流总量控制率；

6 投资估算。

4.2.3 雨水控制与利用规划应优先利用低洼地形、下凹式绿地、透水铺装等设施减少外排雨水量，并满足以下规定：

1 新建工程硬化面积达2000平方米及以上的项目，应配建雨水调蓄设施，具体配建标准为：每千平方米硬化面积配建调蓄容积不小于30立方米的雨水调蓄设施；

1）硬化面积计算方法：

居住区项目，硬化面积指屋顶硬化面积，按屋顶（不包括实现绿化的屋顶）的投影面积计；

非居住区项目，硬化面积＝建设用地面积－绿地面积（包括实现绿化的屋顶）－透水铺装用地面积；

2）雨水调蓄设施包括：雨水调节池、具有调蓄空间的景观水体、降雨前能及时排空的雨水收集池、洼地及入渗设施，不包括仅低于周边地坪50mm的下凹式绿地。

2 凡涉及绿地率指标要求的建设工程，绿地中至少应有50%为用于滞留雨水的下凹式绿地；

3 公共停车场、人行道、步行街、自行车道和休闲广场、室外庭院的透水铺装率不小于70%；

4 新开发区域年径流总量控制率不低于85%；其他区域不低于70%。

（5）雨水控制与利用规范条文要求

4.3.5 雨水回用用途应根据可收集量和回用水量、用水时段及水质要求等因素确定。宜“低质低用”或按下列次序选择：

1 景观用水；

2 绿化用水；

3 循环冷却用水：

4 路面、地面冲洗用水：

5 汽车冲洗用水；

6 其他。

3. 雨水控制利用常用做法

（1）透水铺装做法（表3-2-18）

透水路面常用做法（mm） 表3-2-18

图集编号	适用情况	用料及分层做法
路1：510厚 （路3：540厚 路5：610厚）	透水路面砖路面	①80厚透水路面砖，粗砂扫缝，洒水封缝 ②30厚1：6干硬性水泥砂浆 ③100厚（130厚、180厚）C20无砂大孔混凝土基层（浇筑前先将级配砂石垫层用水湿润） ④300厚天然级配砂石碾实 ⑤路基碾实，压实系数≥0.93
	居住区内停、回车场行车载荷分别为≤5t（8t、13t）	

续表

图集编号	适用情况	用料及分层做法
路 2：360 厚 （路 4：410 厚 路 6：480 厚）	透水路面砖路面 居住区内停、回车场行车载荷分别为≤5t（8t、13t）	① 80 厚透水路面砖，粗砂扫缝，洒水封缝 ② 30 厚 1∶6 干硬性水泥砂浆 ③ 150 厚（200 厚、250 厚）开级配水泥稳定碎石，压实系数 0.95 ④ 100 厚开级配碎石，压实系数 0.93 ⑤路基碾实，压实系数≥0.93（“开级配”：孔隙率＞15% 级配）
路 7：270 厚	透水路面砖路面 居住区内人行道、甬路、活动场地	① 60 厚透水路面砖，粗砂扫缝，洒水封缝 ② 30 厚干硬性水泥砂浆 ③ 200 厚无级配碎石碾实 ④素土夯实
路 10：150 厚	透水混凝土路面 居住区内人行道、甬路、场地	① 50 厚 C15 无砂大孔混凝土路面分块捣制，随打随抹平，每块长度不大于 6m，缝宽 20，沥青砂或沥青处理，松木条嵌缝 ② 100 厚天然级配砂石垫层碾实 ③素土夯实
路 11：420 厚（420 厚、520 厚） 混凝土面层选择：行车荷载 5t 以下时 120 厚，5～8t 时 180 厚，8～13t 时 220 厚	透水混凝土路面 居住区内车行道、停、回车场	① 120 厚（180 厚、220 厚）C20 无砂大孔混凝土，面层分块捣制，随打随抹平，每块长度不大于 6m，缝宽 20，沥青砂或沥青处理，松木条嵌缝 ② 300 厚天然级配砂石垫层碾实 ③路基碾压，压实系数＞0.93
路 27～30：560～702 厚	嵌草水泥砖、消防车道、草坪保护垫渗水路面，详见华北标 BJ 系列图集。 国标图集《工程做法》05J909 有透水路面的两种做法	

注：摘自华北标 BJ 系列《工程做法》12BJ1-1。

（2）下凹式绿地

下凹式绿地应接纳硬化面的径流雨水，并应符合下列规定：

①下凹式绿地应低于周边铺砌地面或道路，下凹深度宜为 50～100mm，且不大于 200mm；

②周边雨水宜分散进入下凹式绿地，当集中进入时应在入口处设置缓冲设施；

③下凹式绿地植物应选用耐旱耐淹的品种；

④当采用绿地入渗时，可设置入渗池、入渗井等入渗设施增加入渗能力；

⑤下凹式绿地的有效缩水容积应按溢水排水口标高以下的实际储水容积计算。

2.5 总平面管线综合图

2.5.1 总平面管线综合图的表达

1. 总平面管线综合图例图（图 3-2-48）

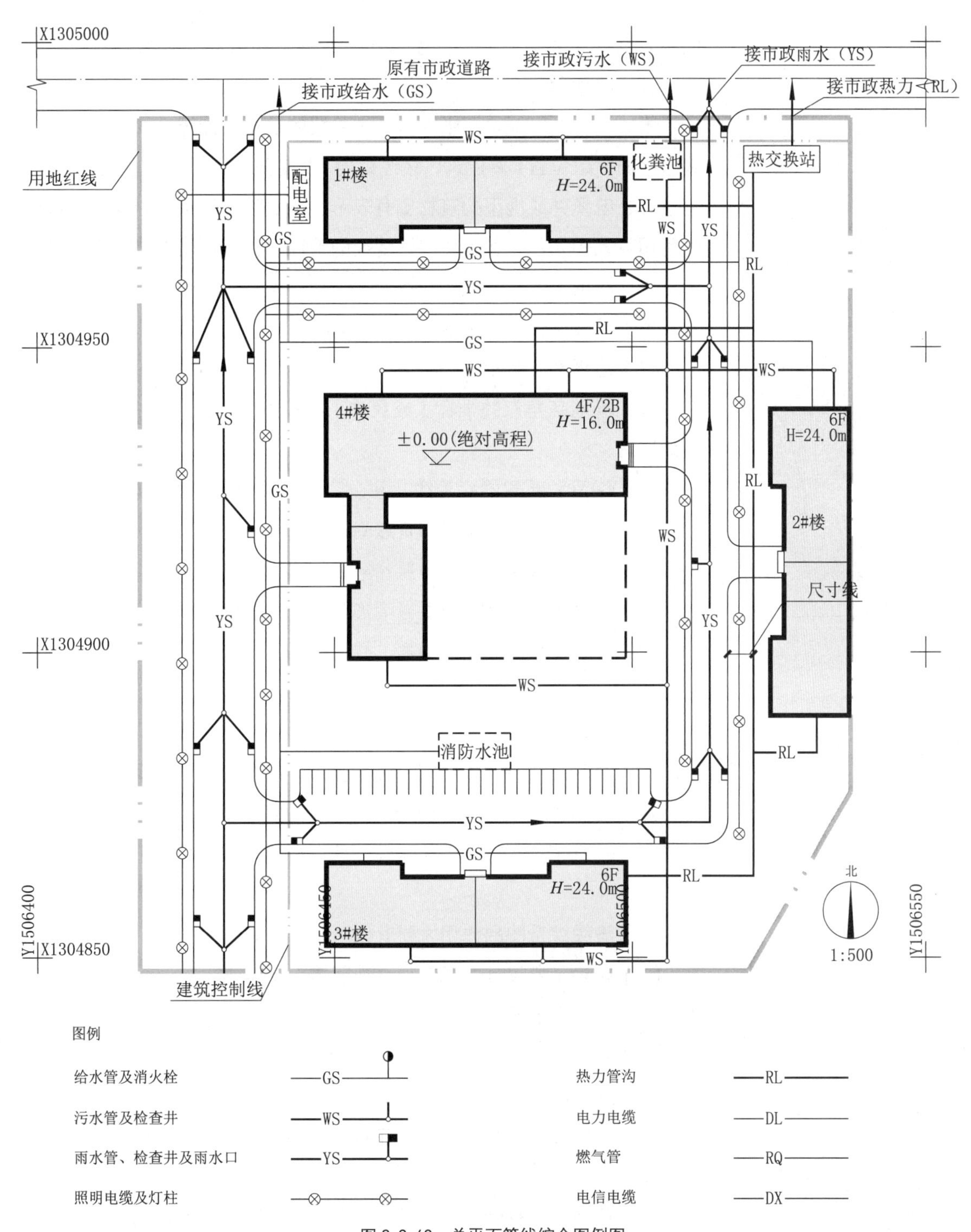

图 3-2-48　总平面管线综合图例图

注：管线综合图的图例应以各专业的图例为基础而统一确定，应清晰、简单、统一。

2. 绘制比例

管线综合图与各专业外线图应为同一比例，便于管线综合时的叠加核对检查。简单工程可为 1：500，一般为 1：200、1：300。

3. 管线综合图主要设计内容

地下管线综合图是工程项目不可缺少的工程设计图纸，对工程设计及组织有一定的指导作用。

地下管线的布置涉及地面建筑物、道路、铺装、景观绿化的设计，合理地布置各种地下管线，使各种管线之间在平面和竖向均保持合理的间距，有利于管道本身的安全及日常维修，也有利于地面构筑物、绿化、铺装的使用。

管线综合图可以是一张综合各种管线的示意性图纸，只表示各种管线的平面大致位置（离建筑、路边距离）及走向，对于尺度较大的管道、检查井、电缆井或地下构筑物应有表示。平面管道密集及竖向交叉重叠处可用放大图表示。各专业设计管线的管径、标高坡度做法等应详见各专业设计图纸。

地下管线综合图的主要表达内容有：

（1）总平面布置；

（2）场地各角点的坐标（或尺寸）、基地（道路）红线及建筑控制线的位置；

（3）保留和新建的各管线、井、池的平面位置，注明各管线、井、池与建筑物、构筑物的距离和管线间距；

（4）场外管线接入点的位置；

（5）管线密集的地段应适当增加断面图，表明管线与建筑物、构筑物、绿化之间及管线之间的距离，并注明主要交叉点上下管线的标高或间距；

（6）指北针；

（7）注明尺寸单位、图例、施工要求（也可列于总说明）。

注：管线综合图为综合设计图，一般情况由建筑专业绘制，也可由设备专业组织绘制，但前提条件是各专业必须密切配合，协同完成。

地下管线综合图的作用主要有以下几个方面：

（1）明确了所设计的工作项目外部接入（排出）市政管网的具体位置及接入（排出）管线的管径、标高等数据；

（2）反映了工程项目场地内具有的管线内容（给水管、消火栓、污水管检查井、雨水管检查井、雨水口、热力管沟、电力、电信、照明电缆灯柱、燃气管、各类管井、化粪池、消防水池、雨水蓄水池等）；

（3）反映了各种管线平面及竖向空间的大致位置（如电缆、给水管埋深约 1.0m，雨水管位于道路下 2.0m 处）；

（4）确保各种管线有合理的位置（平面、竖向）；通过各专业之间的协调“瓜分”地下空间，对平面管道过于密集、竖向叠加较多，且有碰撞、有矛盾的节点可以调整修改，使各种管线布置更加合理。

4. 道路断面示意图（图 3-2-49）

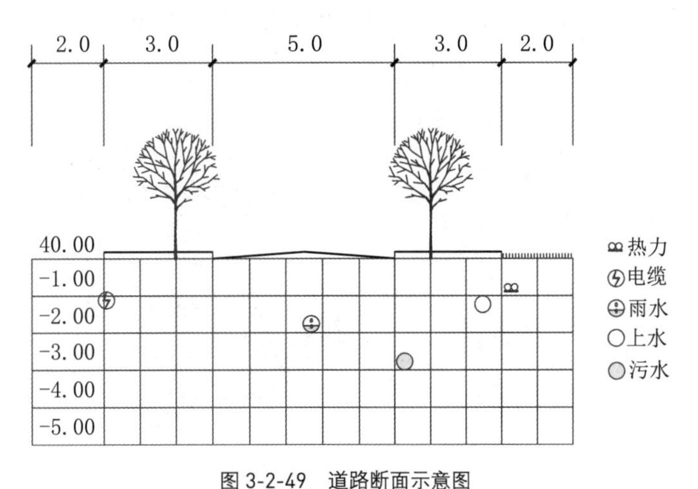

图 3-2-49　道路断面示意图

注：表达各种管线相互关系（标高、间距、种类）。

（1）室外管线综合图比例应大于 1∶500，一般宜采用 1∶200 或 1∶300。

（2）对于管线较多、比较复杂的综合管线宜另外绘制平面大样及断面图。

2.5.2　总平面管线综合图的技术要点

1. 相关术语

（1）管线水平净距：水平方向敷设的相邻管线外表面之间的水平距离。

（2）管线垂直净距：两个管线上下交叉敷设时，从上面管线外壁最低点到下面管线外壁最高点之间的垂直距离。

（3）管线埋设深度：雨水管（或污水管）——从地面到管底内壁的距离，即地面标高减去管底标高；热力管和燃气管——从地面到管道中心的距离。

（4）管线覆土深度：地面到管顶（外壁）的距离。

（5）冰冻线：土壤冰冻层的深度。各地冰冻深度因地理纬度及气候不同而不同，要了解当地冰冻深度，可查当地气象统计资料或《建筑设计资料集（第三版）　第 1 分册　建筑总论》。

（6）管线高度：从地面到地面管线和架空管线管底（外壁）的距离。

（7）压力管线：管道内的介质由外部施加压力使其流动的工程管线。如给水管、燃气管的管道等均为压力管线，管线可以弯曲。

（8）重力自流管线：利用介质向低处流动的重力作用特性而预先设

置流动方向的工程管线，如污水管和雨水管。其特征是只要流动方向无阻挡，该介质依靠重力作用总往低处流动，若有阻挡，介质达到阻挡物高度，仍可流动；管道内介质可塑性强，任何管道形状均可适应，管线不能弯曲。

（9）场地管线综合的设计范围：从城市管线接入点至各个建筑物外墙之间。

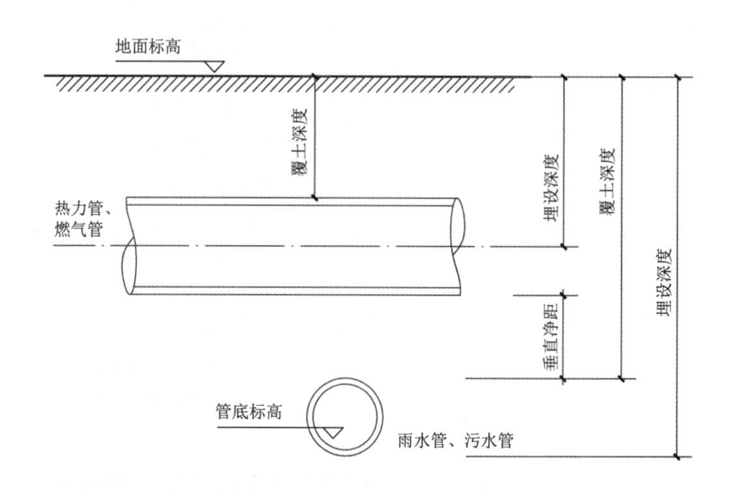

图 3-2-50 管线敷设术语示意图

2. 一般规定

《全国民用建筑工程设计技术措施 规划·建筑·景观》(2009 年版)

6.1.1 场地内各种管线需与城市管线衔接，其中，雨水、污水管线标高要与城市相关管线标高协调。

6.1.2 管线布置应满足安全使用要求，并综合考虑其与建筑物、道路、环境相互关系和彼此间可能产生的影响。

6.1.3 管线走向宜与主体建筑、道路及相邻管线平行。地下管线应从建筑物向道路方向由浅至深敷设。

6.1.4 管线布置力求线路短、转弯少，并减少与道路和其他管线交叉。在困难条件下其交角不应小于45°。

6.1.5 管线布置力求不横穿公共绿化、庭院绿地，并留有道路行道树的位置。

6.1.6 各种管线的埋设顺序一般按照管线的埋设深度，其从上往下顺序一般为：通讯电缆、热力、电力电缆、燃气管、给水管、雨水管和污水管。

6.1.7 在车行道下管线的最小覆土厚度，燃气管为0.8m，其他管线为0.7m。严寒地区及特殊土质，最小覆土厚度按相关规定确定。

6.1.8 室外各种管线管沟盖、检查井，应尽量避免布置在重点景观绿化部位。

3. 埋管顺序及位置排列的规定

《城市居住区规划设计规范》GB 50180—2018

10.0.2.5 各种管线的埋设顺序应符合下列规定：

（1）离建筑物的水平排序，由近及远宜为：电力管线或电信管线、燃气管、热力管、给水管、雨水管、污水管；

（2）各类管线的垂直排序，由浅入深宜为：电信管线、热力管、小于 10kV 电力电缆、大于 10kV 电力电缆、燃气管、给水管、雨水管、污水管。

10.0.2.6 电力电缆与电信管、缆宜远离，并按照电力电缆在道路东侧或南侧、电信电缆在道路西侧或北侧的原则布置；

10.0.2.7 管线之间遇到矛盾时，应按下列原则处理：

（1）临时管线避让永久管线；

（2）小管线避让大管线；

（3）压力管线避让重力自流管线；

（4）可弯曲管线避让不可弯曲管线。

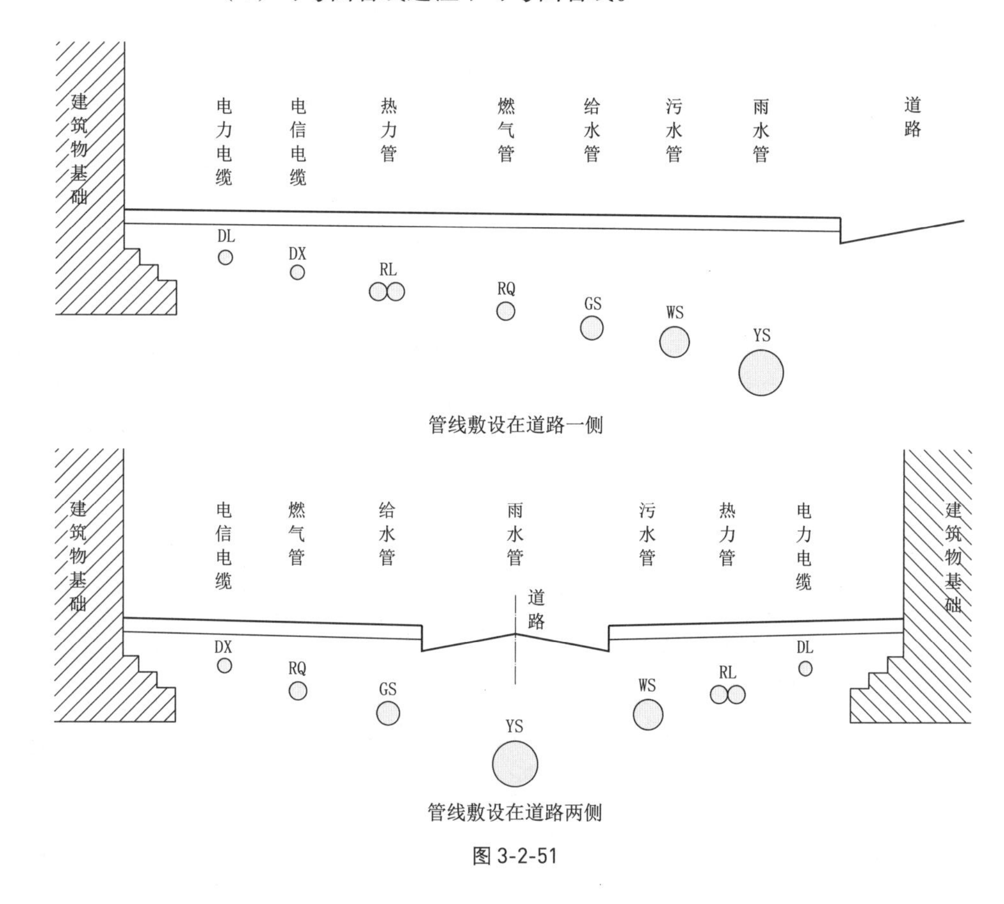

图 3-2-51

4. 管线间距离控制

《全国民用建筑工程设计技术措施　规划·建筑·景观》（2009 年版）

（1）管线间最小水平距离

地下管线之间最小水平距离（m）　　　表 3-2-19（表 6.2.1-1）

序号	管线名称		给水管		排水管		燃气		电力电缆		电信		热力	
			d≤200	d>200	雨水	污水	低压	中压	直埋 <35kV	缆沟 <35kV	直埋	管道	直埋	管沟
1	给水管	d≤200	—		1.0	1.0	0.5	0.5	0.5	0.5	1.0		1.5	
		d≥200			1.5	1.5								
2	排水管	雨水	1.0	1.5	—		1.0	1.2	0.5		1.0	1.0	1.5	1.5
		污水	1.0	1.5										
3	燃气管	低压	0.5	0.5	1.0		—		0.5	0.5	0.5	0.5	1.0	1.0
		中压	0.5	0.5	1.2				1.0	1.0	1.0	1.0	1.5	1.5
4	电力电缆	直埋	0.5		0.5		0.5	0.5	—		0.5		2.0	
		缆沟					1.0	1.0						
5	电信电缆	直埋	1.0		1.0		0.5	0.5	0.5		—		1.0	
		管道					1.0	1.0						
6	热力管	直埋	1.5		1.5		1.0	1.5	2.0		1.0		—	
		管道												

注：燃气管低压为P≤0.05MPa，中压 0.05MPa<P≤0.2MPa，0.2MPa<P≤0.4MPa。

（2）管线间最小垂直净距

地下管线之间最小垂直净距（m）　　　表 3-2-20（表 6.2.1-2）

管线名称		给水管	排水管	燃气管	热力管	电力电缆	电信电缆	电信管道
给水管		0.15	—	—	—	—	—	
排水管		0.40	0.15	—	—	—	—	—
燃气管		0.15	0.15	0.15	—	—	—	—
热力管		0.15	0.15	0.15	0.15	—	—	—
电力电缆	直埋	0.15	0.50	0.50	0.50	0.50	—	—
	在导管内			0.15			—	—
电信电缆	直埋	0.50	0.50	0.50	0.15	0.50	0.25	0.25
	导管	0.15	0.15	0.15				
电信管道		0.15	0.15	0.15	0.15	0.50	0.25	0.25
明沟沟底		0.50	0.50	0.50	0.50	0.50	0.50	0.50
涵洞基底		0.15	0.15	0.15	0.15	0.50	0.20	0.25
铁路轨底		1.00	1.20	1.20	1.20	1.00	1.00	1.00

注：表 6.2.1 依据《城镇燃气设计规范》GB 50020—2006、《室外给水设计规范》GB 50013—2006、《室外排水设计规范》GB 50014—2006、《城市工程管线综合规划规范》GB 50289—98 编制。

5. 管线与建筑物、构筑物之间距离控制

《全国民用建筑工程设计技术措施 规划·建筑·景观》(2009 年版)

各种管线与建筑物、构筑物之间最小水平距离(m)　表 3-2-21(6.2.2)

管线名称		建筑物基础	地上杆柱(中心)			铁路钢轨(或坡脚)	城市道路侧边缘	备注
			通信、照明及<10kN	高压铁塔基础边				
				≤35kV	>35kV			
给水管	d≤200mm	1.0	0.50	3.0	3.0	5.0	1.5	—
	d>200mm	3.0	0.50	3.0	3.0			
排水管		2.5～3.0	0.5	1.5	1.5	5.0	1.5	排水管线埋深浅于建筑物基础时不宜小于 2.5m 排水管线埋深深于建筑物基础时不宜小于 3.0m
燃气管	低压	0.7	1.0	1.0	5.0	5.0	1.5	—
	中压	1.5	1.0	1.0	5.0			
热力管	直埋 2.5	2.5	1.0	2.0	3.0	1.0	1.5	
	地沟 2.5	0.5						
电力电缆		0.5	1.0	0.6	0.6	3.0	1.5	
电信电缆		0.5	0.5	0.6	0.6	2.0	1.5	

注:本表依据《城镇燃气设计规范》GB 50020—2006、《室外给水设计规范》GB 50013—2006、《室外排水设计规范》GB 50014—2006、《城市工程管线综合规划规范》GB 50289—98 编制。

6. 管线、井与绿化树种间距离控制

《城市居住区规划设计规范》GB 50180—2018

10.0.2.8 地下管线不宜横穿公共绿地和庭院绿地。与绿化树种间的最小水平净距，宜符合表 10.0.2-8 中的规定。

管线、其他设施与绿化树种间的最小水平净距(m)

表 3-2-22(表 10.0.2-8)

管线名称	最小水平净距	
	至乔木中心	至灌木中心
给水管、闸井	1.5	1.5
污水管、雨水管、探井	1.5	1.5
燃气管、探井	1.2	1.2

续表

管线名称	最小水平净距	
	至乔木中心	至灌木中心
电力电缆、电信电缆	1.0	1.0
电信管道	1.5	1.0
热力管	1.5	1.5
地上杆柱（中心）	2.0	2.0
消防龙头	1.5	1.2
道路侧石边缘	0.5	0.5

7. 检查井的布置

图表摘自赵晓光《民用建筑场地设计》第七章 管线综合。

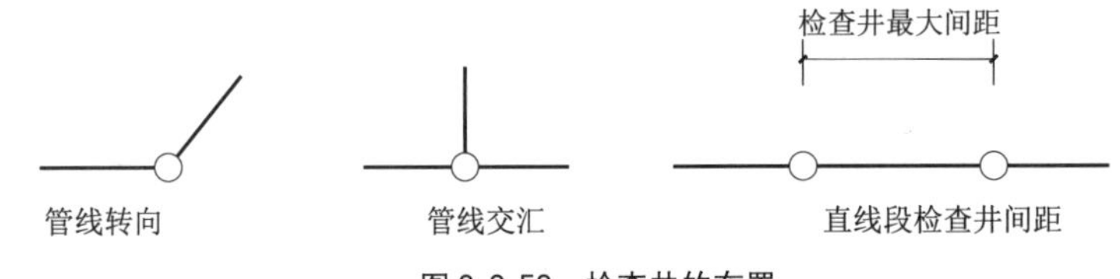

图 3-2-52 检查井的布置

直线段检查井最大间距 表 3-23

管径或管渠净高（mm）		200～400	500～700	800～1000	1100～1500	＞1500
最大间距（m）	污水管道	30	50	70	90	100
	雨水（合流）管道	40	60	80	100	120

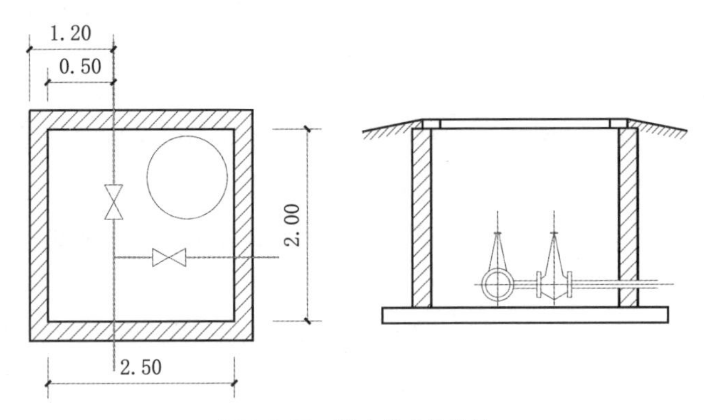

图 3-2-53 给水检查井构造

3 建筑单体系统图纸表达

3.1 工程做法表及做法对照表

3.1.1 工程做法表示例（表 3-3-1）

工程做法表（参考 ×× 图集） 表 3-3-1

适用范围	编号—厚度 做法名称	燃烧性能	详细做法	使用范围
室外工程				
外墙面				
内墙面				
踢脚 / 墙裙				
地面 / 楼面				
顶棚				
屋面				
地下室				

为适应工程设计的特殊要求，更直接、完整地反映工程做法的全貌，有些工程需自行编制工程做法（可参考相关图集，对编号做出标记，如楼′、楼改等）。此时项目工程做法的内容除了自编的工程做法表外，仍应有工程做法对照表。工程做法表的内容宜按下列次序编写：（1）室外工程，（2）外墙面，（3）内墙面、踢脚，（4）地面、楼面、顶棚，（5）平坡屋面，（6）地下室。

3.1.2 做法对照表示例（表 3-3-2）

工程做法对照表（选用 ×× 构造通用图集） 表 3-3-2

楼层	房间名称	楼 / 地面	踢脚 / 墙裙	内墙面	顶棚	备注
地下一层						
一层						
……						

当按标准图集直接选用时，应有工程做法对照表，并明确参照的标准图集，表中应按不同楼层、不同房间，依照(1)楼/地面、(2)踢脚、(3)内墙面、(4)顶棚、(5)备注的次序做出表格。对每一种做法应明确做法编号、做法厚度及做法名称，备注一栏中可填写做法中修改或特殊之处。

3.2 建筑平面图

建筑平面图是假想用一水平剖切面沿建筑略高于窗台位置将房屋剖切后，对剖切面以下部分做的水平正投影图。特殊空间的建筑如电影院、体育场、体育馆等，剖切位置可以根据具体情况而定。

3.2.1 深度规定条文

《建筑工程设计文件编制深度规定》(2017年版)

4.3.4 平面图

1 承重墙、柱及其定位轴线和轴线编号，轴线总尺寸（或外包总尺寸）、轴线间尺寸（柱距、跨度）、门窗洞口尺寸、分段尺寸。

2 内外门窗位置、编号，门的开启方向，注明房间名称或编号，库房（储藏）注明储存物品的火灾危险性类别。

3 墙身厚度（包括承重墙和非承重墙），柱与壁柱截面尺寸（必要时）及其与轴线关系尺寸，当围护结构为幕墙时，标明幕墙与主体结构的定位关系及平面凹凸变化的轮廓尺寸；玻璃幕墙部分标注立面分格间距的中心尺寸。

4 变形缝位置、尺寸及做法索引。

5 主要建筑设备和固定家具的位置及相关做法索引，如卫生器具、雨水管、水池、台、橱、柜、隔断等。

6 电梯、自动扶梯、自动步道及传送带（注明规格）、楼梯（爬梯）位置，以及楼梯上下方向示意和编号索引。

7 主要结构和建筑构造部件的位置、尺寸和做法索引，如中庭、天窗、地沟、地坑、重要设备或设备机座的位置尺寸、各种平台、夹层、人孔、阳台、雨篷、台阶、坡道、散水、明沟等。

8 楼地面预留孔洞和通气管道、管线竖井、烟囱、垃圾道等位置、尺寸和做法索引，以及墙体（主要为填充墙、承重砌体墙）预留洞的位置、尺寸与标高或高度等。

9 车库的停车位、无障碍车位和通行路线。

10 特殊工艺要求的土建配合尺寸及工业建筑中的地面荷载、起重设备的起重量、行车轨距和轨顶标高等。

11 建筑中用于检修维护的天桥、栅顶、马道等的位置、尺寸、材料和做法索引。

12 室外地面标高、首层地面标高、各楼层标高、地下室各层标高。

13 首层平面标注剖切线位置、编号及指北针或风玫瑰。

14 有关平面节点详图或详图索引号。

15 每层建筑面积、防火分区面积、防火分区分隔位置及安全出口位置示意，图中标注计算疏散宽度及最远疏散点到达安全出口的距离（宜单独成图）；当整层仅为一个防火分区，可不注防火分区面积，或以示意图（简图）形式在各层平面中表示。

16 住宅平面图中标注各房间使用面积、阳台面积。

17 屋面平面应有女儿墙、檐口、天沟、坡度、坡向、雨水口、屋脊（分水线）、变形缝、楼梯间、水箱间、电梯机房、天窗及挡风板、屋面上人孔、检修梯、室外消防楼梯、出屋面管道井及其他构筑物，必要的详图索引号、标高等。表述内容单一的屋面可缩小比例绘制。

18 根据工程性质及复杂程度，必要时可选择绘制局部放大平面图。

19 建筑平面较长较大时，可分区绘制，但须在各分区平面图适当位置上绘出分区组合示意图，并明显表示本分区部位编号。

20 图纸名称、比例。

21 图纸的省略：如系对称平面，对称部分的内部尺寸可省略，对称轴部位用对称符号表示，但轴线号不得省略；楼层平面除轴线间等主要尺寸及轴线编号外，与首层相同的尺寸可省略。楼层标准层可共用同一平面，但需注明层次范围及各层的标高。

22 装配式建筑应在平面中用不同图例注明预制构件（如预制夹芯外墙、预制墙体、预制楼梯、叠合阳台等）位置，并标注构件截面尺寸及其与轴线关系尺寸；预制构件大样图，为了控制尺寸及一体化装修相关的预埋点位。

3.2.2 建筑平面图的表达

1. 建筑平面图例图（图 3-1-1~ 图 3-1-3）

2. 绘制比例

一般为 1∶50，1∶100，1∶150。

3. 建筑平面图的设计内容

（1）文字部分

建筑平面图中可以增加有关平面图纸的说明文字，内容主要说明平面图中的墙体定位，门窗定位，结构柱、构造柱定位，消火栓规格、定位，暗装留洞尺寸，水、电井门槛标高，精装设计范围等。

（2）图纸部分

①整体平面图：

大型或复杂建筑项目，建筑平面图需要分段绘制，整体平面图主要

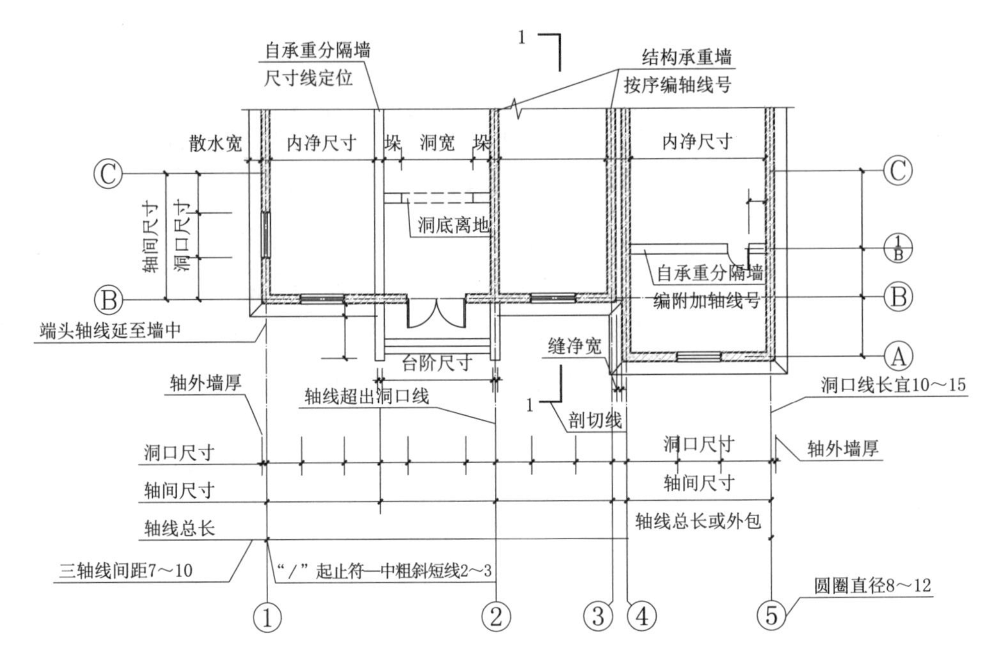

图 3-1-1 平面图的尺寸标注

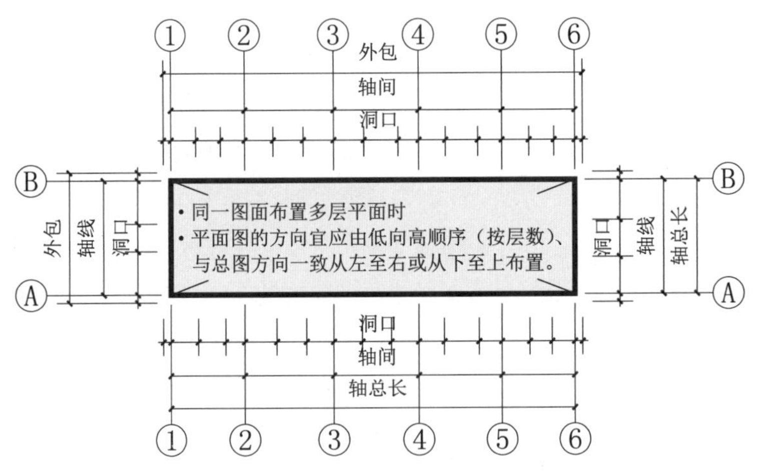

图 3-1-2 平面图的轴线标注

标注内容提示：

1 屋面（檐沟）排水方向及坡度；

2 雨水口（管）位置、间距及做法索引；

3 各种不同屋面的做法标注及位置；

4 屋面排气孔、排风道位置、做法索引；

5 屋面设备基础尺寸、位置及做法索引。

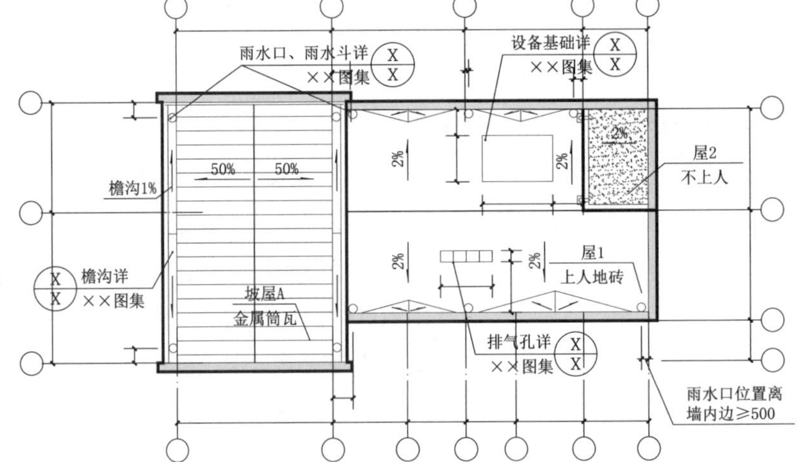

图 3-1-3 屋顶平面图标注

标明整体布局及分段之间的关系，需表达分段与轴线的关系、分段建筑的长度和建筑面积等。

②各层平面图：

平面图是建筑专业施工图中最重要、最基本的图纸，其他图纸多是以它为依据派生和深化而成的。建筑专业平面图也是其他专业（如结构、给水排水、暖通空调、电气通信、室内精装等）进行相关设计的主要依据，并反映其他专业对建筑专业的技术要求（如墙体厚度、柱子截面尺寸、管道竖井、地沟、地坑等）。平面图的绘制要求全面、准确、简明。

③屋顶平面图：

屋顶平面图是从高于建筑最高点的位置俯视做的水平正投影，主要表达屋顶的形状、尺寸、定位、高度、坡度、排水方式，以及出屋面的管井、冷却塔、设备基础等内容。

④防火分区图：

防火分区图是表达建筑防火分区划分的图纸。对于一般中小型公共建筑或居住建筑，可缩小比例绘制，放在平面图纸中适当的位置。对于大型或复杂建筑，防火分区图需单独绘制。防火分区图需表达防火分区的范围、编号、面积、安全出口等内容。

⑤吊顶平面图：

对于不进行二次室内精装修设计并有吊顶的部位，应绘制吊顶综合平面图，包括吊顶分格、造型，以及水、暖、电等专业的相关设施（如灯具、风口、喷淋、烟感、音响等）。

⑥图例、留洞表：

在建筑平面图中还应绘制相应的图例，以区分表达不同的建筑材料、构件（如钢筋混凝土墙、柱，加气混凝土砌块墙，混凝土空心砌块墙，消火栓，雨水口，水簸箕等）。在砌块墙上预留的各种管道、附设在墙体上设备洞口的定位尺寸及洞口尺寸应在建筑专业平面图中表达，为简化图面表达，可将洞口进行编号（如设 1、设 2……电 1、电 2……），后绘留洞表以表达洞口尺寸、定位、高度等信息。

4. 建筑平面图的表达内容

（1）基本内容

①绘制轴网，凡是结构承重并做有基础的墙、柱，均应编轴线及轴号。平面轴线的编号原则：框架结构以框架柱按序编号；钢筋混凝土剪力墙结构从剪力墙位置编号；砖混结构按承重墙位置编号。上述三种结构中的自承重分隔墙体可以用尺寸线定位或编附加轴线。

组合较为复杂的平面图中定位轴线也可采用分区编号，编号的形式应为“分区号—该分区编号”。圆形、弧形平面图中的定位轴线其径向轴应以角度进行定位，其编号宜用阿拉伯数字表示，从左下角或

−90°（若轴线很密、角度很小）开始，按逆时针编号，其环向轴线宜用大写阿拉伯字母表示，从外向内编写。

编号时字母 I、O、Z 不得用作轴线号，附加轴线分母为前面轴号，分子为附加轴号，如 1/B 轴表示 B 轴后第一附加轴线，1 号轴或 A 号轴之前附加轴线的分母应以 01 或 0A 表示。

②用粗实线和图例表示剖切到的建筑实体断面，并标注相关尺寸，用粗实线表示墙体、柱子等，用中实线表示轻质隔墙，用细实线表示幕墙、门窗、外保温等。

③用细实线表示投影方向所见的建筑构、配件，并标注相应的尺寸和标高，如室内的楼地面、排水沟、卫生洁具台面、踏步、室外所见的阳台、下层的雨篷顶面、屋面、室外的柱廊、平台、散水、坡道、台阶、花坛等，上部不可见的高窗、天窗、孔洞、挑出构建轮廓等可用虚线绘出。

④固定设施（如厨具、洁具、固定家具、灭火器等）和非固定设施（如家具、电器等）布置。非固定设施也可仅在作业图纸阶段表示，作为有关专业布置管线的依据，最终出图时可以取消。

（2）图纸标注

①房间（空间）名称及面积：

各类建筑的平面图均应标注房间名称或编号，并注明房间面积，各层平面图在图名下标注本层建筑面积，在首层平面图图名下标注本栋建筑面积及首层建筑面积。

②尺寸标注：

平面图中标注的尺寸可分为总尺寸、定位尺寸和细部尺寸三种。总尺寸为建筑物的轮廓尺寸；定位尺寸为轴线尺寸，建筑的构、配件（如墙体、门窗、洞口、洁具等）相对于轴线或其他构、配件确定位置的尺寸；细部尺寸为建筑物构、配件的详细尺寸。

建筑平面图标注三道尺寸，第一道为外包（或轴线）总尺寸，第二道为双向（或多向）轴线尺寸，第三道为门窗洞口、外墙变形缝等定位尺寸。内墙及室内构、配件的定位尺寸、细部尺寸在图中就近标注。屋顶平面图中应表达雨水口之间的距离及雨水管与轴号关系定位，不宜在三道尺寸线中标注。

③标高标注：

首层平面图需表示出周边环境与建筑关系，如红线、周边道路、机动车出入口、地形高差、建筑出入口、台阶、坡道等，并标注室内、外地面设计相对标高和绝对标高，内容应与总图一致。

各楼层均应标注楼地面标高，楼地面高度变化处及设备基础、排水沟、地坑等均应标注标高。

屋顶平面图应标注屋脊、檐口、屋面板装饰构配件、设备基础、出屋面管井等标高，屋顶各部分标高不同时，在屋顶平面中应标注清楚，并应标注屋面板结构标高。

吊顶平面图中应标注吊顶完成面标高，高度变化处应标注清楚。

④坡度标注：

建筑的坡道、平台、卫生间、排水沟、屋面及建筑周边环境均应标注坡度及坡向。

⑤门窗编号：

建筑平面图中的门、窗、幕墙、隔断、防火卷帘、防盗卷帘等均应标注编号，门窗表及门窗大样均由此衍生，编号应区分材质、尺寸、开启方式、性能等，具体编号方式详见门窗详图部分。

⑥索引：

在建筑施工图设计中，出现做法比较复杂的空间或节点需绘制大样图或节点详图时，在建筑平面图中首次出现的位置均应索引，如楼梯间、卫生间、电梯、门头、厨房、客房、宿舍、教室、观众厅、变形缝、栏杆扶手、屋面出入口、钢爬梯等。

⑦剖切位置：

剖切面应选在层高、层数、空间变化较多具有代表性的部位，复杂的建筑应多画几个剖视方向的整体剖面，剖视的方向在图面上宜向上、向左。

3.2.3 建筑平面图的技术要点

1. 防火设计

（1）防火分区

防火分区是指在建筑内部采用防火墙、楼板及其他防火分隔设施分隔而成，能在一定时间内防止火灾向同一建筑的其余部分蔓延的局部空间。不同耐火建筑的允许建筑高度、层数、防火分区最大允许面积应符合《民用建筑设计防火规范》GB 50016—2014（2018 年版）的 5.3 规定。

（2）平面布置

建筑的平面布置应综合建筑的耐火等级、火灾危险性、使用功能和安全疏散等因素合理布置，具体规范条文详见《民用建筑设计防火规范》GB 50016—2014（2018 年版）5.4 的规定。

（3）安全疏散和避难

民用建筑应根据其建筑高度、规模、使用功能和耐火等级等因素合理设置安全疏散和避难设施、安全出口和疏散门的位置、数量、宽度及疏散楼梯间的形式，应满足人员安全疏散的要求，具体规范条文详见《民用建筑防火设计规范》GB 50016—2014（2018 年版）5.5 的规定。

2. 防水设计

（1）出入口防水

为防止室外雨水进入室内，需在建筑出入口位置设置高差（如台阶、坡道等）。为出入方便，有些建筑室内外高差较小，可在室外一侧设置截流沟以快速排走入口处雨水。在建筑入口的门口处设置20～50mm高差（无障碍出入口为15mm），门口外侧平台应从门口向室外一侧找至少1%的坡度。

（2）楼层防水

为防止卫生间、浴室、厨房等水湿房间的水影响其他空间的使用，应在房间楼地面、墙体处做防水处理及设置地漏、排水沟等排水设施，并在房间门口处设置高差。水湿房间门口处标高应低于同楼层走道或其他房间20mm（无障碍要求15mm），并从门口处向地漏或排水沟找1%坡。建筑平面图中排水沟应标注其净宽及定位尺寸、盖板高度、沟底起坡深度、坡向及坡度，并应索引详图做法。简单的排水沟可在建筑平面图中表达，复杂的排水沟应单独绘制。

（3）屋面排水

①排水方式：

屋面排水方式分为无组织排水和有组织排水两种。无组织排水又称自由落水，是指屋面汇集的雨水自由地从檐口落至室外地面。有组织排水是指将屋面汇集的雨水通过排水系统进行有组织的排除。所谓排水系统是指将屋面划分成若干个汇水区域，每个区域设置一个雨水口，将雨水有组织地汇集到雨水口，通过雨水口排至雨水斗，再经雨水管排至室外或市政管网。有组织排水分为内排水和外排水两种方式。

高层建筑屋面宜采用有组织内排水，多层建筑宜采用有组织外排水，低层建筑及檐口高度小于10m的屋面可采用无组织排水。多跨及汇水面积较大的屋面宜采用天沟排水，天沟找坡较长时宜采用中间内排、两端外排的形式。

②排水坡度：

混凝土结构宜采用结构找坡，坡度不应小于3%，当采用材料找坡时，坡度宜为2%。

倒置式屋面宜结构找坡，当屋面单向坡长大于9m时，应采用结构找坡。当屋面采用材料找坡时，坡度宜为3%，最薄处找坡层厚度不得小于30mm。找坡宜采用轻质材料或保温材料。

当采用混凝土板架空隔热层时，屋面坡度不宜大于5%。

烧结瓦、混凝土瓦屋面的坡度不应小于30%。

沥青瓦屋面的坡度不应小于20%。

压型金属屋面采用咬口锁边连接时，屋面的排水坡度不宜小于5%。

压型金属屋面采用固件连接时，屋面的排水坡度不宜小于10%。

玻璃采光顶采用支承结构找坡，排水坡度不宜小于 5%。

③汇水面积及雨水口设置：

建筑屋面的汇水面积，应由给水排水专业根据建筑所在城市的降水情况、选用雨水口型号等信息进行计算后，向建筑专业提出要求，再由建筑专业根据建筑布置、汇水面积等综合考虑划分汇水区域、布置雨水口。雨水口中心距离端部女儿墙内边不宜小于 0.5m，一个屋面雨水口不应少于 2 个。

另外，屋面应设置溢流口或溢流管等溢流设施。

3. 无障碍设计

城市中新建、改建、扩建的城市道路、城市广场、城市绿地、居住区、居住建筑、公共建筑及历史文物建筑等均应进行无障碍设计，并满足《无障碍设计规范》GB 50763 的规定。

4. 节能设计

①当设置外墙保温时，应在平面图中用细实线绘制保温层。

②保温层的材料和厚度，应由节能计算决定。

③外墙外保温的面积应计入建筑面积。

3.3 建筑立面图

建筑立面图是指以平面正投影的方法绘制建筑与外部空间接触的垂直界面的图形。

3.3.1 深度规定条文

《建筑工程设计文件编制深度规定》(2017 年版)。

4.3.5 立面图

1 两端轴线编号，立面转折较复杂时可用展开立面表示，但应准确注明转角处的轴线编号。

2 立面外轮廓及主要结构和建筑构造部件的位置，如女儿墙顶、檐口、柱、变形缝、室外楼梯和垂直爬梯、室外空调机搁板、外遮阳构件、阳台、栏杆、台阶、坡道、花台、雨篷、烟囱、勒脚、门窗（消防救援窗）、幕墙、洞口、门头、雨水管，以及其他装饰构件、线脚和粉刷分格线等，当为预制构件或成品部件时，按照建筑制图标准规定的不同图例示意，装配式建筑立面应反映出预制构件的分块拼缝，包括拼缝分布位置及宽度等。

3 建筑的总高度、楼层位置辅助线、楼层数、楼层层高和标高以及关键控制标高的标注，如女儿墙或檐口标高等；外墙的留洞应注尺寸与标高或高度尺寸（宽 × 高 × 深及定位关系尺寸）。

4 平、剖面图未能表示出来的屋顶、檐口、女儿墙、窗台以及其他装饰构件、线脚等的标高或尺寸。

5 在平面图上表达不清的窗编号。

6 各部分装饰用料、色彩的名称或代号。

7 剖面图上无法表达的构造节点详图索引。

8 图纸名称、比例。

9 各个方向的立面应绘齐全，但差异小、左右对称的立面可简略；内部院落或看不到的局部立面，可在相关剖面图上表示，若剖面图未能表示完全时，则需单独绘出。

3.3.2 建筑立面图的表达

1. 建筑立面图例图（图 3-3-4）

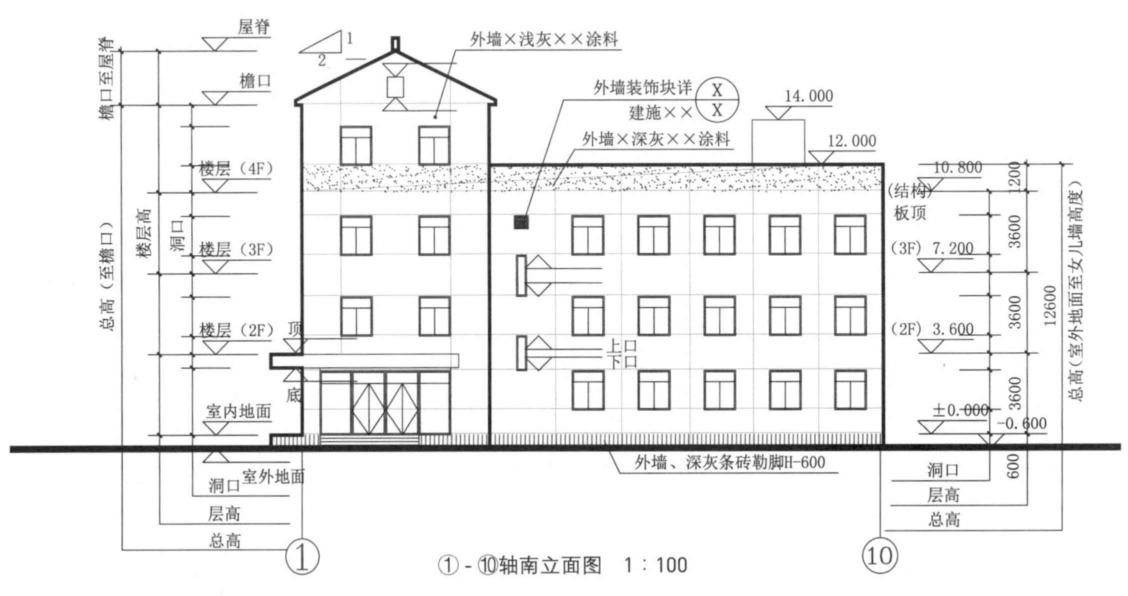

①-⑩轴南立面图 1：100

图 3-3-4 建筑立面图例图

2. 绘制比例、图名

一般为 1：100、1：150 或 1：200（按表达要求可以与平面图比例不一致）。

立面图两端应有轴线号，宜加注基本朝向面和绘制比例，如"①-⑩轴南立面图 1：100"。

3. 立面图的设计内容

（1）文字部分

设计说明、材料做法等文档文件中关于立面的部分。

（2）图纸部分

①立面组合图：

大型或复杂项目，当立面长度或高度尺寸超过施工图纸图幅时，可绘制更小比例的立面组合图，再分段按正常比例绘制分段立面图。组合立面图主要标明整体立面及分段之间的关系，需表达分段与轴线及楼层的关系、分段建筑的长度和高度等。

②各立面图：

建筑的立面图应绘制建筑各个方向垂直界面的立面图，但差异小、左右对称的立面或部分不难推定的立面可简略，内部院落或看不到的局部立面可在剖面图中表达，若剖面图未能表示完全时，则需单独绘制。建筑立面图主要表达建筑的外部形状，屋顶的形式，门窗洞口的位置、高度及形状，外墙饰面材料的种类、颜色、做法等。

③立面详图：

当建筑立面细部较为复杂时，为表达清晰则需绘制立面详图。

④图例：

立面图中应标注各部分墙面装饰材料的名称、颜色、做法等，外立面设计简单的建筑可直接在图中标注，立面设计复杂的建筑建议制作图例，以清晰地区分立面图中不同部位不同的外饰面做法。

4. 立面图的表达内容

（1）标高、尺寸线标注：立面图尺寸标注一般为三道线再加楼层标高辅助线，三道线为洞口尺寸、层高尺寸及总高尺寸（室外地面至女儿墙顶面、坡屋顶时为室外地面至檐口加至屋脊高度尺寸）。

（2）洞口、构件标注：对于不同于洞口尺寸线的非常规洞口或窗口应标注其上、下标高；对于外装饰构件（如雨篷、花台线脚、粉刷分格线等）宜标注标高及划分尺寸。

（3）立面图例索引：立面图上应标注各部分墙面装饰材料的名称、颜色、做法的图集索引，当设计立面材料种类较多时，应有材料图例，清晰地表达设计墙面的各部分材料。

（4）立面图线条区分：立面的外轮廓线为粗线。室外地面线为特粗线，不在同一平面上的前、后面的轮廓线宜有区分，应前粗后细，对较远的看线可简化。

（5）内庭展开立面：对于内庭院的内立面可以在剖面图上表示，当采用展开立面表达内立面时，应标注转角轴线的编号。

（6）特殊节点的索引：外墙的墙身节点一般在剖面图上索引，当有些节点无法在剖面图上索引时，可在立面图上引出，引出的做法详图、节点大样宜直接在立面图上明显位置表达。

（7）门窗开启示意：外立面图上宜有门窗开启示意，对于所有立面窗的开启部分可以按数全部画出，也可以对于相同的型号外窗只画出一列示意，开启形式也应表达清楚。

3.3.3 建筑立面图的技术要点

1. 防火设计

《建筑设计防火规范》GB 50016—2014（2018 年版）

（1）防火墙及防火挑檐

6.2.5 建筑外墙上、下层开口之间应设置高度不小于 1.2m 的实体墙或挑出宽度不小于1.0m、长度不小于开口宽度的防火挑檐；当室内设置自动喷水灭火系统时，上、下层开口之间的实体墙高度不应小于0.8m。当上、下层开口之间设置实体墙确有困难时，可设置防火玻璃墙，但高层建筑的防火玻璃墙的耐火完整性不应低于1.00h，多层建筑的防火玻璃墙的耐火完整性不应低于0.50h。外窗的耐火完整性不应低于防火玻璃墙的耐火完整性要求。

住宅建筑外墙上相邻户开口之间的墙体宽度不应小于1.0m；小于1.0m时，应在开口之间设置突出外墙不小于0.6m的隔板。

实体墙、防火挑檐和隔板的耐火极限和燃烧性能，均不应低于相应耐火等级建筑外墙的要求。

（2）消防救援入口

7.2.3 建筑物与消防车登高操作场地相对应的范围内，应设置直通室外的楼梯或直通楼梯间的入口。

7.2.4 厂房、仓库、公共建筑的外墙应在每层的适当位置设置可供消防救援人员进入的窗口。

7.2.5 供消防救援人员进入的窗口的净高度和净宽度均不应小于1.0m，下沿距室内地面不宜大于1.2m，间距不宜大于20m且每个防火分区不应少于2个，设置位置应与消防车登高操作场地相对应。窗户的玻璃应易于破碎，并应设置可在室外易于识别的明显标志。

2. 节能设计

《公共建筑节能设计标准》GB 50189—2015

（1）窗墙比

3.2.2 严寒地区甲类公共建筑各单一立面窗墙面积比（包括透光幕墙）均不宜大于0.60；其他地区甲类公共建筑各单一立面窗墙面积比（包括透光幕墙）均不宜大于0.70。

（2）遮阳措施

3.2.5 夏热冬暖、夏热冬冷、温和地区的建筑各朝向外窗（包括透光幕墙）均应采取遮阳措施；寒冷地区的建筑宜采取遮阳措施。当设置外遮阳时应符合下列规定：

1 东西向宜设置活动外遮阳，南向宜设置水平外遮阳；

2 建筑外遮阳装置应兼顾通风及冬季日照。

（3）开启面积

3.2.8 单一立面外窗（包括透光幕墙）的有效通风换气面积应符合下列规定：

1 甲类公共建筑外窗（包括透光幕墙）应设可开启窗扇，其有效通风换气面积不宜小于所在房间外墙面积的10%；当透光幕墙受条件限制无法设置可开启窗扇时，应设置通风换气装置。

2 乙类公共建筑外窗有效通风换气面积不宜小于窗面积的30%。

3. 防排烟设计

《建筑防烟排烟系统技术标准》GB 51251—2017

（1）自然通风

3.2.1 采用自然通风方式的封闭楼梯间、防烟楼梯间，应在最高部位设置面积不小于 1.0m^2 的可开启外窗或开口；当建筑高度大于 10m 时，尚应在楼梯间的外墙上每 5 层内设置总面积不小于 2.0m^2 的可开启外窗或开口，且布置间隔不大于 3 层。

3.2.2 前室采用自然通风方式时，独立前室、消防电梯前室可开启外窗或开口的面积不应小于 2.0m^2，共用前室、合用前室不应小于 3.0m^2。

3.2.3 采用自然通风方式的避难层（间）应设有不同朝向的可开启外窗，其有效面积不应小于该避难层（间）地面面积的 2%，且每个朝向的面积不应小于 2.0m^2。

3.2.4 可开启外窗应方便直接开启，设置在高处不便于直接开启的可开启外窗应在距地高度为 1.3～1.5m 的位置设置手动开启装置。

（2）自然排烟设施

4.3.1 采用自然排烟系统的场所应设置自然排烟窗（口）。

4.3.2 防火分区内自然排烟窗（口）的面积、数量、位置应按本规范第 4.6.3 条规定经计算确定，且防烟分区内任一点与最近的自然排烟窗（口）之间的水平距离不应大于 30m。当工业建筑采用自然排烟方式时，其水平距离尚不应大于建筑内空间净高的 2.8 倍；当公共建筑空间净高大于或等于 6m，且具有自然对流条件时，其水平距离不应大于 37.5m。

4.3.3 自然排烟窗（口）应设置在排烟区域的顶部或外墙，并应符合下列规定：

1 当设置在外墙上时，自然排烟窗（口）应在储烟仓以内，但走道、室内空间净高不大于 3m 的区域的自然排烟窗（口）可设置在室内净高度的 1/2 以上；

2 自然排烟窗（口）的开启形式应有利于火灾烟气的排出；

3 当房间面积大于 200m^2 时，自然排烟窗（口）的开启方式可不限；

4 自然排烟窗（口）宜分散均匀布置，且每组的长度不宜大于 3.0m。

5 设置在防火墙两侧的自然排烟窗（口）之间最近边缘的水平距离不应小于 2.0m。

4.3.5 除本规范另有规定外，自然排烟窗（口）开启的有效面积尚应符合下列规定：

1 当采用开窗角大于 70° 的悬窗时，其面积应按窗的面积计算；当开窗角小于或等于 70° 时，其面积应按窗最大开启时的水平投影面积计算。

2 当采用开窗角大于 70° 的平开窗时，其面积应按窗的面积计算；当开窗角小于或等于 70° 时，其面积应按窗最大开启时的竖向投影面积计算。

3 当采用推拉窗时，其面积应按开启的最大窗口面积计算。

4 当采用百叶窗时，其面积可按有效开口面积计算。

5 当平推窗设置在顶部时，其面积可按窗的1/2周长与平推距离乘积计算，且不应大于窗面积。

6 当平推窗设置在外墙时，其面积可按窗的1/4周长与平推距离乘积计算，且不应大于窗面积，

4.3.6 自然排烟窗（口）应设置手动开启装置，设置在高位不便于直接开启的自然排烟窗（口），应设置距地面高度（1.3～1.5）m的手动开启装置。净空高度大于9m的中庭、建筑面积大于2000m^{2}的营业厅、展览厅、多功能厅等场所，尚应设置集中手动开启装置和自动开启设施。

4.3.7 除洁净厂房外，设置自然排烟系统的任一层建筑面积大于2500m^{2}的制鞋、制衣、玩具、塑料、木器加工储存等丙类工业建筑，除自然排烟所需排烟窗（口）外，尚宜在屋面上增设可熔性采光带（窗），其面积应符合下列要求：

1 未设置自动喷水灭火系统的，或采用钢结构屋顶，或采用预应力钢筋混凝土屋面板的建筑，不应小于楼地面面积的10%；

2 其他建筑不应小于楼地面面积的5%。

注：可熔性采光带（窗）的有效面积应按其实际面积计算。

4. 外窗面积的规定

各类建筑对于采光系数的设计应符合《民用建筑设计统一标准》GB 50352—2019第7.1.1条、《建筑采光设计标准》GB 50033—2013第4.0.2～第4.0.15条的规定，以及各类建筑规范中关于采光系数和窗地比的要求。

《建筑采光设计标准》GB 50033—2013

（1）采光系数相关规定

①住宅建筑

4.0.2 住宅建筑的卧室、起居室（厅）的采光不应低于采光等级Ⅳ级的采光标准值，侧面采光的采光系数不应低于2.0%，室内天然光照度不应低于300lx。

4.0.3 住宅建筑的采光标准值不应低于表4.0.3的规定。

住宅建筑的采光标准值　　表3-3-3（表4.0.3）

采光等级	场所名称	侧面采光	
		采光系数标准值（%）	室内天然光照度标准值（lx）
Ⅳ	厨房	2.0	300
Ⅴ	卫生间、过道、餐厅、楼梯间	1.0	150

②办公建筑

4.0.8 办公建筑的采光标准值不应低于表4.0.8的规定。

办公建筑的采光标准值 **表 3-3-4（表 4.0.8）**

采光等级	场所名称	侧面采光	
		采光系数标准值（%）	室内天然光照度标准值（lx）
Ⅱ	设计室、绘图室	4.0	600
Ⅲ	办公室、会议室	3.0	450
Ⅳ	复印室、档案室	2.0	300
Ⅴ	走道、楼梯间、卫生间	1.0	150

③学校建筑

4.0.4 教育建筑的普通教室的采光不应低于采光等级Ⅲ级的采光标准值，侧面采光的采光系数不应低于 3.0%，室内天然光照度不应低于 450lx。

4.0.5 教育建筑的采光标准值不应低于表 4.0.5 的规定。

教育建筑的采光标准值 **表 3-3-5（表 4.0.5）**

采光等级	场所名称	侧面采光	
		采光系数标准值（%）	室内天然光照度标准值（lx）
Ⅲ	专用教室、实验室、阶梯教室、教师办公室	3.0	450
Ⅴ	走道、楼梯间、卫生间	1.0	150

④图书馆建筑

4.0.9 图书馆建筑的采光标准值不应低于表 4.0.9 的规定。

图书馆建筑的采光标准值 **表 3-3-6（表 4.0.9）**

采光等级	场所名称	侧面采光		顶部采光	
		采光系数标准值（%）	室内天然光照度标准值（lx）	采光系数标准值（%）	室内天然光照度标准值（lx）
Ⅲ	阅览室、开架书库	3.0	450	2.0	300
Ⅳ	目录室	2.0	300	1.0	150
Ⅴ	书库、走道、楼梯间、卫生间	1.0	150	0.5	75

⑤医院建筑

4.0.6 医疗建筑的一般病房的采光不应低于采光等级Ⅳ级的采光标准值，

侧面采光的采光系数不应低于2.0%，室内天然光照度不应低于300lx。

4.0.7 医疗建筑的采光标准值不应低于表4.0.7的规定。

医疗建筑的采光标准值 表3-3-7（表4.0.7）

采光等级	场所名称	侧面采光		顶部采光	
		采光系数标准值（%）	室内天然光照度标准值（lx）	采光系数标准值（%）	室内天然光照度标准值（lx）
Ⅲ	诊室、药房、治疗室、化验室	3.0	450	2.0	300
Ⅳ	医生办公室（护士室） 候诊室、挂号处、综合大厅	2.0	300	1.0	150
Ⅴ	走道、楼梯间、卫生间	1.0	150	0.5	75

⑥旅馆建筑

4.0.10 旅馆建筑的采光标准值不应低于表4.0.10的规定。

旅馆建筑的采光标准值 表3-3-8（表4.0.10）

采光等级	场所名称	侧面采光		顶部采光	
		采光系数标准值（%）	室内天然光照度标准值（lx）	采光系数标准值（%）	室内天然光照度标准值（lx）
Ⅲ	会议室	3.0	450	2.0	300
Ⅳ	大堂、客房、餐厅、健身房	2.0	300	1.0	150
Ⅴ	走道、楼梯间、卫生间	1.0	150	0.5	75

⑦博物馆建筑

4.0.11 博物馆建筑的采光标准值不应低于表4.0.11的规定。

博物馆建筑的采光标准值 表3-3-9（表4.0.11）

采光等级	场所名称	侧面采光		顶部采光	
		采光系数标准值（%）	室内天然光照度标准值（lx）	采光系数标准值（%）	室内天然光照度标准值（lx）
Ⅲ	文物修复室、标本制作室、书画装裱室	3.0	450	2.0	300
Ⅳ	陈列室、展厅、门厅	2.0	300	1.0	150
Ⅴ	库房、走道、楼梯间、卫生间	1.0	150	0.5	75

⑧展览建筑

4.0.12 展览建筑的采光标准值不应低于表 4.0.12 的规定。

展览建筑的采光标准值 表 3-3-10（表 4.0.12）

采光等级	场所名称	侧面采光		顶部采光	
		采光系数标准值（%）	室内天然光照度标准值（lx）	采光系数标准值（%）	室内天然光照度标准值（lx）
Ⅲ	展厅（单层及顶层）	3.0	450	2.0	300
Ⅳ	登录厅、连接通道	2.0	300	1.0	150
Ⅴ	库房、楼梯间、卫生间	1.0	150	0.5	75

⑨交通建筑

4.0.13 交通建筑的采光标准值不应低于表 4.0.13 的规定。

交通建筑的采光标准值 表 3-3-11（表 4.0.13）

采光等级	场所名称	侧面采光		顶部采光	
		采光系数标准值（%）	室内天然光照度标准值（lx）	采光系数标准值（%）	室内天然光照度标准值（lx）
Ⅲ	进站厅、候机（车）厅	3.0	450	2.0	300
Ⅳ	出站厅、连接通道、自动扶梯	2.0	300	1.0	150
Ⅴ	站台、楼梯间、卫生间	1.0	150	0.5	75

⑩体育建筑

4.0.14 体育建筑的采光标准值不应低于表 4.0.14 的规定。

体育建筑的采光标准值 表 3-3-12（表 4.0.14）

采光等级	场所名称	侧面采光		顶部采光	
		采光系数标准值（%）	室内天然光照度标准值（lx）	采光系数标准值（%）	室内天然光照度标准值（lx）
Ⅳ	体育馆场地、观众入口大厅、休息厅、运动员休息室、治疗室、贵宾室、裁判用房	2.0	300	1.0	150
Ⅴ	浴室、楼梯间、卫生间	1.0	150	0.5	75

注：采光主要用于训练或娱乐活动。

⑪工业建筑

4.0.15 工业建筑的采光标准值不应低于表 4.0.15 的规定。

工业建筑的采光标准值 表 3-3-13（表 4.0.15）

采光等级	车间名称	侧面采光		顶部采光	
		采光系数标准值（%）	室内天然光照度标准值（lx）	采光系数标准值（%）	室内天然光照度标准值（lx）
Ⅰ	特精密机电产品加工、装配、检验、工艺品雕刻、刺绣、绘画	5.0	750	5.0	750
Ⅱ	精密机电产品加工、装配、检验、通信、网络、视听设备、电子元器件、电子零部件加工、抛光、复材加工、纺织品精纺、织造、印染、服装裁剪、缝纫及检验、精密理化实验室、计量室、测量室、主控制室、印刷品的排版、印刷、药品制剂	4.0	600	3.0	450
Ⅲ	机电产品加工、装配、检修、机库、一般控制室、木工、电镀、油漆、铸工、理化实验室、造纸、石化产品后处理、冶金产品冷轧、热轧、拉丝、粗炼	3.0	450	2.0	300
Ⅳ	焊接、钣金、冲压剪切、锻工、热处理、食品、烟酒加工和包装、饮料、日用化工产品、炼铁、炼钢、金属冶炼、水泥加工与包装、配、变电所、橡胶加工、皮革加工、精细库房（及库房作业区）	2.0	300	1.0	150
Ⅴ	发电厂主厂房、压缩机房、风机房、锅炉房、泵房、动力站房、（电石库、乙炔库、氧气瓶库、汽车库、大中件贮存库）一般库房、煤的加工、运输、选煤配料间、原料间、玻璃退火、熔制	1.0	150	0.5	75

（2）窗地比相关规定

①住宅建筑

《住宅建筑规范》GB 50368—2005

7.2.2 卧室、起居室（厅）、厨房应设置外窗，窗地面积比不应小于 1/7。

《住宅设计规范》GB 50096—2011

7.1.5 卧室、起居室（厅）、厨房的采光窗洞口的窗地面积比不应低于 1/7。

7.1.6 当楼梯间设置采光窗时，采光窗洞口的窗地面积比不应低于 1/12。

7.1.7 采光窗下沿离楼面或地面高度低于 0.50m 的窗洞口面积不应计入采光面积内，窗洞口上沿距地面高度不宜低于 2.00m。

②教育建筑

《中小学校设计规范》GB 50099—2011

9.2.1 教学用房工作面或地面上的采光系数不得低于表 9.2.1 的规定和现行国家标准《建筑采光设计标准》GB 50033 的有关规定。在建筑方案设计时，其采光窗洞口面积应按不低于表 9.2.1 窗地面积比的规定估算。

教学用房工作面或地面上的采光系数标准和窗地面积比　表 3-3-14（表 9.2.1）

房间名称	规定采光系数的平面	采光系数最低值（%）	窗地面积比
普通教室、史地教室、美术教室、书法教室、语言教室、音乐教室、合班教室、阅览室	课桌面	2.0	1：5.0
科学教室、实验室	实验桌面	2.0	1：5.0
计算机教室	机台面	2.0	1：5.0
舞蹈教室、风雨操场	地面	2.0	1：5.0
办公室、保健室	地面	2.0	1：5.0
饮水处、厕所、淋浴	地面	0.5	1：10.0
走道、楼梯间	地面	1.0	—

注：表中所列采光系数值适用于我国Ⅲ类光气候区，其他光气候区应将表中的采光系数值乘以相应的光气候系数，光气候系数应符合现行国家标准《建筑采光设计标准》GB/T 50033 的有关规定。

③养老设施

《养老设施建筑设计规范》GB 50867—2013

3.0.6 养老设施建筑中老年人用房的主要房间的采光窗洞口面积与该房间楼（地）面面积之比宜符合表 3.0.6 的规定。

老年人用房的主要房间的采光窗洞口面积与该房间楼（地）面面积之比　表 3-3-15（表 3.0.6）

房间名称	窗地面积之比
活动室	1：4
起居室、卧室、公共餐厅、医疗用房、保健用房	1：6
公用厨房	1：7
公用卫生间、公用沐浴间、老年人专用浴室	1：9

④办公建筑

《办公建筑设计标准》JGJ 67—2019

6.2.3 办公建筑的采光标准可采用窗地面积比进行估算，其比值应符合表 6.2.3 的规定。

窗地面积比 表 3-3-16（表 6.3.2）

采光等级	房间类别	窗地面积比（A_c/A_d）侧面采光	窗地面积比（A_c/A_d）顶部采光
Ⅱ	设计室、绘图室	1/4	1/8
Ⅲ	办公室、会议室	1/5	1/10
Ⅳ	复印室、档案室	1/6	1/13
Ⅰ	走道、楼梯间、卫生间	1/10	1/23

注：1 窗地面积比计算条件：1）Ⅲ类光气候区，其光气候系数 K=1.0，其他光气候区的窗地面积比应乘以相应的光气候系数 K；2）普通单层（6mm 厚）清洁玻璃垂直铝窗，该窗总透射比 τ 取 0.6，其他条件的窗总透射比为相应的窗结构挡光折减系数 τ_c 乘以相应的玻璃透射比和污染折减系数；

2 侧窗采光口离地面高度在 0.75m 以下部分不计入有效采光面积；

3 侧窗采光口上部有宽度超过 1m 以上的外廊、阳台等外部遮挡物时，其有效采光面积可按采光口面积的 70% 计算；

4 顶部采光指平天窗采光，锯齿形天窗和矩形天窗可分别按平天窗的 1.5 倍和 2 倍窗地面积比进行估算。

⑤图书馆建筑

《图书馆建筑设计规范》JGJ38—2015

7.2.1 图书馆各类用房或场所的天然采光标准值不应小于表 7.2.1 中的规定。

图书馆各类用房或场所的天然采光标准值 表 3-3-17（表 7.2.1）

用房或场所	采光等级	侧面采光			顶部采光		
		采光系数标准值（%）	天然光照度标准值（lx）	窗地面积比（A_c/A_d）	采光系数标准值（%）	天然光照度标准值（lx）	窗地面积比（A_c/A_d）
阅览室、开架书库、行政办公、会议室、业务用房、咨询服务、研究室	Ⅲ	3	450	1/5	2	300	1/10
检索空间、陈列厅、特种阅览室、报告厅	Ⅳ	2	300	1/6	1	150	1/13
基本书库、走廊、楼梯间、卫生间	Ⅴ	1	150	1/10	0.5	75	1/23

⑥绿色设计

《绿色建筑评价标准》GB 50378—2019

5.2.8 充分利用天然光，评价总分值为 12 分，并按下列规则分别评分并累计：

1 住宅建筑室内主要功能空间至少 60% 面积比例区域，其采光照度值不低于 300lx 的小时数平均不少于 8h/d，得 9 分。

2 公共建筑按下列规则分别评分并累计：

1）内区采光系数满足采光要求的面积比例达到 60%，得 3 分；

2）地下空间平均采光系数不小于 0.5% 的面积与地下室首层面积的比例达到 10% 以下，得 3 分；

3）室内主要功能空间至少 60% 面积比例区域的采光照度值不低于采光要求的小时数平均不少于 4h/d，得 3 分。

3 主要功能房间有眩光控制措施，得 3 分。

3.4 建筑剖面图

建筑剖面图是将建筑沿竖向剖切，描述建筑空间竖向关系的图纸。建筑剖面图能够清晰直观地反映建筑内部空间关系、建筑内部与外部空间及相邻建筑之间的关系，以及建筑围护构件之间建构的情况，是从垂直维度补充了建筑平面图和立面图的不足。同时剖面图可以显示建筑内部房间层高、净高、墙面装饰、吊顶装饰、楼地面、屋面等设计内容，是建筑内部空间设计、建筑外装设计、确定构造做法及绘制墙身详图的基础。

3.4.1 深度规定条文

《建筑工程设计文件编制深度规定》（2017 年版）

4.3.6 剖面图。

1 剖视位置应选在层高不同、层数不同、内外部空间比较复杂、具有代表性的部位；建筑空间局部不同处以及平面、立面均表达不清的部位，可绘制局部剖面。

2 墙、柱、轴线和轴线编号。

3 剖切到或可见的主要结构和建筑构造部件，如室外地面、底层地（楼）面、地坑、地沟、各层楼板、夹层、平台、吊顶、屋架、屋顶、出屋顶烟囱、天窗、挡风板、檐口、女儿墙、幕墙、爬梯、门、窗、外遮阳构件、楼梯、台阶、坡道、散水、平台、阳台、雨篷、洞口及其他装修等可见的内容。

4 高度尺寸。

外部尺寸：门、窗、洞口高度、层间高度、室内外高差、女儿墙高度、阳台栏杆高度、总高度。

内部尺寸：地坑（沟）深度、隔断、内窗、洞口、平台、吊顶等。

5 标高。

主要结构和建筑构造部件的标高，如室内地面、楼面（含地下室）、平台、雨篷、吊顶、屋面板、屋面檐口、女儿墙顶、高出屋面的建筑物、构筑物及其他屋面特殊构件等的标高，室外地面标高。

6 节点构造详图索引号。

7 图纸名称、比例。

3.4.2 建筑剖面图的表达

1. 建筑剖面图例图（图 3-3-5）

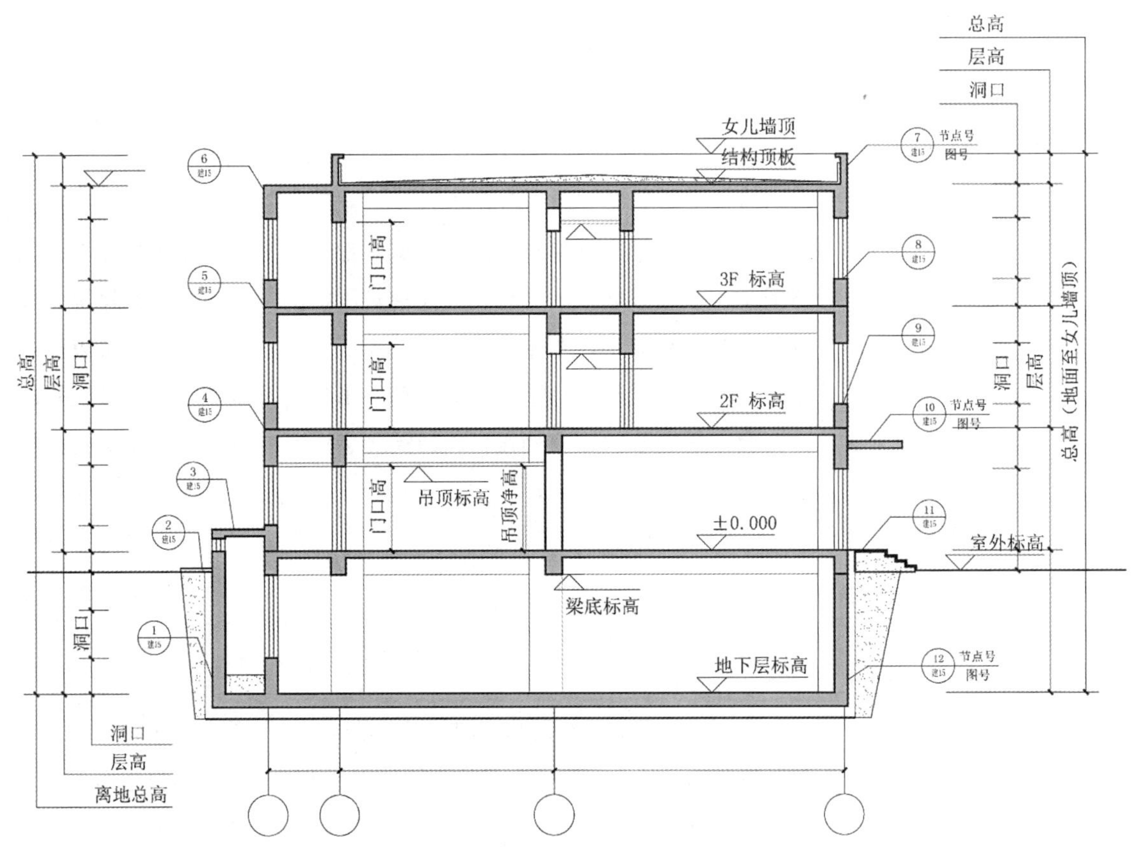

图 3-3-5 建筑剖面图例图

2. 绘制比例　　一般为 1：100，1：150，1：200。

3. 剖面图的设计内容

（1）文字部分

设计说明、材料做法等文档文件中关于剖面的部分。

（2）图纸部分

①剖面图：

建筑剖面图是建筑的竖向剖视图，按正投影法绘制。主要表达建筑内部空间关系（如房间的层高、净高、房间分隔设计等）、建筑的围护结构（如外墙、屋面、地面）及相关构件（如室外地坪、女儿墙、外装饰等）的构成关系及室内外空间之间的关系。建筑剖面位置应选择在内外部空间变化较大、空间组合复杂的位置或有不同层高或层数的典型位置。

②剖立面图：

建筑的剖立面图除了表达上述剖面图内容外，还需要表达部分建筑的立面图内容。当建筑布局为U形或者合院形式时，可用剖立面图表达内庭院的各个立面内容（具体内容详见“3.3 建筑立面图”部分），以及庭院与建筑的室内外空间关系。

③剖面详图：

对于声学和视线要求较高的建筑（如影剧院、音乐厅、会堂、体育馆、体育场等），一般需要在建筑剖面图的基础上绘制视线及声学的分析图、室内装修设计等详图。

④图例：

与立面图相同，剖立面图中应标注各部分墙面装饰材料的名称、颜色、做法等，外立面设计简单的建筑可直接在图中标注，立面设计复杂的建筑建议制作图例，以清晰地区分立面图中不同部位不同的外饰面做法。

3. 剖面图的表达内容

（1）基本内容

①图形绘制：

建筑剖面图的绘制用粗实线画出剖切到的建筑实体切面（如墙体、梁、板、楼面、楼梯、屋面板等），用细实线画出投影可见的建筑构造和构配件（如门、窗、洞口、梁、柱、室外花坛等），投影可见物以最近层为准，标示从简。剖切到的轻质墙体、地面构造、内外保温、幕墙也应用细实线表示。

当建筑布局为U形或者合院形式时，在投影方向还可以看到内庭院室外局部立面，在没有其他图纸表达此部分内容的情况下，可以用细实线画出该局部立面；否则可以简化此部分轮廓。

②图例绘制：

与立面图相同，剖立面图中应标注各部分墙面装饰材料的名称、颜色、做法等，外立面设计简单的建筑可直接在图中标注，立面设计复杂的建筑建议制作图例，以清晰地区分立面图中不同部位不同的外饰面做法。

（2）图纸标注

①尺寸标注：

建筑剖面图的尺寸标注为三道尺寸线。第一道为各层门窗洞口高度及与楼面关系尺寸；第二道为层高尺寸；第三道为建筑高度由室外地坪至平屋面檐口上皮或女儿墙顶面、坡屋面檐口上皮总高度。屋面檐口至屋脊高度应单独标注，屋面之上的楼梯间、电梯机房、水箱间等另标注其高度。

②标高标注：

在建筑剖面图尺寸线内侧或外侧应标注层数及楼层标高，同时要标注室外地坪、地面、楼面、女儿墙顶面、檐口、屋顶最高处的标高。当屋面为保温材料找坡时，建议标注结构板面标高。建筑内部应标注房间吊顶高度及标高，门窗洞口、隔断、暖沟、地沟等尺寸也需要在建筑剖面图中标注。建筑的窗井、雨篷或局部建筑造型变化的位置可就近标注其相关尺寸及标高。

③墙身详图索引：

墙身节点一般是以建筑剖面图为基础进行节点编号和绘制，在剖面图中应索引相应的墙身节点，原则上应表达准确、易于查找。

3.4.3 建筑剖面图的技术要点

1. 女儿墙及护栏设计要点

(1) 高度

《民用建筑设计统一标准》GB 50352—2019

6.7.3 阳台、外廊、室内回廊、内天井、上人屋面及室外楼梯等临空处应设置防护栏杆，并应符合下列规定：

1 栏杆应以坚固、耐久的材料制作，并应能承受现行国家标准《建筑结构荷载规范》GB 50009 及其他国家现行相关标准规定的水平荷载。

2 当临空高度在 24.0m 以下时，栏杆高度不应低于 1.05m；当临空高度在 24.0m 及以上时，栏杆高度不应低于 1.1m。上人屋面和交通、商业、旅馆、医院、学校等建筑临开敞中庭的栏杆高度不应小于 1.2m。

3 栏杆高度应从所在楼地面或屋面至栏杆扶手顶面垂直高度计算，当底面有宽度大于或等于 0.22m，且高度低于或等于 0.45m 的可踏部位时，应从可踏部位顶面起算。

4 公共场所栏杆离地面 0.1m 高度范围内不宜留空。

(2) 强度

《建筑结构荷载规范》GB 50009—2012

5.5.2 楼梯、看台、阳台和上人屋面等的栏杆活荷载标准值，不应小于下列规定：

1 住宅、宿舍、办公楼、旅馆、医院、托儿所、幼儿园，栏杆顶部的水平荷载应取 1.0kN/m；

2 学校、食堂、剧场、电影院、车站、礼堂、展览馆或体育场，栏杆顶部的水平荷载应取 1.0kN/m，竖向荷载应取 1.2kN/m，水平荷载与竖向荷载应分别考虑。

《中小学校设计规范》GB 50099—2011

8.1.6 上人屋面、外廊、楼梯、平台、阳台等临空部位必须设防护栏杆，防

护栏杆必须牢固、安全，高度不应低于 1.10m。防护栏杆最薄弱处承受的最小水平推力应不小于 1.5kN/m。

（3）安全

《民用建筑设计统一标准》GB 50352—2019

6.7.4 住宅、托儿所、幼儿园、中小学及其他少年儿童专用活动场所的栏杆必须采取防止攀爬的构造。当采用垂直杆件做栏杆时，其杆件净间距不应大于 0.11m。

3.5 楼梯大样图

3.5.1 深度条文规定

《建筑工程设计文件编制深度规定》2017 年版

4.3.7 详图

2 楼梯、电梯、厨房、卫生间、阳台、管沟、设备基础等局部平面放大和构造详图，注明相关的轴线和轴线编号以及细部尺寸，设施的布置和定位、相互的构造关系及具体技术要求等，应提供预制外墙构件之间拼缝防水和保温的构造做法。

3.5.2 楼梯大样图的表达

1. 楼梯大样图例图

（1）文字部分

① ×× 项目建筑共设置 × 部楼梯。其中 ×～× 号楼梯为具有消防疏散功能的封闭楼梯间，楼梯间通行层数为 ×～× 层，疏散宽度为 ×m；× 号楼梯为开敞楼梯，楼梯间通行层数为 ×～× 层，应满足无障碍设计要求。

② ×～× 号楼梯间墙体选用 ××× 墙体，墙厚 ××mm，满足耐火极限 ×h 的要求，楼梯间的门采用 × 级防火门，楼梯间梯段及休息平台做法为 ××× 楼面，踢脚做法为 ×× 踢脚 ××mm 高，内墙做法为 ×× 墙面，顶棚做法为 ×× 顶棚，栏杆扶手做法详见 ×× 图集 ×× 做法，栏杆扶手应满足侧推力 ×× 的要求。

（2）图纸部分（图 3-3-6）

2. 绘制比例

一般为 1∶30 或 1∶50。

3. 楼梯大样图的设计内容

（1）文字部分

楼梯详图应单独书写楼梯部分的设计说明，说明内容应介绍楼梯的疏散宽度、服务区域、无障碍设计及其他特殊要求等。

（2）图纸部分

①楼梯各层平面图：

楼梯的各层平面应表达楼梯间的宽度、进深、梯段宽度、平台宽

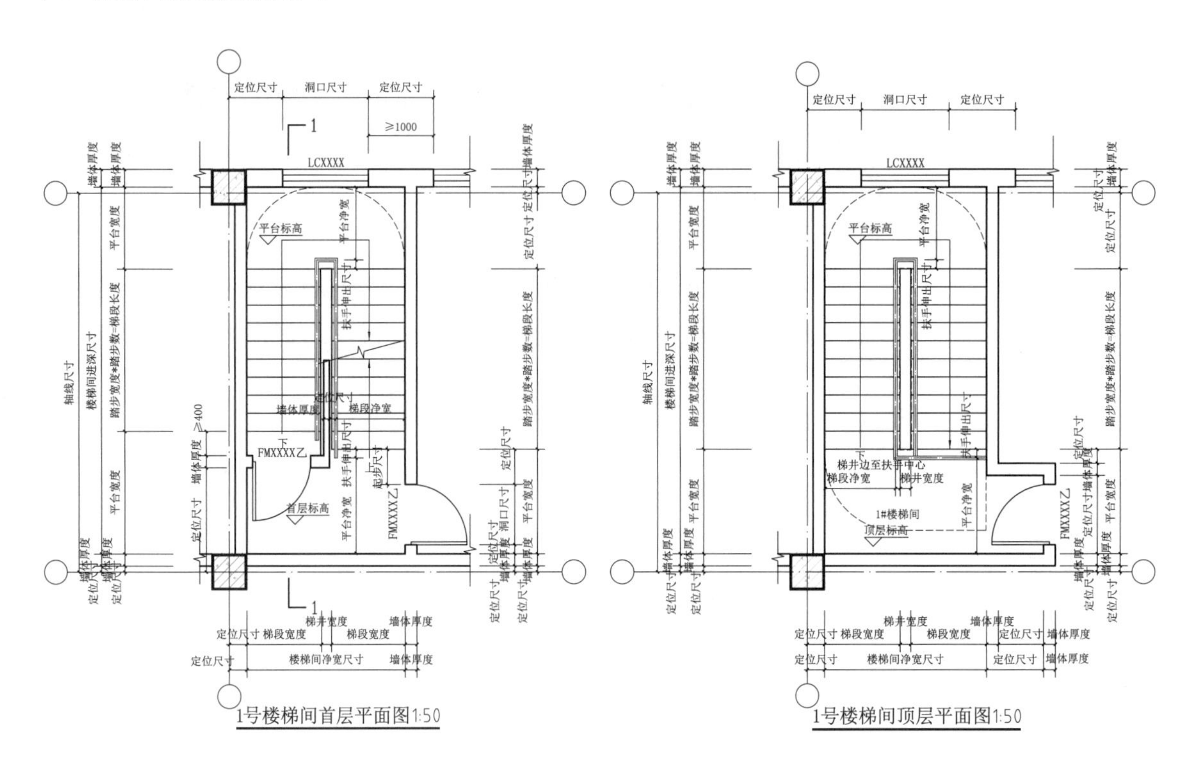

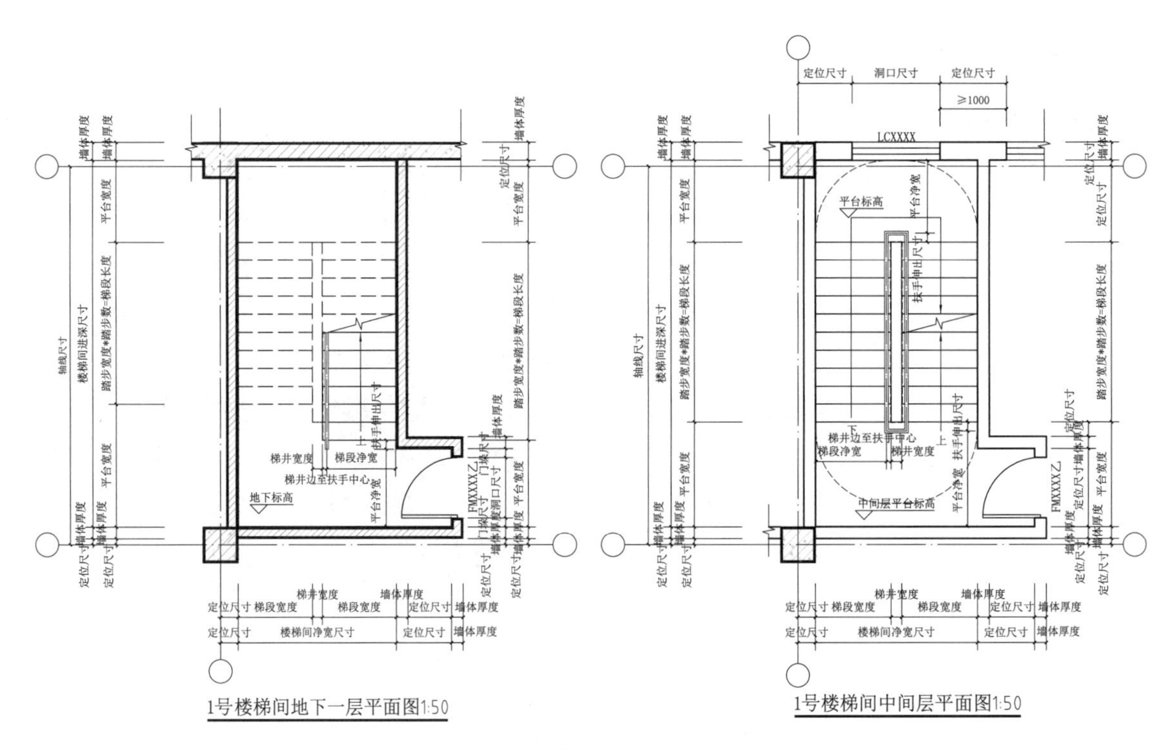

图 3-3-6　楼梯间平面图示例

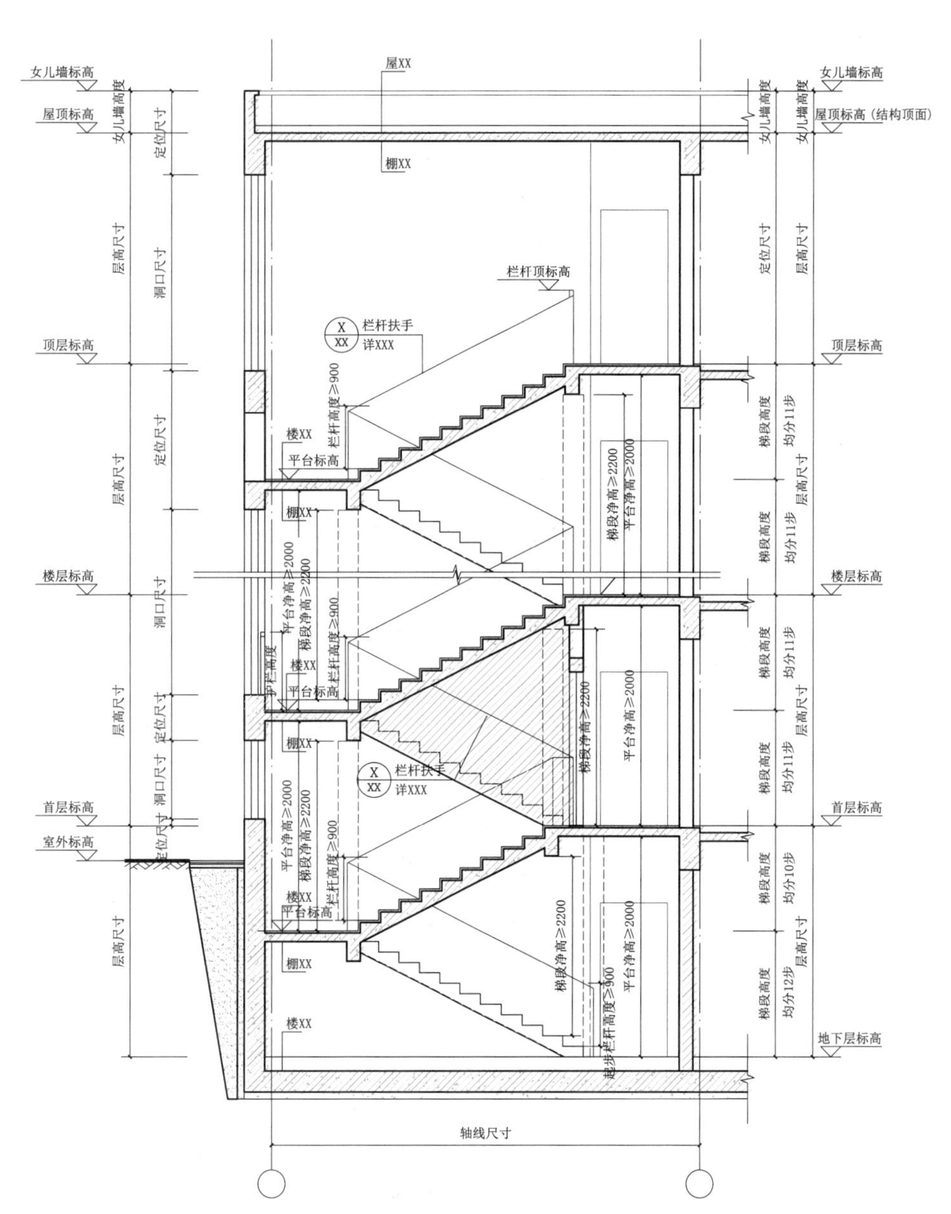

图 3-3-6　楼梯间剖面图示例

度、梯段起始位置、踏步宽度、踏步数量、梯井尺寸及上下跑方向等内容。楼梯平面应按实际需要按照标高绘制，如三跑楼梯或四跑楼梯则需绘制层间标高平面图，以表达完整的楼梯空间。当有些楼层平面完全重复时，可合并表达，但各层标高应标注完整。

②楼梯剖面图：

楼梯是建筑中空间较为复杂的构件，楼梯剖面图最为直观地表达楼梯内部各标高空间的关系。其主要内容为表达梯段的净高、平台下净高等信息。

4. 楼梯大样图的表达内容

（1）基本内容

①如实表达楼梯间内及相关位置剖到和看到的各类柱子、墙体、

梁、门、窗等建筑构件，门、窗应标明编号及门的开启方向。被墙体遮住的部分应用虚线表示。

②以粗实线绘制剖切到的墙体、柱子、梯段、休息平台等建筑构件，以细实线绘制剖切到的门、窗等建筑构件，以及看到的楼梯踏步、栏杆、扶手、梯井等构配件。

（2）图纸标注

①尺寸标注：

包含轴线尺寸、分段尺寸两道尺寸线。分段尺寸应标注平台宽度、梯段宽度、梯段长度、踏步尺寸、踏步数。其余尺寸应标注墙体定位、厚度，门、窗、洞口、梯井尺寸。

楼梯剖面图中应标注层高尺寸、各休息平台间竖向尺寸两道尺寸线，剖到的门、窗、洞口尺寸可就近标注，并标注梯段净高、平台净高、栏杆（板）高度等。净尺寸标注应为装修完成面。

②标高标注：

楼梯平面图中应标注各个休息平台标高；楼梯剖面图中应在尺寸线两侧标注层数、楼层标高及平台标高。

③剖切符号标注：

楼梯的首层平面图应标注楼梯的剖切位置，剖切位置应选在空间较为复杂的位置，看线的方向尽量朝向能看到未剖切梯段的方向。

④梯跑方向索引：

楼梯平面图中应标注梯段的上下方向，在梯段剖断的位置应标注剖断符号。

（3）做法索引

楼梯详图中应索引楼梯栏杆、扶手的做法，同时应索引特殊部分的楼地面做法和顶棚做法。

3.5.3 楼梯大样图的技术要点

1. 楼梯坡度的设置

（1）常见楼梯坡度宜为30°左右，室内楼梯的适宜坡度为23°～38°。

（2）台阶的适宜坡度为10°～23°

（3）10°以下坡度适用于坡道。

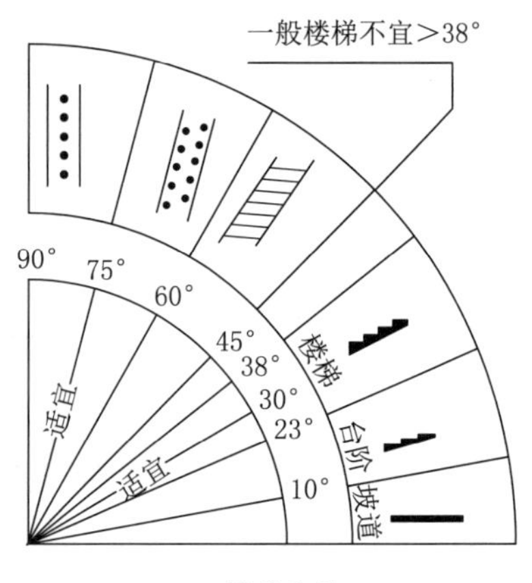

图 3-3-7

第3部分 建筑施工图的图面表达

2. 梯段、休息平台的设计

（1）楼梯梯段宽度的定义

《民用建筑设计统一标准》GB 50352—2019

6.8.2 当一侧有扶手时，梯段净宽应为墙体装饰面至扶手中心线的水平距离，当双侧有扶手时，梯段净宽应为两侧扶手中心线之间的水平距离。当有凸出物时，梯段净宽应从凸出物表面算起。

（2）梯段宽度设计

《民用建筑设计统一标准》GB 50352—2019

6.8.3 梯段净宽除应符合现行国家标准《建筑设计防火规范》GB 50016及国家现行相关专用建筑设计标准的规定外，供日常主要交通用的楼梯的梯段净宽应根据建筑物使用特征，按每股人流宽度为0.55m+（0～0.15）m的人流股数确定，并不应少于两股人流。（0～0.15）m为人流在行进中人体的摆幅，公共建筑人流众多的场所应取上限值。

《住宅设计规范》GB 50096—2011

6.3.1 **楼梯梯段净宽不应小于1.10m，不超过六层的住宅，一边设有栏杆的梯段净宽不应小于1.00m。**

5.7.3 住宅建筑套内楼梯当一边临空时，梯段净宽不应小于0.75m，当两侧有墙时，墙面之间的净距不应小于0.90m，并应在其中一侧墙面设置扶手。

（3）梯段长度设计

《民用建筑设计统一标准》GB 50352—2019

6.8.5 每个梯段的踏步级数不应少于3级，且不应超过18级。

（4）休息平台宽度设计

《民用建筑设计统一标准》GB 50352—2019

6.8.4 当梯段改变方向时，扶手转向端处的平台最小宽度不应小于梯段净宽，并不得小于1.2m。当有搬运大型物件需要时，应适量加宽。直跑楼梯的中间平台宽度不应小于0.9m

《住宅设计规范》GB 50096—2011

6.3.4 建筑楼梯为剪刀梯时，楼梯平台净宽不得小于1.30m。

《全国民用建筑工程设计技术措施 规划·建筑·景观》（2009年版）

8.2.3 梯段设计

4 连续直跑楼梯的休息平台宽度不应小于1.10m。

6 框架结构楼梯间的梯段宽度设计：

1）框架梁、柱凸出在楼梯间内时，除框架柱在楼梯间四角外，梯段和休息平台的净宽应从凸出部分算起。

《建筑设计防火规范》GB 50016—2014（2018年版）

6.4.1 疏散楼梯间应符合下列规定：

1 楼梯间应能天然采光和自然通风，并宜靠外墙设置。靠外墙设置时，楼梯间、前室及合用前室外墙上的窗口与两侧门、窗、洞口最近边缘的水平距离不应小于 1.0m；

2 楼梯间内不应设置烧水间、可燃材料储藏室、垃圾道；

3 楼梯间内不应有影响疏散的凸出物或其他障碍物；

4 封闭楼梯间、防烟楼梯间及其前室，不应设置卷帘；

5 楼梯间内不应设置甲、乙、丙类液体管道；

6 封闭楼梯间、防烟楼梯间及其前室内禁止穿过或设置可燃气体管道。敞开楼梯间内不应设置可燃气体管道，当住宅建筑的敞开楼梯间内确需设置可燃气体管道和可燃气体计量表时，应采用金属管和设置切断气源的阀门。

（5）梯段、休息平台净高设置

《民用建筑设计统一标准》GB 50352—2019

6.8.6 楼梯平台上部及下部过道处的净高不应小于 2.0m，梯段净高不应小于 2.2m。

注：梯段净高为自踏步前缘（包括每个梯段最低和最高一级踏步前缘线以外 0.3m 范围内）量至上方突出物下缘间的垂直高度。

《全国民用建筑工程设计技术措施　规划·建筑·景观》（2009 年版）建筑设计部分

8.2.3 梯段设计

5 楼梯休息平台上部及下部过道处的净高不应小于 2.00m，梯段净高不宜小于 2.20m，且包括每个梯段下行最后一级踏步的前缘线 0.30m 的前方范围，见图 8.2.3–1。

6 框架结构楼梯间的梯段宽度设计：

框架梁底距休息平台地面高度小于 2.00m 时，应采取防碰撞的措施。如设置与框架梁内侧面齐平的平台栏杆（板）等，休息平台的净宽从栏杆（板）内侧算起，见图 8.2.3–2。

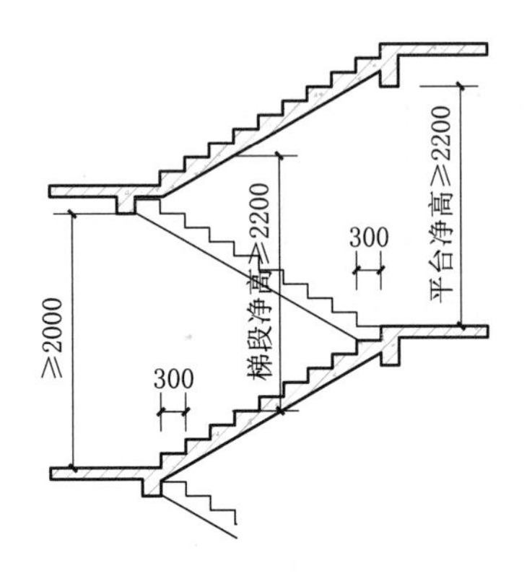

图 3-3-8（图 8.2.3-1） 梯段净高

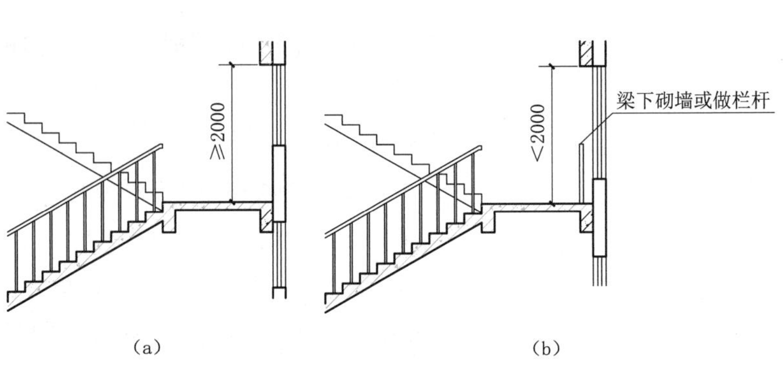

图 3-3-9（图 8.2.3-2） 楼梯休息平台与框架梁关系

注：（a）图为框架梁底距平台≥2.00m 时；
（b）图为框架梁底距平台<2.00m 时。

（6）防护栏杆

《全国民用建筑工程设计技术措施 规划·建筑·景观》（2009 年版）

8.2.6 楼梯间窗台高度，当低于 0.80m（住宅低于 0.90m）时，应采取防护措施，且应保证楼梯间的窗扇开启后不减小休息平台的通行宽度或磕碰行人。

《住宅设计规范》GB 50096—2011

6.1.1 楼梯间、电梯厅等共用部分的外窗，窗外没有阳台或平台，且窗台距楼面、地面的净高小于 0.90m 时，应设置防护设施。

（7）梯井

《建筑设计防火规范》GB 50016—2014（2018 年版）

6.4.8 建筑内的公共疏散楼梯，其两梯段及扶手间的水平净距不宜小于 150mm。

3. 踏步设计

（1）踏步尺寸

《民用建筑设计统一标准》GB 50352—2019

6.8.10 楼梯踏步的宽度和高宽应符合表 6.8.10 的规定。

楼梯踏步最小宽度和最大高度（m）　　表 3-3-18（表 6.8.10）

楼梯类别		最小宽度	最大高度
住宅楼梯	住宅公共楼梯	0.260	0.175
	住宅套内楼梯	0.220	0.200
宿舍楼梯	小学宿舍楼梯	0.260	0.150
	其他宿舍楼梯	0.270	0.165
老年人建筑楼梯	住宅建筑楼梯	0.300	0.150
	公共建筑楼梯	0.320	0.130
托儿所、幼儿园楼梯		0.260	0.130
小学校楼梯		0.260	0.150
人员密集且竖向交通繁忙的建筑和大、中学校楼梯		0.280	0.165
其他建筑楼梯		0.260	0.175
超高层建筑核心筒内楼梯		0.250	0.180
检修及内部服务楼梯		0.220	0.200

注：螺旋楼梯和扇形踏步离内侧扶手中心 0.250m 处的踏步宽度不应小于 0.220m。

《全国民用建筑工程设计技术措施 规划·建筑·景观》（2009 年版）

8.2.2 踏步设计

2 楼梯踏步宽度 b 加高度 h，宜为 $b+h=450$mm，$b+2h\geq600$mm。踏步的高度和宽度应符合表 8.2.2 的规定。

楼梯踏步的最小宽度和最大高度（m） 表 3-3-19（表 8.2.2）

楼梯类别		最小宽度 b	最大高度 h
住宅共用楼梯	住宅有电梯	0.26	0.175
	住宅无电梯 *	0.28	0.160
幼儿园、小学等楼梯		0.26	0.15
宿舍		0.7	0.165
老年居住建筑（老年人公共建筑）		0.30（0.32）	0.150（0.130）
电影院、剧场、体育馆、商场、医院、旅馆、展览馆、疗养院、大中学校等公共建筑的楼梯		0.28	0.16
其他建筑楼梯		0.26	0.17
专用疏散楼梯		0.25	0.18
服务楼梯、住宅套内楼梯		0.22	0.20

注：1 本表摘自《民用建筑设计统一标准》GB 50352—2005，《宿舍建筑设计规范》JCJ 36—2005 及工程经验。
2 建筑内部使用楼梯允许使用螺旋梯，但不计入疏散宽度内。
3 表中"*"为本措施添加，考虑到人口老龄化加速和其使用的频繁程度，无电梯的住宅建筑的共用楼梯，宜与有电梯的住宅有不同的设计标准，建议踏步最小宽度 0.28m、最大高度 0.16m。

（2）扇形踏步

《建筑设计防火规范》GB 50016—2014

6.4.7 疏散用楼梯和疏散通道上的阶梯不宜采用疏散楼梯和扇形踏步；确需采用时，踏步上下两级所形成的平面角度不应大于 10°，且每级离扶手 250mm 处的踏步深度不应小于 220mm。

（3）防滑措施

《全国民用建筑工程设计技术措施 规划·建筑·景观》（2009 年版）

8.2.2 踏步设计

4 楼梯踏步应采取防滑措施。防滑措施的构造应注意舒适与美观，构造高度可与踏步平齐、凹入或略高（不宜超过 3mm）；老年建筑的疏散楼梯踏步前缘宜设防滑条，并应具有警示标识（可采用和踏面不同颜色的防滑条，宽度不宜大于 10mm）。踏步的起、终端应设局部照明。

（4）尺寸差异

《全国民用建筑工程设计技术措施 规划·建筑·景观》（2009 年版）

8.2.2 踏步设计

3 楼梯每一梯段的踏步高度应一致，当同一梯段首末两级踏步的楼面面层厚度不同时，应注意调节结构的级高尺寸，避免出现高低不等；相邻梯段踏步宽度、高度宜一致，且相差不宜大于 3mm。

4. 栏杆扶手设计

（1）设置宽度

《民用建筑设计统一标准》GB 50352—2019

6.8.7 楼梯应至少于一侧设扶手，梯段净宽达三股人流时应两侧设扶手，达四股人流时宜加设中间扶手。

（2）设置高度

《民用建筑设计统一标准》GB 50352—2019

6.8.8 室内楼梯扶手高度自踏步前缘线量起不宜小于 0.9m，楼梯水平栏杆或栏板长度大于 0.5m 时，其高度不应小于 1.05m。

（3）防护措施

《民用建筑设计统一标准》GB 50352—2019

6.8.9 托儿所、幼儿园、中小学校及其他少年儿童专用活动场所，当楼梯井净宽大于 0.2m 时，必须采取防止少年儿童坠落的措施。

《住宅设计规范》GB 50096—2011

6.3.5 楼梯井净宽大于 0.11m 时，必须采取防止儿童攀滑的措施。

《民用建筑设计统一标准》GB 50352—2019

6.7.3 阳台、外廊、室内回廊、内天井、上人屋面及室外楼梯等临空处应设置防护栏杆，并应符合下列规定：

1 栏杆应以坚固、耐久的材料制作，并应能承受现行国家标准《建筑结构荷载规范》GB 50009 及其他国家现行相关标准规定的水平荷载。

2 当临空高度在 24.0m 以下时，栏杆高度不应低于 1.05m；当临空高度在 24.0m 及以上时，栏杆高度不应低于 1.1m。上人屋面和交通、商业、旅馆、医院、学校等建筑临开敞中庭的栏杆高度不应小于 1.2m。

3 栏杆高度应从所在楼地面或屋面至栏杆扶手顶面垂直高度计算，当底面有宽度大于或等于 0.22m，且高度低于或等于 0.45m 的可踏部位时，应从可踏部位顶面起算。

4 公共场所栏杆离地面 0.1m 高度范围内不宜留空。

6.7.4 住宅、托儿所、幼儿园、中小学及其他少年儿童专用活动场所的栏杆必须采取防止攀爬的构造。当采用垂直杆件做栏杆时，其杆件净间距不应大于 0.11m。

（4）栏杆强度

《建筑结构荷载规范》GB 50009—2012

5.5.2 楼梯、看台、阳台和上人屋面等的栏杆活荷载标准值，不应小于下列规定：

1 住宅、宿舍、办公楼、旅馆、医院、托儿所、幼儿园，栏杆顶部的水平荷载应取 1.0kN/m；

2 学校、食堂、剧场、电影院、车站、礼堂、展览馆或体育场，栏杆顶部的水平荷载应取 1.0kN/m，竖向荷载应取 1.2kN/m，水平荷载与竖向

荷载应分别考虑。

《中小学校设计规范》GB 50099—2011

8.1.6 上人屋面、外廊、楼梯、平台、阳台等临空部位必须设防护栏杆，防护栏杆必须牢固、安全，高度不应低于 1.10m。防护栏杆最薄弱处承受的最小水平推力应不小于 1.5kN/m。

5. 无障碍设计

《无障碍设计规范》GB 50763—2012

3.6.1 无障碍楼梯应符合下列规定。

1 宜采用直线形楼梯；

2 公共建筑楼梯的踏步宽度不应小于 280mm，踏步宽度不应大于 160mm；

3 不应采用无踢面和直角形突缘的踏步；

4 宜在两侧均做扶手；

5 如采用栏杆式楼梯，在栏杆下方宜设置安全阻挡措施；

6 踏面应平整防滑或在踏面前缘设防滑条；

7 距踏步起点和终点 250～300mm 宜设提示盲道；

8 踏面和踢面的颜色宜有区分和对比；

9 楼梯上行及下行的第一阶宜在颜色和材质上与平台有明显区别。

3.8.1 无障碍单层扶手的高度应为 850～900mm，无障碍双层扶手的上层扶手高度应为 850～900mm，下层扶手高度应为 650～700mm。

3.8.2 扶手应保持连贯，靠墙面的扶手的起点和终点处应水平延伸不小于 300mm 的长度。

3.8.3 扶手末端应向内拐到墙面或向下延伸不小于 100mm，栏杆式扶手应向下延伸不小于 100mm，栏杆式扶手应向下成弧形或延伸到地面上固定。

3.8.4 扶手内侧与墙面的距离不应小于 40mm。

3.8.5 扶手应安装坚固，形状易于抓握。圆形扶手的直径应为 35～50mm，矩形扶手的截面尺寸应为 35～50mm。

3.8.6 扶手的材质宜选用防滑、热惰性指标好的材料。

3.6 卫生间大样图

3.6.1 深度规定条文

《建筑工程设计文件编制深度规定》（2017 年版）

4.3.7 详图

2 楼梯、电梯、厨房、卫生间、阳台、管沟、设备基础等局部平面放大和构造详图，注明相关的轴线和轴线编号以及细部尺寸，设施的布置和定位、相互的构造关系及具体技术要求等，应提供预制外墙构件之间拼缝防水和保温的构造做法。

3.6.2 卫生间大样图的表达

1. 卫生间大样图例图（图 3-3-10）

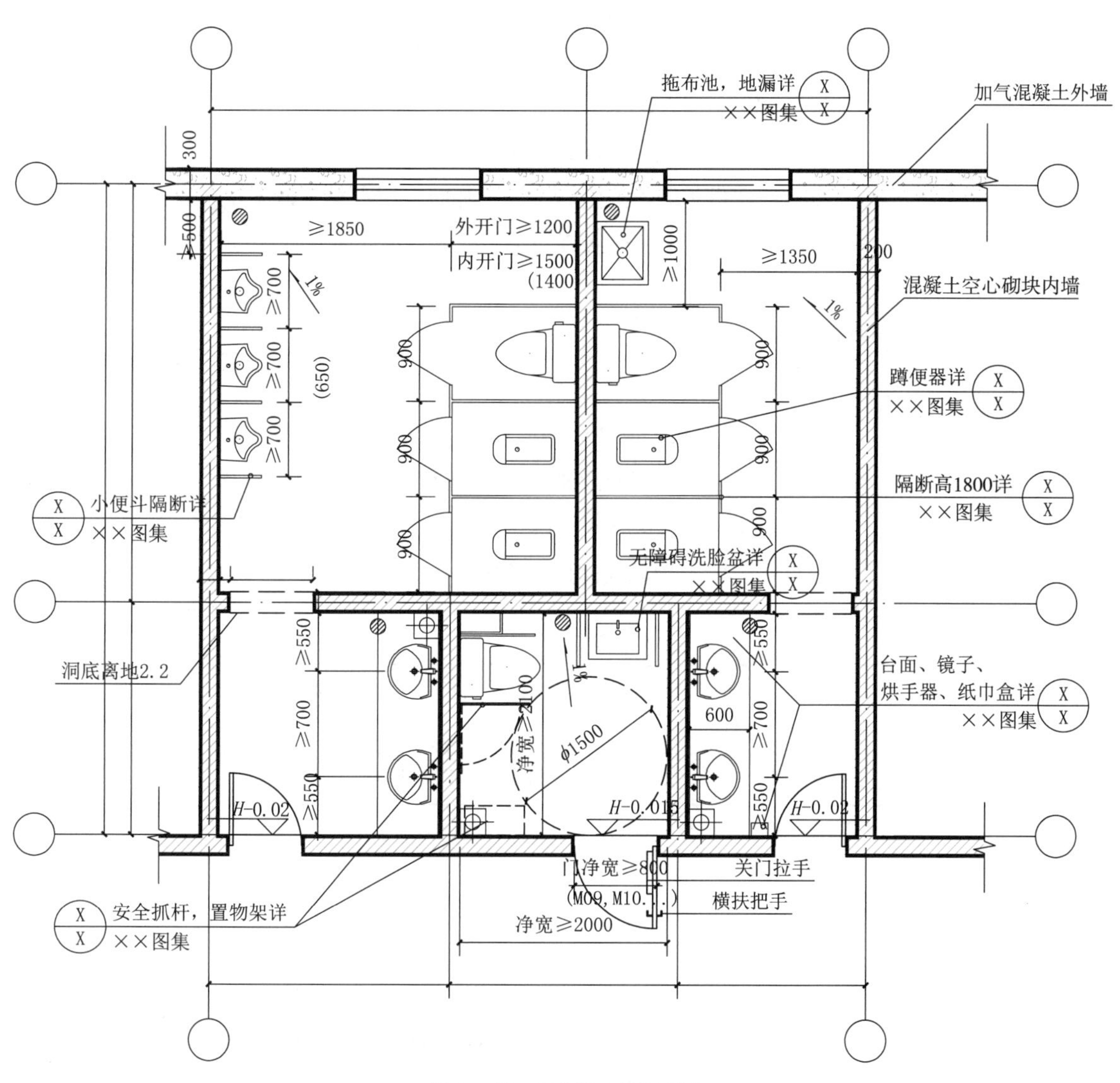

图 3-3-10 卫生间大样图例图

2. 绘制比例　　一般为 1∶50，1∶100。

3. 卫生间大样图的表达要点

（1）建筑中的公共卫生间多于一个对应编号，在详图中，墙体应有轴线编号及尺寸标注和做法索引。

（2）卫生间楼地面标高可按相对楼层标高层来表示，即 H-0.020（或 H-0.015）（H 为各楼层标高）。

（3）卫生间四周墙体材料宜有图例或标注说明（特别对不同墙体），涉及内装做法选用。

（4）一般卫生间的尺寸标注及配件做法索引如下。

隔断板：（宽 × 长）尺寸及高度说明，并注明材料及选用图集，常用材料有①三聚氰胺饰面板、②酚醛树脂高压板（抗倍特板）、③不锈钢板。水磨石板及木隔板目前较少采用。

小便斗：小便斗隔板间距应≥700，隔板离边墙距离应≥500。

拖布池：选用图集及位置留空尺寸应≥1000。

洗手盆：洗手盆之间尺寸应≥700，离边应≥550。

（5）相关图集：

①国标《公用建筑卫生间》16J914-1；

②华北标《卫生间、浴卫隔断、厨卫排气道系统》14BJ8-1；

③华北标《无障碍设施》10BJ12-1。

3.6.3 卫生间大样图的技术要点

1. 附属式公共厕所类别 《城市公共厕所设计标准》CJJ 14—2016

3.0.6 附属式公共厕所应按场所和建筑设计要求分为一类和二类。附属式公共厕所类别的设置应符合表 3.0.6 的规定。

附属式公共厕所类别 **表 3-3-20（表 3.0.6）**

设置场所	类别
大型商场、宾馆、饭店、展览馆、机场、车站、影剧院、大型体育场馆、综合性商业大楼和二、三级医院等公共建筑	一类
一般商场（含超市）、专业性服务机关单位、体育场馆和一级医院等公共建筑	二类

注：附属式公共厕所二类为设置场所的最低标准。

2. 卫生设施的设置标准 《城市公共厕所设计标准》CJJ 14—2016

4.2.2 商场、超市和商业街公共厕所厕位数应符合表 4.2.2 的规定。

商场、超市和商业街公共厕所厕位数 **表 3-3-21（表 4.2.2）**

购物面积（m^2）	男厕位（个）	女厕位（个）
500 以下	1	2
501～1000	2	4
1001～2000	3	6
2001～4000	5	10
≥4000	每增加 2000m^2 男厕位增加 2 个，女厕位增加 4 个	

注：1 按男女如厕人数相当时考虑。

2 商业街应按各商店的面积合并计算后，按上表比例配置。

4.2.3 饭馆、咖啡店、小吃店和快餐店等餐饮场所公共厕所厕位数应符合表 4.2.3 的规定。

饭馆、咖啡店等餐饮场所公共厕所厕位数　　表 3-3-22（表 4.2.3）

设施	男	女
厕位	50 座位以下至少设 1 个；100 座位以下设 2 个；超过 100 座位每增加 100 座位增设 1 个	50 座位以下设 2 个；100 座位以下设 3 个，超过 100 座位每增加 65 座位增设 1 个

注：按男女如厕人数相当时考虑。

4.2.4　体育场馆、展览馆、影剧院、音乐厅等公共文体体娱乐场所公共厕所厕位数应符合表 4.2.4 的规定。

体育场馆、展览馆等公共文体娱乐场所公共厕所厕位数　表 3-3-23（表 4.2.4）

设施	男	女
坐位、蹲位	250 座以下设 1 个，每增加（1～500）座增设 1 个	不超过 40 座的设 1 个； （41～70）座设 3 个； （71～100）座设 4 个； 每增（1～40）座增设 1 个
站位	100 座以下设 2 个，每增加（1～80）座增设 1 个	无

注：1 若附有其他服务设施内容（如餐饮等），应按相应内容增加配置；
　　2 有人员聚集场所的广场内，应增建馆外人员使用的附属或独立厕所。

4.2.5 机场、火车站、公共汽（电）车和长途汽车始末站、地下铁道的车站、城市轻轨车站、交通枢纽站、高速路休息区、综合性服务楼和服务性单位公共厕所厕位数应符合表 4.2.5 的规定。

机场、火车站、综合性服务楼和服务性单位公共厕所厕位数　　表 3-3-24（表 4.2.5）

设施	男（人数 / 每小时）	女（人数 / 每小时）
厕位	100 人以下设 2 个；每增加 60 人增设 1 个	100 人以下设 4 个；每增加 30 人增设 1 个

3. 厕位类型比例的规定　《城市公共厕所设计标准》CJJ 14—2016

4.1.4 公共厕所男女厕位（坐位、蹲位和站位）与其数量宜符合表 4.1.4–1 和表 4.1.4–2 的规定。

男厕位及数量（个）表 3-3-25（表 4.1.4-1）

男厕位总数	坐位	蹲位	站位
1	0	1	0
2	0	1	1
3	1	1	1
4	1	1	2
5～10	1	2～4	2～5
11～20	2	4～9	5～9
21～30	3	9～13	9～14

注：表中厕位不包含无障碍厕位。

女厕位及数量（个） 表 3-3-26（表 4.1.4-2）

女厕位总数	坐位	蹲位
1	0	1
2	1	1
3～6	1	2～5
7～10	2	5～8
11～20	3	8～17
21～30	4	17～26

注：表中厕位不包含无障碍厕位。

4. 男女厕位比例的规定

《城市公共厕所设计标准》CJJ 14—2016

4.1.5 当公共厕所建筑面积为 $70m^2$，女厕位与男厕位比例宜为 2∶1，厕位面积指标宜为 $4.67m^2$/位，女厕占用面积宜为男厕的 2.39 倍（图 4.1.5）。

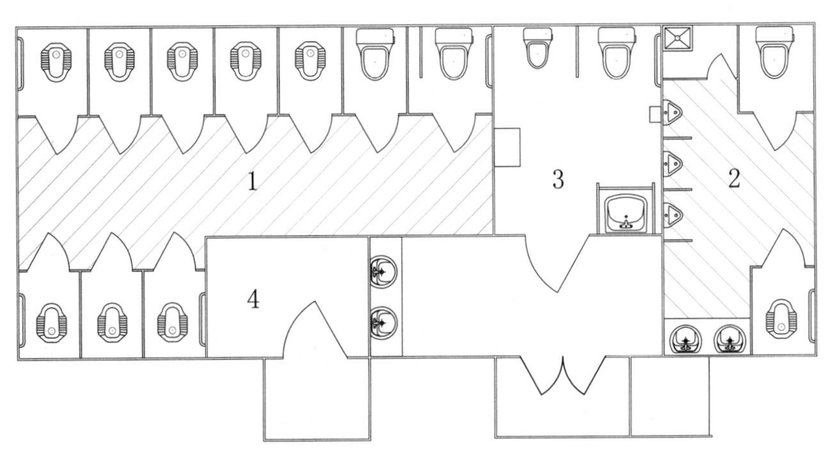

图 3-3-11（图 4.1.5） 女厕位与男厕位比例 2∶1 示意图
1—女厕；2—男厕；3—第三卫生间；4—管理间

4.1.6 当公共厕所建筑面积为 $70m^2$，女厕位与男厕位比例宜为 3∶2，厕位面积指标宜为 $4.67m^2$/位，女厕占用面积宜为男厕的 1.77 倍（图 4.1.6）。

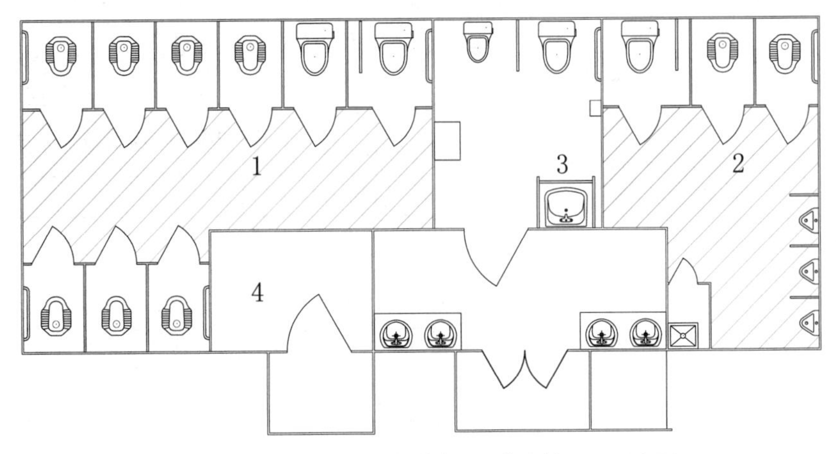

图 3-3-12（图 4.1.6） 女厕位与男厕位比例 3∶2 示意图
1—女厕；2—男厕；3—第三卫生间；4—管理间

第3部分 建筑施工图的图面表达

5. 公共卫生间布置的尺寸要求

《城市公共厕所设计标准》CJJ 14—2016

4.3.2 公共厕所的建筑设计应满足下列要求：

1 厕所间平面净尺寸宜符合表4.3.2的规定。

2 公共厕所内墙面应采用光滑、便于清洗的材料；地面应采用防渗、防滑材料。

3 独立式厕所的建筑通风、采光面积之和与地面面积比不宜小于1∶8，当外墙侧窗不能满足要求时可增设天窗。

厕所间平面净尺寸（mm） 表3-3-27（表4.3.2）

洁具数量	宽度	进深	备用尺寸
三件洁具	1200，1500，1800，2100	1500，1800，2100，2400，2700	$n\times100$（$n\geq9$）
二件洁具	1200，1500，1800	1500，1800，2100，2400	
一件洁具	900，1200	1200，1500，1800	

4 独立式公共厕所室内净高不宜小于3.5m（设天窗时可适当降低）。室内地坪标高应高于室外地坪0.15m。

5 一、二、三类公共厕所大便厕位尺寸应符合第5.0.3条的规定；独立小便器间距应为0.70～0.80m；一层蹲位台面宜与地坪标高一致。

6 厕内单排厕位外开门走道宽度宜为1.30m，不应小于1.00m；双排厕位外开门走道宽度宜为1.50～2.10m。

7 厕位间的隔板及门应符合下列规定：

1）隔板及门的下沿与地面距离应大于0.10m，最大距离不宜小于0.15m；

2）隔板及门的上沿距地面的高度：一、二类公厕不应小于1.8m、三类公厕不应小于1.5m；独立小便器站位应有高度为0.8m的隔断板，隔断板距地面高度应为0.6m；

3）门及隔板应采用防潮、防划、防画、防烫材料；

4）厕位间的门锁应用显示“有人”、“无人”标志的锁具，门合页宜用升降合页。

8 单层公共厕所窗台距室内地坪最小高度应为1.80m；双层公共厕所上层窗台距楼地面最小高度应为1.50m。

9 独立式公共厕所管理间面积应视条件需要设置，一类宜大于6m²，二类宜为4～6m²，三类宜小于4m²。

10 公共厕所应设置工具间，工具间面积宜为1～2m²。

11 多层公共厕所无障碍厕所间应设在地坪层。

12 厕位间宜设置扶手，无障碍厕位间必须设置扶手。

13 宜将管道、通风等附属设施集中设置在单独的夹道中。

6. 第三卫生间的设置要求《城市公共厕所设计标准》CJJ 14—2016

4.2.10 公共厕所第三卫生间应在下列各类厕所中设置：

1 一类固定式公共厕所；

2 二级及以上医院的公共厕所；

3 商业区、重要公共设施及重要交通客运设施区域的活动式公共厕所。

4.3.3 第三卫生间（图 4.3.3）的设置应符合下列规定：

1 位置宜靠近公共厕所入口，应方便行动不便者进入，轮椅回转直径不应小于 1.50m；

2 内部设施宜包括成人坐便器、成人洗手盆、多功能台、安全抓杆、挂衣钩和呼叫器、儿童坐便器、儿童洗手盆、儿童安全座椅；

3 使用面积不应小于 $6.5m^2$；

4 地面应防滑、不积水；

5 成人坐便器、洗手盆、多功能台、安全抓杆、挂衣钩、呼叫按钮的设置应符合现行国家标准《无障碍设计规范》GB 50763 的有关规定；

6 多功能台和儿童安全座椅应可折叠并设有安全带，儿童安全座椅长度宜为 280mm，宽度宜为 260mm，高度宜为 500mm，离地高度宜为 400mm。

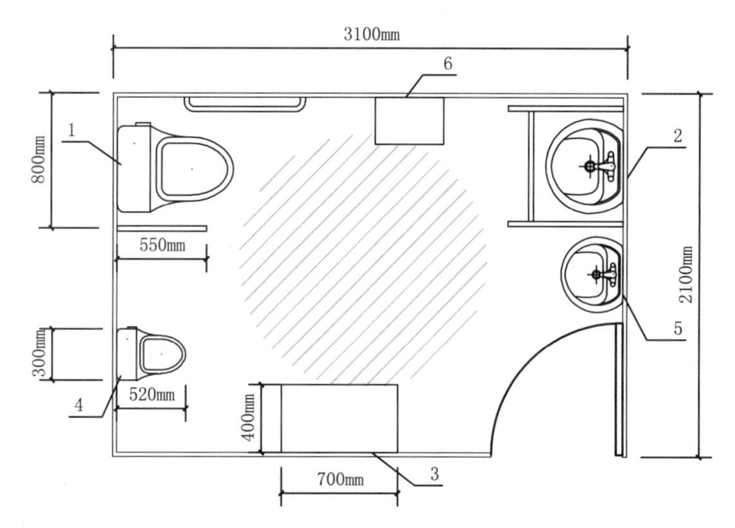

图 3-3-13 （图 4.3.3）第三卫生间平面布置图

1—成人坐便器；2—成人洗手盆；3—可折叠的多功能台；4—儿童坐便器；5—儿童洗手盆；6—可折叠的儿童安全座椅

3.7 墙身大样图

3.7.1 深度规定条文

《建筑工程设计文件编制深度规定》（2017 年版）

4.3.7 详图

1 内外墙、屋面等节点，绘出不同构造层次，表达节能设计内容，标注各材料名称及具体技术要求，注明细部和厚度尺寸等。

2 楼梯、电梯、厨房、卫生间、阳台、管沟、设备基础等局部平面放大和构造详图，注明相关的轴线和轴线编号以及细部尺寸，设施的布置和定位、相互的构造关系及具体技术要求等，应提供预制外墙构件之间拼缝防水和保温的构造做法。

3 其他需要表示的建筑部位及构配件详图。

4 室内外装饰方面的构造、线脚、图案等；标注材料及细部尺寸、与主体结构的连接等。

3.7.2 墙身大样图的表达

1. 墙身大样图例图

2. 绘制比例

一般为 1∶20。

3. 墙身大样图的表达要点

（1）本图重点是表示每个节点可参考的图集及易出差错之处，节点大样图的完整标注应按各图集要求，图面比例一般为 1∶20，细部节点可放大。

（2）檐口大样选择的位置应与主要剖面图一致，节点宜按剖面图顺序排列，并有轴线编号。有些节点剖面上无法反映时，可在立面上引出标注。

（3）同一图面上，不同轴号的外檐墙身的节点编号宜按顺序排列，不应出现重复节点编号。

3.7.3 墙身大样图的技术要点

建筑外墙是建筑物的外壳，应有抵御外界自然环境干扰的功能（如暴晒，雨水、冰雪的侵蚀，台风、地震的侵扰等）。建筑外墙体要满足隔热、保温、抗压、隔声、防水、防火等多方面要求。根据不同的结构形式（如钢筋混凝土剪力墙结构、框架结构、多层自承重砌体结构等）、不同的表皮结构组成（如外保温系统，金属、石材、玻璃幕墙、涂料或粘贴砖饰面等），对不同的组合墙体合理选择不同的结构材料及面层材料，使建筑外墙体满足各种功能。

1. 防水防潮

建筑外墙防水应具有阻止雨水、雪水侵入墙体的基本功能，并具有抗冻融、耐高低温、承受风荷载等性能。对于多雨地区的高层建筑及年降水量与风压大于限值的建筑，宜进行外墙面整体防水设计（参考《建筑外墙防水工程技术规程》JGJ/T 235），对于年降水量大于等于 400mm 的地区，建筑外墙应采用节点构造防水措施。

《建筑外墙防水工程技术规程》JGJ/T 235—2011

5.2.1 无外保温外墙的整体防水层设计应符合下列规定：

1 采用涂料饰面时，防水层应设在找平层和涂料饰面层之间，防水层宜采用聚合物水泥防水砂浆或普通防水砂浆；

2 采用块材饰面时，防水层应设在找平层和块材粘结层之间，防水

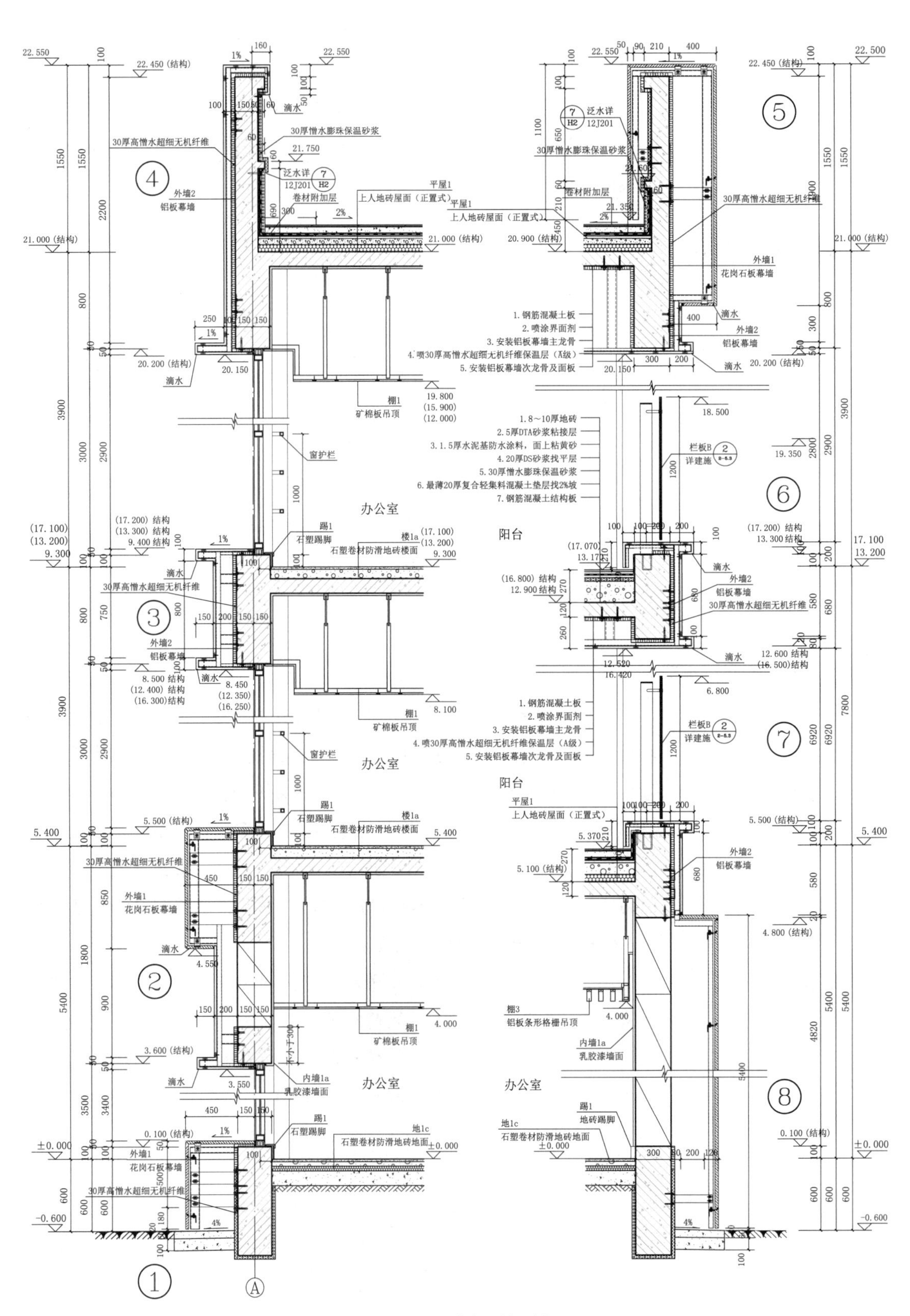

图 3-3-14 墙身大样图例

第3部分 建筑施工图的图面表达

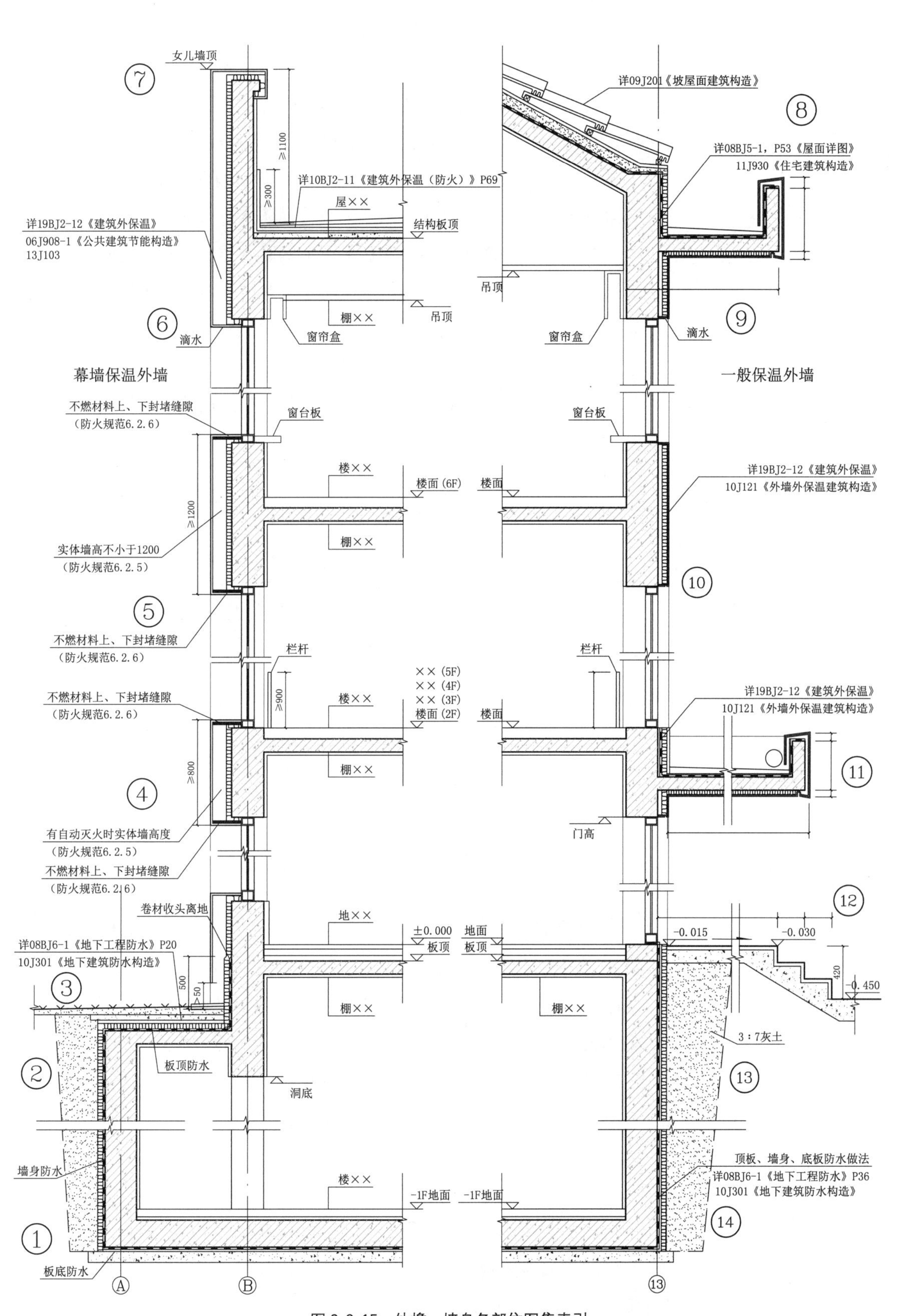

图 3-3-15　外檐、墙身各部位图集索引

各部位节点应根据实际项目索引现行国家建筑标准设计图集或地方标准图集，此处仅为示例

层宜采用聚合物水泥防水砂浆或普通防水砂浆；

3 采用幕墙饰面时，防水层应设在找平层和幕墙饰面之间，防水层宜采用聚合物水泥防水砂浆、普通防水砂浆、聚合物水泥防水涂料、聚合物乳液防水涂料或聚氨酯防水涂料。

5.2.2 外保温外墙的整体防水层设计应符合下列规定：

1 采用涂料或块材饰面时，防水层宜设在保温层和墙体基层之间，防水层可采用聚合物水泥防水砂浆或普通防水砂浆；

2 采用幕墙饰面时，设在找平层上的防水层宜采用聚合物水泥防水砂浆、普通防水砂浆、聚合物水泥防水涂料、聚合物乳液防水涂料或聚氨酯防水涂料；当外墙保温层选用矿物棉保温材料时，防水层宜采用防水透气膜。

5.2.3 砂浆防水层中可增设耐碱玻璃纤维网布或热镀锌电焊网增强，并宜用锚栓固定于结构墙体中。

5.2.4 防水层最小厚度应符合表 5.2.4 的规定。

防水层最小厚度（mm） 表 3-3-28（表 5.2.4）

墙体基层种类	饰面层种类	聚合物水泥防水砂浆		普通防水砂浆	防水涂料
		干粉类	乳液类		
现浇混凝土	涂料	3	5	8	1.0
	面砖				—
	幕墙				1.0
砌体	涂料	5	8	10	1.2
	面砖				—
	干挂幕墙				1.2

5.2.5 砂浆防水层宜留分格缝，分格缝宜设置在墙体结构不同材料交接处。水平分格缝宜与窗口上沿或下沿平齐；垂直分格缝间距不宜大于6m，且宜与门、窗框两边线对齐。分格缝宽宜为 8mm～10mm，缝内应采用密封材料作密封处理。

5.2.6 外墙防水层应与地下墙体防水层搭接。

《全国民用建筑工程设计技术措施 规划·建筑·景观》(2019 年版)

4.2.1 墙基防潮

1 当墙体采用吸水性强的材料时，为防止墙基毛细水上升，应设防潮层，见图 4.2.1-1。

2 当墙体两侧的室内地面有高差时，高差范围的墙体内侧也应做防潮层，见图 4.2.1-2。

3 当墙基为混凝土、钢筋混凝土或石砌体时，可不做墙体防潮层，见图 4.2.1–3～图 4.2.1–6。

4 防潮层一般设在室内地坪下 0.06m 处，做法为 20mm 厚 1 : 2.5 水泥砂浆内掺水泥重量 3%～5% 的防水剂。

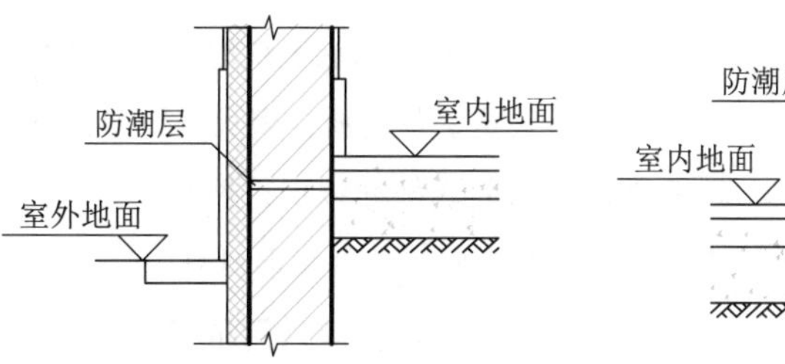

图 3-3-16（图 4.2.1-1） 防潮层做法一　　图 3-3-17（图 4.2.1-2） 防潮层做法二

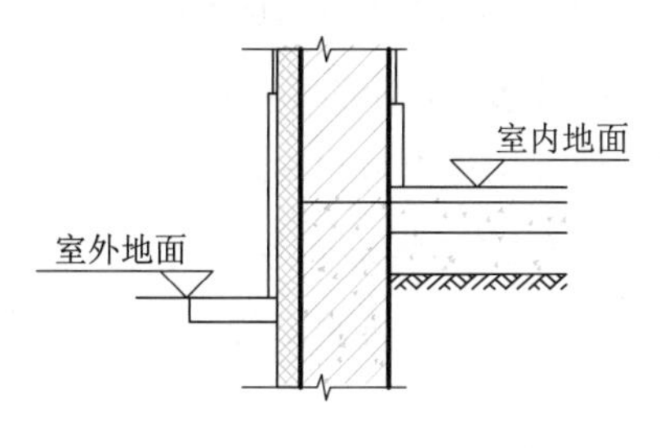

图 3-3-18（图 4.2.1-3） 可不做防潮层一

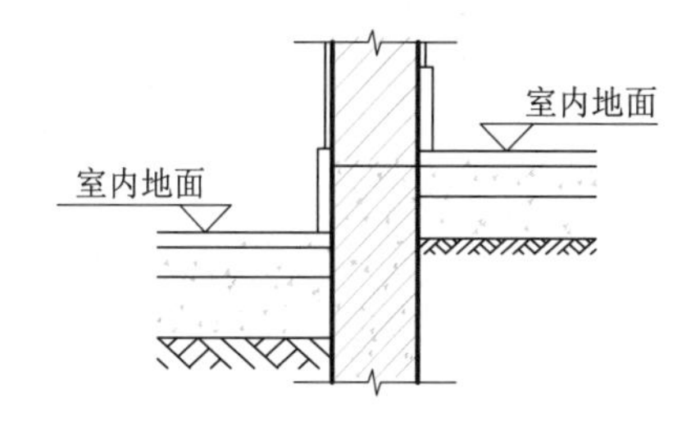

图 3-3-19（图 4.2.1-4） 可不做防潮层二

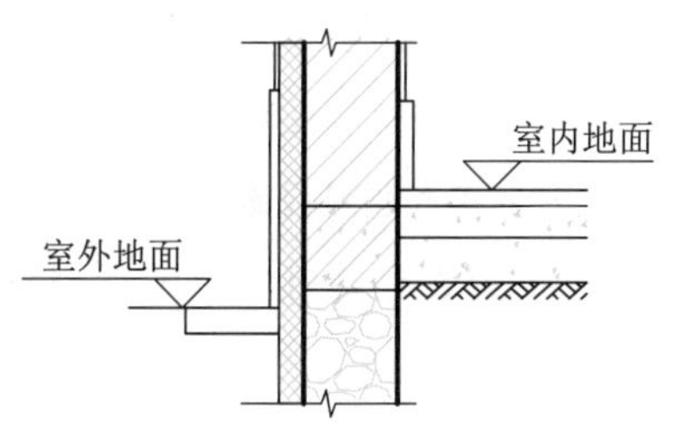

图 3-3-20（图 4.2.1-5） 可不做防潮层三

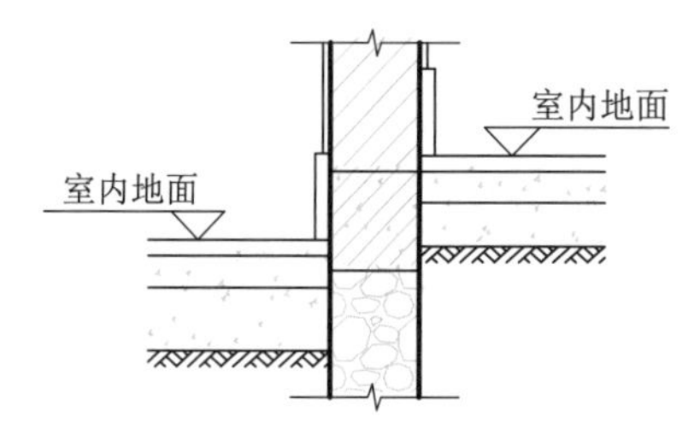

图 3-3-21（图 4.2.1-6） 可不做防潮层四

4.1.4 砌体结构房屋墙体的一般构造要求

5 地面以下或防潮层以下的砌体、潮湿房间的墙，所用材料的最低强度等级应符合表 4.1.4–3 的要求。

地面以下或防潮层以下的砌本、潮湿房间墙所用材料的最低强度等级 表 3-3-29（表 4.1.4-3）

基土潮湿程度	烧结普通砖、蒸压灰砂砖		混凝土砌块	石材	水泥砂浆
	严寒地区	一般地区			
稍潮湿的	MU10	MU10	MU7.5	MU30	M5
很潮湿的	MU15	MU10	MU7.5	MU30	M7.5
含水饱和的	MU20	MU15	MU10	MU40	M10

注 1 在冻胀地区，地面以下或防潮层以下的砌体，不宜采用多孔砖，如采用时，其孔洞应用水泥砂浆灌实。当采用混凝土砌块砌体时，其孔洞应采用强度等级不低于 Cb20 的混凝土灌实。

2 对安全等级为一级或设计使用年限大于 50 年的房屋，表中材料强度等级应至少提高一级。

3 本表摘自《砌体结构设计规范》GB 50003—2001。

2. 防火

《建筑设计防火规范》GB 50016—2014（2018 年版）

6.7.1 建筑的内、外保温系统，宜采用燃烧性能为 A 级的保温材料，不宜采用丛 B_2 级保温材料，严禁采用 B_3 级保温材料；设置保温系统的基层墙体或屋面板的耐火极限应符合本规范的有关规定。

6.7.2 建筑外墙采用内保温系统时，保温系统应符合下列规定：

1 对于人员密集场所，用火、燃油、燃气等具有火灾危险性的场所以及各类建筑内的疏散楼梯间、避难走道、避难间、避难层等场所或部位，应采用燃烧性能为 A 级的保温材料。

2 对于其他场所，应采用低烟、低毒且燃烧性能不低于 B_1 级的保温材料。

3 保温系统应采用不燃材料做防护层。采用燃烧性能为 B_1 级的保温材料时，防护层的厚度不应小于 10mm。

6.7.3 建筑外墙采用保温材料与两侧墙体构成无空腔复合保温结构体时，该结构体的耐火极限应符合本规范的有关规定；当保温材料的燃烧性能为 B_1、B_2 级时，保温材料两侧的墙体应采用不燃材料且厚度均不应小于 50mm。

6.7.4 设置人员密集场所的建筑，其外墙外保温材料的燃烧性能应为 A 级。

6.7.4A 除本规范第 6.7.3 条规定的情况外，下列老年人照料设施的内、外墙体和屋面保温材料应采用燃烧性能为 A 级的保温材料：

1 独立建造的老年人照料设施；

2 与其他建筑组合建造且老年人照料设施部分的总建筑面积大于 $500m^2$ 的老年人照料设施。

6.7.5 与基层墙体、装饰层之间无空腔的建筑外墙外保温系统，其保温材料应符合下列规定：

1 住宅建筑：

1）建筑高度大于 100m 时，保温材料的燃烧性能应为 A 级；

2）建筑高度大于 27m，但不大于 100m 时，保温材料的燃烧性能不应低于 B_1 级；

3）建筑高度不大于 27m 时，保温材料的燃烧性能不应低于 B_2 级。

2 除住宅建筑和设置人员密集场所的建筑外，其他建筑：

1）建筑高度大于 50m 时，保温材料的燃烧性能应为 A 级；

2）建筑高度大于 24m，但不大于 50m 时，保温材料的燃烧性能不应低于 B_1 级；

3）建筑高度不大于 24m 时，保温材料的燃烧性能不应低于 B_2 级。

6.7.6 除设置人员密集场所的建筑外，与基层墙体、装饰层之间有空腔的建筑外墙外保温系统，其保温材料应符合下到规定：

1 建筑高度大于 24m 时，保温材料的燃烧性能应为 A 级；

2 建筑高度不大于 24m 时，保温材料的燃烧性能不应低于 B_1 级。

6.7.7 除本规范第 6.7.3 条规定的情况外，当建筑的外墙外保温系统按本节规定采用燃烧性能为 B_1、B_2 级的保温材料时，应符合下列规定：

1 除采用 B_1 级保温材料且建筑高度不大于 24m 的公共建筑或采用 B_1 级保温材料且建筑高度不大于 27m 的住宅建筑外，建筑外墙上门、窗的耐火完整性不应低于 0.5h；

2 应在保温系统中每层设置水平防火隔离带。防火隔离带应采用燃烧性能为 A 级的材料，防火隔离带的高度不应小于 300mm。

6.7.8 建筑的外墙外保温系统应采用不燃材料在其表面设置防护层，防护层应将保温材料完全包覆。除本规范第 6.7.3 条规定的情况外，当按本节规定采用 B_1、B_2 级保温材料时，防护层厚度首层不应小于 15mm，其他层不应小于 5mm。

6.7.12 建筑外墙的装饰层应采用燃烧性能为 A 级的材料，但建筑高度不大于 50m 时，可采用 B_1 级材料。

3. 节能

建筑外墙保温材料的种类及材料厚度应根据不同地区材料选用习惯和节能计算结果来确定。

3.8 门窗统计表及门窗大样图

3.8.1 深度规定条文

《建筑工程设计文件编制深度规定》(2017 年版)

4.3.7 详图

5 门、窗、幕墙绘制立面图，标注洞口和分格尺寸，对开启位置、面积大小和开启方式，用料材质、颜色等做出规定和标注。

6 对另行专项委托的幕墙工程、金属、玻璃、膜结构等特殊屋面工程和特殊门窗等，应标注构件定位和建筑控制尺寸。

3.8.2 门窗统计表的表达

1. 门窗统计表示例（表 3-3-30）

门窗统计表 表 3-3-30

种类	类型	设计编号	洞口尺寸（mm）	数量				材料选型	备注
				1F	2F	3F	总数		
内门	普通门	M0922	900×2200	2	6	2	10	实木门	平开门
		M1022-1	1000×2200	46	44	48	138	实木门	平开门
		M1022-2	1000×2200		4		4	实木门	推拉门，满足无障碍要求
	防火门	FM1221 丙	1200×2100	6	6	6	18	丙级钢质防火门	平开门
		FM1522 乙 - K	1500×2200	2			2	乙级钢质防火门	平开门，常开防火门
		FM1222 甲	1200×2200	4			4	甲级钢质防火门	平开门
		GYFM1222 甲	1200×2200	2	2	2	6	甲级钢质隔音防火门	平开门
外门	普通门	LM1222	1200×2200	1			1	深灰色氟碳喷涂 PA 断桥铝合金 Low-E 中空玻璃	平开门
		LM1322	1300×2750	2			2	深灰色氟碳喷涂 PA 断桥铝合金 Low-E 中空玻璃	平开门
卷帘门	防火卷帘	TFJC3330-1	3300×3000	2			2	无机复合双轨双帘特技防火卷帘	结构梁侧安装（提升式）
外窗	普通窗	LC3335-XF	3300×3500	1			1	深灰色氟碳喷涂 PA 断桥铝合金 Low-E 中空玻璃	平开窗，供消防救援人员进入使用
		LC1330	1300×3000		104	96	200	深灰色氟碳喷涂 PA 断桥铝合金 Low-E 中空玻璃	平开窗
		LC1330-BY	1300×3000		2	2	4	深灰色氟碳喷涂 PA 断桥铝合金 Low-E 中空玻璃	平开窗，局部加百叶
		LC1330-XF	1300×3000		5	5	10	深灰色氟碳喷涂 PA 断桥铝合金 Low-E 中空玻璃	平开窗，供消防救援人员进入使用
		LMC2832	2800×3200			1	1	深灰色氟碳喷涂 PA 断桥铝合金 Low-E 中空玻璃	门连窗
玻璃幕墙	玻璃幕墙	MQ01	4650×8550	1			1	6Low-E+12A+6 钢化中空玻璃	
		MQ02	7300×8200	1			1	6Low-E+12A+6 钢化中空玻璃	局部设有电动开启窗
		MQ03	4500×12500		1		1	6Low-E+12A+6 钢化中空玻璃	局部设有电动排烟窗

2. 门窗统计表的表达要点

项目工程的门窗统计表应全面、完整地表达工程设计中所有已采用的门窗，对所选用的门窗的类型、材质、宽高尺寸及数量（各楼层数及总数）应列出表格。门窗统计表是门窗对外订货的依据，应该准确无误，对选用门窗的特殊性能（反射率、保温及耐火极限等）宜在备注中加以说明。

相关规范：

（1）外窗及幕墙玻璃：

《建筑玻璃应用技术规程》JGJ 113—2015；

《建筑安全玻璃管理规定》发改运行〔2003〕2116 号。

（2）幕墙工程执行：

《建筑幕墙》GB/T 21086—2007；

《建筑幕墙工程技术规范》JGJ 102—2003；

《金属与石材幕墙工程技术规范》JGJ 133—2001。

3.8.3 门窗大样图的表达

1. 门窗大样图例图（图 3-3-22）

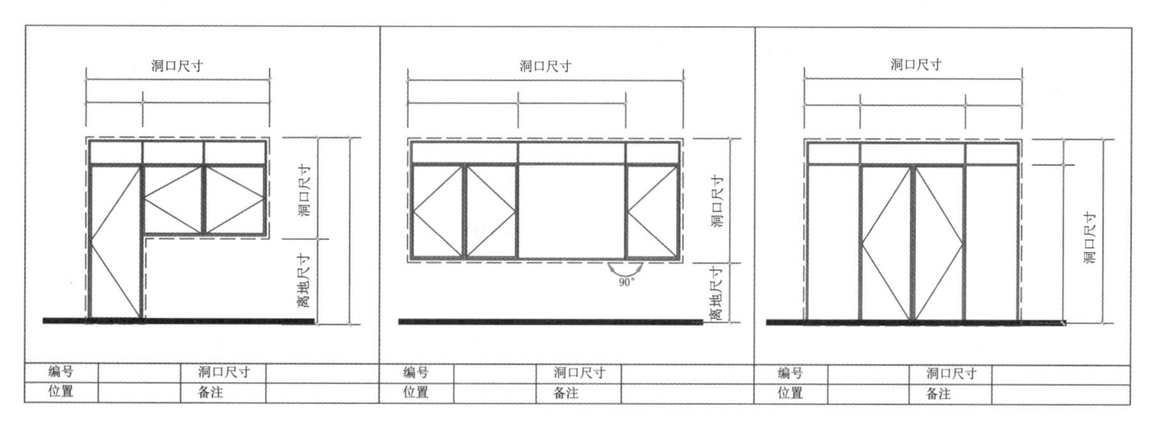

图 3-3-22　门窗大样图例图

注：1 平面形态较复杂的窗（转角、折线、弧形等）宜增加平面示意图；
2 不落地门、窗应加注离地尺寸；
3 窗数量或类型较少时，可省略门窗大样图，只在立面图上示意表达。

2. 绘制比例　　一般为 1∶50 或 1∶75。

3. 门窗统计表的表达要点　　门窗大样图是门窗加工的依据，门窗大样中只标注洞口尺寸，门窗的加工尺寸须按照墙体装修面层的厚度由厂房调整；外门窗立樘宜见墙身大样，内门窗立樘除另有标注外一般均居墙中；在门窗图中对玻璃应有说明（也可在建筑设计说明中表达）。选用玻璃的厚度应满足抗风压性能及安全要求，当单块玻璃大于 1.5m^2、距地安装高度低于 0.8m 时，均应采用安全玻璃。

3.8.4 门窗设计的技术要点

1. 门窗设计主要执行规范　　（1）室内光环境设计要求相关规范；

（2）《民用建筑设计统一标准》GB 50352—2019；

（3）《建筑采光设计标准》GB 50033—2013；

（4）外门窗及幕墙玻璃相关规范；

（5）幕墙工程相关规范。

2. 关于门窗设计的一般规定

（1）窗

《民用建筑设计统一标准》GB 50352—2019

6.11.6 窗的设置应符合下列规定：

1 窗扇的开启形式应方便使用、安全和易于维修、清洗；

2 公共走道的窗扇开启时不得影响人员通行，其底面距走道地面高度不应低于 2.0m；

3 公共建筑临空外窗的窗台距楼地面净高不得低于 0.8m，否则应设置防护设施，防护设施的高度由地面起算不应低于 0.8m；

4 居住建筑临空外窗的窗台距楼地面净高不得低于 0.9m，否则应设置防护设施，防护设施的高度由地面起算不应低于 0.9m；

5 当防火墙上必须开设窗洞口时，应按现行国家标准《建筑设计防火规范》GB 50016 执行。

（2）门

《民用建筑设计统一标准》GB 50352—2019

6.11.9 门的设置应符合下列规定：

1 门应开启方便、坚固耐用；

2 手动开启的大门扇应有制动装置，推拉门应有防脱轨的措施；

3 双面弹簧门应在可视高度部分装透明安全玻璃；

4 推拉门、旋转门、电动门、卷帘门、吊门、折叠门不应作为疏散门；

5 开向疏散走道及楼梯间的门扇开足后，不应影响走道及楼梯平台的疏散宽度；

6 全玻璃门应选用安全玻璃或采取防护措施，并应设防撞提示标志；

7 门的开启不应跨越变形缝；

8 当设有门斗时，门扇同时开启时两道门的间距不应小于 0.8m；当有无障碍要求时，应符合现行国家标准《无障碍设计规范》GB 50763 的规定。

（3）玻璃幕墙

《建筑幕墙》GB/T 21086—2007

6.2.1 玻璃面板

a）幕墙玻璃宜采用安全玻璃，执行标准参见本标准附录 A，应符合其中 A.4 中所列标准的规定。

b）幕墙玻璃的公称厚度应经过强度和刚度验算后确定，单片玻璃、中空玻璃的任一片玻璃厚度不宜小于 6mm。夹层玻璃的单片玻璃厚度不宜小于 5mm，夹层玻璃、中空玻璃的两片玻璃厚度差不应大于 3mm。

c）幕墙玻璃边缘应进行磨边和倒角处理。

d）幕墙玻璃的反射比不应大于 0.3。

e）幕墙用中空玻璃的间隔铝框可采用连续折弯型或插角型。中空玻璃气体层厚度不应小于 9mm，宜采用双道密封，其中明框玻璃幕墙的中空玻璃可采用丁基密封胶和聚硫密封胶，隐框和半隐框玻璃幕墙的中空玻璃应采用丁基密封胶和硅酮结构密封胶。

f）幕墙用钢化玻璃宜经过热浸处理。

3. 外窗开启面积的规定

（1）各类建筑外窗通风开口面积的规定

《民用建筑设计统一标准》GB 50352—2019

7.2.2 采用直接自然通风的空间，其通风开口面积应符合下列规定：

1 生活、工作的房间的通风开口有效面积不应小于该房间地板面积的 1/20；

2 厨房的通风开口有效面积不应小于该房间地板面积的 1/10，并不得小于 $0.60m^2$。

3 进出风开口的位置应避免设在通风不良区域，且应避免进出风开口气流短路。

（2）节能设计对于外窗开启的规定

《公共节能设计标准》GB 50189—2015

3.2.8 单一立面外窗（包括透光幕墙）的有效通风换气面积应符合下列规定：

1 甲类公共建筑外窗（包括透光幕墙）应设可开启窗扇，其有效通风换气面积不宜小于所在房间外墙面积的 10%；当透光幕墙受条件限制无法设置可开启窗扇时，应设置通风换气装置。

2 乙类公共建筑外窗有效通风换气面积不宜小于窗面积的 30%。

（3）绿色设计对于外窗开启的规定

《绿色建筑评价标准》GB 50378—2014

8.2.10 优化建筑空间、平面布局和构造设计，改善自然通风效果，评价总分值为 13 分，并按下列规则评分：

1 居住建筑：按下列 2 项的规则分别评分并累计：

1）通风开口面积与房间地板面积的比例在夏热冬暖地区达到 10%，在夏热冬冷地区达到 8%，在其他地区达到 5%，得 10 分；

2）设有明卫，得 3 分。

2 公共建筑：根据在过渡季典型工况下主要功能房间平均自然通风换气次数不小于 2 次 /h 的面积比例，按表 8.2.10 的规则评分，最高得 13 分。

公共建筑过渡季典型工况下主要功能房间自然通风评分规则

表 3-3-31（表 8.2.10）

面积比例 R_R	得分
$60\% \leqslant R_R < 65\%$	6
$65\% \leqslant R_R < 70\%$	7
$70\% \leqslant R_R < 75\%$	8
$75\% \leqslant R_R < 80\%$	9
$80\% \leqslant R_R < 85\%$	10
$85\% \leqslant R_R < 90\%$	11
$90\% \leqslant R_R < 95\%$	12
$R_R < 95\%$	13

（4）防火规范对于外窗开启及有效自然排烟面积的规定

4. 外门窗及玻璃幕墙物理性能的规定

（1）节能设计对于外窗及玻璃幕墙物理性能的规定

《公共建筑节能设计标准》GB 50189—2015

3.3.1 根据建筑热工设计的气候分区，甲类公共建筑的围护结构热工性能应分别符合表 3.3.1-1～表 3.3.1-6 的规定。当不能满足本条的规定时，必须按本标准规定的方法进行权衡判断。

严寒 A、B 区甲类公共建筑围护结构热工性能限值 表 3-3-32（表 3.3.1-1）

围护结构部位		体形系数≤0.30	0.30<体形系数≤0.50
		传热系数 K [W/（$m^2 \cdot K$）]	
屋面		≤0.28	≤0.25
外墙（包括非透光幕墙）		≤0.38	≤0.35
底面接触室外空气的架空或外挑楼板		≤0.38	≤0.35
地下车库与供暖房间之间的楼板		≤0.50	≤0.50
非供暖楼梯间与供暖房间之间的隔墙		≤1.2	≤1.2
单一立面外窗（包括透光幕墙）	窗墙面积比≤0.20	≤2.7	≤2.5
	0.20<窗墙面积比≤0.30	≤2.5	≤2.3
	0.30<窗墙面积比≤0.40	≤2.2	≤2.0
	0.40<窗墙面积比≤0.50	≤1.9	≤1.7
	0.50<窗墙面积比≤0.60	≤1.6	≤1.4
	0.60<窗墙面积比≤0.70	≤1.5	≤1.4
	0.70<窗墙面积比≤0.80	≤1.4	≤1.3
	窗墙面积比>0.80	≤1.3	≤1.2
屋顶透光部分（屋顶透光部分面积≤20%）		≤2.2	
围护结构部位		保温材料层热阻 R [（$m^2 \cdot K$）/W]	

续表

围护结构部位	体形系数≤0.30	0.30<体形系数≤0.50
	传热系数 K[W/（m²·K）]	
周边地面	≥1.1	
供暖地下室与土壤接触的外墙	≥1.1	
变形缝（两侧墙内保温时）	≥1.2	

严寒C区甲类公共建筑围护结构热工性能限值　表3-3-33（表3.3.1-2）

围护结构部位		体形系数≤0.30	0.30<体形系数≤0.50
		传热系数 K[W/（m²·K）]	
屋面		≤0.35	≤0.28
外墙（包括非透光幕墙）		≤0.43	≤0.38
底面接触室外空气的架空或外挑楼板		≤0.43	≤0.38
地下车库与供暖房间之间的楼板		≤0.70	≤0.70
非供暖楼梯间与供暖房间之间的隔墙		≤1.5	≤1.5
单一立面外窗（包括透光幕墙）	窗墙面积比≤0.20	≤2.9	≤2.7
	0.20<窗墙面积比≤0.30	≤2.6	≤2.4
	0.30<窗墙面积比≤0.40	≤2.3	≤2.1
	0.40<窗墙面积比≤0.50	≤2.0	≤1.7
	0.50<窗墙面积比≤0.60	≤1.7	≤1.5
	0.60<窗墙面积比≤0.70	≤1.7	≤1.5
	0.70<窗墙面积比≤0.80	≤1.5	≤1.4
	窗墙面积比>0.80	≤1.4	≤1.3
屋顶透光部分（屋顶透光部分面积≤20%）		≤2.3	
围护结构部位		保温材料层热阻 R[（m²·K）/W]	
周边地面		≥1.1	
供暖地下室与土壤接触的外墙		≥1.1	
变形缝（两侧墙内保温时）		≥1.2	

寒冷地区甲类公共建筑围护结构热工性能限值　表3-3-34（表3.3.1-3）

围护结构部位	体形系数≤0.30		0.30<体形系数≤0.50	
	传热系数 K [W/（m²·K）]	太阳得热系数 $SHGC$（东、南、西向/北向）	传热系数 K [W/（m²·K）]	太阳得热系数 $SHGC$（东、南、西向/北向）
屋面	≤0.45	—	≤0.40	—
外墙（包括非透光幕墙）	≤0.50	—	≤0.45	—
底面接触室外空气的架空或外挑楼板	≤0.50	—	≤0.45	—

续表

围护结构部位		体形系数≤0.30		0.30<体形系数≤0.50	
		传热系数 *K* [W/（m²·K）]	太阳得热系数 *SHQC*（东、南、西向 / 北向）	传热系数 *K* [W/（m²·K）]	太阳得热系数 *SHQC*（东、南、西向 / 北向）
地下车库与供暖房间之间的楼板		≤1.0	—	≤1.0	—
非供暖楼梯间与供暖房间之间的隔墙		≤1.5	—	≤1.5	—
单一立面外窗（包括透光幕墙）	窗墙面积比≤0.20	≤3.0	—	≤2.8	—
	0.20<窗墙面积比≤0.30	≤2.7	≤0.52/—	≤2.5	≤0.52/—
	0.30<窗墙面积比≤0.40	≤2.4	≤0.48/—	≤2.2	≤0.48/—
	0.40<窗墙面积比≤0.50	≤2.2	≤0.43/—	≤1.9	≤0.43/—
	0.50<窗垴面积比≤0.60	≤2.0	≤0.40/—	≤1.7	≤0.40/—
	0.60<窗墙面积比≤0.70	≤1.9	≤0.35/0.60	≤1.7	≤0.35/0.60
	0.70<窗墙面积比≤0.80	≤1.6	≤0.35/0.52	≤1.5	≤0.35/0.52
	窗墙面积比>0.80	≤1.5	≤0.30/0.52	≤1.4	≤0.30/0.52
屋顶透光部分（屋顶透光部分面积≤20%）		≤2.4	≤0.44	≤2.4	≤0.35
围护结构部位		保温材料层热阻 *R*[（m²·K）/W]			
周边地面		≥0.60			
供暖、空调地下室外墙（与土壤接触的墙）		≥0.60			
变形缝（两侧墙内保温时）		≥0.90			

夏热冬冷地区甲类公共建筑围护结构热工性能限值　　表 3-3-35（表 3.3.1-4）

围护结构部位		传热系数 *K* [W/（m²·K）]	太阳得热系数 *SHGC*（东、南、西向 / 北向）
屋面	围护结构热惰性指标 *D*≤2.5	≤0.40	—
	围护结构热惰性指标 *D*>2.5	≤0.50	
外墙（包括非透光幕墙）	围护结构热惰性指标 *D*≤2.5	≤0.60	—
	围护结构热惰性指标 *D*>2.5	≤0.80	
底面接触室外空气的架空或外挑楼板		≤0.70	—
单一立面外窗（包括透光幕墙）	窗墙面积比≤0.20	≤3.5	—
	0.20<窗墙面积比≤0.30	≤3.0	≤0.44/0.48
	0.30<窗墙面积比≤0.40	≤2.6	≤0.40/0.44
	0.40<窗墙面积比≤0.50	≤2.4	≤0.35/0.40
	0.50<窗墙面积比≤0.60	≤2.2	≤0.35/0.40
	0.60<窗墙面积比≤0.70	≤2.2	≤0.30/0.35
	0.70<窗墙面积比≤0.80	≤2.0	≤0.26/0.35
	窗墙面积比>0.80	≤1.8	≤0.24/0.30
屋顶透明部分（屋顶透明部分面积≤20%）		≤2.6	≤0.30

夏热冬暖地区甲类公共建筑围护结构热工性能限值　　表 3-3-36（表 3.3.1-5）

围护结构部位		传热系数 K [W/（$m^2 \cdot K$）]	太阳得热系数 $SHQC$（东、南、西向 / 北向）
屋面	围护结构热惰性指标 $D \leqslant 2.5$	≤0.50	—
	围护结构热惰性指标 $D > 2.5$	≤0.80	
外墙（包括非透光幕墙）	围护结构热惰性指标 D≤2.5	≤0.80	—
	围护结构热惰性指标 D>2.5	≤1.5	
底面接触室外空气的架空或外挑楼板		≤1.5	—
单一立面外窗（包括透光幕墙）	窗墙面积比≤0.20	≤5.2	≤0.52/—
	0.20<窗墙面积比≤0.30	≤4.0	≤0.44/0.52
	0.30<窗墙面积比≤0.40	≤3.0	≤0.35/0.44
	0.40<窗墙面积比≤0.50	≤2.7	≤0.35/0.40
	0.50<窗墙面积比≤0.60	≤2.5	≤0.26/0.35
	0.60<窗墙面积比≤0.70	≤2.5	≤0.24/0.30
	0.70<窗墙面积比≤0.80	≤2.5	≤0.22/0.26
	窗墙面积比>0.80	≤2.0	≤0.18/0.26
屋顶透光部分（屋顶透光部分面积≤20%）		≤3.0	≤0.30

温和地区甲类公共建筑围护结构热工性能限值　　表 3-3-37（表 3.3.1-6）

围护结构部位		传热系数 K注 [W/（$m^2 \cdot K$）]	太阳得热系数 $SHQC$（东、南、西向 / 北向）
屋面	围护结构热惰性指标 D≤2.5	≤0.50	—
	围护结构热惰性指标 D>2.5	≤0.80	
外墙（包括非透光幕墙）	围护结构热惰性指标 D≤2.5	≤0.80	—
	围护结构热惰性指标 D>2.5	≤1.5	
单一立面外窗（包括透光幕墙）	窗墙面积比≤0.20	≤5.2	—
	0.20<窗墙面积比≤0.30	≤4.0	≤0.44/0.48
	0.30<窗墙面积比≤0.40	≤3.0	≤0.40/0.44
	0.40<窗墙面积比≤0.50	≤2.7	≤0.35/0.40
	0.50<窗墙面积比≤0.60	≤2.5	≤0.35/0.40
	0.60<窗墙面积比≤0.70	≤2.5	≤0.30/0.35
	0.70<窗墙面积比≤0.80	≤2.5	≤0.26/0.35
	窗墙面积比>0.80	≤2.0	≤0.24/0.30
屋顶透光部分（屋顶透光部分面积≤20%）		≤3.0	≤0.30

注：传热系数 K 只适用于温和 A 区，温和 B 区的传热系数 K 不作要求。

3.3.2 乙类公共建筑的围护结构热工性能应符合表 3.3.2–1 和表 3.3.2–2 的规定。

乙类公共建筑屋面、外墙、楼板热工性能限值　表 3-3-38（表 3.3.2-1）

围护结构部位	传热系数 K [W/（m²·K）]				
	严寒 A、B 区	严寒 C 区	寒冷地区	夏热冬冷地区	夏热冬暖地区
屋面	≤0.35	≤0.45	≤0.55	≤0.70	≤0.90
外墙（包括非透光幕墙）	≤0.45	≤0.50	≤0.60	≤1-0	≤1.5
底面接触室外空气的架空或外挑楼板	≤0.45	≤0.50	≤0.60	≤1.0	—
地下车库和供暖房间与之间的楼板	≤0.50	≤0.70	≤1.0	—	—

乙类公共建筑外窗（包括透光幕墙）热工性能限值　表 3-3-39（表 3.3.2-2）

围护结构部位	传热系数 K [W/（m²·K）]					太阳得热系数 SHGC		
外窗（包括透光幕墙）	严寒 A、B 区	严寒 C 区	寒冷地区	夏热冬冷地区	夏热冬暖地区	寒冷地区	夏热冬冷地区	夏热冬暖地区
单一立面外窗（包括透光幕墙）	≤2.0	≤2.2	≤2.5	≤3.0	≤4.0	—	≤0.52	≤0.48
屋顶透光部分（屋顶透光部分面积≤20%）	≤2.0	≤2.2	≤2.5	≤3.0	≤4.0	≤0.44	≤0.35	≤0.30

3.3.5 建筑外门、外窗的气密性分级应符合国家标准《建筑外门窗气密、水密、抗风压性能分级及检测方法》GB/T 7106—2008 中第 4.1.2 条的规定，并应满足下列要求：

1 10 层及以上建筑外窗的气密性不应低于 7 级；

2 10 层以下建筑外窗的气密性不应低于 6 级；

3 严寒和寒冷地区外门的气密性不应低于 4 级。

3.3.6 建筑幕墙的气密性应符合国家标准《建筑幕墙》GB/T 21086—2007 中第 5.1.3 条的规定且不应低于 3 级。

（2）对于外窗隔声性能的规定

《民用建筑隔声设计规范》GB 50118—2010

4.2.5 外窗（包括未封闭阳台的门）的空气声隔声性能，应符合表 4.2.5 的规定。

外窗（包括未封闭阳台的门）的空气声隔声标准　表 3-3-40（表 4.2.5）

构件名称	空气声隔声单值评价量＋频谱修正量（dB）	
交通干线两侧卧室、起居室（厅）的窗	计权隔声量＋交通噪声频谱修正量 R_w+C_{tr}	≥30
其他窗	计权隔声量＋交通噪声频谱修正量 R_w+C_{tr}	≥25

5.2.3 教学用房的外墙、外窗和门的空气声隔声性能，应符合表5.2.3的规定。

外墙、外窗和门的空气声隔声标准　表 3-3-41（表 5.2.3）

构件名称	空气声隔声单值评价量＋频谱修正量（dB）	
外墙	计权隔声量＋交通噪声频谱修正量 R_w+C_{tr}	≥45
临交通干线的外窗	计权隔声量＋交通噪声频谱修正量 R_w+C_{tr}	≥30
其他外窗	计权隔声量＋交通噪声频谱修正量 R_w+C_{tr}	≥25
产生噪声房间的门	计权隔声量＋粉红噪声频谱修正量 R_w+C	≥25
其他门	计权隔声量＋粉红噪声频谱修正量 R_w+C	≥20

6.2.3 外墙、外窗和门的空气声隔声性能，应符合表 6.2.3 的规定。

外墙、外窗和门的空气声隔声标准　表 3-3-42（表 6.2.3）

构件名称	空气声隔声单值评价量＋频谱修正量（dB）	
外墙	计权隔声量＋交通噪声频谱修正量 R_w+C_{tr}	≥45
外窗	计权隔声量＋交通噪声频谱修正量 R_w+C_{tr}	≥30（临街一侧病房）
		≥25（其他）
门	计权隔声量＋粉红噪声频谱修正量 R_w+C	≥30（听力测听室）
		≥20（其他）

7.2.3 客房外窗与客房门的空气声隔声性能，应符合表 7.2.3 的规定。

客房外窗与客房门的空气声隔声标准　表 3-3-43（表 7.2.3）

构件名称	空气声隔声单值评价量＋频谱修正量	特级（dB）	一级（dB）	二级（dB）
客房外窗	计权隔声量＋交通噪声频谱修正量 R_w+C_{tr}	≥35	≥30	≥25
客房门	计权隔声量＋粉红噪声频谱修正量 R_w+C	≥30	≥25	≥20

8.2.3 办公室、会议室的外墙、外窗（包括未封闭阳台的门）和门的空气声隔声性能，应符合表 8.2.3 的规定。

办公室、会议室的外墙、外窗和门的空气声隔声标准　　表 3-3-44（表 8.2.3）

构件名称	空气声隔声单值评价量＋频谱修正量（dB）	
外墙	计权隔声量＋交通噪声频谱修正量 R_w+C_{tr}	≥45
临交通干线的办公室、会议室外窗	计权隔声量＋交通噪声频谱修正量 R_w+C_{tr}	≥30
其他外窗	计权隔声量＋交通噪声频谱修正量 R_w+C_{tr}	≥25
门	计权隔声量＋粉红噪声频谱修正量 R_w+C	≥20

《绿色建筑评价标准》GB 50378—2019

5.2.6 采取措施优化主要功能房间的室内声环境，评价总分值为 8 分。噪声级达到现行国家标准《民用建筑隔声设计规范》GB 50118 中的低限标准限值和高要求标准限值的平均值，得 4 分；达到高要求标准限值，得 8 分。

5. 安全玻璃的规定

（1）对于安全玻璃的规定

《建筑玻璃应用技术规程》JGJ 113—2015

7.2.1 活动门玻璃、固定门玻璃和落地窗玻璃的选用应符合下列规定：

1 有框玻璃应使用符合本规程表 7.1.1–1 规定的安全玻璃；

2 无框玻璃应使用公称厚度不小于 12mm 的钢化玻璃。

7.2.2 室内隔断应使用安全玻璃，且最大使用面积应符合本规程表 7.1.1–1 的规定。

7.2.3 人群集中的公共场所和运动场所中装配的室内隔断玻璃应符合下列规定：

1 有框玻璃应使用符合本规程表 7.1.1–1 的规定，且公称厚度不小于 5mm 的钢化玻璃或公称厚度不小于 6.38mm 的夹层玻璃；

2 无框玻璃应使用符合本规程表 7.1.1–1 的规定，且公称厚度不小于 10mm 的钢化玻璃。

7.2.4 浴室用玻璃应符合下列规定：

1 浴室内有框玻璃应使用符合本规程表 7.1.1–1 的规定，且公称厚度不小于 8mm 的钢化玻璃；

2 浴室内无框玻璃应使用符合本规程表 7.1.1–1 的规定，且公称厚度不小于 12mm 的钢化玻璃。

7.2.5 室内栏板用玻璃应符合下列规定：

1 设有立柱和扶手，栏板玻璃作为镶嵌面板安装在护栏系统中，栏板玻璃应使用符合本规程表 7.1.1–1 规定的夹层玻璃；

2 栏板玻璃固定在结构上且直接承受人体荷载的护栏系统，其栏板玻璃应符合下列规定：

1）当栏板玻璃最低点离一侧楼地面高度不大于 5m 时，应使用公称厚度不小于 16.76mm 钢化夹层玻璃。

2）当栏板玻璃最低点离一侧楼地面高度大于 5m 时，不得采用此类护栏系统。

安全玻璃最大许用面积 表 3-3-45（表 7.1.1-1）

玻璃种类	公称厚度（mm）	最大许用面积（m^2）
钢化玻璃	4	2.0
	5	2.0
	6	3.0
	8	4.0
	10	5.0
	12	6.0
夹层玻璃	6.38　6.76　7.52	
	8.38　8.76　9.52	3.0
	10.38　10.76	5.0
	11.52	7.0
	12.38　12.76	8.0
	13.52	

8.2.2 **屋面玻璃或雨篷玻璃必须使用夹层玻璃或夹层中空玻璃，其胶片厚度不应小于 0.76mm。**

（2）对于玻璃幕墙安全玻璃的规定

《建筑幕墙》GB/T 21086—2007

6.2.1 玻璃面板

a）幕墙玻璃宜采用安全玻璃，执行标准参见本标准附录 A，应符合其中表 A.4 中所列标准的规定。

安全玻璃执行标准 表 3-3-46（表 A.4）

GB 9962	夹层玻璃
GB 11614	浮法玻璃
GB/T 11944	中空玻璃
GB 15763.1	建筑用安全玻璃 防火玻璃
GB15763.2	建筑用安全玻璃 第 2 部分 钢化玻璃
GB 17841	幕墙用钢化玻璃与半钢化玻璃
GB/T 18701	着色玻璃
GB/T 18915.1	镀膜玻璃 第 1 部分 阳光控制镀膜玻璃
GB/T 18915.2	镀膜玻璃 第 2 部分 低辐射镀膜玻璃
JG/T 915	热弯玻璃

b）幕墙玻璃的公称厚度应经过强度和刚度验算后确定，单片玻璃、中空玻璃的任一片玻璃厚度不宜小于 6mm。夹层玻璃的单片玻璃厚度不宜小于 5mm，夹层玻璃、中空玻璃的两片玻璃厚度差不应大于 3mm。

c）幕墙玻璃边缘应进行磨边和倒角处理。

d）幕墙玻璃的反射比不应大于 0.3。

e）幕墙用中空玻璃的间隔铝框可采用连续折弯型或插角型。中空玻璃气体层厚度不应小于 9mm，宜采用双道密封，其中明框玻璃幕墙的中空玻璃可采用丁基密封胶和聚硫密封胶，隐框和半隐框玻璃幕墙的中空玻璃应采用丁基密封胶和硅酮结构密封胶。

f）幕墙用钢化玻璃宜经过热浸处理。

第4部分

工程主持人的工作内容

内容提要

0.1 工程主持人的作用

工程主持人是工程项目设计工作的组织者和指挥者，是设计团队的灵魂和核心，主持人全面负责工程的组织、实施、指导、协调、检查和管理工作对工程项目的进度、质量负责。在工程实践过程中，影响工程进度和质量方面有诸多因素，工程主持人的工作起到关键和决定性的作用。实践中往往由于工程主持人的疏忽或不到位，使工程设计进度和设计质量受到严重影响。作者根据多年主持工程的经验与教训以及国家贯标文体中质量管理体系文件的要求，对工程主持人必须的工作内容做一个基本的描述和总结。

0.2 主持人工作内容

一般工程主持人的工作可分为八个方面。其内容包括：

1. 精心组织设计团队；
2. 明确设计阶段、范围及外包内容；
3. 制订工作进度计划表；
4. 组织完成各专业的设计输入文件；
5. 与甲方联系沟通在进度计划、质量要求、功能使用方面取得一致；
6. 负责收集工程必需的文件；
7. 召开必需的工作会议；
8. 完成现场服务及竣工验收工作。

完成好以上八项工作，目的是在实践中能有效地掌控项目工程的设计进度及设计质量，为工程主持人做好工作提供一些参改意见。

0.3 申报、审批流程

本章节除了工程主持人的工作内容之外，对项目工程建设及设计工作的阶段流程；对项目设计申报顺序的流程用简单示意图来表达使工作流程更为清晰、完整，也强调要求设计单位与建设甲方都应该了解的建设工程的具体规定流程，每项工作均应按照规定的顺序来进行，工作中应避免工作阶段顺序的跳跃或缺失，以免由此给项目建设带来不必要的麻烦。

0.4 申报文件（图纸）

章节最后的“附体”主要是罗列了项目工程在申报和审批过程中，各个部门对文件的具体要求（如规划部门、人防办、消防局、交通局、园林绿化等）设计单位应按要求提供申报所需的文件（图纸）、做好各个阶段的申报工作。

1 质量管理体系文件中对工程主持人的要求

中华人民共和国国家标准质量管理体系要求 GB/T 19001—2016 是等同采用国际 ISO 9001：2008 质量管理体系标准在质量手册管理职责一项中对公司决策层（总经理，技术、业务副总经理，总工程师，总经理助理）及管理和执行层（办公室、业务部、人力资源部、技术部、专业设计所）中各级人员的岗位职责都有明确的规定和要求，其中公司主要技术岗位职责中对工程主持人、项目经理、专业负责人、设计人、校核人、审定人等岗位均有详尽明确的规定。

1.1 项目经理

协助工程主持人，重点负责合同洽谈、进度计划、人员组织、公共关系、成品交付等工作。

1.2 工程主持人

工程主持人的岗位职责有：

（1）全面负责设计项目的组织、实施、指导、协调、检查和管理工作，对工程项目的进度质量负责；

（2）直接与顾客洽谈，确定与产品有关的要求，处理计划问题或技术问题；

（3）收集整理各项设计输入资料；

（4）负责所主持项目的设计策划，制定并确保项目目标实现；

（5）组织本项目认真执行《设计项目控制程序》及相关规定；

（6）负责项目不合格品控制；

（7）负责收集项目信息反馈，组织制定和实施项目纠正和预防措施；

（8）与业务部协同负责项目成品交付和交付后的服务；

（9）负责项目文件和资料的收集、整理、标识、编目和归档，督促专业负责人整理、标识、编目、归档本专业的文件资料。

1.3 设计项目程序控制

设计程序控制按质量手册要求应分为 7 个步骤：

（1）设计策划——主持人负责项目的设计策划和控制并编写项目设计及质量计划。

（2）设计输入——主持人组织、确定各专业输入内容并形成文件。

（3）设计输出——应满足设计输入要求，并经过授权人签署批准。

（4）设计评审——一般方案报出前及初步设计阶段，对评审结果及措施应纪录。

（5）设计验证——院内的图纸校核、审定并纪录。

（6）设计确认——施工图时的施工图外审或甲方组织的施工图会审，设计交底。

（7）设计更改——均应形成文件并有授权人签署，与输出文件一起建档归档。

1.4 质量管理体系文件中“作业文件（一）”

参考某单位《工程设计岗位任职资格和岗位职责的规定》ADCAS-P3-C1-A

1. 目的：为了加强公司技术管理，确保公司工程设计质量，特制定本规定。

2. 适用范围及涉及的部门、岗位

2.1 适用范围：本规定适用于公司承担工程咨询和工程设计工作的所有岗位。

2.2 涉及的部门：人力资源部、技术部、业务部

2.3 涉及的岗位：审定人、工程主持人、专业负责人、校核人、设计人、制图人

3. 职责分配

3.1 人力资源部负责确认设计人员的学历、学位、工作年限、从事专业等技术背景。

3.2 根据人力资源部提供的技术背景资料，技术部拟定工程设计岗位的任职资格，报主管副总经理和总工程师复核后，经总经理批准后发布。

3.3 业务部负责监督、检查本规定的执行情况。

3.4 审定人、工程主持人、专业负责人、校核人、设计人、制图人应严格执行本规定。

1.4.1 设计岗位的任职资格

4.1.1 审定人：

专业总工程师、顾问总工程师、从事本专业设计工作15年（含15年）以上的专业副总工程师，可以作为本专业所有项目的审定人；

单体工程在10000m^2（含10000m^2）以下，且工程中不存在特殊或复杂技术问题时，亦可由从事本专业设计工作未满15年的专业副总工程师审定，但应报公司总工程师批准。

4.1.2 工程主持人：

由注册建筑（工程）师担任。非注册建筑（工程）师应与注册建筑（工程）师并列主持。

一、二级注册建筑师执业及管理工作相关规定见建设〔1996〕624号《注册建筑师执业及管理工作有关问题的暂行规定》和首规办管字〔1998〕第037号《北京市注册建筑师执业管理规定》。

4.1.3 专业负责人：

建筑专业负责人：由注册建筑工程师担任。特殊情况下，可由从事本专业设计工作5年以上的人员担任，但应报公司总工程师批准。

结构专业负责人：由注册结构工程师担任。

水、暖、电、热力专业负责人：因尚未完成注册，暂定由高级工程师担任。

待完成注册后，由注册工程师担任。

4.1.4 校核人：由从事本专业设计工作5年以上的设计人员担任。

4.1.5 设计人：由本专业或相近专业，参加过一定时间的设计工作的人员担任。

相近专业定义见国家注册建筑（工程）师考试规定中相近专业的定义。

一定时间是指大学专科学历毕业参加本专业设计工作2年（含2年）以上；大学本科学历毕业参加本专业设计工作1年（含1年）以上；硕士研究生学历毕业参加本专业设计工作3个月（含3个月）以上。

4.1.6 制图人：由熟悉本专业基础知识及工程制图的专业人员担任。

1.4.2 工程设计岗位职责

1. 审定人的岗位职责

4.2.1 审定人

a）审定人负责指导方案设计、初步设计和施工图各阶段的设计工作，并决定设计中重大原则问题。

b）审定工程设计项目的设计策划、设计输入、设计输出、设计评审、设计验证、设计确认等各项设计控制程序的实施情况和结果。

c）审定工程设计是否符合规划设计条件、设计任务书、各设计阶段批准文件，是否符合方针政策及国家和工程所在地区的规范、规程和标准。

d）审定设计深度是否符合规定要求，设计概算不超出标准，建筑面积不超出任务书委托的面积，检查图纸文件及质量记录表单是否齐全。

e）应重点审查施工图中有无违反强制性条文。

f）如果没有校核人填写的《校审记录单》，审定人应拒绝审定。

g）根据需要参加评定工程设计成品质量等级。

h）对审定出不合格品按《不合格品的控制程序》（B13.1）进行评审和处置。

填写《校审记录单》对修改结果进行验证，合格后在图纸审定栏内签字。如设计人、专业负责人、工程主持人无正当理由拒绝修改，审定人有权不在图纸审定栏内签字，并报院总工程师处理。

2. 工程主持人岗位职责

4.2.2 工程主持人

a）全面负责设计项目的组织、实施、指导、协调、检查和管理工作，对工程项目的进度、质量、服务负责；

b）直接与顾客洽谈，确定与产品有关的要求、处理设计问题或技术问题；

c）收集整理各项设计输入资料；

d）负责所主持项目的设计策划，制定并确保项目目标实现；

e）组织本项目认真执行《设计项目控制程序》及相关规定；

f）负责项目不合格品控制；

g）负责收集项目反馈信息，组织制定和实施项目纠正和预防措施；

h）组织项目交付和交付后的服务；

i）负责项目文件、资料的收集、整理、标识、编目和归档。督促专业负责人整理、标识、编目、归档本专业的文件资料。

3. 专业负责人岗位职责

4.2.3 专业负责人

a）协助工程主持人确定本专业的设计人、校核人、审定人。

b）配合工程主持人组织和协调本专业的设计工作，对本专业的设计进度和质量负责。

c）执行国家、地方和行业的规范、规程和标准。

d）协助工程主持人验证顾客提供的设计资料，负责本专业与其他专业之间的协调工作。

e）依据各专业的设计进度控制计划拟订本专业相应的作业计划和人员配备计划。组织本专业各岗位人员完成各阶段设计工作，完成图纸的验证并参加设计评审。

f）负责完成本专业设计文件归档（包括电子版文件归档）。

g）配合工程主持人进行施工图交底，协助设计责任人解决施工过程中出现的有关问题。在设计变更或工程洽商单中签字认可；影响其他专业的需征得其他专业的同意（对于不能确认是否影响其他专业的，必须征得其他专业的同意）；重大技术问题（包括设计变更或工程洽商）负责与工程主持人和本专业审定人取得联系，并加以解决。

h）负责收集、整理、保管在设计及施工过程中形成的质量记录，交工程主持人，随设计文件归档。

4. 校核人岗位职责

4.2.4 校核人

a）校核人校核设计图纸及计算书、设计文件是否完整齐全、计算书是否正确、设计深度是否符合规定要求、是否符合规划条件和设计任务书的要求以及是否符合设计审批文件、是否符合设计验证提纲的各项要求等。

b）校核设计图纸和文件是否符合国家和工程所在地区的规范、规程、标准的规定。

c）校核专业接口是否协调统一，构造做法、设备选型是否合理，计算是否正确，图面索引是否标准正确，设计说明是否清楚准确。

d）校核人应填写《校审记录单》，对修改结果进行验证后，在图纸校核栏内签字。如设计人无正当理由拒绝修改，校核人有权不在图纸校核栏内签字并报专业负责人处理。

5. 设计人岗位职责

4.2.5 设计人

a）根据专业负责人分配的任务熟悉顾客提供的设计资料，了解设计要求、设计原则，做到设计正确无误，选用计算公式正确、参数合理、运算合理，符合规范、规程和标准，对本人的设计质量负责。

b）配合专业设计进度，拟订本人详细作业计划，按时完成各阶段设计工作，认真自审并做好专业间的会审和会签工作。

c）主动做好专业内部及与其他专业的配合工作。

d）对制图人交底清楚，并负责审查所绘图纸。

e）正确选用标准图及重复使用图。

f）处理施工现场中出现的问题并及时向专业负责人汇报，设计变更、工程洽商应报专业负责人及校核人审核并签署。涉及其他专业或重大问题的设计变更或工程洽商还须请示工程主持人和本专业审定人。

6. 制图人岗位职责

4.2.6 制图人

a）在设计人的指导下进行制图工作。

b）按专业设计进度计划完成所承担的作业，做到图面紧凑，文字、数字尺度适宜，符合制图标准。

c）图纸内容应明确表达设计意图，构造做法交代清楚、合理，发现问题应及时向设计人或专业负责人提出。

d）做好图纸自审工作，保证绘图质量。

5. 规定说明

5.1 顾问总工程师负责公司图纸审查工作。

5.2 除顾问总工程师以外，本公司退休人员继续从事设计工作的，按其退休前所从事的专业和注册情况，以及本规定的要求承担工程主持人、专业负责人、设计人和校核人的工作。

5.3 所有设计人员必须经过本公司人力资源部门对其学历、学位、工作年限、从事专业等技术背景进行核对，并经本规定第3.2条审批确认后，方可获得工程设计岗位任职资格。

5.4 工程设计图纸严格实行三级签字制度，审定人、校核人、设计人不得重复签字。

1.4.3 设计项目的控制程序

参考某单位《质量手册》

公司建立并保持《设计项目控制程序》，使工程项目设计全过程处于受控状态，以确保满足标准要求及顾客期望。工程主持人负责组织实施控制过程及活动。业务部负责监督、检查、协调项目进度计划实施过程及活动。

1. 设计策划

7.3.1 设计策划

工程主持人负责本项目的设计策划和控制，并编写项目设计计划及质量计划。

计划应包括如下内容：

a）工程项目质量目标和要求；

b）设计阶段及进度安排；

c）明确需开展的设计控制活动（如设计验证、评审和确认等活动）的方式方法和具体时机；

d）明确具有资格的设计人员在该项目中的职责和权限；

e）本项目需要明确的特殊控制过程及资源配置和质量记录要求；

f）工程项目设计工作接收准则。

随着工程设计的进展，应对设计策划的输出进行更新，并通知相关部门和人员。

工程主持人或项目经理负责各接口的协调和管理，使接口得到如下控制：

a）各专业设计分工范围及职责权限明确；

b）各专业协作要求通过设计互提资料记录予以规定；

c）进行审核和专业会审确保各专业间互提资料得到验证。

当有合作设计和分包设计时，公司对参与设计的不同组织之间接口由公司该项目分管领导或工程主持人加以管理。其主要活动内容包括：

a）以合同条款或协议书方式规定各方设计分工、设计范围及相应的职责权限；

b）通过工程洽商记录确定各方技术协作要求；

c）对分包单位提交的设计文件进行验证。

2. 设计输入

7.3.2 设计输入

公司规定工程主持人负责组织收集设计依据资料，确定各专业工程设计输入内容，并将工程设计输入内容形成文件。工程设计输入一般包括：

a）工程项目的功能和性能要求；

b）工程项目所在地自然环境条件（设计基础资料）；

c）本项目或本专业执行的法规和标准规范要求（包括防火等级、抗震设防以及环保等要求）；

d）工程设计阶段、工程设计文件深度要求；

e）以前类似的工程设计提供的信息；

f）工程设计所必需的其他要求等。

工程主持人应组织有关人员对设计输入内容进行评审，以确保输入的充分性和适宜性，输入内容应完整、清楚，并且不能相互矛盾。评审结果及任何必要措施应予记录。

3. 设计输出

7.3.3 设计输出

公司规定设计输出必须满足设计输入的要求，并以能够对照设计输入内容进行验证和确认的方式来表达。

设计输出应：

a）满足设计输入要求；

b）为采购、施工安装和服务提供适当的信息；

c）制定或引用工程项目的接收准则；

d）规定或标出对工程项目的安全和正常使用必须的设计特性。

一般情况下，设计输出包括：设计文件目录、设计说明、设备材料表、计算书、设计图、检验标准（如施工图验收规范）；设计前期咨询输出文件一般包括项目建议书、可行性研究报告或概念性规划设计方案等。

考虑到设计输出对后续各阶段工作的重要影响，设计文件必须经过授权人签署批准后方可放行。

4. 设计评审

7.3.4 设计评审

在适宜的阶段，由技术部负责组织对设计的阶段成果进行系统的评审，工程主持人负责记录评审的结果和评审后措施的实施，并填写《设计评审记录表》，以便：

a）评价设计的成果满足要求的能力；

b）识别任何存在的问题并提出必要的措施；

一般情况下，工程设计评审在方案报出前及初步设计阶段进行，需要时，也可在其他阶段组织评审，设计报出前应至少经过一次评审。评审的结果及任何必要的措施应予以记录。

5. 设计验证

7.3.5 设计验证

公司规定在设计文件交付前均须开展设计验证活动，一般采用校核、审定的方式进行。设计验证人员应执行《设计验证管理规定》，并按照各专业的设计验证要求开展验证活动，以确保设计输出满足该阶段设计输入的要求。需要时也可采用其他验证方式，如：采用变换方法进行计算、当采用新技术时进行试验和证实或与类似成功的设计项目相比较等。其验证方式、验证时机应在设计计划中安排。

验证结果及任何必要的措施应予记录。

6. 设计确认

7.3.6 设计确认

公司规定所提交的设计文件应进行设计确认，以确保设计输出文件符合规定、并满足使用者的要求。

设计确认活动通常由包括建设工程的业主、政府主管部门、施工组织以及相关的第三方参加的外部评审来实现。通常的设计确认活动有：

a）可行性研究报告的审查；

b）顾客按合同规定进行的审查；

c）方案设计的评标活动或审查；

d）初步设计的审批活动；

e）政府职能部门规定开展的施工图审查；

f）顾客组织的施工图会审（设计交底）活动。

设计确认应列入设计计划，需要时公司应委派能胜任人员参加设计确认活动，确认结果及任何必要措施的记录由工程主持人予以保持，并建档归档。

7. 设计更改的控制

7.3.7 设计更改的控制

本公司对设计更改实施控制。

a）所有的设计更改在实施前，均应经过授权人员加以确定；

b）所有的设计更改都应形成文件；

c）适当时，应对设计更改进行评审、验证和确认，并经工程主持人审批；设计更改的审批应包括评价对交付产品及其组成部分的影响；

d）对施工现场遇到的较重大的技术和质量问题所引起的设计更改，应先报经总工程师同意后，方可进行。

设计更改评审结果及任何必要的记录应予以保持，并与原工程输出文件一起建档归档。

2 工程项目建设与设计工作的阶段及流程

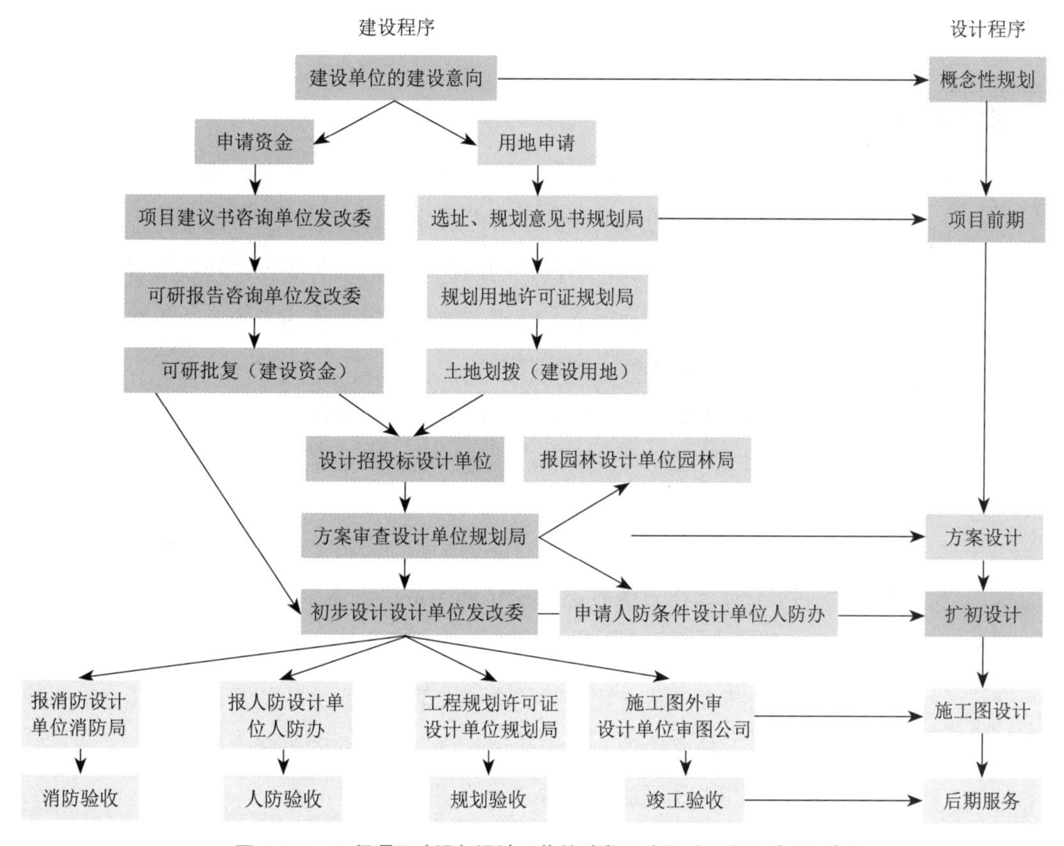

图 4-2-1 工程项目建设与设计工作的阶段及流程（图表设计 / 张凌）

3 工程项目申报程序示意图

一般建设工程申报需经过四个步骤：①规划意见书→②设计方案→③建筑用地规划许可证→④建设工程规划许可证。

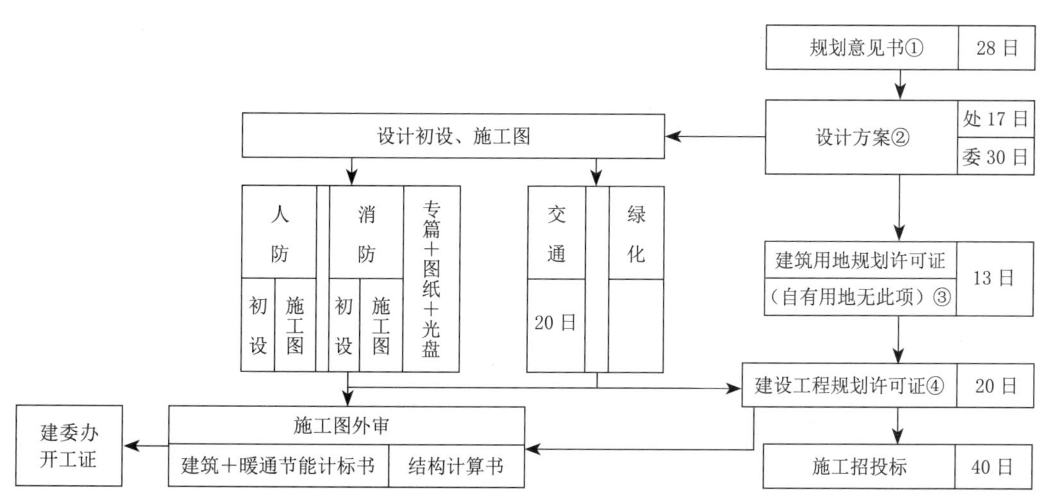

图 4-2-2 工程项目申报程序示意图

第4部分 工程主持人的工作内容

4 工程主持人的工作内容

4.1 工程主持人的工作内容

（1）组织设计团队，确定单项建筑的设计人、校核人、审定人及专业负责人，同时须深刻了解人员情况，合理组织设计团队；

（2）明确设计阶段，明确设计范围，明确设计外包内容；

（3）制订详细的工作进度计划（甲方认同）明确各阶段（方案、初步设计、施工图）完成时间；

（4）组织完成含各专业的设计输入文件；

（5）与甲方的联系洽谈与沟通，在进度计划、质量要求、功能使用等方面取得一致意见；

（6）负责收集工程必需的文件，一般应包括①项目批准及许可文件②工程设计必需文件、③工程进展过程中文件（重要会议、重大变更，需有文字记录及文件）；

（7）工程必需召开的会议，明确各种会议的目的（动员会、进度协调会、技术协调会、专题讨论会、重大变动告知会……）；

（8）现场服务及竣工验收工作。

4.2 工程主持人工作内容的解读

4.2.1 组织团队

精心组织设计团队，确定单项建筑的设计人、校核人、审定人及专业负责人，深刻了解人员情况、合理组织设计团队。

（1）团队的合理组成："老、中、青"组合

根据工程的复杂程度和规模合理地安排工程组人员，根据当前设计院新人较多的情况，为利于工作上的"传、帮、带"，工程组人员宜由"老、中、青"不同工龄人员组成（"老"：工作10年以上，经验丰富，技术全面；"中"：工作5年以上，胜任一般任务；"青"：刚参加工作或工作5年以下）。

（2）明确岗位责任人

工程组内各级岗位必须严格按照质量管理文件中《工程设计岗位任职资格和岗位职责的规定》中要求安排人员，特别是主持、校核、审定及专业负责人，必须切实在岗到位，禁止虚岗及挂空名人员。

（3）人才资源的利用

对于一些特殊和复杂的工程项目必须充分利用本单位现有的技术专

家，参与工程的咨询、论证及决策讨论，对本单位不能解决的难题可外聘专家或请协作单位解决。

4.2.2 明确内容

明确设计阶段，明确设计范围，明确设计分包内容。

（1）国家投资建设项目

一般由方案阶段、初步设计阶段和施工图阶段三个阶段构成，在初步设计阶段必有“工程概算”的内容，并宜按当地建设工程的概预算定额完成概预算文件。

（2）明确设计范围

一般工程设计范围为单体的建筑、结构、给水排水、采暖、通风、空调、电气，外网工程应包括场地内各种管网及围墙大门等。

但特殊、复杂工程单体中会有精装修设计，外部会有景观设计、绿化园林设计、户外照明设计，对此必须明确各单位的设计范围、相互交接的依据及进度配合时间。

（3）明确设计外包的内容

有些工程由于地方政策规定，工程设计必须由当地单位承担，如变电站、燃气外线、人防，对此必须沟通和确定。

有些工程涉及专项设计的内容，如平台机械传动设计，音乐、剧场内声学设计等，必须明确专项设计团队。

有些工程中局部需二次设计的内容如厨房操作间、幕墙工程，必须提供必要的条件，协作配合完成。

4.2.3 制定计划

制订详细的工作进度计划（甲方认同），明确各阶段完成时间。

工程进度计划表要有时间进度及参与各方的工作内容及分工，示例见表 4-4-1。

（1）日期填写

宜按月、日、星期填写，工程交图、会议时间应避开节假日，甲方一般不按工作日天数计算；

（2）工作天数

按单项工程进度分段计算，叠加累计为总工程完成时间。

（3）关键时间节点

建筑发条件图时间；各专业返回、修改调整时间；定稿施工图开始时间；施工图过程中各专业沟通协调时间；各专业完成施工图时间；校核、审定及修改时间；各专业对图及修改时间；交图及晒图时间。

（4）备注栏

特殊问题专项说明标注；

（5）甲方工作

甲方需提供的基础资料及缺少资料，甲方需认可签字的文件。

（6）甲方报建

报人防，报消防时间，非常规报工程概算及施工招标图纸。

2006～2007年烟台海岸带可持续发展研究所工作计划表（施工图阶段）　表4-4-1

时间	天数	设计院工作	代建方、研究所工作	规划审报
11.27/一至12.6/三	10	•修改建筑平、立、剖； •水暖电结人员确定		
12.7/四至12.21/四	15	•水暖电方案确定位置面积； •建筑深化平、立、剖，并提装修做法标准； •结构计算确定； •地下人防与对方沟通	•12.21/三确认建筑平、立、剖，确认建筑装修标准； •及早提供场地勘探报告、12.15/日前提供场地坐标、市政管网资料	
12.22/五至12.31/日	10	•12.22发正式平、立、剖图； •报人防建筑图沟通，进入施工图； •12.31/日结构完成桩基图或基础图	•12.25/五总图及平、立、剖面图设计说明，与消防、环保、市政、电力、人防沟通取得意见	
1.1/一至1.20/六	20	•深化施工图 建筑平、立、剖做法，外檐楼梯、卫生间、门窗； 结构：计算详图人防先； 水暖电：人防先	•收集各部门反馈意见给设计院（或设计院与部门直接沟通得确切修改意见，做施工图）	•建设工程许可证：（1.1/一）建筑平、立、剖＋基础图； •消防、人防、环保，市政审批同意意见
1.21/日至1.23/二	3	•图纸校审，审定，修改23/二收齐施工图； •23/二晒图，发图	•1.24/三起施工图招标； •2.10/六施工确定，进场（17天）	
备注				

4.2.4 完成设计输入文件

组织完成含各专业内容的设计输入文件。

（1）设计输入文件的作用

设计输入文件是设计方与使用方交流沟通的主要技术文件。除了设计图纸之外，还有对拟建建筑技术性能的主要描述和说明。内容包括各专业设计依据、设计条件、技术方案、主要设备选用材料、工程组法等情况的基本描述。文件内容应是设计方与使用方交流沟通后的比较一致的意见和成果，文件经甲方签署确认后也是今后施工图的依据。

（2）输入文件基本内容

设计输入文件一般应包括五个部分：建筑设计、结构设计、给水排水设计、暖通设计、电气设计（特殊项目内容可再增加）。

1）建筑专业内容一般应包括：

①本项目概况（位置、场地面积、分期状况、建设面积等）

②各单项建筑特征（使用年限、幢数楼号、层数檐高、耐火等级、抗震烈度、防火等级、建筑面积、人防面积等）

③建筑的内外装修、墙体及保温材料、墙身、楼面、屋面防水、外门外窗选用、电梯选用、消防设计、节能设计、绿色设计专篇、人防设计、室外道路无障碍设计等。

2）结构专业基本内容：

使用荷载取值、抗震设防类别、结构使用年限、抗震设防烈度、设计基本地震加速度值、设计地震分组、基本风压、基本雪压、各幢号结构设计、选用混凝土强度等级、选用钢筋型号等。

3）机电专业（含给水排水、暖通、电气专业）基本内容：

设计范围、设计依据、设计条件、设计参数、设计标准、设计方案选用、选用设备、材料基本描述、待确定和解决问题。

4.2.5 沟通与洽谈

与甲方的联系沟通与洽谈，在进度计划、质量要求、功能使用等方面取得一致意见。

工程建设过程是在一定的时间段内需完成策划、申报立项、建设程序申报、设计、施工多项工作连续配合的复杂过程。在与甲方联系沟通与洽谈过程中，应使甲方了解建设项目的计划立项、建设程序申报及设计阶段划分的程序及内容；在设计任务方面，与甲方沟通的主要图纸和文件内容要表达使用功能、质量要求、进度计划；工程设计过程中的应变措施及补充工作。主要应该包括三个方面的工作。

（1）项目的计划立项、建设程序申报、设计阶段划分的介绍

对于项目建设各个阶段的工作及程序，不是所有甲方都熟知了解，设计方有责任在任务之初就向甲方详细地介绍各阶段的工作及程序，特别是对后面的建设程序申报及设计阶段划分应有更详细的介绍。

1）建设之初，所建工程必须先有项目策划和计划立项，然后要有项目的可行性研究报告、项目初步设计报告等文件，项目经相关部门及计划部门审批许可后，才可实施建设。

大型项目立项时必须同时备有环境评价、交通评价报告及节能专篇评估审查报告（此条只针对北京市项目）。

2）工程立项后，在工程建设过程中，建设申报程序又必须具有

规划及有关部门的审批许可，一般工程申报需经过4个步骤：①规划意见书；②设计方案；③建筑用地规划许可证；④建设工程规划许可证。

3）设计工作需经过方案设计、初步设计、施工图设计几个阶段，复杂工程还有精装及二次设计。在设计过程中或设计完成后还需经过人防审批、消防审批、绿化审批、交通审批，图纸经施工图外审修改后才能成为最终的设计文件。

（2）设计任务方面与甲方沟通的主要图纸和文件

1）使用功能方面：

建筑的平面布局、空间的组合构成、立面造型及立体造型主要依靠平面、立面、剖面图及表现图来表达。

2）质量要求方面：

对建筑概况、建筑特征、建筑装修、结构形成、采暖通风空调、给水排水、消防照明标准、设计方案等方面的问题主要通过设计输入文件来表达。

3）进度计划方面：

通过工程进度计划表应明确工程各阶段进度，各方（含甲方）在控制内部进度的同时，要满足外部申报（消防、人防）办证及工程建设准备（施工招投标、计划概预算……）等项工作的需要。

（3）工程设计过程中应变措施及补充工作

在工程设计过程中，经常会发生由于甲方使用功能的变化或外部条件的变动，对原设计图纸或输入文件内容做较大的修改或变动，针对这种情况必须明确变动的内容及范围，明确因变动和修改所引发的各专业的实际工作量及对计划进度的影响。针对变动应要求甲方出具相关的依据文件或修改会议的纪录，涉及收费及进度的重大问题应报设计院相关部门补充相应的合同文件。

4.2.6 收集文件及资料

（1）项目批准、许可文件

1）工程立项批准文件名称、日期、批准部门；

2）工程设计任务，明确使用功能（居住、办公、商业等）；

3）规划部门的“规划意见书”会明确建筑红线、控制高度、容积率、建筑面积、停车数量、绿化比例、建筑密度等规定性指标，并附有场地坐标、面积、地形地貌相关资料。

（2）工程设计必需文件

1）甲方提供的市政建设基础资料：建设场地的地形图，四周环境及详细规划图。外网管线条件图：现有的给水、排水、雨水管线，热力管网，天然气，电力外线的管径、标高，允许接口数量、位置。地质勘探资料（报告），特殊气候的气象资料。

2）当地的建设规定及标准：当地对人防建设的规定及要求；当地建筑节能设计标准；当地使用的标准通用图集；当地概预算定额指标；当地规划部门对居住区、公建配套、停车、绿化标准具体要求。

3）与建设项目有关的主要的设计依据规范及标准，主要材料、设备的样本及资料（电梯、建设材料、特殊设备等）。

（3）重大变动修改的补充文件

1）对设计范围、内容有较大修改的协议书、联系函或会议纪要；

2）在工程建设过程中，与甲方沟通的修改或变动的联系文件或材料，应包括发出和签收的文件（联系函、洽商、变更等）。

4.2.7 工程组必需开的会议

（1）工程组成立大会（全体人员）

1）介绍设计工程的基本概况、工程规模、面积、层数、幢号、工程功能要求，技术特点需要特别注意和准备的资料和技术问题；

2）甲方对项目建设的质量要求和目标，对进度的要求，工程组初步的进度计划；

3）参加工程组人员对完成任务是否有具体困难和需求，应协调解决。

（2）建筑专业组会（建筑组人员）

明确项目幢号及人员分工，初步确定进度计划及要求，明确方案调整完成时间及具体人员，有多幢建筑组合的项目对建筑通用图集的选用、图面的表达、外檐节点的选用及绘制，针对不同的内容，均有示范及参照图例，力求资源节约，合理分工，图纸表达简化、统一。

（3）设计输入文件编写会（各专业负责人）

根据项目对使用功能及质量方面的要求，在与甲方沟通取得较一致意见后，编写包含各专业内容的设计输入文件。各专业编写的内容参见4.2.4。输入文件是今后施工图的依据，必须经甲方签署同意，对于文件中存在的问题，也必须在做施工图之前落实解决。

（4）建筑条件图发放会（全体人员）

为建筑最终调整方案介绍，要求各专业（结构、水、暖、电）深入布置设计，限定返回时间，经最后调整后形成最终建筑条件图（供施工图设计使用）。

（5）专题技术讨论会

工程进行过程中，个别专业的设计方案变动会引起其他专业及整个方案布局的变动。对于涉及较广、影响较大的问题，必须召集有关人员召开专题讨论会以合理解决，保证工程设计有序进行。

（6）各专业进度情况沟通会

在工程进行过程中，在交图日期之前的适当时间，召开各专业施工图进展情况的沟通会，切实保证最后交图日期。对于进度拖延的专业应督促完成；对于明显无法完成的专业应采取补充人员、内部调整的方法，不能因为个别专业的拖延而影响整个交图日期。这种会议的目的不仅是为了工程组之间相互沟通进度，同时也会起到督促、提醒的作用，召开时间宜在交图日期前 10～15 天。

（7）综合布线协调会

采用中央空调，使用功能比较复杂的工程，建筑内部管线较多，除了平面布局和各类管井（如通风、电缆、给水排水、雨水）之外，在走道上空还会有各种管线（如空调风管、冷凝水管、电缆桥架、消防喷淋水管等）。为了确保各种管线之间的合理关系，确保建筑使用空间的足够高度，通过各专业相互间的协商、讨论，确定各种管线的合理位置及标高。对于室外的管线（场地内），必须通过协调来确定各种管线的合理位置及走向。

4.2.8 现场服务与竣工验收

工程现场服务视不同的情况可采取不同的服务方式，但对于一般工程来讲必然会有三项工作要做：

（1）现场施工交底：应是全专业人员参加，项目较多时可由专业代表参加。

（2）施工过程服务：不同的施工阶段服务的专业也不同，基础封顶前主要是结构专业，安装阶段主要是机电专业，装修阶段主要是建筑专业。

（3）竣工验收工作：竣工验收工作之前会有消防验收及人防工程验收。结构专业在基槽、基础及结构封顶时均已进行独立的验收工作。在最后工程验收时，各个专业均应参加。如科学院的工程项目一般最后要求有反映工程概况的含各专业内容的“工程总结”。

5 北京规划部门对各阶段申报文件和图纸要求

5.1 规划意见书

1. 拟新征（占）用地进行建设时

（1）建设项目建设地点征询意见函 1 份；

（2）建设单位用地申请及建设项目情况和选址要求说明和拟建工程方案图各 1 份；

（3）1/2000 或 1/500 地形图（用铅笔划出拟用地范围）1 份，远郊区县及机要项目 3 份；

（4）其他

2. 在自有用地进行建设时

（1）建设用地规划许可证或其他用地权属证明文件（均可用复印件）1 份；

（2）建设单位对拟建项目情况的说明及拟建方案图各 1 份；

（3）1/2000 或 1500 地形图（用铅笔划出本单位用地范围及拟建工程位置）1 份，远郊区县及机要项目 2 份；

（4）其他。

5.2 设计方案

（1）计划部门批准的项目建议书或其他计划批准文件 1 份；

（2）规划意见书及附图（均可用复印件）各 1 份；

（3）以现状地形图为底图绘制的总平面图（单体建筑 1/500，居住区 1/1000）2 份；

（4）各层平面图、各向立面图、各主要部位剖面图（1/100 或 1/200）各 2 份；

（5）拟建项目周围相邻居住建筑时，应附日照影响分析图及说明各 1 份；

（6）要求做交通影响评价报告的项目，应附交通影响评价报告 1 份；

（7）设计方案各项技术指标均应和规划意见书各项指标要求相对应列表说明，如超出规划意见书规定的建筑控高和使用性质时，应附控规调整审批通知书 1 份；

（8）规划意见书要求应附的有关文件、图纸和模型；

（9）以上文件图纸均按 A3 规格装订成册。

5.3 建设用地规划许可证

（1）计划部门批准的可行性研究报告或其他计划批准文件 1 份；

（2）征（占）集体用地时，需有市政府批准文件 1 份，使用国有土地时，需有市国土资源和房屋管理部门批准意见 1 份；

（3）按规划意见书要求取得的有关协议、函件及批准文件；

（4）1/2000 或 1/500 地形图 4 份；

（5）用地钉桩成果文件（可用复印件）1 份；

（6）审定方案通知书和附图（可用复印件）1 份；

（7）以上文件图纸均按 A4 规格折叠。

5.4　建设工程规划许可证

（1）计划部门批准的年度施工计划文件（300 平方米以内的建筑工程、3000 平方米以内的翻建工程及各类临建工程、构筑物不需此项。其中翻建工程需附房屋产权证明文件）；

（2）审定设计方案通知书及附总平面图（均可用复印件，规划意见书另有要求的除外）1 份；

（3）建筑工程施工设计图纸（1/500 或 1/1000 总平面图 3 份；1/100 或 1/200 各层平面图，各向立面图，各主要部位剖面图，基础平、剖面图各 1 份，设计图纸目录 1 份）1 套；按 A4 规格折叠；

（4）按审定设计方案通知书要求取得的有关协议、函件及批准文件；

（5）工程档案登记证明。

6　北京人防申报流程及申报图纸要求

6.1　北京市人防申报流程图

6.2　可考虑易地建设的条件

（1）采用桩基且桩基承台顶面埋深小于 3m（或者不足规定的地下室空间净高）的；

（2）按规定指标应建人防的面积只占地面建筑首层的局部，结构和基础处理困难，经济很不合理的；

（3）建在流沙、暗河、基岩埋深很浅等地段，地质条件不适于修建的。

6.3　要求设计院提供的申报图纸

6.3.1　初步设计（施工图设计）申报图纸内容

（1）图纸目录（人防工程图纸应单独编号）；

（2）设计依据、各专业设计说明、主要设备表、材料表、主要技术措施和各项技术经济指标、各专业计算书；

（3）初步设计（施工图设计）总平面图、首层平面图、地下各层平面图、立面图、剖面图、人防战时进排风口、战时主要出入口（含通道、楼梯间、地面防倒塌棚架）及管理用房详图、人防警报控制室详图北京市人防工程技术服务中心，2015年3月11日。

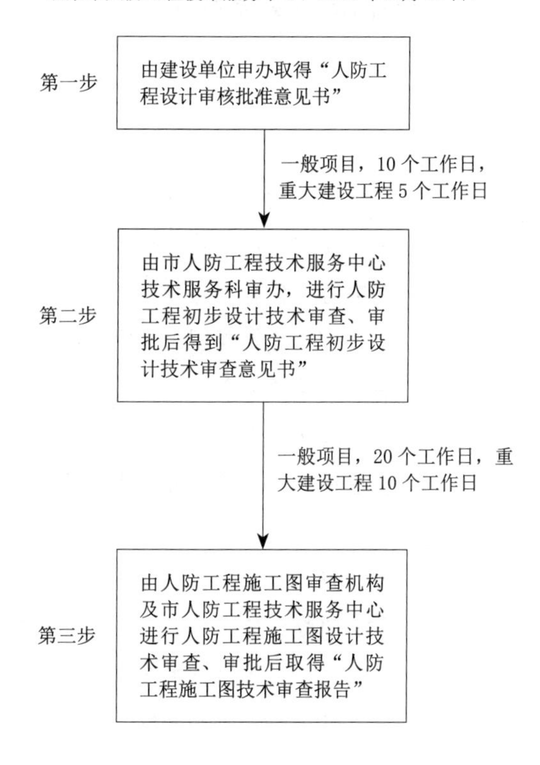

及所在楼层平面图（可选）、人防高点监控详图及所在楼层平面图（可选）、人防连接通道详图；

（4）人防工程采暖、通风、给水排水、消防电气（照明）平面及系统图、人防工程通风口部详图；

（5）改建、扩建工程应附原工程平、立、剖面图，并注明新旧关系；

（6）施工图设计申报时有人防工程结构专业平面图及详图。

6.3.2 总平面图应符合

（1）用虚线标明各人防工程防护单元范围（本次申报线型加粗）及编号，战时主要出入口位置、编号及通道位置，各人防工程设施位置，人防高点监控设施位置，各类标注应列出相应图例；

（2）附区域位置图、主要技术经济指标表、人防工程设计方案指标明细表、人防工程初步设计（施工图设计）指标明细表。

注：本流程内容会有调整，材料提交前应向政务网站或受理窗口询问，核对申报材料要求及表单版本有无变化。

7 北京消防报审材料·北京交通报审材料

7.1 消防报审材料

（1）消防设计说明或消防设计专篇。工业建筑应有生产工艺流程，生产品种，使用原料和生产的半成品、成品的性质、数量和运输、储存方式等资料。

（2）总平面图（包括工程周围现状、工程位置、室外消防设施、储存方式等资料）。

（3）建筑的平、立、剖面图（包括防火分区设计、防烟分区设计、分区面积等，不需要各类大样图）。

（4）室内、室外有关消防部分的设计图（包括消防给水、消防供电、通风空调、煤气供应、室内装修，以及火灾自动报警，自动灭火，防、排烟设施，移动式灭火器材的配置图）。

（5）超大规模的公共建筑和重要工业建筑应有可行性研究报告、生产工艺流程和使用原料。

7.2 交通报审材料

（1）总平面交通组织流线分析图（以规委批准设计方案附图为准），图中需标示拟建项目内外部各单项交通组织流线，如机动车流线、非机动车流线、行人流线；

（2）主要技术经济指标，包括场地面积、总建筑面积（地上、地下分列）及面积分配明细表、绿化率、机动车停车数量（地上、地下、机械）、非机动车停车数量等；

（3）区域地理位置图；

（4）项目外部四周范围的道路红线、横断面；

（5）项目内部道路宽度、各对外交通出入口的宽度；

（6）首层和标准层平面图；

（7）地下各层平面图、停车库坡道详图；

（8）建筑剖面图及立面图；

（9）住宅项目需提交户型图及户型面积明细表。

8　北京容积率指标计算规则

北京市规划委员会关于发布《容积率指标计算规则》的通知

市规发〔2006〕851号

为解决建筑容积率计算过程中存在的问题，根据有关法律法规及国家标准的规定，结合我市实际情况，我委制定了《容积率指标计算规则》，现予发布，自下发之日起执行。

二〇〇六年七月十日

容积率指标计算规则

一、容积率系指一定地块内，地上总建筑面积计算值与总建设用地面积的商。地上总建筑面积计算值为建设用地内各栋建筑物地上建筑面积计算值之和；地下有经营性面积的，其经营面积不纳入计算容积率的建筑面积。一般情况下，建筑面积计算值按照《建筑工程建筑面积计算规范》GB/T 50353—2005的规定执行；遇有特殊情况，按照本规则下列规定执行。

二、当住宅建筑标准层层高大于4.9米（2.7米+2.2米）时，不论层内是否有隔层，建筑面积的计算值按该层水平投影面积的2倍计算；当住宅建筑层高大于7.6米（2.7米×2+2.2米）时，不论层内是否有隔层，建筑面积的计算值按该层水平投影面积的3倍计算。

三、当办公建筑标准层层高大于5.5米（3.3米+2.2米）时，不论层内是否有隔层，建筑面积的计算值按该层水平投影面积的2倍计算；当办公建筑层高大于8.8米（3.3米×2+2.2米）时，不论层内是否有隔层，建筑面积的计算值按该层水平投影面积的3倍计算。

四、当普通商业建筑标准层层高大于6.1米（3.9米+2.2米）时，不论层内是否有隔层，建筑面积的计算值按该层水平投影面积的2倍计算；当普通商业建筑层高大于10米（3.9米×2+2.2米）时，不论层内是否有隔层，建筑面积的计算值按该层水平投影面积的3倍计算。

五、计算含阳台建筑的容积率指标时，阳台部分建筑面积的计算值按照其水平投影面积计算。

六、地下空间的顶板面高出室外地面1.5米以上时，建筑面积的计算值按该层水平投影面积计算；地下空间的顶板面高出室外地面不足1.5米的，其建筑面积不计入容积率。

如建筑室外地坪标高不一致时，以周边最近的城市道路标高为准加上0.2米作为室外地坪，之后再按上述规定核准。

七、住宅、办公、普通商业建筑的门厅、大堂、中庭、内廊、采光厅等公共部分及屋顶，独立式住宅建筑和特殊用途的大型商业用房，工业建筑、体育馆、博物馆和展览馆类建筑暂不按本规则计算容积率，其建筑面积的计算值按照《建筑工程建筑面积计算规范》GB/ 50353—2005的规定执行。

八、设计单位应在总平面图上分别注明建筑面积和建筑面积计算值。

九、本规则规定的数值均含本数。

十、对本规则执行过程中遇到的其他情况，我委将及时予以补充和修正。

十一、本规则自发布之日起执行。

9 北京建设项目配建人防工程面积指标

北京建设项目配建人防工程面积指标一览表 表 4-9-1

<table>
<tr><th>用地性质</th><th colspan="3">人防工程面积指标</th><th>备注</th></tr>
<tr><td rowspan="3">R1（一类居住用地）
R2（二类居住用地）
R3（三类居住用地）</td><td rowspan="3">容积率</td><td>$r\leq1.0$</td><td>按地上建筑面积 7%</td><td rowspan="3"></td></tr>
<tr><td>$1.0<r\leq2.0$</td><td>按地上建筑面积 9%</td></tr>
<tr><td>$r>2.0$</td><td>按地上建筑面积 11%</td></tr>
<tr><td>S1（城市道路用地）
S2（城市轨道交通用地）
S3（地面公共交通场站用地）
S5（加油加气站用地）
S9（其他城市交通设施用地）</td><td colspan="3">按人防工程战时功能需求确定</td><td rowspan="2">S4 类用地如地下建筑面积超过地上建筑面积 1/3 以上时，按地下建筑面积的 30% 配建人防工程</td></tr>
<tr><td>S4（社会停车场用地）*</td><td colspan="3">按地上建筑面积 10%</td></tr>
<tr><td>T1（铁路用地）
T2（公路用地）*
T3（港口用地）
T4（机场用地）
T6（区域综合交通枢纽用地）</td><td colspan="3">按人防工程战时功能需求确定</td><td>公路线路及其附属设施用地（T21）项目无人防工程建设要求</td></tr>
<tr><td>T5（管道运输用地）</td><td colspan="3">无人防工程建设要求</td><td></td></tr>
<tr><td>U1（供应设施用地）
U3（安全设施用地）
U9（其他公用设施用地）</td><td colspan="3">按人防工程战时功能需求确定</td><td></td></tr>
<tr><td>U2（环境设施用地）
U4（殡葬设施用地）</td><td colspan="3">无人防工程建设要求</td><td></td></tr>
<tr><td rowspan="2">W1（物流用地）
W2（普通仓储用地）
W3（特殊仓储用地）</td><td rowspan="2">容积率</td><td>$r\leq2.0$</td><td>按地上建筑面积 9%</td><td rowspan="2"></td></tr>
<tr><td>$r>2.0$</td><td>按地上建筑面积 11%</td></tr>
<tr><td>X（待深入研究用地）</td><td colspan="3">按实际规划用途确定</td><td></td></tr>
<tr><td>C1（村民住宅用地）
C2（村庄公共服务设施用地）
C3（村庄产业用地）</td><td colspan="3">另行研究确定</td><td rowspan="2"></td></tr>
<tr><td>C4（村庄基础设施用地）
C9（村庄其他建设用地）</td><td colspan="3">无人防工程建设要求</td></tr>
<tr><td>H9（其他建设用地）</td><td colspan="3">无人防工程建设要求</td><td></td></tr>
<tr><td>E1（水域）
E2（农林用地）
E9（其他非建设用地）</td><td colspan="3">无人防工程建设要求</td><td></td></tr>
</table>

注：本表所列用地性质分类和代码，均采用《北京市城乡规划用地分类标准》DB 11/996—2013 表 3.0.3 的城乡规划用地分类和代码，建设项目用地性质以规划主管部门批准的用地性质为准。

10 北京市建设工程绿化用地面积比例实施办法的补充规定

北京市园林局、北京市规划委员会关于贯彻《北京市建设工程绿化用地面积比例实施办法的补充规定》的通知

京园规发〔2002〕第412号

各区县园林绿化管理部门、建委、管委：

北京市园林局、北京市规划委员会《北京市建设工程绿化用地面积比例实施办法的补充规定》已经市政府同意试行，现予以公示，并在建设工程绿化用地面积比例实施中执行。

二○○二年九月四日

北京市建设工程绿化用地面积比例实施办法的补充规定

为适应城市建设发展需要和具体落实《北京市城市绿化条例》关于建设工程绿化用地面积比例计算原则，就建设工程中地下设施覆土绿化、屋顶绿化计算原则等问题，对《北京市建设工程绿化用地面积比例实施办法》第三条做出如下补充规定：

一、建设工程对其地下设施实行覆土绿化，在符合以下规定时，可按一定比例计入该工程的绿化用地面积指标。

（一）该建设工程用地范围内无地下设施的绿地面积已达到《北京市城市绿化条例》相应规定指标的50%以上者；

（二）实行覆土绿化的部分，不被建、构筑物围合（其开放边长应不小于总边长的1/3），覆土断面与设施外部土层相接，并具备光照、通风等植物生长的必要条件；

（三）实行覆土绿化必须保持必要的覆土厚度，形成以乔木为主的合理种植结构，保证绿地效益的发挥。

二、地下设施实行覆土绿化可计入建设工程绿化用地面积具体计算原则。

凡符合上述规定的地下设施实行覆土绿化的，其地下设施顶板上部至室外地坪覆土厚度达3米（含3米）以上，其绿化面积可按1∶1计入该工程的绿化用地面积指标；覆土厚度达1.5米（含1.5米）以上，其绿化面积可按1/2计入该工程的绿化用地面积指标。

三、居住小区公共绿地应按居住人口规模和服务半径集中布置，以适应功能要求；其地下空间开发利用需严格控制，拟设置地下设施的应尽量与地面附属设施包括铺装场地相结合，少占绿化栽植用地，并妥善处理与绿地使用功能的矛盾。地下设施用地面积不得超过所在公共绿地面积的50%，进入栽植用地部分覆土厚度必须在3米以上。

四、建设工程实施屋顶绿化，建设屋顶花园，在符合下述规定时，可按其面积的1/5计入该工程的绿化用地面积指标。

（一）该建设工程用地范围内无地下设施的绿地面积已达到《北京市城市绿化条例》相应规定指标50%以上者；

（二）实行绿化的屋顶（或构筑物顶板）高度在18米以下；

（三）按屋顶绿化技术要求设计，实现永久绿化，发挥相应效益。

11 北京市建设工程绿化用地面积比例实施办法

北京市建设工程绿化用地面积比例实施办法

（北京市人民政府 1990 年 11 月 12 日批准，北京市城市规划管理局、
北京市园林局 1991 年 1 月 1 日发布）

第一条 根据市人民代表大会常务委员会颁布的《北京市城市绿化条例》（以下简称《条例》）第十三条的规定，制定本办法。

第二条 建设工程绿化用地面积占建设用地面积的比例，按照《条例》第十三条的原则，具体规定如下：

一、凡符合规划标准和新建居住区、居住小区（居住人口 7000 人以上或建设用地面积 10 公顷以上），按照不低于 30% 的比例执行，并按居住区人口人均 2 平方米、居住小区人均 1 平方米的标准建设公共绿地，配套建设的商业、服务业等公共设施的绿化用地，与居住区、居住小区的绿化用地统一计算（非配套建筑设施，按有关规定执行）。不符合规划标准的，按地处城区的不低于 25%、地处效区的不低于 30% 的比例执行。

二、凡经环境保护部门认定属于产生有毒有害气体污染的工厂等单位，按不低于 40% 的比例执行。

三、高等院校，按地处三环路以内的不低于 35%、地处三环路以外的不低于 45% 的比例执行。夜大学、广播电视大学、函授大学等成人高等院校和社会力量举办的进行高等教育的学校以及走读制的高等院校，按地处城区的不低于 25%、地处效区的不低于 30% 的比例执行。

四、建筑面积 20000 平方米以上的宾馆、饭店和体育场馆等大型公共建筑设施，按不低于 30% 的比例执行。

五、建筑面积 6000 平方米以上的城市商业区内的大中型商业、服务业设施，按不低于 20% 的比例执行。

其他建设工程，按地处城区的不低于 25%、地处郊区的不低于 30% 的比例执行，但属市人民政府确定的危房改造区的绿化用地面积比例，以及一般零星添建工程和配套建设的小型公共建筑设施的绿化用地面积比例，可以由市城市规划管理局会同市园林局根据实际情况确定。

第三条 进行建设工程设计，按下列规定计算绿化用地面积：

一、成片绿化的用地面积，按绿化设计的实际范围计算。绿化设计中园林设施的占地，计算为绿化用地，非园林设施的占地，不计算为绿化用地。

二、庭院绿化的用地面积，按设计中可用于绿化的用地计算，但距建筑外墙 1.5 米和道路边线 1 米以内的用地，不计算为绿化用地。

三、两个以上单位共有的绿化用地，按其所占各单位的建筑物面积的比例分开计算。

四、道路绿化用地面积，按道路设计中的绿化设计计算，分段绿化的分段计算。

五、株行距在 6 米 ×6 米以下栽有乔木的停车场，计算为绿化用地面积。

第四条 建设单位向城市规划管理机关报送设计方案须附有城市绿化管理机关核定的现有绿化用地面积和设计绿化用地面积的文件。

第五条 本规定所称“以上”“以下”“以内”，均含本数在内。

第六条 本规定执行中的具体问题，由市城市规划管理局和市园林局共同负责解释。

第七条 本规定经市人民政府批准，自 1991 年 1 月 1 日起施行。

发布部门：北京市其他机构 发布日期：1991 年 01 月 01 日 实施日期：1991 年 01 月 01 日（地方法规）

附录 引用的标准、规范及图集

1.《全国民用建筑工程设计技术措施 规划 · 建筑 · 景观》(2009 年版)
2.《建筑设计防火规范》GB 50016—2014 (2018 年版)
3.《建筑设计防火规范》图示 2015 修改版—13J811-1 改
4.《绿色建筑评价标准》GB/T 50378—2019
5. 北京市《绿色建筑设计标准》DB 11/T 825—2015
6.《民用建筑热工设计规范》GB 50176—2016
7.《公共建筑节能设计标准》GB 50189—2015
8. 北京市《公共建筑节能设计标准》DB 11/687—2015
9.《建筑外门窗气密、水密、抗风压性能分级及检测方法》GB/T 7106—2008
10.《建筑外门窗保温性能分级及检测方法》GB/T 8484—2008
11.《建筑门窗空气声隔声性能分级及检测方法》GB/T 8485—2008
12. 民用建筑设计统一标准 GB 50352—2019
13.《建筑外窗采光性能分级及检测方法》GB/T 11976—2015
14.《建筑采光设计标准》GB/T 50033—2013
15. 北京市《居住建筑节能设计标准》DB 11/891—2012 (节能 75%)
16.《室内空气质量标准》GB/T 18883—2002
17.《民用建筑工程室内环境污染控制标准》GB 50325—2020
18.《严寒和寒冷地区居住建筑节能设计标准》JGJ 26—2018 (节能 65%)
19.《夏热冬冷地区居住建筑节能设计标准》JGJ 134—2010
20.《夏热冬暖地区居住建筑节能设计标准》JGJ 75—2012
21.《屋面工程技术规范》GB 50345—2012
22.《坡屋面工程技术规范》GB 50693—2011
23.《屋面工程质量验收规范》GB 50207—2012
24.《地下工程防水技术规范》GB 50108—2008
25.《人民防空地下室设计规范》GB 50038—2005
26.《人民防空地下室设计规范》图示 05 SFJ10
27.《汽车库、修车库、停车场设计防火规范》GB 50067—2014
28.《车库建筑设计规范》JGJ 100—2015
29.《防火门》GB 12955—2008
30.《钢质防火门、防火卷帘》图集 88J13-4
31.《抗震设防分类标准》GB 50223—2008

32.《洁净厂房设计规范》GB 50073—2013
33.《民用建筑隔声设计规范》GB 50118—2010
34.《办公建筑设计标准》JGJ 67—2019
35.《中小学校设计规范》GB 50099—2011
36.《住宅设计规范》GB 50096—2011
37.《住宅建筑规范》GB 50368—2005
38.《经济适用住宅设计标准》DB J01-618—2004
39.《宿舍建筑设计规范》JGJ 36—2016
40.《人民防空工程防化设计规范》RFJ 013—2010
41.《数据中心设计规范》GB 50174—2017